KB063181

전술학

오광세

육군사관학교 41기 졸업 및 임관
육군대학 전술교관
수도기계화보병사단/7군단 작전참모
11기보사 제13기계화보병 여단장
제2기갑 여단장
육군 기계화학교 학교장
조선대학교 군사학 박사
육군 소장 예편
現 여주대학교 초빙교수/군사문제 연구소장

주요 저서 및 논문

『군 리더십 변화와 적응』
「북한의 4세대전쟁 수행 전략과 대응방안」
「전술 및 임무형 지휘능력 향상을 위한 Case-Study식 실시간 상황조치 훈련 사례」
「ID패널 교전심판체계를 적용한 실전적인 교육훈련 방안」
「임무형 지휘능력 향상 방안」
「북한군 기동전에 대응하는 우리 군의 방어작전 발전 방안」
「군 정신전력 증강방안에 대한 실증적 연구」
「군 조직 최적화 시스템에 의한 부대경영」 등 군사관련 논문 다수

전술학

2019년 3월 25일 초판 발행
2020년 12월 25일 수정판 발행

지은이 | 오광세
펴낸이 | 이찬규
펴낸곳 | 북코리아
등록번호 | 제03-01240호
주소 | 13209 경기도 성남시 중원구 사기막골로 45번길 14
우림2차 A동 1007호
전화 | 02-704-7840
팩스 | 02-704-7848
이메일 | sunhaksa@korea.com
홈페이지 | www.북코리아.kr
ISBN | 978-89-6324-628-4 (93390)

값 27,000원

전술의 원리부터 응용까지
전 과정을 수록한 전술의
TEXT BOOK

전술학

과학과 술(術) 그리고 전쟁사

오광세 지음

북코리아

서문

군인은 전쟁을 억제하고 전쟁에 대비하며 유사시 발생하는 전투에서 승리하기 위해 존재한다. 특히 간부는 전투의 주체로 전장에서 승리하기 위해 제대별로 가지고 있는 전투력을 잘 조직하고 운용할 수 있도록 전술의 과학적 원리와 각종 데이터를 이해 및 숙지하고 이를 응용하는 술(術)적 분야에 숙달되어 행동화할 수 있는 전술 능력을 보유해야 한다.

제3차 중동전 시 시리아로 진격하기 위해 골란고원을 공격하던 골라니 여단의 클라인 중령 대대는 7시간 동안의 전투에서 대대장 및 중대장 3명을 포함한 대부분의 장교가 전사하여 최종목표 점령 시, 부사관 1명이 대대를 지휘하였다.

위 사례에서 보듯이 전투현장에서 최악의 상황에서도 전투력을 발휘할 수 있는 것은 준비된 간부의 전술 능력이고, 당연히 모든 병과 간부들은 평상시부터 전술 식견과 능력을 키워야만 최악의 상황에서도 목표를 달성하고 승리할 수 있는 것이다. 즉, 전술능력은 간부의 갑옷이며 무기라 할 수 있다. 전투 시에는 전장의 마찰, 위험, 불확실성, 역동성, 인간적 요소로 인하여 다양하고 예기치 않은 상황들이 발생하기 때문에 모든 간부들은 자신의 제대뿐만 아니라 상급부대까지 고려한 전술적 식견을 가질 수 있도록 지속적으로 노력해야 한다.

이렇게 전술은 모든 간부가 다 알아야 하는 필수적인 군사분야이기 때문에 각 병과의 부사관 과정, 장교 과정, 합동대학 과정까지 전술을 중심으로 교육이 진행되고 있으며, 특히 장교 과정의 전술 분야 비율은 90% 이상이고 합동대학은 군종장교까지 입교시키고 있다. 그러나 전투병과 이외의 병과간부들은 대부분 보수 과정 수료 이후에 전술에 대한 관심이 부족하고 심지어는 전투병과만 전술적 운용을 숙달하면 된다고 오해하는 경향이 있다. 또한 전투의 핵심인력인 부사관은 보수 과정의 60~70%가 전술 분야 학습으로 편성되어 있는 만큼 소부대 관련 전술에 숙달되어 있어야 하나, 학교기관에서 공부한 이후에는 전술의 습득과 행동화가 대단히 미흡한 실정이다. 그리고 많은 간부들이 전술은 상식적인 것임에도 불구하고 지나치게 어렵게 생각하고 있으며, 전술이라는 것이 전투력 발휘를 위한 공통적인 원리와 방법을 가지고 이를 병과 특성과 상황을 고려하여 응용하는 것임에도 불구하고 병과별 전술이 별도로 있다고 착각하고 있다. 따라서 이러한 오해의 불식과 모든 간부들이 전술은 필수적이며 지속적으로 연구해야 하는 군사의 핵심분야라는 공감대 확산이 절실하다.

미래 군 간부가 되기 위해 고등학교 또는 대학교에서 열심히 준비하는 학생이 지속적으로 증가하고 있고, 전투에 필수적이고 생명과 같은 전술을 공부하는 간부들이 늘고 있지만, 쉽게 이해하고 참고할 만한 책자가 부족하고 전술의 과학적 이론에서 이를 응용하여 꾀 또는 계략을 만들어 내는 원리와 방법보다는 전투수행방법과 절차 중심으로 연구가 진행되는 경향을 보이고 있다. 또한 전술교범에서는 원리, 원칙 등 과학적 이론을 응용하는 술에 대해 직관력, 창의력과 군사적 천재의 영역이라는 높은 수준의 최종 상태(End State)를 바로 제시함으로써 간부들 대부분이 전술을 어렵게 생각하는 부정적 인식을 가지게 되는 것은 아닌지 우려가 된다. 이에 따라 필자는 야전부대 제대별 작전참모와 지휘관, 육군대학

전술교관과 군 교육기관의 교육여단장과 학교장을 역임하면서 쌓아온 경험과 지식을 바탕으로 군사학 박사학위 과정을 통해 연구한 학문적 체계와 방법론을 접목시켜 그간 명확히 규명되지 않았던 전술의 과학(Science)과 술(Art)의 관계를 규명하고 이를 연계하여 전술이론을 체계화해 보았다. 또한 전술을 쉽게 이해하고 숙지, 숙달하여 각종 상황 속에서 적시 적절하게 꾀와 계략을 세울 수 있는 방안을 제시함으로써 일상 대화 속에서 쉽게 전술에 대한 이야기를 할 수 있는 군 문화를 만드는 데 미력하지만 벽돌 한 장 놓는다는 마음으로 이 책을 쓰게 되었다.

우리 군이 교범에서 제시한 전술은 군단급 이하의 전술제대가 전투에서 승리하기 위하여 전투력을 조직하고 운용하는 과학과 술로 정의하고 있다. 이러한 전술의 정의에 입각하여, 전술에 있어 과학과 술의 관계를 규명하기 위해 클라우제비츠(Carl von Clausewitz)가 『전쟁론』에서 제시한 명제를 고찰하여 해답을 찾아보았다. 클라우제비츠는 『전쟁론』에서 "과학(Science)은 아는 것에 가깝고 술(術, Art)은 할 수 있는 것에 가까우며 술이 완전히 배제된 과학은 존재하지 않는다"라고 하였다. 또한 "모든 인간의 사고는 술이고 어떤 가정에 의해 인식의 결과가 존재, 판단이 시작되는 지점에서 술이 시작되며 정신에 의한 인식 자체가 곧 판단이며 결과적으로 술이다"라고 하였다. 군사연구가인 피터 파레트(Peter Paret)는 "과학의 순수 요소는 분석이고 모든 술의 순수 요소는 종합의 역량이다"라고 주장한 바를 기준으로 전술의 과학과 술을 연구하였다.

여기서 전술의 과학이란 전투와 전투사례 등을 대상으로 관찰과 연구 실험을 통해 입증된 전술의 객관적 원리, 원칙, 방법, 기술 및 절차 또는 각종 제원 등으로, 이는 논리적이고 체계적인 경험지식을 말한다. 전술의 술은 과학의 지식을 기초로 상황을 전술적 고려 요소(METT+TC)로 판단하여 방책을 도출하고 이를 명령화하여 예하부대에 하달하는 등의 응용 분야이다.

바둑을 예로 들어보면 초보 바둑기사는 바둑 강좌나 독학으로 바둑의 원리를 이해하고 다양한 바둑 기보를 연구한 후, 실전에 투입되어 상대방과 바둑을 두게 된다. 바둑을 둘 때는 그동안 학습하고 연습한 논리적이고 체계적인 경험지식을 바탕으로 이를 상대방 기사의 실력과 성격, 상황 등에 맞추어 응용력을 발휘하여 게임을 하게 된다. 바둑 게임을 할 때 응용하는 수준에 따라 급수가 매겨지게 되는데 아마추어부터 프로까지 단계가 부여된다. 급수가 높아짐에 따라 응용능력이 향상되고 직관과 통찰력, 창의성의 비중이 커지게 되며 고수가 되면 직관력과 통찰력, 창의성이 크게 발현되는 경지에 오르게 된다. 전술의 수준 향상 과정도 바둑과 유사하며 술적 능력 역시 처음에는 그동안 학습하고 연습한 경험지식을 바탕으로 초보적인 응용능력을 발휘하지만 계속 경험지식을 확장하고 응용능력을 키우게 되면 직관과 통찰력, 창의성이 향상되게 된다. 즉, 술적 능력이란 궁극적으로 적과 싸워 이길 수 있는 응용능력을 극대화시키는 것으로 결국에는 직관과 통찰력에 의한 운용 능력이 되고 창의적으로 과학의 지식과 경험을 응용하는 고도의 전투 감각이 지배하는 영역에 이르게 되는 것이다.

전술의 궁극적 목적은 아군의 전투력을 극대화시켜 최소의 희생으로 최대의 전과를 달성하면서 전투에서 승리하는 것이라 할 수 있다. 이러한 관점에서 본고에서는 어떻게 하면 전투의 3요소(전투력 · 시간 · 공간)를 최적화하여 결합시킴으로써 전투에서 승리할 것인가에 초점을 맞추어 전술의 핵심을 간추려보았다.

제I부는 전술(Science & Art)에 대한 개관을 하면서 전쟁의 개념과 속성, 전쟁의 양상 변화를 통해 전쟁의 본질을 살펴보고 시대별 전쟁 양상 변화에 따라 용병술이 어떻게 변화되었고 현대에 와서 어떠한 체계로 정립되었는지 살펴보았다. 그리고 전투의 개념과 특성, 전술의 과학과 술(術, Art) 그리고 전투와의 관계, 전술의 궁극적 목적에 대해 알아보았다.

제II부 "전장에서의 전투력 발휘"에서는 전술의 과학적 관점에서 객관성을 중시하여 전투의 구성요소인 전투력, 시간, 공간의 원리와 3요소의 상호 연관성을 연구하여 이를 최적화시켜 결합시킴으로써 전투력 발휘를 극대화할 수 있는 원리를 제시해보았다. 그리고 전술적 수준의 원칙, 공격 및 방어 준칙을 통해 전투효율화 원리를 살펴보았으며, 계획 수립-작전 준비-작전 실시에 관련된 작전 수행 과정을 중심으로 효율적인 전투지휘 방안을 제시해 보았다.

제Ⅲ부 "공격작전과 방어작전"에서는 전술적 능력이란 궁극적으로 전장에서 전투력 발휘를 극대화하기 위한 능력을 향상시키는 것이기 때문에 과학적 영역의 원리, 원칙, 방법, 절차 등을 그대로 적용하는 것이 아니라, 응용 차원에서 접근하여 공격과 방어작전에 대한 전투수행 방법과 각종 전사를 설명하면서 전투력 발휘를 위한 시간, 공간, 전투력 요소의 결합을 분석해봄으로써 과학적 영역의 능력이 기반이 된 전술적 능력의 향상을 도모해 보았다.

마지막으로 전후방에서 열심히 근무하는 모든 전우들에게 뜨거운 감사를 드리며 책이 출판되기까지 정성스럽게 도움을 주신 북코리아 이찬규 대표님께 심심한 감사를 드린다. 또한 본고는 미력한 부분이 많지만 군 간부로 임관하기 위해 열심히 공부하고 있는 학생, 생도와 군 후배들이 전술을 연구하는 데 작은 도움이라도 되었으면 하는 바람이다.

2020년 11월 20일

저자 씀

차례

제 II 부 전장에서의 전투력 발휘

제Ⅲ부 공격작전과 방어작전

부호 및 약어 정리

▶ 부호

그림과 요도에는 간단한 부호를 사용하여 독자가 이해하기 용이하도록 하였는데, 각 부호에 대한 범례는 다음과 같다.

저지		고착		차장		교전지역	
부대배치 지역		축성진지		화기진지		파괴	
교량		산악지역		지뢰		지뢰지대	
철조망		구형 전차		신형전차		장갑차	
대전차 화기		AN-2기 (경수송기)		착륙한 공중강습부대		155M 포병	
관측소		지휘소		보병부대		기계화보병부대	
차량화보병부대		전차부대		자주포병부대		기갑수색부대	
공병부대		분대		소대		중대	
중대조		대대		대대 TF		연대	
연대전투단		여단	X	사단	XX	군단	XXX
주공 전진축선		조공 전진축선		공중 접근로		침투 기동로	
이동로 및 방향		차후 이동로 및 방향		전투진지		차후 전투진지	

아군부대 위치	▭	차후 아군 부대 위치	⬚	적군부대 위치	◇	차후 적군 부대 위치	⬦

* 저지: 병력이나, 화력, 장애물 또는 화력과 장애물의 통합운용으로 일정시간 동안 적의 행동을 정지시키거나 방해하는 전술적 과업
* 고착: 적이 한 지역에서 부대의 전부 또는 일부를 타지역에 운용할 목적으로 전환하는 것을 방지하는 전술적 과업
* 차장: 이동 중이거나 정지한 부대의 전방, 측방 또는 후방에 대한 감시 및 관측을 통해 적의 접근을 본대에 조기에 경고하는 전술적 과업
* 교전지역: 지휘관이 가용한 모든 화기와 지원체계의 효과를 집중하여 적 부대를 견제 및 격파하기 위해 계획한 지역
* 중대조, 대대 TF, 연대전투단(편조 부대): 지휘관이 전투편성을 실시함에 있어서 특정 임무 또는 과업을 달성하기 위하여 특수하게 계획된 부대를 구성하는 것으로, 기존의 편성을 임시로 변경하여 특별집단을 구성하거나 지휘관계를 변경시키는 전투력 조직방법. 일반적으로 제 병과와 전장기능을 통합한 제병협동부대로 조직하여 전투력의 상승효과가 발휘되도록 구성

※ 아군은 검은색, 적군은 붉은색으로 표시

▶ 약어

AFAC(Airborne Forward Air Controller): 공중 전방항공 통제관

ALB(Air Land Battle): 공지전투

ALO(Air Land Operation): 공지작전

C4I(Command, Control, Communication, Computer, Intelligence): 전술지휘자동화체계

C4ISR(Command, Control, Communications, Computers, Intelligence, Surveillance and Reconnaissance): 전술지휘자동화체계(C4I)에 '감시(Surveillance)'와 '정찰(Reconnaissance)'을 결합한 용어

EBO(Effects-Based Operation): 효과중심 작전

FSO(Fire Support Officer): 화력지원장교

IPB(Imtelligence Preparation of the battlespace): 전장정보분석

METT-TC(Mission, Enemy, Terrain, Troops, Time available, and Civil consideration): 전술적 고려 요소

NCW(Network Centric Warfare): 네트워크 중심전

OMG(Operational Maneuver Group): 작전기동단

OODA 주기(Observe-Orient-Decide-Action Loop): 관측-판단-결심-행동 순환과정

RDM(Rapid Decisive Maneuver): 신속결정적 기동

RDO(Rapid Decisive Operation): 신속결정 작전

SOS(A New System of System): 신시스템 복합체계

제 I 부

전술(Science & Art) 개관

제1장
전쟁의 본질

1. 전쟁의 개념

미국의 미래학자 앨빈 토플러(Alvin Toffler)는 1945년 이후 전 세계에서 약 150~160회의 내전과 전쟁으로 약 720만 명의 군인이 전사했으며, 1945년부터 1990년까지 2,340주 중 지구 상에 전쟁이 전혀 없었던 기간은 3주에 불과하다고 하였다. 이와 같이 인류의 역사는 전쟁의 역사이며 각 부족 및 나라마다 생존권을 지키고 정치적 목적 달성을 위해 잔혹하고 폭력적인 전쟁을 수행해 왔으나, 역설적으로 우리 인류는 이러한 잔혹하고 폭력적인 전쟁을 피하고 싶어 한다. 그러나 러시아의 공산주의 혁명가 레온 트로츠키(Leon Trotsky)가 "당신이 전쟁에 관심이 없을지라도 전쟁은 당신에게 관심이 있다"라고 말한대로 지금도 지구의 어느 곳에서는 전쟁이 일어나고 있다.

전쟁은 원인과 이유, 과정, 결과가 다양하고 복잡한 만큼 보는 관점에 따라 다양하게 정의되고 있는데, 사전적 정의로 옥스퍼드 사전에서는 "국가 또는 정치집단 간에 폭력이나 무력을 행사하는 상태 또는 사실, 특히 둘 이상의 국가 간에 어떠한 목적을 위해서 수행되는 싸움"이라고 했고, 정치학적 관점에서 국제정치

학자인 헤들리 불(Hedley Bull)은 "정치적 행위자들이 서로에게 가하는 조직화된 폭력"이라고 정의하고 있다. 야전교범 『전술』에서는 "전쟁이란 상호 대립하는 2개 이상의 국가 또는 이에 준하는 집단이 정치적 목적을 달성하기 위해서 자신의 의지를 상대방에게 강요하는 조직적인 폭력행위이며 대규모의 지속적인 전투작전"이라고 했다. 또한 손자는 전쟁의 본질을 국가가 가진 정치적 욕구의 발현으로 보고 신중한 접근과 온전한 승리를 강조하고 있으며, 군사적 측면에서 클라우제비츠(Carl von Clausewitz)는 전쟁을 "나의 의지를 실현하기 위해 적에게 굴복을 강요하는 행위"라고 정의하고 있다. 이를 종합하여 전쟁의 주체, 수단, 목적을 중심으로 구조화해 보면 전쟁의 주체는 국가이지만 합법적인 정부 또는 이를 타도하고 합법적인 정부가 되고자 하는 집단도 전쟁 주체로 포함할 수 있다. 전쟁은 전투력을 주 수단으로 하고 있지만 제1차 세계대전 이후 총력전 양상으로 변화되었고 린드(William S, Lind)와 햄즈(Thomas X. Hammes)가 주장하는 4세대 전쟁으로[1] 발전하면서 정치, 경제, 기술, 심리 등 비군사적 수단도 전쟁의 수단으로 포함되게 되었다. 전쟁의 목적은 정치적 목적 즉, 국가 이익과 국가 목표(가치)를 달성하는 것이며 궁극적으로는 보다 나은 평화를 구축하는 데 있다고 할 수 있다.

2. 전쟁의 속성

전쟁은 정치의 연속선 상에서의 군사력의 충돌이다. 군사적 관점에서 전쟁의 속성을 이론적으로 체계화한 클라우제비츠는 전쟁을 힘의 무한 사용을 전제로 하는 관념 세계에만 존재하는 절대전쟁과 정치적 수단으로 현실세계에서 발생하는 현실전쟁으로 구분하였다.

1 4세대 전쟁에 대한 자세한 내용은 뒤의 '전쟁의 양상 변화' 내용 참조

클라우제비츠는 현실전쟁의 3가지 속성으로 삼위일체 개념을 제시하였는데 삼위일체의 3가지 요소는 〈표 1-1〉에서 보는 바와 같이, 감성은 증오나 적대감, 원초적 폭력성으로 이는 국민과 관련되고, 우연 및 개연성은 불확실성, 자유로운 정신활동과 창의적 정신, 용기와 재능으로 이는 군대와 연관성이 있으며, 이성은 전쟁을 합리적인 수단이 되게 하는 국가의 정치적 목적으로 이는 정부와 관련이 있다고 하였다.

〈표 1-1〉 삼위일체의 3가지 요소

본질	행위 주체	영역	내용
이성	대체로 정부의 영역	정치 영역	• 합리성, 정치적 도구 • 정치적 목적
우연 및 개연성	대체로 군대의 영역	군사 영역	• 불확실성, 자유로운 정신활동 • 창의적 정신, 용기와 재능
감성	대체로 국민의 영역	지원 영역	• 증오, 적대감, 원초적 폭력성 • 열정, 타오르는 격정

첫째, 폭력 성향의 감성은 과격한 행동이나 무모한 용기 또는 폭력적 군중심리로 나타나는 인간 본성에 내재하는 증오, 적대감, 열정, 야망과 같은 종합적인 심성이며, 자극을 가하면 원시적이고 파괴적인 증오심과 적대감정이 상승하여 폭도적 군중행동을 일으키게 하는 심리적 요소로, 전쟁을 이끌어 가는 원동력이라 할 수 있다. 둘째, 우연 및 개연성은 전쟁을 현실화시키는 데 있어 중요한 요소로서, 안개 속과 같은 모호한 상황에서의 전장은 각종 마찰로 인하여 불확실성이 증폭되어 순수 합리적 경향이나, 비합리적 경향 중 하나로 국한할 수 없는 이중성이 나타나게 되는데, 그것은 비합리적이고 가설적인 전쟁의 기능뿐만 아니라 이론과 현실 간의 차이를 연결시키는 기능을 갖는다. 전쟁의 불확실성으로 인해 상대방의 동기에 대해 추측(판단)을 해야 하고, 그로 인하여 전쟁은 가끔 도박적인 놀음, 행운, 추측(판단)과 관련된 경향을 보이며, 이러한 경향은 인간의 창조적 정신의 자유로운 활동 영역으로, 궁극적으로는 전쟁의 천재만이 극복 가능하다

고 볼 수 있다. 셋째, 이성은 전쟁을 정치의 종속적 도구로 만들고 통제와 분별의 대상이 되게 하며 목적적이고 이성적인 현상이 되게 만든다. “전쟁은 다른 수단에 의한 정치의 연속에 불과하다”라는 정의는 이성의 중요성을 반영하는 표현이며, 이성은 ‘전쟁 그 자체’를 국가 이익이라는 정치 목적을 위한 전쟁으로 전환시킬 수 있는 것이다.

이 3가지 본질은 각각 그 고유한 개별적 영역의 본질로 돌아가려는 경향을 가지고 있어 3가지 영역 가운데 어느 영역을 무시하거나 자의적인 관계를 설정하려고 시도한다면, 그것은 그 자체로서 모순이 된다. 따라서 이 3가지 영역이 어느 한쪽으로 기울지 않고 중심점에서 균형을 이루어 버티고 있어야 하고 이렇게 균형을 이루고 있는 상태가 곧 하나의 통합적 전체로서의 삼위일체(Trinity) 상태이며 이러한 삼위일체 상태는 중심으로부터 동일 거리에 위치하는 것이 제일 안정하다. 클라우제비츠는 “전쟁은 정말 카멜레온과 같다. 왜냐하면 전쟁은 각각의 구체적인 경우마다 자신의 특성을 조금씩 바꾸기 때문이다”라고 하였는데, 여기서 각각의 구체적인 경우라 함은 불확실성이 지배하는 전쟁의 환경을 말하며 이 환경에 적응하기 위하여 전쟁의 카멜레온은 자기의 색깔을 상황에 따라 바꾸게 되는데, 이를 쉽게 표현하면 전쟁의 본질을 구성하는 삼위일체의 감성, 우연 및 개연성, 이성이 환경에 따라 그 무게와 비중이 변화된다는 의미로 해석할 수 있다.

미국의 합참의장과 국무장관을 역임한 콜린 파월(Colin Powell)은 직업군인으로서 현실에 직면하여 배운 큰 교훈은 “군인이 아무리 애국심과 용기, 전문성을 가졌더라도 삼위일체의 한 부분에 불과하다는 것이며 군대와 정부, 국민이라는 세 부분이 다 같이 받쳐 주지 않는다면 전쟁이라는 과업을 제대로 수행할 수 없다”라고 하면서 클라우제비츠의 삼위일체론의 중요성을 강조한 바 있다.

3. 전쟁의 양상 변화

전쟁은 고대부터 현재에 이르기까지 인류 역사와 함께 지속되어 왔으며 이러한 전쟁의 패러다임은 정치, 경제, 사회, 기술 발전에 따라 시대별로 변화하고 변화된 전쟁의 패러다임은 또다시 정치, 경제, 사회, 기술 발전 등에 영향을 미치는 환류 작용을 하고 있다. 앨빈 토플러(Alvin Toffler)는 『전쟁과 반전쟁』에서 경제적 발전과 더불어 전쟁 수행방식이 변화하고 있으며 전쟁의 양상도 제1, 2, 3의 물결에 큰 영향을 받으면서 변화되었다고 주장하였다.

농업혁명 시기인 제1의 물결에서는 인간이 집단 거주지역을 형성함에 따라 소규모 농업공동체 간에 집단적 전쟁이 발생하는 특징이 나타나며, 산업혁명 이후 제2의 물결에서는 노동 집약적인 대규모 생산으로 전쟁 모습도 국가가 대규모로 상비군을 양성하여 대량으로 제조된 무기를 사용하여 상대방 국가의 상비군과 전쟁하는 모습으로 바뀌었다. 제3의 물결인 지식정보 시대에는 질적으로 발전된 컴퓨터와 첨단기술에 의해 전쟁을 수행할 것이라고 예측하였다. 이에 따른 전쟁 수행방식은 19세기에는 증기기관의 발전으로 철도를 이용한 대규모 병력 이동을 할 수 있게 됨에 따라 소모전 양상의 전쟁으로 변하였고 20세기에 들어서는 항공기와 전차가 출현함에 따라 전쟁은 기동전 양상으로 변화하였다. 20세기 중반 이후에는 전자정보 및 통신기술과 원자력의 발전으로 모든 공간(지상, 우주, 공중, 해상, 해저 등)에서 전쟁 수행이 가능해졌고 타격능력 면에서 정밀성과 파괴력에 비약적인 발전을 이루었다. 이는 토플러가 주장한 제3의 물결에 따른 전쟁 양상이 현실에서 그대로 진행되고 있으며 기술 발전이 전쟁에 미친 영향을 확인할 수 있는 것이다.

이러한 관점에서 고대부터 근대 및 현대전쟁까지 시대별로 전쟁 양상의 변화를 살펴보면 다음과 같다.

1) 고대전쟁

일반적으로 전쟁의 역사는 서양의 역사를 기초로 시대를 구분하게 되는데, 석기시대에서 청동의 금속기 시대로 전환되면서 시작되어 서로마가 멸망한 476년 즉, 중세 봉건시대 이전까지를 고대시대라고 한다. 고대시대의 사회집단은 씨족 및 부족사회를 거쳐서 원시 국가시대, 도시 국가시대, 고대 제국시대로 발전하였다. 전쟁의 발전과정도 개개인의 전투에서 시작되어 점차 집단 간의 전쟁으로 확대되어 갔으며 이에 따른 군사제도도 최초에는 가족 또는 부족 전체가 전투요원이었지만, 점차 무사용병제부터 국민개병제까지 발전하게 되었다. 고대의 전쟁은 근본적으로 인간과 동물의 힘을 이용하는 물리적 에너지 이용의 시대로서 무기가 미칠 수 있는 영역이 극히 제한될 수밖에 없었으며 부대를 지휘할 수 있는 범위도 시야에 들어오는 한도 내에서 제한될 수밖에 없었다.

고대전쟁에 있어서 무기체계는 검, 창, 투창 등 개인 살상을 위한 것이었고 대량 살상용 무기로 석궁, 노포 등이 운용되었으며 생존성을 위한 장비로는 갑옷과 방패가 있었는데, 그 재료는 목재, 피혁, 금속 등이었다. 고대에는 전장으로 이동하기 위한 운송수단은 거의 인력에 의존하였으며 초기의 기병은 기마의 민첩한 기동력을 활용하기 위한 것이 아니라 활과 단검, 투창, 방패 등으로 무장한 병사들을 적당한 장소로 운반하기 위한 수단이었으나, 점차 기병의 기동력은 전쟁에 직접 투입되는 무기체계로 발전하게 되었다.

고대전투는 원거리 전투와 근접전투로 구분할 수 있는데, 대표적인 전투의 양상은 전장에 군대를 이동시켜 쌍방의 전투대형 전개 후, 지휘관의 신호에 따라 궁병이 화살을 일제히 적군에게 쏜 다음, 백병전으로 돌입하여 전투를 완결하는 양상이었다. 백병전은 일반적으로 개인전투의 종합 성과 누적에 따라 승패가 결정되었기 때문에 군 지휘관들의 작전구상은 일정 시점과 장소에서 적보다 수적 우세를 달성하여 백병전의 역량을 최대로 발휘하는 데 초점이 맞추어져 있었다.

따라서 어느 일정 시간에 한 지점에서 수적 우위를 차지한 군대가 일반적으

〈그림 1-1〉 그리스 중보병과 팔랑스(Phalanx)

* 출처: 『NAVER 지식백과』

로 승리하였으며, 군 지휘관들의 모든 전략·전술적 구상은 일정 시점에서 적보다 월등한 우세를 달성하기 위한 집중이 되었다. 군 지휘관들은 전투에서 승리를 얻기 위해서는 공격을 해야 한다는 것을 알게 되었고, 그 공격력을 강화시키기 위해서는 1~3열 정도의 횡대전술로서는 별 효과가 없음을 경험하고 5~20열에 이르는 종대전술을 구상하기에 이르렀으며 전투대형의 종심이 클수록 공격의 추진력이 강화된다는 점에서 종대전술에 의한 대형전법을 발전시키게 되었다.

이 시기의 전쟁의 모습은 한마디로 밀집 중보병의 중량과 지구력의 싸움이라고 표현할 수 있는데 즉, 힘이 세고 오래 견디는 편이 이길 수밖에 없었으며 전투는 그리스의 팔랑스(Phalanx)[2], 로마의 레기온(Legion)과 같이 보병이 밀집된 방진대형이 상호 격돌하는 형태로서 대형이 먼저 흐트러지는 편이 패배하였다. 그러나 마라톤 전투 및 칸네 전투 시 양익포위, 레욱트라 전투 및 가우가멜라 전투 시 사선대형 등과 같이 방진대형에 의한 전투를 수행하면서 지형과 기상, 시간

2 팔랑스: 팔랑스는 2가지 밀집대형을 의미한다. 하나는 이집트, 아시리아, 페르시아 등에서 횡대, 종대의 구분 없이 사용한 밀집 방진 또는 대형을 의미하며, 또 하나는 그리스나 마케도니아에서 중보병(Hoplite)으로 편성된 일정 수의 밀집대를 의미한다. 일반적으로 팔랑스는 후자인 밀집 중보병대를 말하며, 인류가 서로 단결해서 전투를 수행할 필요를 느끼게 되면서 역사상 최초로 나타난 대형이다.『네이버 용어사전』

등을 고려하여 방진대형의 방향과 형태를 변경하고 기마병을 이용하는 창의적 전술을 사용하여 전투를 승리로 이끌기도 하였다.[3]

2) 중세전쟁

중세시대의 시작은 보통 5세기에 게르만 민족이 대이동을 하고 서로마 제국이 멸망한 476년으로 보고있다. 중세 기간의 종료시점은 2가지 학설이 있는데, 첫 번째 학설은 비잔틴 제국이 멸망한 1453년, 또 다른 학설은 30년 전쟁 후 1648년에 체결한 웨스트팔리아조약까지인데, 본고에서는 후자인 웨스트팔리아조약까지를 중세로 보았다. 중세시대는 상업이 부흥하여 도처에 정기시[4]가 설치되고 이를 중심으로 도시가 형성되었으며 상인과 수공업자들이 서로 동업조합을 조직하여 활동함에 따라 농촌을 기반으로 형성되었던 중세도시는 점차 확장되어 발전하게 되었고, 대학을 비롯한 교육 및 문화시설이 들어서면서 근대도시로 발전하였다.

도시로부터 시작된 경제적 확산으로 농촌 경제의 구조가 변화되어 장원제도와 봉건제도가 발전하게 되었으며 이 시기에 십자군 운동이 일어나 봉건기사계급이 성장하게 되었다. 봉건제도는 주군과 가신의 쌍무적인 계약관계로서 왕은 신하들을 보호하고 신하는 왕에게 충성과 봉사를 하였으며 왕을 정점으로 농노까지 피라미드형 구조의 신분질서를 가지고 있었다. 최초 중세의 군대는 고대부터 내려온 부족 중심의 전투부대였으나, 차츰 영주의 봉신과 그 부하들로 구성된 봉건시대 군대로 발전하였다. 영지를 하사받은 봉신들은 매년 일정 기간 군역을 제공했으나, 중세 말기가 되자 봉신들은 군역 대신 돈을 왕에게 납부하게 되

---

3 고대전쟁에서 창의적 전술을 사용하여 승리한 전례로 한니발 장군의 제2차 포에니 전쟁을 꼽을 수 있다.(부록 2 〈그림 1〉 참조)

4 정기시(Fair): 사람들이 모여 농산물이나 동물, 기타 상품들을 전시하고 거래하는 장소로, 간혹 이동 유원지와 카니발을 즐길 수 있는 곳이다.『위키백과』

었으며 왕은 봉신들이 제공하는 '방위세'를 이용하여 연중 군대를 유지했고 그 당시 기사들은 군역을 의무이자 명예로 여겼으며 평민들은 징집 명령에 따라 군에 복무하였다.

봉건시대의 군대는 근대국가의 대규모 군대와 비교해 볼 때 소규모 조직으로 구성되었는데, 군대가 소집되면 각 봉신은 필요한 기사, 궁사, 보병을 이끌고 집결 장소로 모였고 집결 장소에 모인 군사들은 역할과 영주의 지시에 따라 운용되었으며 궁사와 보병이 함께 진군할 때 기사는 그 하인과 함께 움직였다. 기술자와 공성 포병 등 특별 군사들은 주로 전쟁을 치를 때만 고용하는 전문 기술자들이었으며 식량이나 의약품의 보급은 거의 없었고 현지 조달로 보급품을 해결했다. 중세시대의 무기체계는 기사를 위한 갑옷 등과 같은 보호 장구가 발달하였고, 이를 뚫을 수 있는 장궁과 석궁 같은 투사무기와 미늘창 등이 사용되었으며 중세 말기에는 화약무기와 원시적인 대포가 공성전에 사용되기 시작하였다.

중세에서 일반적인 전쟁의 모습은 금속 갑옷과 창으로 무장한 기사가 상대방의 보병을 흩어지게 한 후 백병전을 실시하는 것이었으나, 화약의 등장과 장창병의 집단대형으로 인해 기사의 시대는 종말을 맞게 되었으며 보병이 중요한 역할을 맡게 되었다. 중세전쟁에서 군대가 평지에서 전투를 벌이는 경우는 드물었고 군대는 체스 게임을 하듯이 중요한 성과 도시를 차지하기 위한 공성전을 주로 실시하였는데, 각종 활과 화기를 사용하여 성이나 요새화된 도시를 포위해 공격할 때 백병전과 원거리 전투에 보병이 융통성 있게 운용되었다.

3) 근대 및 현대전쟁

근대 및 현대전쟁은 근대국가의 출발점인 1648년 웨스트팔리아조약 이후부터 현대까지로, 근대국가를 기준으로 4단계로 전쟁의 모습이 진화되고 있음을 주장한 린드와 햄즈의 이론을 중심으로 전쟁 양상과 패러다임의 변화를 살펴보면 다음과 같다. 1세대 전쟁은 30년 종교전쟁을 종식시킨 1648년의 웨스트팔리아조약으로부터 시작된다. 유럽은 봉건제도에서 민족국가로 발전하게 되었고 나폴레옹 시대에 최고조에 달하였다. 특히 프랑스에서는 나폴레옹 혁명으로 국민의 애국심이 함양됨에 따라 민족국가의 군대 질이 높아진 상태에서 국민의 군대를 모집하여 이들을 훈련시키고 무장시켜 전쟁을 할 수 있었다. 또한 이 시기에 기술적인 발전이 있었는데, 전쟁에 필요한 화약의 발달, 활강식 구식 소총의 대량 생산, 소형대포 제작 등이었으며 이를 바탕으로 밀집대형 전술을 구사하게 되었다. 아울러 경제적인 측면에서도 농업과 수송 분야가 발전하여 국가의 부가 증가됨에 따라 전쟁 비용을 비교적 용이하게 충당할 수 있게 되었다. 이에 따라 전쟁은 전제적인 봉건 영주의 사적인 세력 다툼에서 민족국가의 대규모 전쟁으로 발전되었다.

2세대 전쟁으로, 나폴레옹[5] 전쟁 이후 국민국가가 수립되어 민족의식과 애국심을 바탕으로 한 국민의 군대가 징집되어 운용되었으며 산업화 사회가 창출하는 부의 팽창과 이를 세금으로 국가에서 징수할 수 있는 시스템을 갖춤으로써, 국가는 전쟁에서 사용할 막대한 양의 무기와 탄약을 산업현장에서 제조할 수 있게 되었다. 또한 기술적 발전으로 이 시기에 탄창 부착식 라이플총, 기관총, 후장전포, 철조망이 개발되었으며 부대를 이동시킬 수 있는 철도 시스템과 지휘·통제를 위한 전신 시스템이 개발되고 설치됨에 따라 전쟁의 모습도 1세대 전쟁과는 큰 차이를 보였다. 즉, 1세대 전쟁의 대규모 보병 밀집대형 공격에서 탈피하여 발달한 대포를 이용하여 간접사격을 우선 실시한 이후에 보병이 공격하는 양상으로 변화되었다.

3세대 전쟁에서는 제1차 세계대전 이후 첨단 과학기술의 발전이 주는 기동성과 화력을 이용하는 기동전이 전장을 지배하였다. 산업화가 고도화되면서 전차, 항공기, 대포 등이 대량 생산되었으며 이를 이용한 전략과 전술이 발전되었다. 제2차 세계대전에서 독일은 전차를 중심으로 각종 화력과 장비를 조직화한

5 나폴레옹과 관련 전례에 대한 내용은 부록 2 〈그림 2〉 참조.

제병협동과 합동군 체제로 기갑부대를 편성, 전격전[6]을 실시하여 연합군을 격파하였다. 프랑스는 전쟁 초기에 독일에 비해 성능이 비슷하거나 우수한 전차와 주요 장비를 보유하고 있었으며 댓수에서도 독일군과 대등하거나 우세하였으나, 마지노선에 의존하여 방어로 일관하다가 독일의 전격전에 수 주 만에 항복하고 말았는데, 이는 제1차 세계대전 시 4년간 고착된 전선에서 전쟁을 수행한 것에 비하면 획기적인 전쟁 양상이라 할 수 있다. 특히, 전격전에서는 대규모 기갑부대를 운용, 물리적 파괴보다는 심리적인 마비를 추구하여 최소의 전투로 최대의 전과를 달성하였다.

4세대 전쟁은 마오쩌둥의 공산주의 혁명전쟁으로부터 시작하여 약소국이 강대국을, 약자가 강자를 상대했던 테러, 게릴라전, 분란전 등과 같은 모습으로 존재해 왔던 분쟁이나 전쟁 유형을 말한다. 특히 20세기 정보화 사회는 전쟁 패러다임의 변화를 가져와 새로운 전쟁 양상을 출현시키고 탈대량화, 탈이데올로기, 다원화, 분권화, 세계화 등의 현상이 나타남에 따라 산업사회에서 정보 · 지식사회로 전환되면서 전쟁 패러다임도 계속 바뀌고 있다. 4세대 전쟁은 약자가 전면전쟁을 수행하기에는 불리한 환경 속에서 강자에게 대항하기 위한 전쟁방식으로, 심리전을 통하여 상대의 의지를 무력화시켜 전력비를 역전시킨 이후에 최소의 무력전으로 전쟁을 승리로 이끄는 손자의 선승이후구전(先勝以後求戰)의 전쟁방식이며, 이는 마오쩌둥의 중국 공산화 혁명전쟁에서 시작하였지만 현재에 이르기까지 사용되고 있는 효율적인 전쟁방식이라고 할 수 있다.

1세대 전쟁부터 4세대 전쟁까지 각 세대별 전쟁을 구분하여 특징을 살펴보면 〈표 1-2〉와 같으며, 세대를 거듭할수록 복잡하고 다양한 모습으로 전쟁이 진화되고 있음을 알 수 있다.

---

6 제2차 세계대전시 전격전을 성공적으로 수행했던 독일의 구데리안 장군과 관련 전례에 대해서는 부록 2 〈그림 3〉 참조.

〈표 1-2〉 각 세대별 전쟁의 구분 및 특징

구 분	1세대 전쟁	2세대 전쟁	3세대 전쟁	4세대 전쟁
시기	웨스트팔리아조약 이후	나폴레옹 전쟁 이후	제1차 세계대전 이후	20세기 중반 중국 인민전쟁 이후
배경	근대국가의 등장과 군사력의 독점	국민국가 수립과 국민군대 등장	과학기술 발달에 의한 화력과 기동성 증대	공산당에 의한 중국 통일, 강자에 대한 약자의 전쟁 승리 추구
전략 개념	선과 대형	화력전	기동전	심리전, 세력균형 변화, 전면전
전쟁 양상	근접전투 위주 소모전	화력 중심의 소모전	대규모 기동력 중심의 총력전	소규모 분권적 조직의 분란전 또는 저강도 분쟁에서 중·고강도 분쟁으로 확산
전쟁 목표	물리적 파괴	물리적 파괴	심리적 마비	상대방 의지 굴복, 내부 붕괴
전략적 중심	명확	명확	명확	불명확
전쟁수행 주체	국가	국가	국가	국가 및 비국가 행위자
전장의 영역	전·후방 명확	전·후방 명확	전·후방 불명확	전·후방이 없으며 사이버 등 모든 공간
전쟁 대상	명확(군인)	명확(군인)	명확(군인)	불명확(군인+민간인)
전·평시 구분	명확	명확	명확	불명확
전쟁수단	군사력	군사력	군사력	비군사+군사력
피아식별	명확	명확	명확	불명확

* 출처: 오광세, "한반도에서의 전쟁 패러다임 변화와 한국의 대응전략에 관한 연구", 조선대학교 대학원 박사학위 논문, 2016, p. 13.

제2장
용병술의 개념과 체계

1. 용병술의 개념과 변화 과정

인간의 역사는 전쟁의 역사이다. 이에따라 집단이나 국가는 전쟁에서 승리하기 위해 시대 환경에 따라 무력을 체계적으로 조직하고 운용하기 위한 노력을 지속해 왔다. 용병술(用兵術: Military Art)이란 군사를 운용하는 술(術)로써, 국어사전에서는 "전투에서 군사를 쓰거나 부리는 기술"로 정의하고 있고, 군사용어사전에서는 "국가안보 전략을 바탕으로 전쟁을 준비하고 수행하는 지적 능력으로서 국가안보 목표를 달성하기 위한 군사전략, 작전술, 전술을 망라한 이론과 실제"라고 정의하고 있다. 이러한 용병술은 인류가 전쟁을 시작하면서 그들이 가지고 있는 인력, 수단 등을 효율적으로 사용하기 위해 자연스럽게 등장했으며 고대부터 현대에 이르기까지 용병술의 변화 과정을 살펴보면 〈그림 2-1〉과 같다.

고대시대에는 생존을 위한 부족 단위 소규모 전쟁으로 그 자체가 밀집된 전투대형을 형성하여 서로 힘의 우열을 가리는 단순한 전쟁 형태였으며 부족장이 전쟁을 준비, 계획, 실시하는 지휘관이었기 때문에 용병술 체계의 구분이 없었

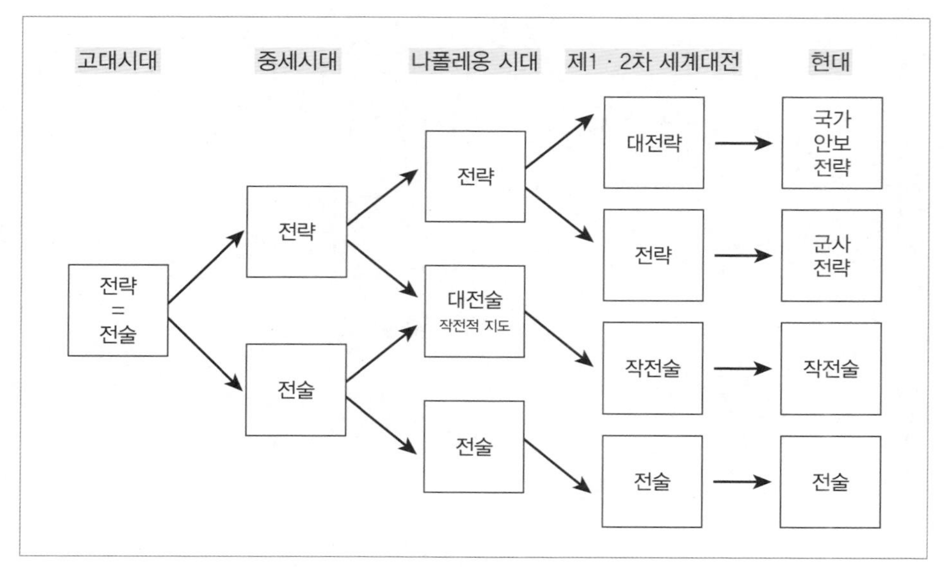

〈그림 2-1〉 용병술의 변화 과정
*출처: 성형권, 『전술의 기초』(서울: 마인드 북스, 2017), p. 21.

다. 예를 들면 사상 최초로 유럽과 아시아에 걸친 대제국을 건설한 알렉산더[1]는 마케도니아의 왕이자 전쟁을 지휘 통솔하는 지휘관이었다.

중세시대에는 성을 탈취하기 위한 공성전과 전문 전투원인 기사를 중심으로 전쟁이 수행되다가, 무기체계의 발전에 따라 15세기에는 돈으로 고용된 용병이 주축이 되어 전쟁을 수행하였다. 이때부터 군주가 전쟁을 기획하고 용병은 전장에서 전투를 수행하게 되었기 때문에, 용병술은 전쟁을 기획하고 준비하는 전략의 영역과 전장에서 전투를 실시하는 전술의 영역으로 구분되었다. 이때에 용병은 군주의 재산이었기 때문에 대량 피해가 발생하는 결전은 서로 회피하였으며 군주들의 이해관계에 따라 전투와 전쟁이 종결되었다.

나폴레옹 시대(1769~1821)에는 프랑스 대혁명을 통해 국가의 주체가 군주에서 시민으로 바뀌었으며, 이에 따른 국민국가가 탄생하면서 시민 중심의 대규

1 알렉산더와 관련 전례에 대한 내용은 부록 2 〈그림 4〉 참조.

모 국민군이 전쟁에 동원되었고 산업혁명으로 인해 증기기관과 철도와 같은 이동수단이 발달함에 따라 광범위한 전장 환경이 조성되었다. 이렇게 군대가 대규모화되고 전장이 확장됨에 따라 평시부터 전쟁에 대비하기 위한 개념이 형성되었고 대규모 군대를 효율적으로 관리, 운용하여 사단, 군단과 같은 전투 효율성을 높이기 위한 제대 편성이 이루어졌다. 또한 전장의 확장에 따라 군단이나 사단을 전체적으로 통합하여 일회성 전투가 아니라 여러 전투를 연속적, 동시적으로 계획하는 대전술 즉, 작전술 영역이 등장하게 되었다. 나폴레옹은 변화된 환경에 적합한 용병술 체계를 전쟁에 잘 적용하여 승리하는 지휘관의 대명사가 되었다. 나폴레옹은 평시부터 전쟁에 대비하고 전시에는 정치적 목적을 위한 전략목표 달성을 위해 작전을 계획하고 군대를 이동 및 배치하는 작전술, 직접적인 전장에서의 전투행위인 전술을 효과적으로 구사하였으나, 작전술에 대한 개념을 인식하고 있지는 못했다. 19세기~20세기 초에 독일의 몰트케는 작전술 영역을 인식하고 이를 수행하고자 노력하였으나, 그 영역이 적과 접촉하기 이전의 군대의 이동 및 배치 수준 정도에 머물렀으며 작전술에 관련된 사항을 이론화하지는 못하였다.

제1 · 2차 세계대전에 이르러서 전쟁이 국가 총력전 개념으로 발전됨에 따라 주로 군사 분야에 국한되었던 전략 개념이 확장되어 정치지도자들이 다루는 대전략과 군사 분야의 전략으로 구분되었다. 국가는 대규모 상비군을 보유하고 산업화가 고도화되면서 전차, 항공기, 대포 등이 대량 생산되었으며 육 · 해 · 공군이 구분되고 이들 전투력을 효율적으로 운용할 수 있는 군 구조로 발전하게 되었다. 또한 전장의 범위가 확대됨에 따라 여러 나라 군대를 통합한 연합작전 수행이 일반화되었다. 이렇게 군대가 대규모화되고 무기체계가 획기적으로 발전함에 따라 병과 간의 협동, 각 군 간의 합동, 국가 간의 연합작전이 일반화되면서 여러 지역에서 발생하는 다수의 대규모 전투를 조직하고 통제할 수 있는 작전술 영역이 전략과 전술 사이에 추가되었다.

현대에 이르러서는 전쟁의 주체가 비국가행위자 및 개인으로 확장되고 대량살상무기의 발달로 평시에 전쟁을 억제하면서 국가 이익을 달성하는 것이 중

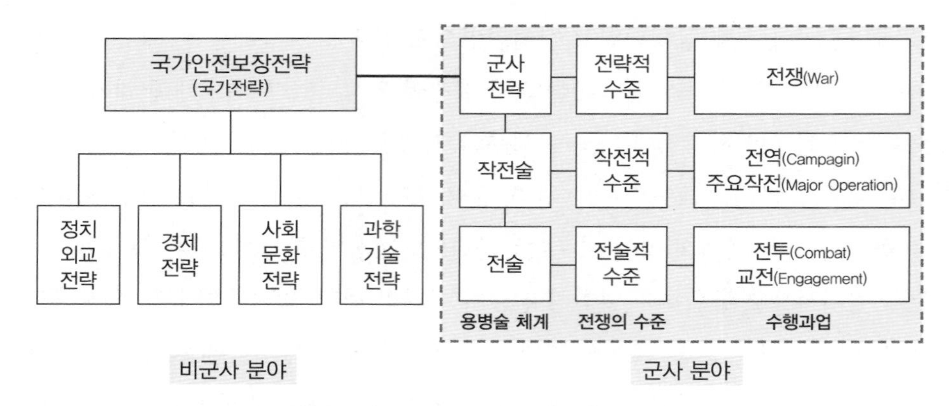

〈그림 2-2〉 용병술 체계와 전쟁의 수준과의 관계
* 출처: 성형권, 『전술의 기초』(서울: 마인드 북스, 2017), p. 27 재정리

요해지고 있으며 기존의 지상, 해상, 공중에 이어 우주공간, 사이버 공간으로 전장공간이 확장되고 있다. 또한 전략 주체가 사용할 수 있는 수단이 일상적인 생활물품으로부터 핵에 이르기까지 다양하게 확대되고 있기 때문에 전략의 개념이 목적, 수단, 방법 면에서 더욱 확장되고 계층화되었다. 즉, 국가안보 전략은 국가가 가진 정치, 외교, 경제, 사회, 문화, 과학기술, 군사 등 국가의 군사 및 비군사적인 수단을 〈그림 2-2〉와 같이 총망라하게 되었으며 과거의 전략은 국가안보 전략의 한 부분인 군사전략으로 정립되었다.

2. 용병술 체계

국가안보 전략중 군사 분야는 수준에 따라 군사전략, 작전술, 전술로 계층화되었는데 이를 용병술 체계라고 한다. 〈표 2-1〉에서 보는 바와 같이 군사전략은 전쟁을 대비하고 수행하는 최상위 용병술로 전략 제대인 국방부, 합참에서 수행하며 주요과업은 평시부터 전쟁을 억제하고 전쟁에 대비한 각종 군사적 과업을 수행하면서 군사작전에 대한 군사전략 목표, 군사전략 개념, 군사지원 등이 포함된 전략지침을 수립하여 하달한다. 또한 군사작전을 지도하고 필요한 물자, 예산 등에 대한 소요 판단을 통하여 이를 정부 부처와 협조하여 확보하고 예하 작전술 제대가 전쟁을 원활하게 수행할 수 있도록 여건을 보장해 준다. 작전술은 군사전략 목표를 달성하기 위해 전역과 주요 작전계획을 수립하고 작전지침에 따른 군사작전을 수행하며, 제반 군사력을 효과적으로 통합하여 전술적 승리를 위한 여건 조성과 작전적 승리를 전략적 승리로 귀결시킨다. 전술은 작전술 제대에서 제시한 작전적 목표 달성을 위해 직접적인 전투를 수행하기 위한 전투부대 이동 및 배치와 전투력을 통합 운용하여 전투에서 승리함으로써 작전적 수준에서 요구하는 최종 상태 달성에 기여한다.

즉, 군사전략, 작전술, 전술로 이루어진 용병술 체계는 상위 용병술이 하위 용병술에 대해 목표, 방법, 수단을 제공하고 지도하며, 하위 용병술은 상위 용병

〈표 2-1〉 용병술 체계

용병술 수준	담당 분야	주요 과업	주요 행위자
군사전략	전쟁	• 전쟁 억제 • 전쟁 대비 및 수행 • 군사작전에 대한 전략지침 수립 · 하달 • 군사작전 지도, 군사작전을 위한 무기, 물자, 예산 등에 대한 소요 판단 및 확보 • 작전적 승리를 위한 여건 조성	대통령 국방부, 합참
작전술	전역, 주요작전 * 합동작전, 연합작전	• 전략, 전략목표, 전략지침 달성을 위한 작전계획 수립 • 군사작전 수행 • 제반 군사력의 효과적인 통합 • 전술적 승리를 위한 여건 조성 및 전략적 승리로 귀결	작전 사령부 연합사
전술	전투 · 교전	• 전투부대 이동 및 배치 • 제반 전투력의 효과적인 통합 • 전투의 승리 • 작전적 수준에서 요구하는 최종 상태 달성에 기여	군단 이하

* 출처: 군사학연구회, 『전쟁론』(서울: 플래닛미디어, 2015), p. 415 재정리

술에서 부여한 과업을 수행함으로써 상위 용병술에서 추구하는 목표를 달성하도록 계층화되고, 서로가 연관된 총체적인 시스템이다. 궁극적으로 용병술은 전쟁지도 본부로부터 전투부대에 걸쳐 군사력의 효율적 운용을 통하여 국가 목표를 달성하기 위한 계층적 체계라 할 수 있으며 1991년에 실시된 걸프전을 예로 들어보면 다음과 같다.

1990년 8월, 이라크의 쿠웨이트 불법 침략에 대해 미국을 중심으로 결성된 다국적군은 쿠웨이트 내 이라크군의 축출을 목표로 하는 사막의 폭풍 작전에 돌입하였다. 다국적군은 먼저 엄청난 공군력을 투입하여 주요 군사거점과 이라크의 지상군에 대해 1,000시간에 걸친 폭격을 실시했으며, 해상에서는 상륙작전을 연습시키는 등 주공의 방향을 기만하면서 주력부대를 은밀히 서쪽으로 기동시켰다. 이어 시작된 지상전에서 다국적군의 주공은 서쪽으로 우회 기동하여 이라크군의 주력을 포위함으로써 공격 개시 100시간 만에 이라크로부터 항복을 받아 냈다.(부록 2 〈그림 5〉 참조) 이러한 걸프전을 용병술 체계로 분류해 보면 〈표 2-2〉와 같다.

〈표 2-2〉 용병술 체계와 '걸프전' '예'

구분		내용
군사전략	전쟁	• 국가안전보장 전략: 군사력을 사용하여 쿠웨이트 정부 회복 • 군사전략: 국가안전보장 전략 달성을 위해 유프라테스 남부의 이라크군 격멸
작전술	전역	• 사막의 폭풍 작전
	주요작전	• 미 제3군의 이라크 공화국 수비대 공격
전술	전투	• 미 7군단이 이라크 12군단과 공화국 수비대 공격
	교전	• 미 제2기갑수색연대가 동쪽 73지역에서 타와칼나 사단과 교전

제3장
전술의 과학과 술(Science & Art)

전술은 전투를 승리로 이끌기 위한 기술로서 그 자체로 과학과 술(術, Art)의 영역을 가지고 있으며, 과학의 영역을 바탕으로 이를 응용하는 술적 능력을 발휘하여 효율적으로 전투를 수행하게 된다. 본 장에서는 전술이 운용되는 전투에 대해 먼저 알아보고 전술과 전투와의 관계를 조명하면서 전술의 궁극적인 목적인 전투력 발휘 극대화를 위한 방안을 제시하고자 한다.

1. 전투의 개념과 특성

전투는 적대하는 쌍방 간의 힘의 충돌이자 투쟁이고 전쟁목적을 달성하기 위한 직접적인 무력을 사용하는 군사행동이며, 시간과 공간이라는 전장 환경 속에서 피·아 전투력과 의지가 충돌하는 약육강식의 싸움터이다. 여기에서는 인간적 요소, 위험, 격렬한 마찰, 불확실성, 역동성의 5가지 요소가 나타나게 되는데 이를 전투의 특성이라고 한다. 이를 구체적으로 살펴보면 다음과 같다.

1) 인간적 요소

인간은 전투를 수행하는 주체이며 전장에서는 인간이 가지고 있는 본성, 의지, 정신·육체적 능력, 감정, 판단력 등 유형적, 무형적 전투력이 상호작용하면서 전투력이 발휘된다. 과학기술 발달에 따라 다양한 첨단무기가 전투에서 운용되었지만 이러한 인간적 요소가 통합되지 않으면 요망하는 전투력을 발휘할 수 없다. 인간적 요소는 위험에 따르는 공포, 불안감, 공황, 갈등, 육체적 고통과 같은 전투력 발휘를 제한하는 부정적 요소와 그리고 용기, 책임감, 사기와 군기, 전투 승리에 대한 확신과 자신감, 전우애, 충성심, 강인한 정신력과 체력, 상황에 대한 적응력과 같은 전투력을 상승시키는 긍정적 요소로 구성된다.

전장은 무력이 충돌하고 폭력이 난무하는 현장이기 때문에 일반적으로 이성보다는 감성이 인간을 지배하게 된다. 이러한 환경에서 긍정적 요소는 전투에서 유형적 전투력을 강화하고 악조건하에서도 임무를 달성하게 하는 원동력이 된다. 예를 들어보면, 6.25 전쟁 시 1950년 10월 11일부터 20일까지 실시된 평양 탈환작전에서 국군 제1사단은 미 제1군단에 배속되어 북진 작전 중 매우 열악한 도로를 따라 공격하는 조공 임무를 수행하였다. 이 작전에서 이승만 대통령은 국군이 평양에 가장 먼저 입성했으면 좋겠다는 간곡한 당부를 하였고, 이에 따라 국군 제1사단은 하루 평균 25km의 속도로 진격하여, 양호한 1번 국도를 따라 공격한 주공인 미 제1기병 사단의 1일 평균 18km의 속도를 훨씬 능가하여 평양에 가장 먼저 입성하였다(부록 2 〈그림 6〉 참조).

그러나 부정적 요소는 전투력을 행사할 때 부도덕적이고 비이성적인 전투 행동을 유발케 하여 전투를 수행하는 명분을 상실하게 하고 갈등을 증폭시켜 아군의 조직력 약화를 가져올 수 있다. 반면, 적에게는 전투 의지를 상승시키는 동기를 제공할 수 있으며, 또한 부정적인 전투현장의 실상이 각종 언론 매체를 통해 세계 각국에 전달된다면 국내와 세계 각국으로부터 전쟁의 정당성과 인도주의에 대한 비난과 비판으로 국내·외적인 지지가 희석될 가능성이 커져 전투의 승리를 작전적·전략적 승리로 연결하기 어렵게 된다. 따라서 제대별 지휘관 및 지휘자는 인간적 요소와 관련하여 부단한 정신교육과 교육훈련, 연습 등을 통해 부정적 요소를 최소화하고 긍정적 측면을 극대화할 수 있도록 노력해야 한다.

2) 위험

전장은 지형과 기상, 시간적 급박함, 상호 간의 무력 충돌에 의한 마찰로 인해 개인적으로 체감하는 위험과 부대 차원에서 작전을 수행하면서 느끼는 다양한 위험이 상존한다. 개인적으로 체감하는 위험은 적을 포함한 전장의 각종 마찰과 지형 및 시간적 요인으로부터 발생하는, 앞의 인간적 요소 중에 부정적 요소에 의해 체감하는 정신적, 육체적 상태이며, 부대 차원의 위험은 작전을 수행하면서 전장의 다양한 상황으로부터 발생하는 위험으로, 감수할 만한 위험과 감수할 수 없을 정도의 중대한 위험으로 구분된다. 작전을 수행하면서 위험에 대한 생존만을 우선시한다면 소극적인 작전이 불가피하여 결국 전투에서 패배하게 되고 이로 인해 더 큰 손실을 입을 수 있기 때문에 전투원들은 임무 달성을 위해 위험을 감수하는 대담성이 필요하며 계산된 모험을 통하여 더 큰 성과를 얻을 수 있도록 노력해야 할 것이다.

3) 마찰

전장은 다양한 화기로 무장하고 자유의지로 행동하는 적이 있고 각종 지형 및 기상, 아군 전투원의 군장 및 탄약 하중, 전투 간 체력 소모, 적에 대한 공격 등으로 발생하는 물리적 마찰, 그리고 앞서 설명한 정신·육체적으로 나타나는 부정적 요소에 의한 각종 마찰을 받게 되는데, 이러한 다양한 마찰요소는 아군의 전투수행을 방해하고 때로는 불가능하게도 만든다.

따라서 계획 수립, 준비, 실시 과정에서 주도면밀한 전장 정보 분석, 제대 및 참모 간 치밀한 협조, 작전보안 및 기도비닉 유지, 사기 및 군기 유지, 원활한 작전지속지원 등을 지속적으로 실시하고 식별된 마찰 요소는 신속하게 해소함으로써 전투에서 전장 마찰을 최소화할 수 있는 노력을 지속적으로 실시해야 한다.

4) 불확실성

전장 감시 수단이 발달하더라도 적이 작전보안 및 기도비닉 유지하에 다양한 기만활동 등을 실시함에 따라 아군 내부에서 잘못된 첩보 및 정보가 유통될 수 있다. 여기에 부정적인 전장심리가 더해져 부정확하거나 조작된 보고들이 접수됨에 따라 불확실성과 우연성이 증대하는 현상들이 발생한다. 이러한 전장의 불확실성을 극복하기 위해서는 지휘관이 현 상황에 대한 적절한 판단을 통해 전술적 감각과 직관력을 바탕으로 효율적인 방책을 수립하고 과감한 결심을 할 수 있어야 한다. 또한 변화하는 상황에 대비하여 다양한 우발계획[1]을 준비하고 융통성 있는 작전을 위해 적절한 예비대를 보유하는 등 적극적인 준비와 작전 활동을 해야 한다.

5) 역동성

전투는 적과의 연속적인 충돌 과정에서, 지속적으로 변화하는 유동적인 전장상황에 적응하면서 상황을 조치해 나가는 역동적인 과정으로, 이러한 환경에서 전투원들의 피동적이고 소극적인 사고와 행동은 임무달성은 물론 생존도 어렵게 만든다. 따라서 지휘관은 정보 우위를 달성하여 예하부대에 적시 적절한 정

---

1 우발계획은 작전간 예상되는 주요 우발사태에 대비한 계획, 또는 기본계획의 시행이 곤란하거나 불가능할 경우에 대비하여 준비한 계획이다.

보와 화력, 장애물 등을 제공하고 과감한 지휘로 필승의 신념을 고취시키며 예하 부대가 임무형 지휘를 통한 자발적이고 적극적인 작전활동을 통하여 주어진 목표와 성과를 달성할 수 있도록 여건을 지속적으로 조성해 주어야 할 것이다.

2. 전술의 과학과 술(術), 그리고 전투와의 관계

전술의 사전적 의미는 "전투에서 병력을 운영하는 기술과 작전 목적을 달성하는 데 있어 부대나 개인을 가장 효율적으로 사용하는 방법으로, 병력이나 부대의 배치, 기동, 그리고 이를 운영하는 방법과 기술"로 정의하고 있다. 또한 국방대학원에서 발행한 안보관계용어집에서는 "전투에 있어서 상황에 따라 임무달성에 유리하도록 부대를 운용(배치, 이동, 전투력 행사)하는 술(術)"로 정의하고, 전술교범에서는 "군단급 이하의 전술제대가 전투에서 승리하기 위하여 전투력을 조직하고 운용하는 과학과 술"로 정의하고 있다.

전술은 군단급 이하의 전술제대가 적을 격멸하거나 지역 또는 목표물을 공격, 탈취, 방어하기 위하여 적과 직접 싸우는 본래의 군사행동인 전투라는 행동 내용을 연구 대상으로 한다. 전투는 전투력, 시간, 공간요소로 구성되며 이들 3요소가 어떻게 결합되느냐에 따라 전장에서 본질적인 '힘'이 증대되기도 하고 약화되기도 한다. 전투를 다루는 전술은 과학적 영역과 술적 영역으로 구성되어 있고 전투는 가장 합리적인 과학적 영역과 이를 응용하는 술적 영역에 대한 전술 이론이 뒷받침될 때 승리라는 목적을 달성할 수 있다.

클라우제비츠는 『전쟁론』에서 "과학은 아는 것에 가깝고 술(術, Art)은 할 수 있는 것에 가까우며 술이 완전히 배제된 과학은 존재하지 않는다"라고 하였다. 또한 "모든 인간의 사고는 술이고 어떤 가정에 의해 인식의 결과가 존재하고 판단이 시작되는 지점에서 술이 시작되며 정신에 의한 인식 자체가 곧 판단이며 결과적으로 술"이라 하였다. 군사연구가인 피터 파레트(Peter Paret)는 "과학의 순수 요소는 분석이고 모든 술의 순수 요소는 종합의 역량이다"라고 말한 바 있다.

여기서 전술의 과학적인 영역은 전투와 전투사례 등을 대상으로 관찰과 연구 실험을 통해 입증된 전술의 객관적 원리, 원칙, 방법, 기술 및 절차 또는 각종 제원 등으로, 이는 논리적이고 체계적인 경험지식을 말한다. 전술의 술적 영역은 과학적 영역의 지식을 기초로 상황을 〈표 3-1〉과 같은 전술적 고려 요소(METT+TC)[2]로 판단하여 방책을 도출하고 이를 명령화하여 예하부대에 하달하는 등의 응용영역이라 볼 수 있다.

〈표 3-1〉 전술적 고려 요소(METT+TC)

구분	고려 요소
M(임무)	상급부대가 부여한 역할과 과업을 기초로 작전 목적과 해야 할 일을 결정하는 것
E(적)	싸워야 할 상대의 규모, 위치, 배치, 구성, 능력, 위협, 기도, 강 · 약점 평가 및 분석
T(지형 및 기상)	전투의 3요소 중 공간과 시간 요소로, 전투 시 어떻게 피 · 아에게 마찰과 상승요인으로 작용할 것인가에 대해 분석
T(가용부대)	임무 달성을 위해 운용 및 지원 가능한 전투력의 총체적 역량으로 전투력 수준과 위치, 능력, 현재의 상태 등을 판단하되, 피 · 아 상대적 전투력을 병행하여 파악
T(가용시간)	임무 수행을 위해 주어진 물리적 시간과 상대적 시간 평가
C(민간 요소)	작전지역 내의 주민, 정부기관, 비정부기구, 언론 등이 군사작전에 미치는 영향 그리고 필요시 활용 가능한 민간가용요소와 보호해야 할 요소, 인도적으로 회피해야 할 사항 등을 판단

바둑을 예로 들어보면, 초보 바둑기사는 바둑 강좌나 독학으로 바둑의 원리를 이해하고 다양한 바둑 기보를 연구한 후 실전에 투입되어 상대방과 바둑을 두게 된다. 바둑을 둘 때는 그동안 학습하고 연습한 논리적이고 체계적인 경험지식을 바탕으로 이를 상대방 기사의 실력과 성격, 상황 등에 맞추어 응용력을 발휘하여 게임을 하게 된다. 바둑 게임을 할 때 응용하는 수준에 따라 급수가 매겨지

2 전술적 고려 요소는 작전을 수행하는 전 과정에서 부대 또는 전투력 운용에 미치는 영향에 대한 상황 평가와 판단의 기준을 제공하는 요소이다.

게 되는데 아마추어부터 프로까지 단계가 부여된다. 급수가 높아짐에 따라 응용능력이 향상되고 직관과 통찰력, 창의성의 비중이 커지게 되며 고수가 되면 직관력과 통찰력, 창의성이 크게 발현되는 경지에 오르게 된다. 전술의 수준 향상 과정도 바둑과 유사하며 술적 영역 역시 처음에는 그동안 학습하고 연습한 경험지식을 바탕으로 초보적인 응용능력을 발휘하지만 계속 경험지식을 확장하고 응용능력을 키우게 되면 직관과 통찰력, 창의성이 향상된다. 즉, 전술의 술적 영역이란 궁극적으로 적과 싸워 이길 수 있는 응용능력을 극대화시키는 것으로 결국은 직관과 통찰력에 의한 운용 능력이고 고도의 전투 감각이 지배하는 영역에 이르게 된다. 이는 응용력, 창의력과 직결되며 이는 과학적 능력에 부가하여 교육, 훈련, 연습, 실전 경험 등을 통해 얻을 수 있는 발전된 능력으로 술적 영역에서의 능력은 과학적 영역에서의 능력이 기반이 되어야 제대로 발휘될 수 있는 것이다.

3. 전술의 궁극적 목적, 전투력 발휘 극대화

전술이란 전투에서 승리하기 위해 전투의 3요소인 전투력, 시간, 공간에 대한 과학적 원리와 데이터를 직면한 상황에 따라 METT-TC를 고려하여 작전을 계획, 준비하고 실시간 상황을 조치하는 군사적인 창조 활동으로 궁극적 목적은 전투력 발휘를 극대화하는 것이라 할 수 있다. 전장에서 전투력 발휘를 극대화하기 위해서 평상시부터 준비해야 할 사항에 대해 알아보면, 먼저, 군사적 관점에서 공간과 시간에 대해 이해하고 이를 어떻게 활용할 것인가를 심사숙고하여 숙달함으로써 유사시 직면한 상황에서 시간과 공간을 전투력과 결합시켜 승수 효과가 발생할 수 있도록 해야 한다.

다음으로, 전투력은 상대성을 가지고 있으므로 피·아 전투력에 대한 이해를 바탕으로 강점과 약점을 분석하여 약점을 회피하고 강점을 최대한 발휘할 수 있는 작전개념과 전투수행방법을 정립하고 이를 숙달해야 한다. 이를 위해 첫째, 수세적인 방어중심 사상에서 벗어나, 주도적으로 전투를 수행할 수 있게 하는 원동력인 공세 사상을 바탕으로 공세적인 부대운용을 체질화해야 한다. 2차 세계대전 시 프랑스 전역에서 연합군은 독일군 123개 사단과 비교했을 때, 총 133개 사단으로 병력과 장비 면에서 대등한 전투력을 보유하고 있었음에도 불구하고 마지노선을 중심으로 하는 방어중심의 작전개념과 전투수행 방법으로 인하여 기갑 및 기계화부대를 집중 운용하여 심리적 마비를 달성하는 공세적인 기동전 사상에 입각한 전격전을 수행했던 독일군에게 불과 6주 만에 프랑스를 점령당하고 전쟁에서 패배했던 과거의 교훈을 잊지 말아야 할 것이다. 둘째, 전투수행방법을 충족할 수 있고 전투를 효율적으로 실시할 수 있는 무기체계를 개발하고 지속적으로 보완 및 발전시켜 나가야 한다. 셋째, 도시가 확산되고 복지와 민원으로 인하여 변화되고 있는 사회 환경에 대응하여 유사시 전투력 발휘를 보장할 수 있도록 군사적 관점에서 시간과 공간을 관리하고 이에 적합한 전투력 운용방법을 정립하고 숙달해야 한다. 예를 들면 한강을 연하여 설치되어 있는 하천변상의 공원을 포함한 다양한 민간 시설물과 수목 등으로 인하여 각종 진지와 군사 시설물의 시계와 사계가 차폐되고 제 역할을 할 수 없는 경우가 많이 발생하고 있으며, 도시화와 사통팔달로 뚫린 도로망으로 인하여 적 기동부대를 저지할 수 있는 장애물 설치와 병력 운용이 곤란한 지역도 많아지고 있다. 이에 대해 시계와 사계가 보장되는 시설물과 장애물 역할을 할 수 있는 각종 시설을 민간과 관청의 도움을 받아 준비하고, 드론과 과학화된 감시장비가 결합된 타격체계를 발전시키는 등 직면한 상황에 적합한 무기체계와 지휘시스템을 적극적으로 발전시켜야 할 것이다. 넷째, 병력, 장비, 물자 등 유형 전투력뿐만 아니라 전장에서 발생할 수 있는 전장 심리를 포함한 무형 전투력까지 효율적으로 관리함으로써 유사시 작전에 투입되었을 때, 최소한의 적응으로 최대한의 전투력 발휘가 가능하도록 해야 한다. 전장에서 군인들은 인간적 요소, 위험, 격렬한 마찰, 불확실성, 역동성이 수반되는 환경에서 전투를 수행하게 되며, 이러한 전투의 특성으로 인해 전투원들은 평상시와는 다른 심리상태를 갖게 된다. 6.25전쟁 초기인 1950년 7월

4일 전쟁에 처음 투입된 스미스 특수임무부대가 죽미령전투에서 패배하면서 미 24사단 34연대 1대대가 투입되어 북한군을 저지 및 지연하는 임무를 수행하였는데, 이때 전투 초기에 나타난 심리 현상을 정리해 보면 다음과 같다.

"1중대 2소대원들은 북한군 전차가 소대 정면으로 전진하고 있음에도, 참호 밖으로 나오려 하지 않았다. 콜린스 중사는 같은 참호 안에 있는 2명의 병사에게 "당장 사격해! 당장!"이라고 고함을 쳤지만 그 병사들은 끝내 고개를 들지 못했다…. 모든 병사들은 공황에 빠졌다. 이런 혼란 속에서 그 누구도 포병이나 4.2인치 박격포 사격을 유도할 수 없었다…. 2·3소대원 중 몇 명만이 자신들의 군장을 가지고 철수했으며 대부분의 병사들은 자신들의 소총과 탄약을 버리고 철수했다…. 겁을 먹은 병사들이 빠르게 달려가자 공포는 도미노처럼 순식간에 중대 전체로 퍼져나갔다. 장교들은 그들을 저지하려 했지만 도무지 말을 듣지 않았다…. 그들 중 1명이 적의 소총에 맞아 쓰러졌다. 이 광경을 본 후, 대부분의 도로봉쇄조원들은 너무 놀란 나머지 자신들의 참호에서 벗어날 수 없었다. 철도와 도로 부근에서 방어하던 1소대의 도로봉쇄조원들은 적진에 고립되었다…. 북한군의 전차포 사격으로 경상을 입어 평택으로 후송된 4.2인치 관측병 카마라노 일병이 미친 것이다. 그는 충격을 심하게 받아 조리 있게 말할 수 없었으며, 마치 술에 취한 사람처럼 평택에 집결한 1중대원 사이를 걸어다녔다. 그의 눈은 흰자위만 보였고 무섭게 다른 사람을 노려보았다…. 소대원을 찾기 위해 중대진지로 간 드리스켈 중위가 전사했다는 사실이었다. 북한군에게 발각되어 순식간에 포위되었고 드리스켈 중위는 항복하려고 했으나, 북한군은 드리스켈 중위와 부상병들을 사살했다고 보고하였다. 이러한 현상들은 병사들의 사기를 저하시켰고 두려움을 증폭시켰다."[3]

3 러셀 A. 구겔러, 조상근 역, 『한국전쟁에서의 소부대 전투기술』(북갤러리, 2011), pp. 21-25.

다섯째, 국민들이 사회에서 어떤 문제가 발생하면 적시적절한 판단과 결심을 통해 골든타임을 놓치지 않고 상황을 신속하게 조치할 것을 요구하고 있는 바와 같이, 군에 대해서도 전시와 평시에 동일한 요구를 하고 있다. 전술 능력은 평상시 상황이 발생했을 때, 골든타임을 놓치지 않도록 하는 신속하고 정확한 문제해결과 전시 또는 작전 시에도 적시적절한 상황조치를 가능하게 해주는 논리체계와 시행능력이 된다. 또한 계획수립과 상황조치는 별도로 구분된 논리 절차가 아니라 METT-TC를 중심으로 전개되는 상황을 분석 · 판단하여 방책을 구상하고 이를 구체화하여 실행하는 것이기 때문에 상황조치 속에는 계획수립과 상황조치가 계속 반복하여 일어남을 고려하여 많은 시간을 계획수립에 투입하기보다는 예하부대가 충분한 시간을 가지고 움직일 수 있도록 하고 타이밍을 맞출 수 있는 작전수행과정을 숙달해야 한다. 아울러 승리를 위한 효율적인 지휘방법으로 한국군이 채택하고 있는 지휘개념인 임무형 지휘를 현장에서 적극적으로 실천해야 할 것이다.

간부의 전술 능력이란 전투에서 부대와 조직원을 보호하고 승리의 확률을 높여주는 부대의 생명줄이며 승리의 원동력으로, 간부들에게는 갑옷과 무기와 같은 것이다. 따라서 간부는 전투의 3요소인 전투력, 시간, 공간에 대한 과학적 원리와 관련된 데이터를 지속적으로 연구하고, 직면한 상황에서 METT-TC를 고려하여 전투력과 시간, 공간 요소를 최적화시켜 부대의 전투력을 극대화시킴으로써 전투에서 승리할 수 있는 전술적 능력을 지속적으로 개발해 나가야 할 것이다.

따라서 본고에서는 전술의 과학적 관점에서 객관성을 중시하여 전투의 구성요소인 전투력, 시간, 공간의 작동 원리와 3요소의 상호 연관성을 연구하여 이를 최적화시켜 결합시킴으로써 전투력 발휘를 극대화할 수 있는 원리를 제시해 보았다. 또한 전투에서 최소의 비용이나 노력으로 최대의 효과를 얻을 수 있는 원리를 전술적 수준의 전쟁의 원칙, 공격 및 방어 준칙과 계획 수립-작전 준비-

작전 실시에 관련된 작전 수행과정 그리고 지휘방법을 중심으로 제시해 보았다. 그리고 전술적 능력이란 궁극적으로 전장에서 전투력 발휘를 극대화하기 위한 능력을 향상시키는 것이기 때문에 과학적 영역의 원리, 원칙, 방법, 절차 등을 그대로 적용하는 것이 아니라, 응용차원에서 접근하였다. 즉, 전투수행 방법과 중요한 각종 전사를 설명하면서 전투력 발휘를 위한 전투력, 시간, 공간의 결합을 분석해 봄으로써 과학적 영역의 능력이 기반이 된 전술적 능력의 향상을 도모해 보았다. 또한 논리와 내용을 전개하면서 해당 분야에 손자병법의 관련 사항을 발췌하여 인용함으로써 독자가 쉽게 내용을 이해할 수 있도록 구성하였다.[4]

4 손자병법은 노병천의 『도해 손자병법』과 최근에 정상국이 발간한 『백문백답 손자병법』의 내용을 주로 인용하였다.

제 II 부

전장에서의 전투력 발휘

제4장

전투의 3요소와 전투력 발휘 원리

1. 개요

전투는 상호 대립하는 쌍방의 전투력이 일정한 시간과 공간에서 충돌하는 현상으로, 여기에는 〈그림 4-1〉과 같은 전투력, 시간, 공간 3가지 요소가 작용하며 이를 전투의 3요소라 한다.

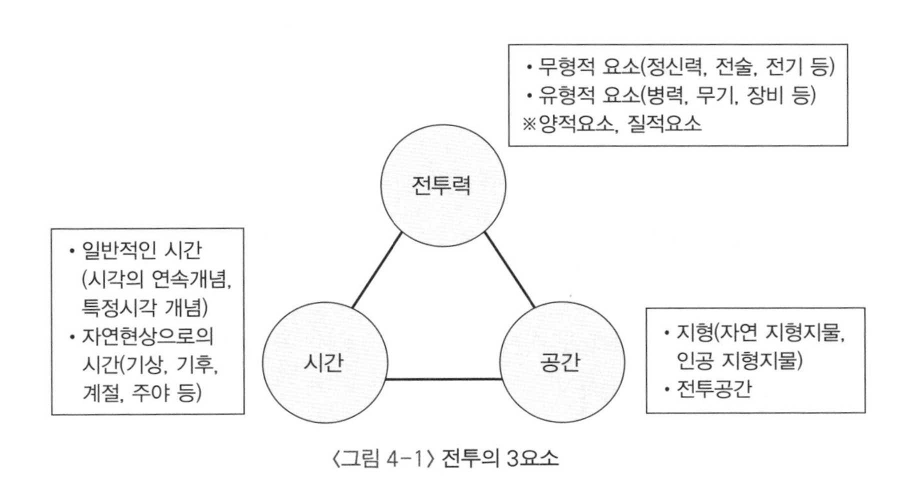

〈그림 4-1〉 전투의 3요소

전투력이란 전투 시 발휘할 수 있는 힘의 요소로 물리적인 힘인 유형적 요소와 이를 활성화시키고 효율성을 높여 주는 무형적 요소로 구분할 수 있으며, 또 다른 관점에서는 계량화된 양적인 요소와 전투의 효율성과 관계된 질적인 요소로 구분된다. 그리고 이러한 유·무형요소가 유기적으로 잘 결합되면 승수 효과가 발휘된다. 전투력은 적과의 상대성이 전제되기 때문에 피·아 전투력을 모두 고려해야 하며 전투의 3요소에 대한 상호관계를 분석할 때도 아군 전투력의 시간 및 공간과의 관계뿐만 아니라 적 전투력과의 관계도 반드시 포함시켜야 한다. 또한 모든 전투에서 적보다 압도적인 전투력을 보유할 수 없기 때문에 시간과 공간상의 결정적인 지점에서 상대적 우위를 달성할 수 있도록 해야 하며 전투력은 전장의 각종 마찰과 적의 저항으로 인해 무한정으로 발휘될 수 없으므로 그 한계점을 확인하여 전투를 지속할 수 있는 대책을 강구해야 한다.

시간적 요소는 크게 두 가지로 구분해 볼 수 있는데, 먼저, 일반적인 시간으로서 ① 시각의 연속개념으로 소요시간 단축과 전투 지속시간 유지와 관련된 시간, ② 특정시각 개념으로 변화무쌍한 전장상황 속에서 작전에 필요한 시간을 선택하고 시간을 엄수하는 적시성과 유리한 기회를 이용하는 전기(戰機)[1] 포착·활용 등을 말한다. 두 번째, 자연현상으로의 시간은 주·야, 계절, 명암, 혹서, 강우, 혹한 등과 같은 기상과 기후의 자연현상으로의 시간을 말한다. 이러한 시간적 요소는 작전을 위한 시간 단축, 전투 지속시간 유지, 적시성, 전기 포착·활용 그리고 기상 및 기후 등 자연현상을 잘 활용하는 것을 의미하며 이를 통해 전투력 발휘를 극대화할 수 있게 해준다.

공간적 요소는 자연 지형지물과 인공 지형지물의 포괄적 개념인 지형, 그리고 지형과 지물이 어우러진 전투공간을 말하며, 관측과 사계, 은폐 및 엄폐, 장애물, 중요 지형지물, 접근로 등 지형 평가 5개 요소를 기준으로 판단하여 이를 전투력과 시간적 요소와 상호 연계시켜 활용함으로써 부대의 전투력을 상승시킬

---

1 전기는 승리를 달성할 수 있는 기회를 말하며, pp. 60~61에서 자세히 설명한다.

수 있게 해준다. 이렇게 전투의 3요소는 전장에서 상호 어떻게 사용하는가에 따라 전투의 본질인 '힘'이 증대되기도 하고 약화되기도 하기 때문에 전투 3요소의 상호작용을 이해하고 이를 상황에 맞추어 응용하는 능력이 대단히 중요하다.

전례 #1 임진왜란 시 명량해전(1597. 8. 28 ~ 9. 16)

칠전량 해전에서 원균이 이끄는 조선함대는 대패하여 원균이 전사하고 12척의 전선만 남기고 궤멸되었다. 이에 선조는 이순신 장군을 다시 삼도수군통제사로 임명하고 수군을 수습하게 함에 따라 장군은 전함을 수리하고 수군을 다시 모아 전투에 대비하였다. 이순신 장군은 재정비한 13척의 전함으로 대규모의 일본 수군과의 전투는 어렵다고 판단하여, 울돌목 일대의 밀물과 썰물이 바뀌는 시간을 선택하여 썰물이 주는 효과와 빠른 물길을 이용하기로 마음먹고 울돌목에 수중 철색을 설치하는 등 철저한 준비를 하였다. 전투가 시작되자 선두에서 공격하던 일본의 전선은 수중 철색에 걸려 전진을 못 하게 되었고, 이를 후속하던 전선들이 전방의 전선들과 충돌하는 혼란한 상황에서 울돌목의 물길 방향이 썰물로 바뀌자 일본의 전선들은 후퇴할 수도 전진할 수도 없는 상황이 되었다. 이순신 장군은 이러한 호기를 이용, 공격을 실시하여 13척의 전선으로 일본 함대 133척 중 31척을 격파하는 대승을 거두었다. 일본 함대의 큰 피해에 비해 조선 수군은 전선의 피해는 전혀 없었고 다만, 전사 2명, 부상 2명의 인명 손실이 있었다. 명량해전을 전투의 3요소로 분석해 보면, 공간적 측면에서 협소하고 빠른 물길을 가지고 있는 울돌목을 전투지역으로 선정하여 이곳에 수중 철색을 설치하는 등 지형의 이점을 최대한 활용하였으며, 시간적 측면에서 밀물과 썰물이 바뀌는 시간을 선택하고 물길이 바뀌어 일본 함대가 혼란한 시기를 이용하였다. 그리고 전투력 측면에서 조선 수군의 판옥선이 가지고 있는 함선의 견고성, 기동성 여기에 설치되어 있는 화포의 막강한 화력과 상대적으로 긴 사거리 또한 이순신 장군의 출중한 전략, 전술 식견과 같은 무형적 전투력이 상호 조화되어 전투력 발휘가 극대화됨에 따라 13척 대 133척의 수적 열세를 극복하고 승리할 수 있었다.

『야전교범 전술』에서는 전투의 3요소 조화 정도에 따른 전투력 발휘를 〈그림 4-2〉와 같이 제시하고 있다. A와 B의 전투력 수준과 시간과 공간의 영향이 동일할 경우, 좌측 그림과 같이 A와 B가 모두 전투력, 시간, 공간을 조화롭게 활용하는 상황에서는 전투력 발휘에도 상호 대등하기 때문에 상호 팽팽한 전투양상이 전개될 것이다. 그러나 우측 그림과 같이 A가 B보다 주어진 시간과 공간을 조화롭게 활용하는 능력이 크다면 A는 B보다 더 효과적으로 전투력을 발휘함으로써 A가 주도권을 장악할 기회가 높아지고 승리할 확률이 높아진다.

따라서 지휘관은 전투력을 조직하고 운용함에 있어서 전투의 3요소 간 상호관계를 토대로 전술적 고려 요소(METT+TC)를 참고하여 전반적인 전장상황을 판단하여 방책을 수립한 후, 자신의 의도를 구현하기 위한 전술집단을 구성하고 전투 편성을 실시하며 전투력의 각 요소들이 상호 유기적인 조화를 통하여 통합된 전투력을 발휘할 수 있도록 노력해야 한다. 이때, 적의 행동에 기초하여 지휘관은 자신의 전투력을 시간과 공간적인 조건에 부합되는 방향으로 집중운용(集), 분산운용(散), 동적인 운용(動), 정적인 운용(静)[2] 등을 조화시킴으로써 상황에 유연하게 대처해야 한다.

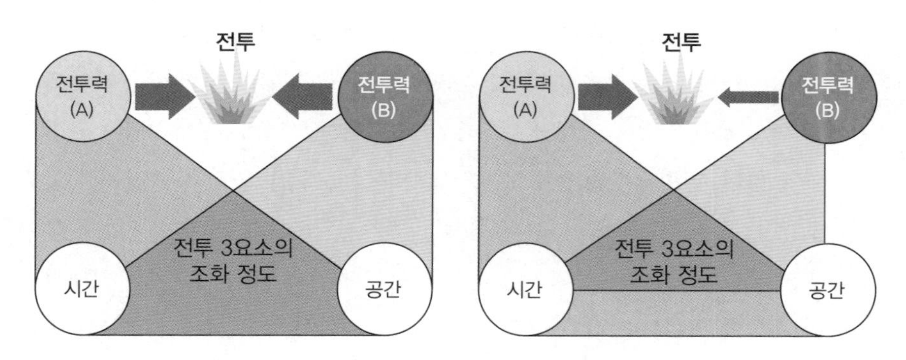

〈그림 4-2〉 전투의 3요소 조화에 따른 전투력 발휘 비교

2 이러한 전투력의 집(集), 산(散), 동(動), 정(静)을 전투력의 성질이라 하며 이는 pp. 76~78에서 자세히 설명한다.

2. 시간

전투의 3요소 중 시간은 〈표 4-1〉과 같이 구분해 볼 수 있으며 이를 구체적으로 살펴보면 다음과 같다.

〈표 4-1〉 시간의 구분

일반적인 시간		자연현상으로의 시간
시각의 연속 개념 (소요시간, 지속시간)	특정시각 개념 (적시성, 전기)	
• 작전을 위한 소요시간 단축 – 부대의 물리적인 행동에 소요되는 시간 단축 – 전투지휘(상황 판단 – 결심 – 대응) 시간 단축 • 전투지속 시간 유지	• 시간 선택과 시간 엄수의 적시성 • 전기 포착 및 활용	• 주·야, 계절, 기상과 기후, 명암, 혹서, 강우, 혹한 등

1) 일반적인 시간

전술제대는 일반적으로 지정된 시간과 장소에서 지시된 과업을 수행하게 되는데 먼저, 전투에서 시각의 연속개념으로 고려해야 할 사항은 작전을 위한 시간 단축과 전투 지속시간 유지이다. 작전을 위한 시간 단축은 ① 장비조작 속도, 사격진지 점령 속도, 기동 속도, 사격량 증대 및 집중을 위한 사격 속도 증가, ② 적에게 아군의 노출 시간 단축, ③ 요망하는 시기에 행동을 개시하기 위한 준비시간 단축, ④ 적보다 빠른 판단과 결심, 대응할 수 있는 능력 구비 등으로 적과 비교하여 상대적으로 시간상 우위를 달성하기 위한 활동이라 할 수 있다.

전투현장에서 시간 단축을 위한 아군과 적군의 상대적 작전 속도는 주도권 장악과 작전의 승패에 결정적인 작용을 하게 된다. 특히 작전 속도는 지휘관 및

참모의 전투지휘 활동의 속도와 예하부대의 전투행동 속도를 모두 포함하

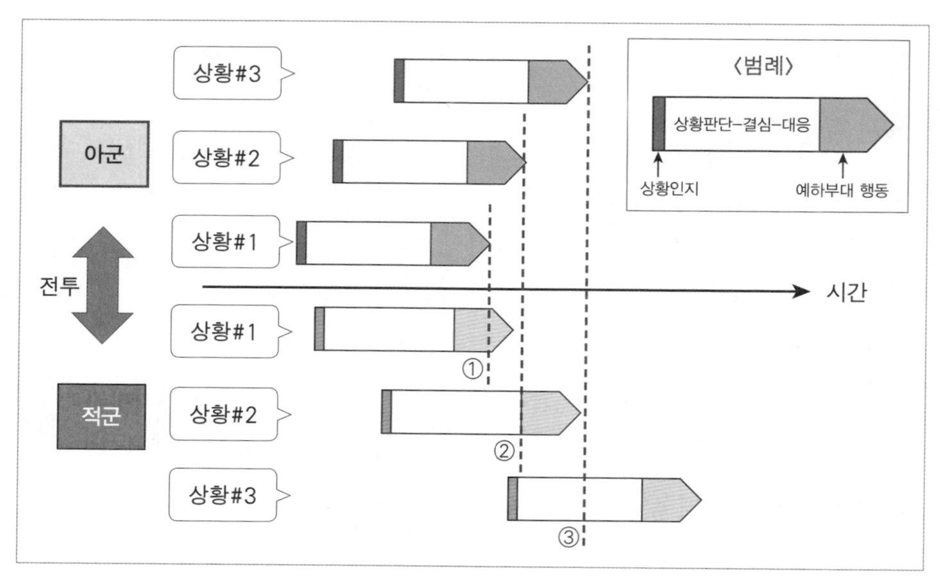

〈그림 4-3〉 상대적 작전 속도에 따른 효과

는데, 〈그림 4-3〉에서 보는 바와 같이 전장에서 피 · 아에게 상황 #1, #2, #3이 발생했을 경우, 아군이 작전 속도를 증가하면 상황 #1의 ①과 같이 적이 작전을 준비하거나 이동할 때 적보다 먼저 작전활동을 실시할 수 있고, 상황 #2, #3의 ②와 ③과 같이 적의 예하부대가 행동하기도 전에 작전활동을 진행할 수 있는 것이다. 즉, 전투상황에서 작전 속도를 빠르게 하면 적보다 상대적으로 적시성 있게 전투력을 발휘할 수 있고 이러한 전투상황이 지속될수록 아군의 전투행동과 이에 대한 적의 대응 전투행동 사이의 시간 격차가 점점 크게 발생하므로 아군이 작전의 주도권을 지속적으로 장악할 수 있고 승리의 확률도 더 높아지게 되는 것이다.

전투지휘 활동에 있어 속도를 증가시키기 위해서는 상황 판단과 결심, 그리고 이에 따른 대응 조치를 신속히 해야 한다. 이 중 상황 판단과 결심을 할 때 결정적인 영향을 미치는 것이 정보의 양과 시간이다. 〈그림 4-4〉에서 보듯이 ①과 같이 정보의 양이 너무 적어 불확실한 상황에서 너무 급하게 결심을 하게 되면 위험성이 증가되는 반면, ③과 같이 확실한 정보를 기다리다가 결심이 지연되면 시

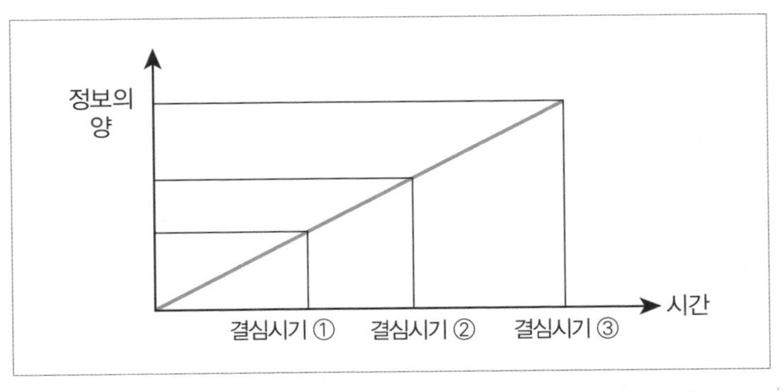

〈그림 4-4〉 시간경과에 따른 정보의 양과 결심 시기의 상관관계

기와 호기를 상실할 수 있다. 따라서 지휘관은 작전 상황에 따라 METT-TC를 고려하여 감각적으로 ②와 같이 적시적절한 결심을 해야 할 것이다.

전투의 승패는 일반적으로 각 제대의 전투 지휘활동 속도와 그 예하부대의 전투행동 속도의 빠르기에 비례한다. 따라서 지휘관 및 참모의 전투 지휘활동 시에는 지휘관 주도로 신속히 상황판단과 결심, 대응조치를 하달하여 예하부대에 좀 더 많은 시간을 부여함으로써 예하부대가 충분한 준비시간을 가지고 원활하게 작전할 수 있는 여건을 조성해 주어야 할 것이다. 또한 예하부대는 현장 중심으로 상황을 판단하여 신속한 상황 조치를 함으로써 적보다 작전 속도를 증가시킬 수 있는 임무형 지휘를 적극 실천해야 할 것이다.

전투 지속시간 유지는 작전의 승패를 좌우할 정도로 대단히 중요하다. 전쟁사를 통해 보급로가 차단되면 공격 기세가 둔화되고 더 이상 공격하지 못하는 사례가 대부분이고 목표 전방에서 탄약과 연료가 고갈되면 목표를 확보할 수 없거나, 탄약과 연료가 보급될 때까지 기다려야 하는 상황이 발생할 수 있는 것이다. 따라서 지휘관과 참모는 전투 지속시간 유지를 위한 대책을 수립하여 승리의 기회를 상실하지 않도록 해야 할 것이다.

특정시각 개념의 적시성으로 전투에서는 부대 이동시간, 공격 개시시간, 목표 확보시간, 요망시간, 결정적인 시기, 타이밍 등으로 표현되는 시간의 선택과 시간 엄수를 전제로 작전이 이루어진다. 이러한 적시성은 전투행동에서 대단히 중요하며 적시적인 시간의 선택과 결정된 시간을 철저하게 엄수하는 활동이 작전의 성공을 좌우하게 된다. 예를 들면 6.25 전쟁 시 한강인도교 조기 폭파는 한강 이북의 한국군의 철수와 한수 이남에서의 재편성을 방해하여 6.25 전쟁에 결정적인 영향을 주었으며, 전투 시 중요지형에 시간을 엄수하여 도착한 1개 소대가 적이 중요지형을 확보한 이후에 늦게 도착한 1개 대대보다 더 유용할 수 있다.

전투상황 중 전기(戰機) 포착·활용에서 전기란 적에게 결정적 타격을 가하여 승리를 획득할 수 있는 기회로, 전장에서 적에 비해 상대적 우위를 기대할 수 있는 필연적 또는 우연적 기회를 의미한다. 즉, 전장은 피·아의 힘과 힘이 충돌하면서 우연성, 불확실성, 위험, 각종 마찰이 나타나는 전투현장으로, 이곳에는 필연 또는 우연히 발생하는 결정적인 승리의 기회가 존재하는데 이 기회를 전기라고 한다. 전기는 부대의 크기, 전투 의지의 정도에 따라 나타나기도 하고 한 순간에 지나쳐 버리거나 오랫동안 지속될 수도 있다. 일반적으로 승리를 보장하는 전기는 최악의 상황에서 최대의 노력을 경주할 때 비로소 나타나며 현장 상황 파악을 위한 최선의 노력을 통해서 전기를 포착할 수 있다. 이러한 전기는 유동적이므로 포착하기가 대단히 어렵지만 일단 포착하여 활용하기만 하면 그 효과는 대단히 크다.

〈그림 4-5〉의 A 국면에서 아군은 적군의 중앙을 돌파하여 유리한 상황을 조성하였지만, 부정적으로 생각하면 적에게 측방을 노출하고 있다고 판단할 수 있으며, B 국면에서는 아군이 적군을 포위하는 상황이나, 부정적으로 생각하면 적에게 중앙으로부터 각개격파 당할 수 있다고 판단할 수도 있는 것이다. 다시 말해 똑같은 상황이라도 긍정적인 평가를 기반으로 호기로 판단했을 때는 가장 유리한 상황이 되지만 부정적으로 판단했을 때는 가장 불리한 상황으로 바뀌어 버리는 것이다.

전기는 인위적으로 유리한 상황을 조성하는 필연적 기회와 주어진 기회를

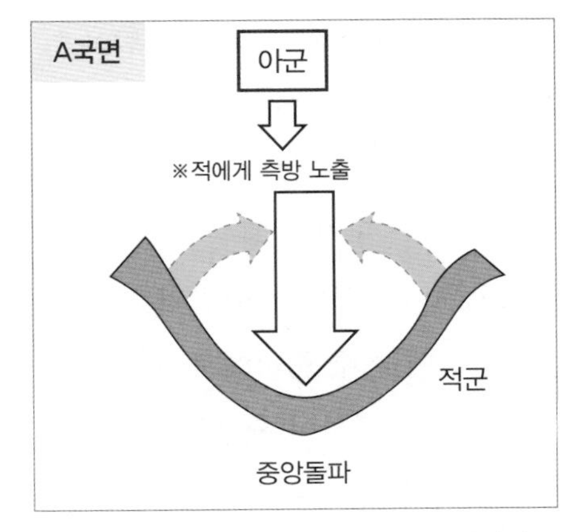

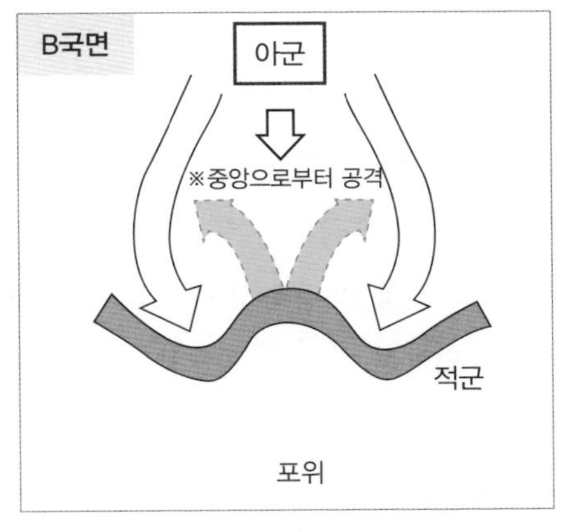

〈그림 4-5〉 상황의 긍정적 판단과 부정적 판단

포착하는 우연적 기회로 나눌 수 있다. 먼저 필연적 기회를 만드는 방법의 예로는 ① 아군에 유리한 지형으로 적을 유인하여 격멸, ② 적의 전투력을 분산시켜 각개격파, ③ 직·간접적 활동을 통하여 적의 취약점을 노출하도록 유도하는 것 등이다. 우연적 기회의 예로는 ① 지형이나 기상의 영향으로 적의 전투력 발휘 곤란, ② 적의 과오로 인해 적 병력이 혼란, 분리, 방심하고 있을 때 등이다.

따라서 상황을 있는 그대로 판단하고 위기 상황 속에서도 호기를 찾아 낼 수 있는 냉철한 상황 판단과 독창적인 상황조치 능력을 가질 수 있도록 지속적으로 노력해야 하며 전기가 포착되었을 때는 시기를 상실하지 않도록 과감한 전투 행동을 할 수 있는 대담성이 요구된다.

2) 자연현상으로의 시간

먼저, 주·야는 시간의 진행에 따라 발생하는 명암의 교대현상으로, 야간은 시계와 행동범위가 제한되고 심리적 불안감이 증대되며 지휘통제가 곤란해지는 등 피·아에게 영향을 미친다. 현대전은 단기 속전속결을 추구하기 때문에 주·

야 연속전투는 불가피하며 야간전투는 야음이 주는 공포심과 고립감 등으로 심리적으로 위축되기 쉽다. 야간전투는 일반적으로 주도권이 없는 방자보다는 주도권 장악을 통해 행동의 자유를 가지고 야음을 이용한 기만, 기습, 집중이 용이한 공자가 더 유리하다. 따라서 야간전투 시에 공자와 방자는 전투력 운용단위를 축소하여 통제를 강화하고 경계에 최대의 노력을 경주하면서 야간의 특성을 최대한 이용하여 기만, 기습, 침투, 심리전을 수행하며 전투 준비에 충분한 시간을 부여해야 한다. 그리고 야간 감시장비를 개인에게 지급하여 활용함으로써 야간에도 주간과 같이 작전이 가능하도록 해야 할 것이다.

둘째, 계절은 규칙적으로 되풀이되는 자연현상에 따라 1년을 구분한 것으로, 일반적으로 온대지방은 기온의 차이를 기준으로 봄, 여름, 가을, 겨울로 나누고 열대지방에서는 강우량을 기준으로 건기와 우기로 나눈다. 전쟁사에서 나폴레옹과 히틀러가 러시아를 침공했을 때, 전쟁이 장기화되어 계절이 겨울로 바뀜에 따라 눈과 추위에 대한 준비가 미흡하여 대량 피해가 발생하였고 이로 인해 전쟁에서 패배했음을 감안할 때, 전투에 있어서 각 계절별로 다양한 전투 환경이 조성됨을 고려하여 계절에 맞는 전투 준비와 계절의 특성을 고려한 작전을 계획하고 실시해야 한다.

셋째, 기상은 대기 중에서 일어나는 물리적인 현상을 통틀어 이르는 말로 바람, 구름, 비, 눈, 더위, 추위 등의 날씨로 표현되고 기후는 장기간에 걸친 날씨 변화의 종합이라 할 수 있다. 기상은 관측과 사격, 장비 성능, 병력활동, 항공지원, 핵 및 화생작용제 사용, 군수지원, 안정화작전 등 다양한 작전활동과 군사작전의 계획 수립과 전투의 승패에 영향을 미친다. 제2차 세계대전 시 북아프리카 전선에서는 무더위로 인한 일사병, 식량의 부패, 급수 곤란 등이 발생하였고, 스탈린그라드 전투에서는 추위와 강설로 인한 병력 및 장비활동 제한, 기동 및 행동 장애, 비전투 손실 등이 발생되었다. 또한 베트남 전쟁 시 주월 한국군 사령관을 역임한 채명신 장군은 야음과 강우, 안개 등에 의한 악천후 기상 시 실시했던 야간 침투, 야간 매복, 여명 공격 등과 같이 적이 예상치 않은 기상과 시기를 이용하는 작전이 대단히 효과가 있다고 하였다. 따라서 기상은 작전지역 분석 시 지형과 더불어 중요한 고려 요소가 되며, 전투에 크게 영향을 미치는 기상요소는 일반적으로 기온, 기압, 습도, 구름, 강수, 적설, 결빙, 광명 제원, 박명, 안개, 바람 등이다. 『야전교범 전장정보분석』에서는 〈표 4-2〉와 같은 기상영향 도표를 작성하여 기상이 지형, 작전 형태 및 활동, 인원 및 장비에 미치는 영향을 분석하여 작전에 활용해야 한다고 하고 있다. 특히 장기작전이 예상되는 경우에는 기상과 기후를 고려하여 작전을 계획하고 이에 따른 준비를 철저히 해야 할 것이다.

〈표 4-2〉 기상영향 도표 '예'

구분 \ 요소			기온	습도	바람	강수	안개	구름	적설	결빙	광명
지형	관측과 사계				○	○	○	○	○		
	침투로					○	○		○	○	
	접근로	지상				○	○		○	○	
		공중	○	○	○	○	○	○	○	○	
작전 형태 / 활동	야지 횡단		○			○	○		○	○	
	도하(섭) 지점		○			○	○		○	○	
	공중투하 지점		○		○	○	○	○	○	○	
	:		:	:	:	:	:	:	:	:	:
	헬기 이 · 착륙지대		○		○	○	○	○	○	○	
	화생방 작전					○	○		○	○	
	위장					○	○		○		
인원 / 장비	소총사격		○	○	○	○	○	○	○	○	
	전차, 야포사격		○	○	○	○	○	○	○	○	○
	통신/레이더 운용					○	○		○	○	

3. 공간

공간은 일반적으로 지표면 또는 지표상의 모든 형상이나 형세를 의미하는데, 전술 측면에서는 전투 상황이 발생하는 지리적 장소 즉, 자연 지형지물과 인공 지형지물이 포함된 지형과 지형에 의해 형성된 전체적인 지리적 공간인 전투공간을 의미한다. 지형을 군사적 관점에서 바라보면 〈표 4-3〉과 같이 지표의 고저기복이나 토양, 배수, 하상구조 등과 같은 자연적으로 형성된 자연 지형지물과 도로, 교량, 댐, 항만, 비행장, 도시 같은 인공 지형지물이 포함되며, 이러한 지형이 정면과 종심의 크기, 모양, 형세와 관련되어 전투력 운용에 직접적인 영향을 미치는 공간을 전투공간이라 한다.

『손자병법』 제10편 「지형(地形)」에서 "지형은 용병을 돕는 것이니, 적의 정세를 헤아려 승리를 얻는 것과 험하고 좁음, 멀고 가까움을 헤아리는 것은 지휘관의 용병법이다. 이것을 알고 싸우면 반드시 이기고 모르면 반드시 패배한다"라고 한 바와 같이 전술제대에서는 작전계획을 수립하고 작전을 준비, 실시하면서

〈표 4-3〉 자연 및 인공 지형지물 종류

구분	종류
자연 지형지물	• 평야, 고원, 구릉, 산지 등 • 산지지물[기복, 계곡, 능성이, 영(고개), 산정, 산맥 등] • 토양(자갈, 모래, 점토, 진흙) • 암석, 동굴(암석의 종류, 견고성 고려) • 배수(하천, 배수로, 관개수로, 호수, 늪, 소택지, 샘, 연못) • 하상구조(하상물질, 골, 웅덩이) • 해변, 식물(수목, 관목, 풀, 경작식물)
인공 지형지물	• 병참선 일대 구조물(도로, 철도, 교량, 수로, 터널 등) • 비행장, 항만 • 저수 및 방수 구조물(제방, 댐, 저수지, 수문 등) • 도시(산업지역, 주거지역, 공공기관 지역, 군사지역) • 건물(내부 및 표면재질, 높이, 용도, 주요설비, 상부지역 등)

아군에게는 유리하고 적에게는 불리하게 지형을 활용하기 위해 지형을 분석해야 한다. 또한 군사적 관점에서 지형평가 5대요소인 관측과 사계, 은폐 및 엄폐, 장애물, 중요지형 지물, 접근로로 구분하여 작전에 미치는 영향을 평가하되, 지형에 의해 형성된 전체적인 지리적 모양과 형세를 고려해야 한다.

> 夫地形者, 兵之助也. 料敵制勝, 計險厄遠近, 上將之道也.
> 부지형자 병지조야 요적제승 계험액원근 상장지도야
> 知此而用戰者 必勝, 不知此而用戰者 必敗.
> 지차이용전자 필승 부지차이용전자 필패
>
> -제10편「지형(地形)」

1019년 고려의 강감찬 군과 거란의 소배압 군이 맞붙은 귀주대첩을 예로 들어보면, 거란은 10만 대군으로 고려를 침입하여 개경방향으로 공격하였다. 이에 강감찬 장군은 홍화진에서 소가죽으로 물을 막아 도하하는 거란군에게 심대한 타격을 입히는 등 거란군의 진출로를 사전 예측하고 빠른 기동으로 유리한 지형을 선점하여 항시 전투력 우세를 달성하였다. 결국 신장된 병참선과 누적된 손실, 고려군의 적극적 방어로 거란군은 전투 의지를 상실하고 퇴각하게 되었는데, 강감찬 장군은 거란군을 귀주에서 차단하고 결정적 공격을 가하여 궤멸시켰으며 이에 살아서 도망간 적이 수천 명에 불과하였다.(부록 2 〈그림 7〉 참조)

앞서 설명한 기상과 연관하여 지형과 기상의 개별 요소가 피·아 작전에 미치는 영향뿐 아니라, 작전 기간 중 강우나 강설에 의한 기상의 변화에 따른 지형의 변화가 부대 운용에 미치는 영향을 연계하여 분석함으로써 작전에 미치는 영향을 다양하게 평가함은 물론, 지형과 기상을 종합적으로 분석하여 평가하는 것이 대단히 중요하다.

한반도에 일반적으로 분포되어 있는 지형의 특징을 참고하여 전술제대가 작전을 계획, 준비, 실시하면서 고려해야 할 사항을 개괄적으로 제시해 보면 다음과 같다.

1) 개활지

개활지란 지표면의 고저나 기복이 거의 없는 평탄한 평지 중 앞이 탁 트인 지형을 말한다. 지형평가 5대 요소에 의해 분석해 보면 개활지는 일반적으로 관측과 사계가 양호하고 특별한 장애물이 없는 관계로 양호한 접근로를 제공하지만 은폐와 엄폐에는 불리한 특징을 가지고 있다. 이러한 개활지에서는 기동과 집중, 화력 효과는 큰 반면, 기도비닉에 취약하므로 피·아 전투력이 동일하다고 가정하면 방어보다 공격이 유리하며, 공격 중에서도 신속한 기동과 화력 효과, 충격력 발휘를 극대화할 수 있는 기갑 및 기계화부대의 작전에 적합하다.

2) 산악지형

산악이란 지표면의 고저, 기복, 경사가 심한 험준한 지형을 말한다. 지형 평가 5대 요소에 의해 분석해 보면 산악의 돌출된 높은 지형에서는 관측과 사계는 양호하지만 계곡, 산림과 초목, 산악이 상호 중첩된 지형에서는 관측과 사계가 제한되고 은폐와 엄폐는 용이하다. 절벽, 급경사, 험준한 지형 자체가 장애물로 작용하고 이로 인해 접근로가 제한되어 계곡과 능선이 접근로가 될 수 있으며 기동을 촉진할 수 있는 도로, 험로, 소로, 감제고지, 교통 요충지 등이 중요 지형지물로 선정될 수 있다. 산악의 지형은 기동이 제한되고, C4I[3] 운용과 통합 전투력 발휘가 곤란하므로 기동의 제한을 극복하기 위해 부대를 경량화하여 소규모로 운용하고 공중기동을 통해 지형 마찰을 극복해야 한다. 또한 C4I의 제한사항을 극복하기 위해 고지상 중요지형을 확보하여 관측소, 지휘소, 중계소 등을 설치하고 중요지형에는 고수방어진지를 구축하여 소부대 분권화 작전을 수행해야 한

---

3 C4I는 Command(지휘), Control(통제), Communication(통신), Computer(컴퓨터), Intelligence(정보)의 영문 머리글자를 딴 용어로, '전술지휘자동화체계'라고도 한다.

다. 그리고 산악에서는 기동에 의한 융통성 있는 작전을 실시하기 어렵기 때문에 각종 기동로와 거점 위주로 통합 전투력을 운용한다.

산악지형의 거점은 적의 기동과 집중을 어렵게 하고 생존성을 보장해 주며 아군의 유휴 병력을 최소화할 수 있는 장점이 있으므로 지형 평가 5대 요소를 고려하여 최적지에 상호 지원이 가능하도록 설치해야 한다. 공격과 방어를 막론하고 산악지형에서 가장 관심을 기울여야 할 사항은 감제고지, 기동의 목이 되는 고지와 같은 중요지형을 우선적으로 선점하는 것이다. 공격 시에는 교통로 확보와 적의 후방 병참선 차단을 위한 중요 지형을 선점하고 지형을 이용하여 기습과 적의 측·후방을 공격하며, 계획은 집권화하되 실시는 분권화하는 등 예하부대에게 융통성을 부여하여야 한다. 또한 산악은 일반적으로 공자에게 불리하므로 공자에 유리한 지역으로 적을 유인하는 방안도 고려해 보아야 한다. 방어 시에는 각종 접근로와 교통로를 통제할 수 있는 중요지형에 거점을 설치하고 종심에 걸쳐 장애물을 설치하여 적의 기동을 방해하고 행동의 자유를 박탈함으로써 적의 집중을 거부하고 분산된 적을 각개격파 해야 되며, 적의 병참선 차단, 포위, 공중기동, 침투 등에 대한 대응책을 마련해야 한다.

3) 하천

하천이란 육지 표면에서 대체로 일정한 유로를 가지는 유수의 계통을 말하며 하천은 수심, 유속, 하상 상태에 따라 부대의 기동, 집중, 군수지원 등의 행동을 제한하는 천연적인 장애물이 된다. 공자는 도하작전 시 하천 도하를 위한 특수 장비와 자재가 소요되고 도하공격 시 전투력이 차안, 강상, 대안으로 분산되며 도하 간 행동이 노출되어 대량 피해를 받기 쉬운 반면, 방자는 하천이 주는 장애물 효과를 이용하여 하천선 방어를 유리하게 수행할 수 있다. 하지만 하천은 횡적으로 전개된 단일 장애물이기 때문에 이를 이용한 방어를 실시할 경우에는 병력 집중이나 융통성에 취약하므로 방자는 공자의 기만과 기습, 집중에 대한 대응책을 강구해야 한다. 『손자병법』 제9편 「행군(行軍)」에서는 "강을 건넌 후에는 반드시 물에서 멀리 떨어지고, 적이 강을 건너오면 물 가운데서 맞서 싸우지 말고, 반쯤 건너게 하여 공격하면 유리하다. 싸우고자 할 때는 물가에서 기다리지 말고, 높은 곳에 위치하며, 물을 거슬러 올라가면서 적을 공격하지 않는 것이 하천 전투의 요령이다. 소택지는 빨리 지나 머물지 말며, 소택지에서 전투를 하게 되면 반드시 수초가 있는 곳에 숲을 등지고 싸우는 것이 소택지 전투 요령이다"라고 하였다.

> 絶水必遠水(절수필원수) 客絶水而來(객절수이래), 勿迎之於水內(물영지어수내), 令半濟而擊之利(영반제이격지).
> 欲戰者(욕전자), 無附水而迎客(무부수이영객), 視生處高(시생처고), 無迎水流(무영수류), 此處水上之軍也(차처수상지군야).
> 絶斥澤(절척택), 惟亟去無留(유극거무류), 若交軍於斥澤之中(약교군어척택지중), 必依水草而背衆樹(필의수초이배중수),
> 此處斥澤之軍也(차처척택지군야).
>
> -제9편 「행군(行軍)」

하천선 관련 전사로는 제4차 중동 전쟁 시 1973년 10월 이스라엘군과 이집트군 사이의 전투에서 이스라엘군이 성공적으로 수에즈 운하를 역도하한 전례가 있다. 1973년 10월 6일 이집트는 3차례의 전쟁으로 잃었던 아랍인의 명예와 실지를 회복하기 위해 이스라엘을 선제 기습공격하였다. 이스라엘군은 초기에 심대한 피해에도 불구하고 전열을 정비, 공격으로 전환하여 대비터호 북부지역 이집트군 제2군과 제3군의 전투지경선 일대의 간격을 확인하여 데버소아지역으로 4개 사단을 집중 투입함으로써 수에즈 운하 역도하 작전에 성공하여 이집트 제3군을 고립시켜 전쟁을 조기에 종결할 수 있었다. 샤론(Ariel Sharon)은 후임이자 상관인 고넨 사령관과의 갈등과 수에즈운하 역도하 작전 반대에도 불구하고 적극적인 정찰활동으로 이집트 제2군과 제3군의 간격을 발견, 야간 도하작전을 감행하여 교두보를 확보하였다.(부록 2 〈그림 8〉 참조)

4) 도시지역

도시지역은 대도시와 중·소도시로 구분할 수 있으며 건물 밀집지역뿐만 아니라 도시 외곽의 지형까지 포함한다. 지형평가 5대 요소에 의해 분석해 보면 고층 아파트와 빌딩 등 상대적으로 높은 건물은 양호한 관측과 사계를 제공하나, 상호 중첩된 건물들로 인해 관측과 사계가 제한되고 도시지역의 건물들은 은폐와 엄폐가 용이하다.

도시지역의 건물은 그 자체가 장애물이기 때문에 도로 이외에는 접근로가 제한되어 기동, C4I 운용과 통합 전투력 발휘가 제한된다. 도시의 견고한 건물은 양호한 방호력을 제공하므로 이를 효과적으로 이용할 수 있도록 해야 하고 소규모 제병협동부대를 편성, 대·소 도로망을 이용하여 종심배비, 차단작전, 축차적 공격을 실시해야 한다. 또한 대규모의 건물과 발달된 도로망으로 인해 건물지역이 구획화되므로 분권화 독립작전, 구획 및 건물단위 소탕작전, 인접 건물과의 협조된 작전이 요구된다. 도시지역을 대부대가 공격할 시에는 건물 밀집지역뿐만 아니라 도시로 통하는 잘 발달된 도로망과 도시 외곽 지형을 종합적으로 고려하여 우선 시가지 외곽지형을 확보 또는 포위하거나, 도시로 통하는 각종 도로망을 차단하여 도시를 고립화시키는 작전에 주안을 둔다. 방어작전 시에는 도시의 외곽지형과 도시 외곽선의 협조된 방어 편성, 종심배비 및 기동예비대 확보, 도로망 차단, 도시의 기능을 유지하는 중요시설을 확보하는 데 주안을 두어야 한다. 도시지역에서의 소부대 전투는 치열한 근접전투가 예상되므로 공격 시에는 접근로를 통제할 수 있는 건물과 교차로를 확보하거나 차단하고 분권화된 소규모 부대를 편성하여 건물 하나하나를 축차적으로 소탕하는 데 주안을 둔다. 방어 시에는 건물 및 구역단위로 거점을 편성, 거점 간에 상호 협조된 방어체계를 유지하고 주요 '목' 차단 및 확보에 주안을 두어야 하며, 계획은 집권화하고 실시는 분권화하는 융통성 있는 작전을 수행해야 한다.

제2차 세계대전 시 도시지역 작전의 대표적 전례인 스탈린그라드 전투를 살펴보면, 병력과 장비, 사기, 지휘 등 모든 면에서 독일군에 비해 열세했던 소련군은 전쟁 초기 연전 연패하여 스탈린그라드까지 후퇴하게 된다. 스탈린그라드에서 소련군은 부대를 소규모로 분산 조직하여 건물을 이용한 방어를 실시함으로써 독일군에게 근접전투를 강요하였으며 이에 따라 독일군과 소련군이 건물의 상·하층에서 상호 교전하는 등 최근접에서 치열하고 참혹한 전투가 진행되었다. 주코프(G. K. Zhukov)는 스탈린그라드 방어를 맡은 소련의 제62군이 독일 제6군과의 치열한 시가전으로 괴멸될 지경에 이르렀음에도 병력지원을 최대한 억제하고 도시 양측방에 동원 가능한 모든 병력을 집결시키면서 공세전환의 시기를 기다렸다. 드디어 공세전환 여건이 조성되자 주코프는 독일군의 양측방에서 반격을 개시하여 비교적 전투력이 열세한 루마니아군을 격파하고 독일 제6군 전체와 제4기갑군 일부를 포위했다. 만슈타인의 돈(Don) 집단군이 시도한 구원작전도 실패하자 보급 단절과 혹독한 추위에 시달리던 독일 제6군의 9만 1천여 명은 결국 항복하고 말았다.(부록 2 〈그림 9〉 참조)

5) 산지 소구획 지역

소구획 지역이란 일정한 지역 내에 서로 다른 지형이 조밀하게 배치되어있는 상태를 말한다. 산지 소구획 지역은 구릉, 산악, 하천, 경작지, 촌락 등 자연 및 인공 장애물이 복잡하게 혼재되어 있어서 일반적으로 기동로가 협소하고 능선 및 계곡으로 인한 협로지역이 산재되어 있으며 산림과 수목이 울창하게 형성되어 있다. 산지 소구획 지형은 도로망이 제한되고 기동로가 협소하여 기동과 집중, 협조된 작전이 제한되므로 전투력의 집중과 절약, 중요지형 차단을 고려하여 작전을 실시해야 한다. 또한 능선 및 계곡이 발달하여 애로, 견부,[4] 감제고지가 산재되어 있으므로 다중 종심배비를 고려하고 지형의 영향으로 지역이 구획별로

4 견부는 기동로에 인접한 중요지형으로 기동로를 직접 통제 가능하고 적의 진출을 거부하거나 제한할 수 있는 작전상 이점을 제공해 주는 요충지이다.

분리되어 기동이나 부대배치가 분리되기 때문에 독립 및 분권화 작전이 요구된다. 이에 따라 공격 시에는 지형기복과 능선 및 계곡 등으로 부대기동 및 배치가 분리되어 협동작전과 전투력의 통합 발휘가 곤란하므로 돌파 및 포위, 침투식 공격, 기습 및 차단에 주안을 둔다. 그리고 방어 시에는 지형의 이점을 이용한 거점 및 고수방어 진지 편성과 견부지형의 확보, 간격 및 통로를 통제할 수 있는 대책을 강구해야 한다. 특히 공격과 방어 시 전투력의 통합운용과 집중운용 그리고 분권화 운용의 조화에 주안을 두어야 한다.

6) 평지 소구획 지역

평지 소구획 지역은 대·소 도로망이 발달되고 야지 및 구릉지대가 산재하여 기동과 집중에 유리하므로 공격 시에는 적의 강점은 고착 견제하고 신속한 기동을 통한 집중을 달성해야 한다. 방어 시에는 도로망의 견부를 확보하고 다양한 장애물을 운용하여 종심 깊게 전투력을 운용하며 충분한 기동예비대를 확보하여 제 전장 기능이 통합된 집권화되고 융통성 있는 작전을 수행해야 한다.

7) 회랑형 지역

회랑형 지역이란 하천 또는 산악 등 자연적 지형지물에 의해 저지되거나 계곡이 길게 형성된 기동로 또는 통로를 의미한다. 회랑형 지형은 횡적인 도로망이 제한되기 때문에 방향전환이나 협조된 작전이 곤란하고 감제고지, 목, 애로지역이 산재하여 이를 차단하거나 확보 시에는 기동이나 작전지속지원이 불가능하다. 따라서 제병협동 및 합동전력을 이용한 집중 돌파와 회랑형 지형 입·출구에 대한 통제 대책 그리고 목, 애로 확보 및 공중 보급대책이 요구된다.

공격작전 시에는 제병협동 및 합동작전으로 집중 돌파하면서 공중기동 및 침투부대를 운용하여 적 후방을 차단하거나 교란하는 데 주안을 둔다. 그리고 방어작전 시에는 도로 견부와 산악 접근로에 다양한 장애물을 통합하여 종심배비하고 기동예비대를 확보하여 공격부대를 절단하거나 차단하는 데 주안을 두어야 한다.

4. 전투력

1) 전투력의 개념

전투력이란 적과 전투를 수행함에 있어 발휘되는 힘의 역량으로 병력, 무기, 장비 등의 물리적인 힘인 유형적 요소와 전투원의 정신력과 전술, 전기 등 유형적 요소의 활성화 및 효율성을 제고해 주는 무형적 요소로 구성된다.

전투력은 양적인 요소와 질적인 요소로 구분되는데, 양적인 요소는 병력과 부대 수, 무기, 장비, 물자의 수량 등과 관련하여 계량화된 표현이 가능한 유형적 요소이며, 질적인 요소는 지휘관의 리더십, 간부의 전술적 식견, 전투원의 정신력, 훈련 수준, 부대 조직력 등과 관련하여 산술적으로 계량화하기에는 제한되지만 전투의 효율성과 관련된 무형적 요소를 말한다. 질적인 요소는 전투의 주체인 인간이 갖는 강인한 정신력과 조직력 등 긍정적 측면과 공황, 공포 등 부정적 측면을 모두 포함하고 있어 무형 전투력이 질적으로 우수한 전투원과 조직은 유형 전투력을 상승시키는 반면, 질적 수준이 떨어지는 전투원과 조직은 유형 전투력을 크게 약화시키기 때문에 양적 요소와 질적 요소를 효율적으로 통합해야 한다. 또한 병사들에게 전투를 수행하게 하는 가장 큰 동기는 전우애라는 미 랜드(RAND) 연구소의 연구결과와 같이, 평시부터 전우애를 함양하기 위한 노력과 활동을 강화해야 할 것이며 이는 전·평시 화목으로 단결된 병영과 긍정적인 상호관계로 나타나게 될 것이다.

피·아가 동일한 양의 유형 전투력이라면 무형 전투력에 의해 유형 전투력의 효율이 극대화되기 때문에 긍정적 측면을 강화하고 부정적 측면을 최소화할 수 있도록 지휘관은 자신의 역량과 조직의 전투 역량 그리고 전우애, 조직 분위기를 향상시켜 전투의 효율성을 극대화해야 할 것이다. 또한 모든 작전을 실시함에 있어 피·아 공히 마지막 결심은 지휘관이 하기 때문에 적 지휘관의 성격과 능력 등에 대해 사전에 철저히 파악하여 적 지휘관의 성격과 능력 등에서 오는 강점을 회피하고 취약점을 활용하여야 할 것이다.

손자는 무형 전투력에 의해 나타나는 현상과 활용 그리고 중요성에 대해 강조한 바 있는데, 제7편 「군쟁(軍爭)」에서는 "적 부대의 기세를 빼앗고, 적 지휘관의 마음을 빼앗아야 한다. 아침의 기세는 왕성하고 낮에는 약해지며 저녁에는 돌아가려는 심리가 크다. 따라서 용병을 잘하는 지휘관은 적의 왕성한 기세는 피하고, 해이해지고 돌아가고 싶은 심리를 치는 것인데 이것이 사기를 다스리는 것이다. 정돈된 상태로 혼란한 적을 맞이하고 조용한 상태로 소란한 적을 맞이하는 것은 마음을 다스리는 것이다"라고 하였다.

> 故三軍可奪氣, 將軍可奪心. 是故朝氣銳, 晝氣惰, 暮氣歸.
> 고삼군가탈기 장군가탈심 시고조기예 주기타 모기귀
> 故善用兵者, 避其銳氣, 擊其惰歸, 此治氣者也.
> 고선용병자 피기예기 격기타귀 차치기자야
> 以治待亂, 以靜待嘩, 此治心者也.
> 이치대란 이정대화 차치심자야

제8편 「구변(九變)」에서는 지휘관의 5가지 위험(오위: 五危)을 "첫째, 필사적으로 싸우는 자는 가히 죽을 수 있다. 둘째, 기어코 살고자 하는 자는 가히 사로잡힐 수 있다. 셋째, 성 잘내고 참을성 없는 자는 가히 적의 계략으로 인해 모멸을 당할 수 있다. 넷째, 지나치게 결백한 자는 가히 적의 계략에 의해 탐욕하다는 모욕을 당할 수 있다. 다섯째, 병사(백성)를 지나치게 사랑하면 가히 그 때문에 냉정한 결단을 못 내리고 번민할 수 있다"라고 제시하고 있는데, 적 지휘관의 성격을 파악하여 이를 역이용한다

면 좀 더 효율적으로 성공적인 전투를 수행할 수 있을 것이다.

故將有五危, 必死可殺, 必生可虜, 忿速可侮,
고장유오위 필사가살 필생가로 분속가모
廉潔可辱. 愛民可煩.
염결가욕 애민가번

제9편 「행군(行軍)」에서는 "지휘관이 장황하고 간곡하게 얘기하는 것은 병사들의 신망을 잃은 것이고, 빈번하게 상을 주는 것은 궁색하다는 것이다. 자주 벌을 주는 것은 통제하기가 어려워졌음이고, 난폭하게 한 후에 부하들을 겁내는 것은 군기가 완전히 무너진 것이다. 부하들과 친숙해지기도 전에 벌을 주면 복종하지 않으며, 부리기 어렵다. 부하들과 친숙해졌는데도 벌이 엄정하지 않으면, 그 역시 부릴 수 없다. 따라서 지휘를 할 때는 덕으로 하고, 부하를 통솔할 때는 엄격해야 승리할 수 있다. 평소부터 명령이 잘 지켜질 때 병사를 훈계하면 복종하지만, 그렇지 않을 때에 훈계하면 복종하지 않는다. 장병들이 평소에 명령을 잘 지키는 것은 부대원 모두에게 이득이 된다"라고 하였다.

諄諄翕翕, 徐與人言者 失衆也, 數賞者 窘也.
순순흡흡 서여인언자 실중야 삭상자 군야
數罰者 困也, 先暴而後畏其衆者 不精之至也.
삭벌자 곤야 선폭이후외기중자 부정지지야
卒未親附而罰之, 則不服, 不服則難用.
졸미친부이벌지 즉불복 불복즉난용
卒已親附而罰不行, 則不可用也. 故令之以文, 齊之以武,
졸이친부이벌불행 즉불가용야 고령지이문 제지이무
是謂必取.
시위필취
令素行, 以敎其民, 則民服, 令不素行, 以敎其民, 則民不服.
영소행 이교기민 즉민복 영불소행 이교기민 즉민불복
令素行者, 與衆相得也.
영소행자 여중상득야

제10편 「지형(地形)」에서는 "병사를 어린아이같이 돌보면 병사들은 깊고 험한 골짜기까지라도 함께 들어가며, 병사를 사랑하는 자식처럼 대하면 병사들은

함께 죽기를 각오하고 싸울 것이다. 지휘관이 부하를 대할 때 너무 후하면 부리지 못하고, 너무 사랑하면 명령하지 못하니, 문란하여도 꾸짖지 않으면 방자한 자식 같아서 아무 짝에도 쓸모없게 된다"라고 하였다.

視卒如嬰兒, 故 可與之赴深谿, 視卒如愛者故, 可與之俱死.
시졸여영아 고 가여지부심계 시졸여애자고 가여지구사

厚而不能使, 愛而不能令, 亂而不能治, 譬如驕者, 不可用也.
후이불능사 애이불능령 난이불능치 비여교자 불가용야

제11편 「구지(九地)」에서는 "군대를 지치지 않게 하고, 사기를 진작시켜 힘을 축적하며, 예측할 수 없는 계책으로 군대를 운용해야 한다. 갈 곳이 없는 곳에 던져지면 죽도록 싸우며 도망가지 않을 것이니, 죽음에 이르러 어찌 병사들이 힘을 다하지 않겠는가? 병사들이 적진 깊숙이 들어가면 두려워하지 않게 되고, 갈 곳이 없으면 단결하며, 전투 의지가 강해지고, 부득이해지면 싸우게 된다. 그런 상황에서 병사들은 지시하지 않아도 경계하며, 요구하지 않아도 따르며, 처음 보아도 친해지며, 명령하지 않아도 믿을 것이니, 미신과 의심이 퍼지지 못하게 하면 죽을 때까지 싸울 것이다. 병사들의 심리는 포위되면 스스로 방어하고, 부득이하면 싸우고, 황급하면 지휘관의 말에 따른다"라고 하였다.

謹養而勿勞, 幷氣積力, 運兵計謀, 爲不可測.
근양이물노 병기적력 운병계모 위불가측

投之無所往, 死且不北, 死焉不得士人盡力.
투지무소왕 사차불배 사언부득사인진력

兵士甚陷則不懼, 無所往則固, 入沈則拘, 不得已則鬪.
병사심함즉불구 무소왕즉고 입심즉구 부득이즉투

是故, 其兵不修而戒, 不求而得, 不約而親, 不令而信.
시고 기병불수이계 불구이득 불약이친 불령이신

禁祥去疑, 至死無所之. 故兵之情, 圍則防, 不得已則鬪, 逼則從.
금상거의 지사무소지 고병지정 위즉어 부득이즉투 핍즉종

하지만 전투력의 질과 양의 관계에서 질적 요소의 한계성을 제시한 란체스터(F. W. Lanchester) 방정식 $S = K \cdot N^2$(S: 전투력 효율지수, K: 전투력 질, N: 전투력 양)[5]에 의하면 전투원의 수를 1/2로 줄일 경우, 같은 전투력 효율을 내기 위해서는 전투력의 질을 4배 이상 증강해야 한다고 제시하고 있어 무형 전투력의 한계를 고려한 유형 전투력의 확보가 필수적임을 명심해야 할 것이다.

2) 전투력의 본질

(1) 전투력의 특성

전투는 피·아가 주어진 공간과 시간 속에서 전투에 투입되는 전투력의 모든 요소들의 상호 역학 작용에 따라 승패가 달라지며 전투에 투입되는 전투력 요소 간 역학 작용은 시간과 공간의 상태에 따라 끊임없이 변화하는데, 이때 전투력의 효과를 결정하는 요인을 전투력의 특성이라 한다. 전투력은 전투력의 크기와 움직임에 따라 변화하는 가변성, 대립하는 적 전투력과의 상대성, 전장에서의 각종 마찰(기상, 지형, 적과의 전투에서 발생하는 기동, 화력, 저항 등)로 인하여 일정 기간이 경과하면 전투력이 소진되는 한계성이라는 특성을 갖는다.

(2) 전투력의 성질

전투력은 힘의 크기와 움직임에 따라 상대적으로 변화한다. 전투력은 본질상 집중(集), 분산(散), 기동(動), 정지(靜)의 4가지 성질을 가지고 있다.

① 집중(集): 전투력은 집중하면 강해진다.
② 분산(散): 전투력은 분산되면 약해진다.
③ 기동(動): 전투력은 기동하면 능동적으로 작용한다.

---

5 란체스터 방정식은 상대방과 전투력의 관계를 보여주는 방정식으로 선형법칙과 제곱법칙이 있으며, 자세한 내용은 pp. 88~89를 참조한다.

④ 정지(靜): 전투력은 정지하면 수동적으로 작용한다.

전례 #2

제1차 세계대전 시 탄넨베르크 전투(1914. 8. 17~29)

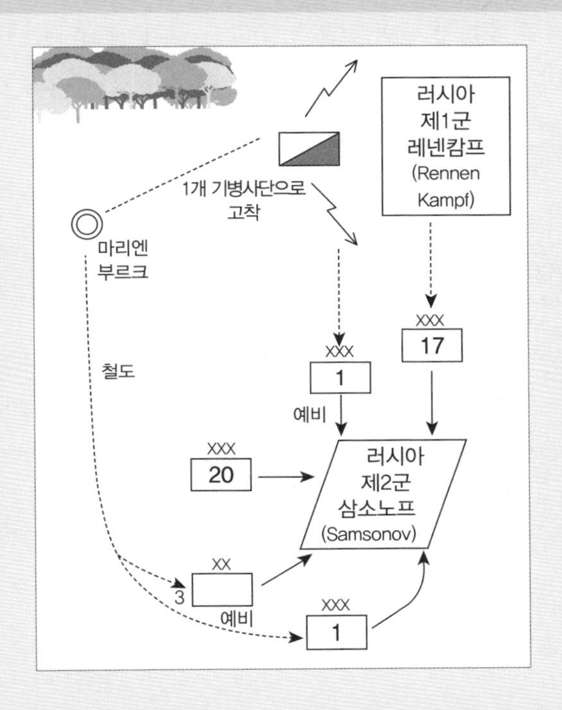

독일군은 1개 기병사단으로 북쪽의 러시아 레넨캄프군을 고착하여 전투력이 우세한 러시아 제1군을 분산(散)×정지(靜) 상태로 만들어 놓고 3개 군단을 기동(動)시켜 남쪽의 러시아 삼소노프군을 양측면에서 동시에 포위, 4개 군단으로 집중(集)공격을 실시하여 섬멸하고 다시 전투력을 전환하여 레넨캄프군을 패퇴시켰다. 이는 독일군이 전투력을 공간과 시간에 잘 결합시켜 러시아 삼소노프군의 취약한 측, 후방에 전투력을 집중(集)×기동(動)시킴으로써 독일군 11개 보병사단과 1개 기병사단으로 러시아군 30개 보병사단과 8개 기병사단에 승리하였다.

전투력은 위 4가지의 성질이 조합되면서 그 효과를 발휘하게 되는데, 예를 들어 집중과 기동이 조합되면 공격 효과가 발휘되고, 분산과 정지가 조합되면 현상유지 효과가 나타난다. 적보다 상대적으로 우세한 전투력을 보유하는 것이 승리를 위한 기본적 조건이지만 상대적 전투력이 우세하더라도 전투력의 성질을 잘못 조합하거나 적용하여 패한 전례가 수없이 많기 때문에 전투력의 성질을 알고 이를 적절하게 조합하는 것이 최소의 전투력 손실로 최대의 효과를 달성하면서 전투에 승리할 수 있는 조건임을 명심해야 할 것이다.

전례 #3

제2차 세계대전 시 폴란드 전역(1939. 9. 1~11)

방어중심 사상에 젖어 국경에 대부분의 전투력을 분산(散)×정지(靜) 상태로 운용하던 폴란드군에 대해 독일은 공군과 기갑·기계화군을 집중(集) 운용하여 신속하게 기동(動)시키는 전격전을 통하여 독일군은 8,000명의 적은 손실로 폴란드 군 90여만 명을 궤멸시키고 단기간 내 폴란드를 점령하였다.

(3) 전투력과 힘의 작용

힘은 정지하고 있는 물체를 움직이고, 움직이고 있는 물체의 속도나 운동 방향을 바꾸거나 물체의 형태를 변형시키는 작용을 하는 물리량으로, 전장에서 전투의 3요소 중 전투력이 바로 '힘'을 발휘하는 원천으로 볼 수 있으며 힘은 전장에서 아래와 같은 현상을 일으키거나 영향을 미친다.

① 힘과 마찰력

힘의 크기는 〈그림 4-6〉과 같이 그것이 작용함으로써 생긴 가속도와 물체의 관성질량의 곱, 또는 물체가 단위시간에 얻는 운동량에 의해 결정된다. 이를 공식으로 표현해 보면 물리학에서는 $F=MC^2$(F: 힘, M: 질량, C: 속도)으로, 이를 전투력 운용에 대입해 보면 F는 집단의 힘이 투사되는 전투력으로 볼 수 있어,

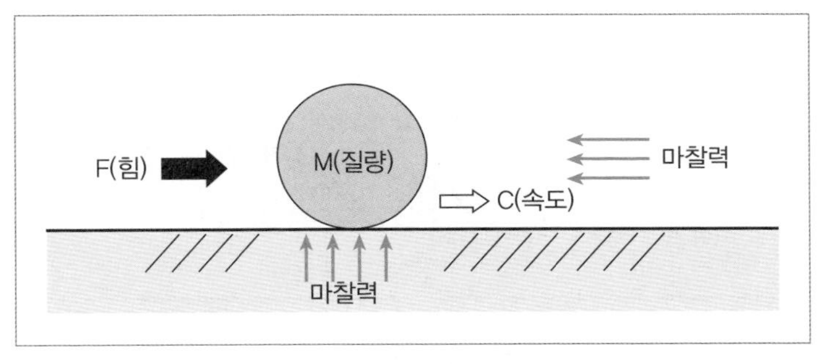

〈그림 4-6〉 힘의 크기와 마찰력

* 출처: 교리발전부, 『군사이론 연구』(대전: 교육사령부, 1987), p. 436 재구성

$F=MC^2$(F: 전투력, M: 병력의 양, C: 기동속도)으로 표현할 수 있다. 즉, 전투력은 병력의 절대량에 따라 증가하고 기동속도가 빨라질수록 그 전투력이 커진다는 것이다. 이는 병력 수에 따라 전투력이 증가하고, 많은 병력이 신속히 움직일 때 충격력도 커짐을 알 수 있다. 이에 반해, 마찰력은 운동 방향과 반대방향으로 작용하는 힘으로 접촉면 상호 간 작용하는 수직력과 항력의 영향을 받는데, 움직이는 물체에 대한 마찰은 접촉면이 클수록, 물체의 질량이 무거울수록 커지고 속도가 빠를수록 적어진다. 따라서 전투력의 '힘'이 일정 방향으로 작용하기 위해서는 마찰력을 극복할 수 있는 병력수가 필요하며 마찰력을 최소화할 수 있는 요인은 기동속도에 있기 때문에 속도를 증가시키면 마찰력이 줄어들어 충격 효과를 키울 수 있다.

따라서 적에게 아군의 '힘'을 이용한 충격 효과를 발휘하기 위해서는 병력의 절대량을 집중 통합하는 것도 중요하지만 그 효율성을 높이기 위해서는 기습, 기동속도를 증가시킴으로써 마찰을 최소화해야 한다. 즉, 선정한 공간에서 속도를 증가시켜 최단 시간 내 예기치 않은 최대한의 전투력을 집중할 때 최대의 효과가 발휘됨을 알 수 있다.

② 방향에 따른 힘의 효과

이동하는 물체의 힘을 전환시킬 경우, 〈그림 4-7〉과 같이 정면에서 힘을 가

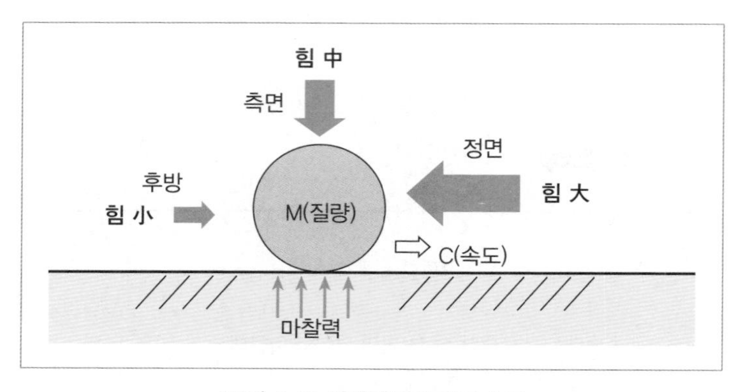

〈그림 4-7〉 방향에 따른 힘의 효과

* 출처: 교리발전부, 『군사이론 연구』(대전: 교육사령부, 1987), p. 438 재구성

하면 물체의 가속도가 붙어 있기 때문에 가장 많은 힘이 소모된다. 그리고 측면에서 힘을 가하면 정면보다 적은 힘이 소요되며, 후방에서 힘을 가하면 가장 적은 힘으로 물체의 방향을 전환시킬 수 있다.

전투에서 힘의 방향을 고려하여 부등호를 그려 보면 정면타격 < 측면타격 < 후방타격 순으로 효과가 있다. 즉, 정면타격은 적의 준비가 가장 잘 되어 있고 아군의 기도가 쉽게 노출되는 반면, 측면타격과 후방타격은 적의 준비가 취약한 방향을 아군의 기도를 은폐하면서 타격할 수 있기 때문에 기습 효과를 거둘 수 있어 적에게 심리적 마비 효과를 달성할 수 있다. 또한 힘은 작용면에 직각일 때 가장 강하게 작용하며 직각을 벗어나 사선으로 기울어지면 수직력과 수평력으로 분산되어 그 힘이 약화된다.

③ 힘의 작용점

㉠ 무게 중심점(중심)

클라우제비츠는 중심(Schwerpunkt)에 대해 대부분의 무게가 가장 밀도 높게 집중되어 있는 곳에 중심이 존재하고, 전투력에는 일정한 중심들이 존재하며, 전체 전투력은 이 중심들을 바탕으로 통일성과 응집력을 보유한다고 하였다. 또한

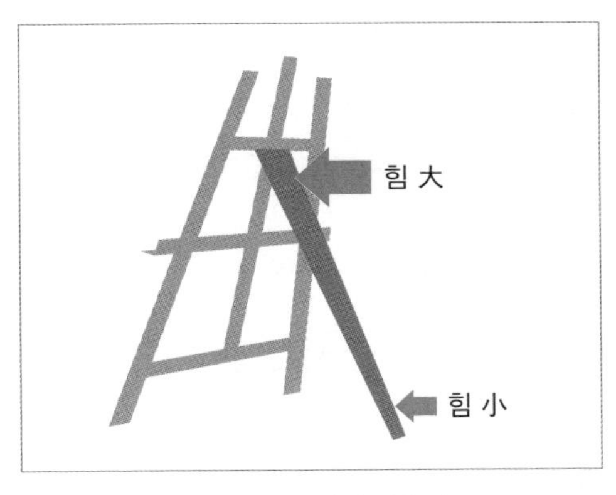

〈그림 4-8〉 힘의 작용점

적 전투력에서 중심을 식별하고 그 영향 범위를 인식하는 것은 판단의 주요행동이며 적 전투력의 중심에 대한 타격을 위해 전투력의 집중이 요구되므로 중심에서 결전을 추구해야 한다고 하였다. 군사적 측면에서 이러한 적 부대의 균형을 깰 수 있는 물리적, 정신적 요소를 중심이라 한다. 즉, 중심이란 피·아 힘의 원천이나 근원이 되는 것으로 이를 파괴하면 전체적인 구조가 균형을 잃고 붕괴되는 물리적, 정신적인 요소이다. 예를 들면 한반도의 전략적 중심은 서울, 평양, 한미동맹, 북한의 핵 미사일 등이고 작전적 중심은 북한군의 장사정포와 기동부대의 기습과 속도 등으로 볼 수 있으며 전술적 중심은 북한군의 포병, 기계화부대 등이다. 또한 적과의 전투와 교전 시에는 적 지휘관(자), 하천선 방어 시 적 도하 기재 집적소, 공격 시 적의 특화점 등을 예로 들 수 있다.

물체를 넘어뜨려야 할 경우, 모든 물체는 무게 중심점을 가지고 있고 평형을 유지하려는 속성이 있다. 따라서 〈그림 4-8〉과 같이 물체의 중심점과 이와 근접해 있는 곳에 힘을 직진시키면 가해진 힘의 순수한 충격에 의해 물체가 넘어지기는 하지만 물체의 무게가 집중되어 있어 힘이 많이 든다. 그러나 물체의 무게 중심점으로부터 먼 곳에 충격을 주면 회전의 효과로 인해 작은 힘으로 물체의 균형을 깨뜨려 쉽게 넘어뜨릴 수 있다. 전투에서 최소의 노력으로 최대의 효과를 달성하기 위해서는 적의 힘이 집중되어 있는 부대나 장소를 회피하고 균형을 용이하게 무너뜨릴 수 있는 적의 취약점을 찾는 노력이 중요하다. 따라서 지휘관은 적의 중심을 식별하고 이를 무력화 또는 파괴시키기 위해 가용자원과 능력을 어디에, 어떻게 집중할 것인가 하는 노력을 지속적으로 경주해야 한다.

전례 #4 정유재란 시 칠천량 해전(1597. 7. 15)

일본에 있어 조선을 정벌하는 데 최대의 걸림돌은 이순신 장군이 지휘하는 조선 수군이었다. 임진왜란 기간 동안 일본 수군은 전투에서 연전연패 하였으며, 이로 인하여 일본의 지휘관들은 직접적으로 조선 수군을 격파하는 것은 이순신 장군의 뛰어난 전략, 전술 식견과 조선 수군의 무기체계, 장병들의 사기와 군기, 훈련 상태 등을 고려해 보았을 때 어렵다고 판단하였다. 이에 따라 일본 수군의 고니시 유키나가(小西行長)는 조선군의 중심인 수군을 무너뜨리기 위해 그 핵심인 이순신 장군을 간접적으로 제거하기 위한 계획을 세우고, 이중 첩자인 요시라를 경상좌병사 김응서에게 보내 자신의 정적인 가토 키요마사(加藤清正)가 지휘하는 함대가 부산포를 통해 일본으로 이동하는데 조선 수군이 그 길목을 지키고 있다가 공격하면 그의 함대를 격멸시킬 수 있다는 정보를 제공하게 하였다. 김응서는 이를 도원수 권율에게 보고했고 권율이 이를 조정에 보고하자, 선조는 이순신 장군에게 가토 키요마사의 함대를 공격하라는 명령을 하달하였다. 이러한 명령에도 불구하고 이순신 장군은 일본의 계략이라는 것을 간파하고 함대를 움직이지 않았다. 이에 선조는 격분하여 이순신 장군을 파직하여 백의종군 시키고 원균을 삼도수군통제사로 임명하여 공격을 실시하게 하였다. 이러한 조선 수군의 계획을 미리 알고 있었던 일본 함대는 칠전량 해전에서 거북선 3척과 판옥선 140여 척을 침몰시키고 전라 우수사 이억기 등과 같은 유능한 장수를 포함한 조선 수군 2만여 명을 궤멸시켜 조선 수군을 전투불능 상태로 몰아넣는 전과를 거두었다. 이때 일본 수군의 피해는 100여 명 정도로 추정하고 있다.

이와 같이 중심을 직접적으로 제거하는 데는 많은 노력과 힘이 들지만 취약점을 간파하여 이를 이용한다면 적은 힘으로 큰 전과를 거둘 수 있는 것이다.

㉡ 구심력과 원심력

클라우제비츠는 "방자와 공자의 상태는 비중의 차이가 있을 뿐 공히 정적인 요소와 동적인 요소 그리고 구심성과 원심성을 보유하고 있으나, 방자의 정적인 상태와 공자의 동적인 상태가 지속되는 동안에는 공격은 구심성, 방어는 원심성을 보유하게 된다"고 주장한 바 있다. 즉, 공자는 포위, 우회기동 등 외선작전의 이점을, 방자는 내선작전의 이점을 유리하게 활용한다고 하였다. 이를 힘의 역학적 원리를 대입하여 구체적으로 알아보면 다음과 같다.

ⓐ 구심력에 의한 힘의 작용점(외선작전)

물체가 원운동 또는 곡선 운동을 할 때 원의 중심을 향해 작용하는 힘을 구심력이라 하는데, 구심의 원리는 〈그림 4-9〉와 같다.

이러한 구심의 원리를 적용한 것이 외선작전이다. 외선작전은 내부에서 외부를 향해 작전하는 적에 대해 후방 병참선을 외부에 유지하면서 수 개 방향에서 구심점으로 공격하는 작전이다. 이는 포위 또는 협공을 전제로 작전선을 적의 바깥쪽에 두고 주변에 포진되어 있는 전투력을 1개의 지점에 집중, 통합시키는 작전이다. 외선작전은 적을 포위하는 데 유리하고 배후 위협이 적은 상태에서 적에게 집중할 수 있는 시간과 공간을 선택할 수 있어 주도권 확보가 용이하다는 장점이 있는 반면, 병력이 분산되기 쉽고 각개격파 당할 위험성이 있다.

외선작전에 대한 전례로는 1805년 프랑스군과 오스트리아군의 울름 전역을 들 수 있다. 1804년 나폴레옹이 프랑스 황제로 등극하자, 오스트리아, 러시아, 영국이 제3차 대불 동맹을 결성하여 나폴레옹의 프랑스군과 전쟁을 하게 되었다. 나폴레옹은 러시아군이 전선에 도달하기 전에 프랑스의 20만 명의 병력으

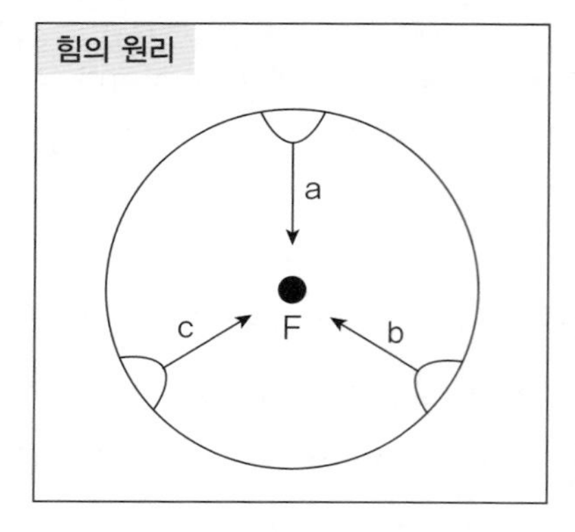

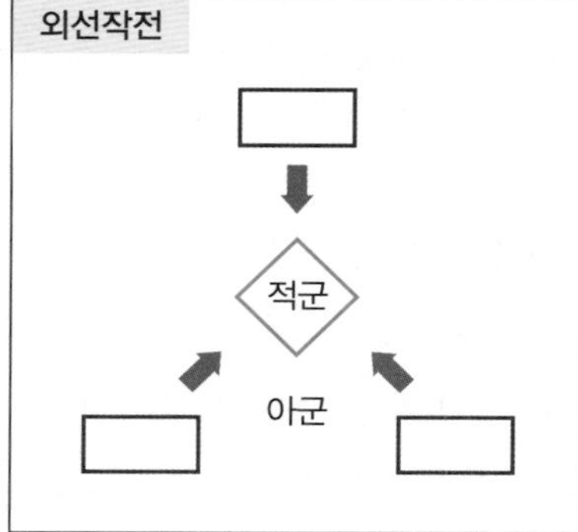

- 중심을 향해 운동하는 개개의 힘은 중심에 있는 공통된 한 점에 지향된다.
- 중심점에 미치는 힘(F)은 개개의 힘(a, b, c)의 총합보다 크다.
  ※ F 〉 a+b+c
- 중심에 미치는 힘은 중심에 가까워질수록 강하고, 중심에 도달했을 때 극대화된다.
- 중심에 미치는 힘은 개개의 힘(a, b, c)이 동시에 작용할 때 가장 크고 효과적이다.
- 중심에 미치는 힘의 작용이 빠를수록 그 효과는 크다.

〈그림 4-9〉 구심력에 의한 힘의 작용점

* 출처: 교리발전부, 『군사이론 연구』(대전: 교육사령부, 1987), pp. 457-459 재구성

로 오스트리아의 마크군 5만 명에게 전투력을 집중하여 조기에 격파하기로 계획하였다. 나폴레옹은 남부지역에 위치한 5만 명의 맛세나군으로 하여금 오스트리아 찰스 대공군의 13만 명을 견제하게 하고, 그 사이에 프랑스군의 주력을 우회기동시켜 마크군을 포위하여 항복을 받아내었다.

나폴레옹군의 주력 20만 명은 110km에 걸쳐 전개되어 있었으나, 800km를 일일평균 20km 속도로 신속히 기동하여 결정적인 시간과 장소에 전투력을 집중함으로써 승리를 거둘 수 있었다.(부록 2 〈그림 2〉 참조)

ⓑ 원심력에 의한 힘의 작용점(내선작전)

물체가 원운동을 할 때 관성의 원리로 원의 중심에서 먼 방향으로 작용하는 힘을 원심력이라 하는데, 원심의 원리는 〈그림 4-10〉과 같다.

이러한 원심의 원리를 적용한 것이 내선작전이다. 내선작전은 외부에서 수

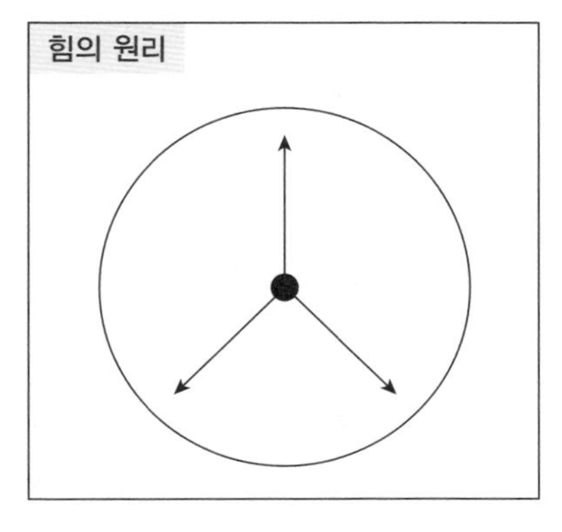

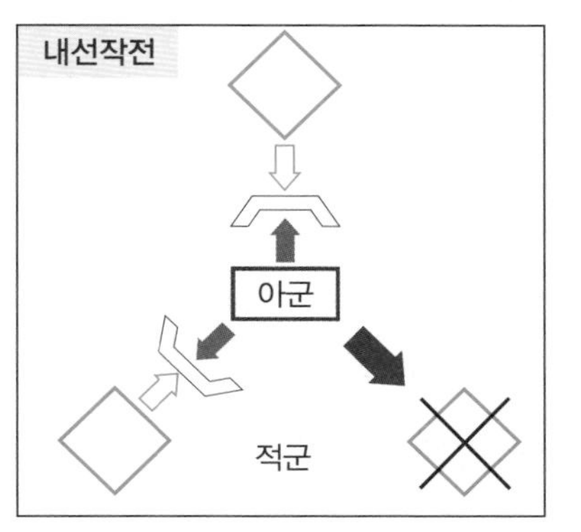

- 중심의 힘을 결합하여 원주상 수 개 지점에 지향한다.
- 원심 운동을 계속할 경우 힘은 점차 약화된다.
- 원심력은 원주에 가까워질수록 커지고 중심에 가까울수록 약해진다.
- 원의 공간이 증대될수록 원심 운동은 용이해진다.

〈그림 4-10〉 원심력에 의한 힘의 작용점

* 출처: 교리발전부, 『군사이론 연구』(대전: 교육사령부, 1987), pp. 459-460 재구성

개의 방향을 통하여 내부를 향해 작전하는 적에 대해 병참선을 내부에 두고 실시하는 작전이다. 이는 적 부대 간의 거리보다 더욱 적과 근접하여 적을 분리하며 분리된 적에 대해 일부 전투력으로 견제한 상태에서 공격 목표에 전투력을 집중하여 각개격파 하는 작전이다. 내선작전은 짧은 병참선, 신속한 기동, 병력의 집중과 분산이 용이하고 전투력을 집중하여 축차적으로 각개격파 할 수 있는 장점이 있는 반면, 수세적으로 대응하면 포위당하기 쉽고 각개격파의 성과가 완전하지 않으면 수 개의 방향에서 다시 포위당할 위험성이 있다.

내선작전에 대한 전례로는 1619년 청군과 명군의 사르후 전역을 들 수 있는데, 청나라의 초대 황제 누루하치는 영릉 지역을 포위 섬멸하고자 4개 제대로 분진합격해 오는 명군을 기동에 의한 과감한 집중과 공세적 선제기습으로 각개격파 하였다. 누루하치는 내선작전의 이점을 최대한 이용하여 불과 1만의 기병으로 명의 12만 대군에게 섬멸적 피해를 가하여 3일 만에 패퇴시켰으며, 작전 간

명군은 1일 15km의 속도로 기동한 데 비하여 청군은 시간당 15km의 속도로 기동하여 24배의 차이를 보였다.(부록 2 〈그림 10〉 참조)

④ 힘의 작용시기

아군이 어떤 지역이나 적 부대를 공격할 경우, 적이 아군의 공격기도를 예상하여 충분한 준비를 하고 있는 상황이라면 아군이 이를 극복하는 데 많은 힘과 노력이 소요된다. 하지만 적이 아군의 공격기도를 간파하지 못하고 준비가 소홀한 경우에는 조그만 힘과 노력으로 예상치 못한 기습을 달성할 수 있고, 상황에 따라서는 측·후방에서 위협이나 기만활동에 의한 혼란한 상황을 조성한 후 적의 약점과 과오[6]에 대한 적시적인 공격만으로도 큰 성과를 거둘 수 있다. 따라서 적극적인 정찰활동과 기습·기만 등 다양한 작전활동을 통하여 적의 약점과 과오를 조성하거나 포착하여 적시적으로 공격함으로써 최소의 노력으로 최대의 성과를 달성해야 한다.

(4) 전투력 소모와 한계점

전투력은 전장에서 각종 마찰과 시간이 경과됨에 따라 자연적으로 소모되어 그 한계점에 이르게 된다. 공자는 주도권을 가지고 방자보다 우세한 전투력과 행동의 자유를 가짐에 따라 공자가 원하는 시간과 장소를 선정하여 선제타격, 기습, 기만, 집중 등을 할 수 있는 유리점을 가지고 있다. 반면, 방자는 행동의 자유가 제한되므로 공자의 행동에 피동적인 대응이 불가피하고 공자의 견제지역에서 유휴 전투력이 발생하며 공자의 선제타격, 기습, 집중에 취약한 불리점이 있다. 공자를 중심으로 볼 때 전투력의 소모 현상은 첫째, 공자는 활동 영역이 넓고 노출된 상태로 기동함에 따라 생존성에 취약하고 활동량이 크기 때문에 육체적

6 약점은 병력, 장비, 무기체계, 무형전력 등 전투력 자체의 부족 또는 결점으로부터 발생되는 것으로, 병력의 부족, 무기의 결점 등이 있으며, 과오는 적이 특정한 전술적 행동을 취할 때 발생하는 취약점으로, 부대 밀집, 공격대형 신장, 측방 노출 등이 있다.

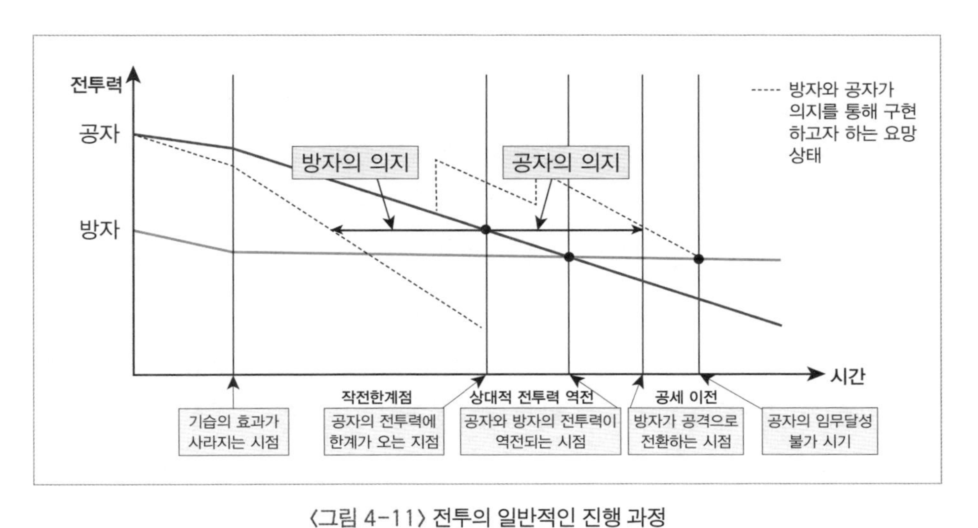

〈그림 4-11〉 전투의 일반적인 진행 과정

* 출처: 성형권, 『전술의 기초』(서울: 마인드 북스, 2017), p. 74 재구성

피로도가 높다. 또한 각종 전투행동이 지형과 전투 하중, 방자의 저항 등을 크게 받으므로 방자에 비해 전투력 소모가 더 빠르다. 둘째, 공자의 전투력은 초기 단계에는 높지만, 방자가 방어에 유리한 지형을 선택하여 가용한 시간을 이용, 각종 장애물을 설치하고 병력과 화력을 통합 운용하는 등의 활동에 의해 점차 감소하다가 방자의 결정적 타격에 의해 급속히 약화된다. 셋째, 기동속도가 빠를수록 전투력 소모가 적고, 느릴수록 커지는 특징을 갖는다.

공자는 상대적으로 우세한 전투력을 사용하여 공격하더라도 〈그림 4-11〉과 같이 전투가 진행되면서 발생하는 소모현상으로 인해 공세 능력의 한계에 도달하게 되는데 이러한 상태를 작전한계점이라 한다. 작전한계점 이후에도 계속 공격을 강행할 경우, 공자와 방자의 전투력이 역전되는 현상이 발생하는데 이 시점을 상대적 전투력 역전이라 한다.

공자는 작전한계점에 이르러 더 이상 공격할 능력을 상실하고 더 나아가 전투력이 방자보다 약해져 주도권을 상실함에 따라 방자의 공세 이전 여건이 조성되는 우를 범하지 않기 위해 각종 노력을 지속적으로 기울여야 한다. 이를 위한 방안으로는 작전한계점 이전에 첫째, 예비대를 투입하고 조공 일부를 전환하는 등 추가적인 전투력을 증원하고 둘째, 병력, 장비, 물자 등을 보충한다. 셋째, 신속한 기동을 통해 유리한 위치를 선점하거나, 새로운 부대, 신형장비 등과 같이 활력소가 되는 요인을 투입하며, 방자의 배후를 기습하여 적 전투 의지를 분쇄하는 등 새로운 전기를 마련해야 한다. 넷째, 지속적인 물리적, 심리적 압박을 통해 방자의 약점과 과오를 조성하여 이를 최대한 활용함으로써 지속적으로 공격 기세를 유지함은 물론 적의 전의 상실을 유도해야 한다.

또한 계획 수립과 전투 실시간에도 이러한 전투력 소모 현상을 고려하여 전투 시 마찰을 최소화할 수 있도록 방책을 구상하고 기동속도를 향상시킬 수 있는 대책을 수립하며 전투력 소모를 지속적으로 관리하는 노력을 경주해야 한다.

전투력과 관련하여 전투행위의 결과를 피 · 아 손실률과 잔존하는 병력 · 장비의 수로 모형화한 수학적 모델인 란체스터 법칙은 상대방과 전투력의 관계를 보여 주는 방정식이다. 란체스터 방정식은 선형법칙(개인적 범위의 백병전)과 제곱법칙(소화기 이상 화력 운용)이 있는데 이를 통하여 역학관계 속에 담긴 전투력 운용의 원리를 알아보면 다음과 같다.

- 란체스터 선형법칙: 무기의 성능(질)×병력의 수(양)

고대전쟁과 같이 개인적인 범위의 백병전을 수행할 경우, 상호 간의 무기 성능이 동일하다고 가정할 때 A만큼의 병력을 가진 부대와 B만큼의 병력을 가진 부대가 전투를 한다면 마지막에 생존한 병력수는 A-B이다. 이는 고대전쟁과 같은 인력을 이용한 전쟁에 적용되는 법칙이다.

- 란체스터 제곱법칙: 무기의 성능(질)×병력의 수(양)^2

원거리에서 최소한 소화기 이상의 화력을 효과적으로 운용할 수 있는 경우에 적용되는 법칙으로, 제1차 세계대전 후반기에 항공기의 비중이 높아지면서 편대비행의 개념이 생겨났고 공중전도 비행기를 그룹별로 집중 운용하는 양상으로 바뀌었다. 란체스터는 공중전의 결과를 분석하면서 그룹별로 집중 운용할 경우에는 뺄셈의 선형 법칙이 아니라 제곱의 법칙이 적용된다는 사실을 발견하

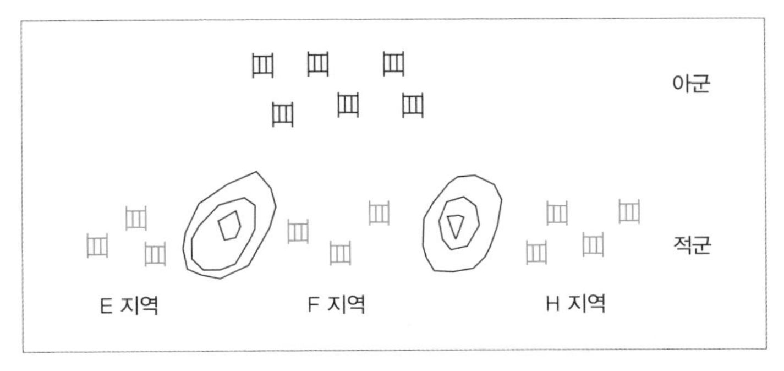

〈그림 4-12〉 상황도

여 무기의 성능이 동일하다고 가정하면 생존한 병력이나 장비수는 $\sqrt{(A^2-B^2)}$ 이 됨을 제시하였다. 예를 들어 〈그림 4-12〉에서 보는 바와 같이 적군과 아군의 무기 성능이 동일한 상황에서 적 전차 10대와 아군 전차 6대가 서로를 관측하면서 전투를 한다면 전투 결과는 란체스터 제곱법칙에 따라 $\sqrt{(10^2-6^2)} = \sqrt{(100-36)} = \sqrt{64} = 8$대(적군)가 되어 아군 6대는 전멸하고 적군 8대가 생존할 것이다.

그러나 적 전차 10대가 산악지역의 영향으로 E지역에 3대, F지역에 3대, H지역에 4대로 분리되어 상호 지원을 할 수 없는 상황에서 아군 전차 6대가 E ⇨ F ⇨ H 지역에서 각각 전투를 한다면 결과는 다음과 같이 예측해 볼 수 있다. 란체스터 제곱법칙에 따라 E지역에서는 $\sqrt{(6^2-3^2)} = \sqrt{(36-9)} = \sqrt{27} = 5.2$대(아군)가 되어 적 3대가 전멸하고 아군은 5.2대가 생존할 것이며, 아군의 5.2대의 전차가 F지역의 적 전차 3대와 전투를 한다면 F지역에서는 $\sqrt{(5.2^2-3^2)} = \sqrt{(27.04-9)} = \sqrt{18.04} = 4.3$대(아군)가 되어 적 3대가 전멸하고 아군은 4.3대가 생존할 것이다. 계속 아군의 4.3대의 전차가 H지역의 적 전차 4대와 전투를 한다면 H지역에서는 $\sqrt{(4.3^2-4^2)} = \sqrt{(18.49-16)} = \sqrt{2.49} = 1.6$대(아군)가 되어 아군 1.6대가 생존하고 적군 4대는 전멸할 것이다. 최종적으로 아군 전차 1.6대는 생존한 반면, 적 전차 10대는 전멸하는 결과를 예측할 수 있다.

란체스터 제곱법칙은 수적 우세에 의한 우승열패(優勝劣敗)를 극복하기는 어려우나, 분산된 적에 대해 전투력을 집중하여 각개격파 한다면 가능한 범위 내에서 소수가 다수를 이길 수 있다는 교훈을 주고 있다.

3) 전투력 조직

조직은 공동 목표를 달성하기 위해 인적, 물적 자원을 유기적으로 결합하여 어떤 기능을 수행하도록 협동해 나가는 체계라 할 수 있다. 손자는 제5편「병세(兵勢)」에서 "대부대를 소부대처럼 지휘할 수 있는 것은 부대를 여러 제대로 편성하기 때문이고, 대부대를 소부대처럼 싸우게 하듯이 하는 것은 각 부대를 지휘통제 할 수 있기 때문이다"라고 하였다.

凡治衆如治寡 分數是也, 鬪衆如鬪寡 形名是也.
범치중여치과 분수시야 투중여투과 형명시야

같은 맥락에서 전투력 조직이란 전투에서 승리하기 위해 전투력이 가장 효율적으로 발휘될 수 있도록 모든 기능을 결합하고 협동하게 하는 체계라 할 수 있다. 이러한 군대 조직은 국가 방위와 전투 승리라는 목적과 목표를 달성하기 위해 인적, 물적 요소들을 논리적이고 체계적으로 연결하여 분대로부터 지상작전군에 이르기까지 광범위한 제대로 편성되어 있으며 각 제대별로 인원과 장비, 계급에 따른 직책과 권한, 임무와 기능이 법령으로 명시되는 강력한 지휘 구조를 가지고 있다.

그리고 임무와 업무를 효율적이고 합리적으로 수행하기 위해 각 제대별로 필요한 병과, 병종, 계급, 직책 등으로 나누어 전문화시키고 강력한 지휘 구조에 적합한 계층을 구성하여 계층 간 명령과 복종관계에 기초한 책임과 권한을 명확히 하고 있다. 또한 업무 협조와 통합을 원활하게 하기 위한 참모 구성과 각종 법, 규정, 방침 등 법 제도를 구비하고 있다. 즉, 군 조직은 전쟁이라는 특수 상황 속에서 지휘 구조에 따른 엄격한 계급구조, 수직적 상하관계를 유지하기 위해 강력한 명령복종 체계를 확립하고 이를 유지하기 위한 법체계를 가지고 있는 것이다. 그리고 전투를 수행하게 하는 최고의 가치인 전우애와 사명감, 고도의 충성심과 애국심을 발휘하여 전쟁에서 승리할 수 있는 조직체계라 할 수 있다.

전술제대는 분대~군단까지 각 제대별로 전투력을 조직함에 있어 부대가 전투 임무를 효과적으로 달성하고 전투력을 최고로 발휘할 수 있도록 가용한 인적, 물적 자원을 유기적으로 결합하여 조직하는데, 대표적으로 편성과 편조와 같은 방법을 사용한다. 먼저 편성을 설명하려면 편제에 대한 이해가 필요하므로 편제에 대해 먼저 알아보면, 편제란 조직된 부대 또는 기관에 필요한 기능을 부여하고, 부서 또는 예하부대를 편성하여 지휘관계 등을 정하는 것으로, 평시 임무 수행에 필요한 인원과 장비를 규정한 평시 편제와 전시 임무 수행에 필요한 인원과 장비를 규정한 전시 편제로 구분된다.

편성이란 집단의 공동목표를 달성하기 위하여 필요한 인적, 물적 자원을 유기적으로 결합하고 조화시켜 부대를 조직하는 것을 말하는데, 일반적으로 전시에 적용하는 완전 편성, 장기적 비전투기간 또는 제한된 전투기간에 적용하는 감소 편성, 부대 증편을 위해 적용하는 기간 편성으로 구분된다. 전술제대 편성에 영향을 미치는 요소로는 기동력, 화력, 감시 능력, 통신수단, 작전 양상, 전술 개념, 전투지역, 지휘의 폭 등이 있다.

전술제대는 전술적 임무를 수행하기 위한 부대로, 일반적으로 분대, 소대, 중대, 대대, 연대, 여단, 사단, 군단을 의미하며 전투를 수행하는 주체이다. 이러한 전술제대는 전투 시 상급부대에서 부여한 시간과 공간에서 발생하는 마찰을 최소화하고 시간과 공간이 제공하는 이점을 극대화하여 부여된 임무를 효율적으로 수행하기 위해 전술집단[7]으로 구성되며 전투편성[8]을 통하여 제 병과가 통합

---

7 전술집단: 부여된 임무를 효과적으로 수행하기 위하여 공격작전 시에는 주공, 조공, 후속지원부대, 예비대로, 방어작전 시에는 경계부대, 주방어부대, 예비대 등으로, 전술적 임무에 따라 구분한 집단을 말하며 집단별 해야 할 역할을 부여한다.

8 전투편성: 임무를 효과적으로 수행하기 위하여 예·배속 및 지원부대에 전술적 임무를 부여하고 지휘관계를 설정하는 것으로 이때, 전술집단이 임무를 수행하는 데 필요한 지휘통제 기능, 정보 기능, 기동 기능, 화력 기능, 방호 기능, 작전지속지원 기능 등이 포함되어 제병협동부대로 편성될 때 제 병과의 통합된 능력을 발휘할 수 있다.

된 능력을 발휘할 수 있도록 전투력이 조직되어 운용된다.

편조란 지휘관이 전투 편성을 실시함에 있어서 특정 임무 또는 과업을 달성하기 위하여 특수하게 계획된 부대를 구성하는 것으로, 기존의 편성을 임시로 변경하여 특별집단을 구성하거나 지휘관계를 변경시키는 것이다.

전투력 조직 시에는 ① 다양한 전투력 요소들을 효율적으로 통합할 수 있도록 각각의 부대와 병과의 특성 등을 정확히 파악하여야 하고, ② 통합 전투력을 발휘할 수 있도록 조직하며, ③ 상황의 변화에 능동적으로 대응할 수 있는 융통성을 보유해야 한다. 또한 ④ 상황 변화에 능동적으로 대응할 수 있는 지휘관의 전술관과 공감대가 형성될 수 있도록 일관된 지침과 사상의 통일이 필요하며, ⑤ 상황에 따라 요망되는 시간과 장소에 요망되는 작전을 할 수 있도록 조직되어야 한다.

〈표 4-4〉 전투수행 6대 기능

구분	내용
지휘 통제	• 지휘관과 참모가 군사적 단일체로서 예하부대 지휘 및 통제 • 타 전투수행 기능의 역할과 활동 통합에 중점을 두고 운용 • 전술의 과학적 영역을 바탕으로 이를 응용하는 술(術)적 영역을 상황에 적합하게 적용
정보	• 첩보 및 정보를 제공하여 전투력의 효율적인 운용 보장 • 전장의 불확실성을 최소화하고 전장을 가시화하며 대정보 활동을 통해 적의 첩보 수집 거부 및 방호지원 역할 수행
기동	• 전투력을 이동하여 배치 • 시 · 공간적으로 유리한 위치로 이동 • 적의 기동을 방해하는 대기동을 포함
화력	• 가용자산을 통합한 화력 운용으로 적을 타격 • 적 중심 파괴로 화력 우세 달성, 아군 기동 촉진, 적 기동 방해 및 저지
방호	• 각종 위협과 위험으로부터 보호해야 할 인원, 장비, 시설, 정보 및 정보체계에 대한 생존 여건 향상과 기능 발휘 보장 • 각종 위협과 위험은 사전 예방대책 강구, 피해를 최소화할 수 있도록 준비 및 조치
작전지속 지원	• 자원 관리 및 지원, 근무를 제공하여 전투력을 조성하고 유지함으로써 작전 지속성을 보장하는 기능(군수, 인사, 동원으로 구성) • 기동 및 대기동 수단을 제공하여 전투력의 원활한 작전 보장 • 소요자원 예측 및 판단, 적정 수준의 자원을 확보하여 적시적소에 제공

전술제대 지휘관은 전술적 목표 달성을 위해 보병, 기갑, 포병, 공병, 방공, 항공, 기타 전투지원 및 작전지속지원 부대 등 2개 이상의 병과부대를 통합 운용하는 제병협동작전을 실시해야 한다. 그리고 〈표 4-4〉와 같은 전투수행 6대 기능을 중심으로 제병과의 능력과 특성을 효율적으로 결합하여 전투력의 상승효과를 발휘할 수 있도록 해야 한다.

예를 들면, 제2차 세계대전 당시 독일군은 전투수행 기능을 통합하여 전투력 발휘 승수효과를 극대화시키기 위해, 1940년을 기준으로 독일군 기갑사단은 공군단, 2개 전차연대와 1개 차량화연대, 야전포병연대, 수색대대, 방공포병부대, 통신대대, 공병대대 등 직할부대로 편성되어 있었으며, 장비는 공군의 급강하폭격기 32대, 수색항공기 12대, 전차 496대, 105㎜포 24문, 20㎜ 고사포 212문, 37㎜ 대전차포 108정 등으로 구성되어 있었다. 이와 같이 독일군의 기갑사단은 전투수행기능을 통합할 수 있도록 공군을 포함한 제병협동 및 합동부대로 편성되어 융통성 있는 독립작전을 수행할 수 있었다. 또한 방법 측면에서는 전투수행기능을 효율적으로 통합, 신속한 기동을 통하여 적에게 심리적 마비를 달성한 전격전을 수행함으로써 최소의 희생으로 단기간에 목표를 달성할 수 있었다.

성공적인 제병협동작전을 위해서는 전술제대의 모든 구성요소가 지휘관의 의도에 부합되도록 팀워크를 통한 전투력 승수효과를 발휘하고자 하는 의지와 능력인 협동성을 구비하고 발휘해야 하며, 협동성을 증진시키는 요소는 편성, 무기체계, 상호 신뢰, 운용술이다. 편성 면에서 전투부대, 전투지원부대, 작전지속지원부대를 목표 달성에 적합하도록 상호 기능을 결합하여 제병협동부대를 편성하고 지휘체계를 단일화시켜야 한다. 그리고 무기체계 면에서 개별 무기체계의 능력과 강점을 적절하게 결합하여 운용함으로써 개별 무기체계의 취약점을 보완하고 무기 효과를 증진시켜야 한다. 상호 신뢰 면에서 협동성 발휘의 기본정신인 상호 간 신뢰를 바탕으로 팀워크를 발휘해야 하고, 운용 면에서 작전 목적을 달성할 수 있도록 방책을 수립하고 임무 수행에 적합한 전술집단을 편성하여 제 전투수행 기능을 동시·통합하여야 한다. 또한 현대전은 육·해·공군 중 2개 이상의 군이 편성되어 공동의 작전 목적을 달성하는 합동작전이 필수적이므로 모든 전술제대는 육·해·공군의 자산과 능력을 효율적으로 통합하여 전투력의 상승효과를 발휘할 수 있도록 해야 한다.

전투력 조직은 부대가 최상의 전투력을 발휘할 수 있도록 전술적 고려 요소(METT+TC)를 참고하여 싸울 수 있는 조직으로 만드는 과정으로, 이를 보병사단 공격작전의 전투편성을 예로 들면 다음과 같다. 보병사단은 예하부대들에게 전술적 임무를 부여하고 예하부대들의 노력이 조직적으로 연계되고 통합될 수 있도록 전술집단을 편성한다. 보병사단은 여러 개의 다양한 예하부대로 구성되어 있는데 지휘관이 원하는 작전 목적과 최종 상태를 달성하기 위해 이러한 예하부대에게 적절하게 역할을 분담해 주어 유기적으로 전투를 수행할 수 있도록 전술적 임무를 부여하는 것을 전술집단 편성이라 한다.

예하부대가 부여받는 전술적 임무는 크게 가장 중요한 임무를 수행하는 역할인 주노력부대, 보조적인 역할인 보조노력부대, 필요시 주노력부대와 보조노력부대에 투입하거나, 우발상황에 대비하는 역할인 예비대가 있다. 또한 적이 위치한 종심지역에서 적 탐지 및 화력 유도, 능력 범위에 타격을 통하여 주노력 또는 보조노력부대가 전투를 용이하게 수행할 수 있는 여건을 조성해 주는 역할인 적지종심작전부대, 본대의 전·후·측방에 대한 경계와 적을 조기에 전개시키는 역할인 경계부대, 공격작전 시 주공 또는 조공부대를 후속하면서 전투 임무를 수행하는 역할인 후속지원부대 등이 있다.

주노력부대는 공격작전의 경우 주공, 방어작전 시 적의 주력이 집중되는 방향에서 운용되는 주방어부대를 말하며 자원의 할당 및 지원의 우선권을 부여한다. 보조노력부대는 공격작전의 경우 조공, 방어작전 시 적 주력이 지향되지 않는 방향에서 운용되는 주방어부대를 말한다. 예비대는 투입되기 이전까지 생존성을 보존하다가 우발상황에 대처하거나 주노력부대 또는 보조노력부대 지역에 투입되는 부대이다. 공격작전 시 보병사단을 '예'로 들어보면 A연대(+1)는 주공, B연대(-1)는 조공, C연대는 예비대, 수색 1, 2중대는 적지종심작전부대로 전술집단을 편성할 수 있으며 각 전술집단이 자신의 역할을 성공적으로 수행했을 때 그 역할이 서로 원활하게 연계되어 상급부대의 전체적인 작전이 성공적으로 진

〈표 4-5〉 보병사단 공격작전 전투편성 '예'

구분	주공	조공	예비대	적지종심작전부대
주요 부대	A연대	B연대(-1)	C연대	수색 1중대 수색 2중대
배속	B연대 3대대 토우중대(-1)	토우 1소대		
작전 통제	전차 1중대		전차대대(-1)	
직접 지원	공병 1중대 방공 1소대 근접 정비 1중대 화학 1소대 후송 1소대 A포병대대 TACP 1반	공병 2중대 방공 2소대 근접 정비 2중대 화학 2소대 후송 2소대 B포병대대 TACP 2반	근접 정비 3중대 화학 3소대 후송 3소대	
화력 증원	C포병대대			

행된다.

또한 각각의 전술집단들이 임무를 효율적으로 수행할 수 있도록 〈표 4-5〉와 같은 전투편성을 통해 다양한 기능의 다른 부대들을 결합시켜 줌으로써 전투능력과 전투지원, 작전지속 능력이 보강되며 제병협동 및 합동작전이 가능해진다.

보병사단은 보병, 기갑, 포병, 공병, 항공, 방공, 정보통신, 화학, 정비, 보급 및 수송, 의무, 군사경찰 등 다양한 병과를 가진 예하부대를 가지고 있다. 보병사단장은 전술적 임무에 따라 편성된 각각의 전술집단들이 다양한 지형과 기상, 적 위협을 극복하면서 주어진 역할을 원활하게 수행할 수 있도록 각각의 전술집단에 다양한 병과의 예하부대를 결합시켜 제병협동부대로 조직해 준다. 이러한 제병협동부대는 협동성에 의한 승수효과가 발휘되어 평시의 기본 편성보다 전투능력과 작전지속 능력이 향상된다.

이렇게 결합된 부대를 합법적 권한을 가지고 효과적으로 지휘, 통제할 수 있도록 지휘관계[9] 및 지원관계[10]를 설정해 주게 되나, 작전이 진행되면서 변화되는 상황에 따라 결합된 부대는 융통성 있게 전환될 수 있고 지휘 및 지원관계도 변경될 수 있다.

5. 전투력 발휘 원리

1) 개요

전투는 일정한 공간과 시간 속에서 피·아 부대의 유·무형 전투력이 부딪치면서 발생하는 쌍방 간의 의지와 물리적인 힘의 대결이다.

전투가 수행되는 전장은 지휘관의 능력, 전투 의지, 전투력 등에서 항상 피·아간 상대성이 작용한다. 특히 작전을 계획하고 준비, 실시함에 있어 지휘관이 앞의 과학적 영역에서 다루었던 원리와 원칙, 관련 데이터를 고집하여 정형화된 전술을 계속 적용한다면 운이 좋으면 한 번은 승리할 수도 있다. 하지만 상대방이 항상 같은 패턴의 작전 구사를 미리 예측하여 용이하게 대응할 수 있기 때문에 이후의 승리를 장담할 수 없다. 반면, 앞에서 다룬 과학적 영역의 원리와 원칙, 관련 데이터를 자신과 상대방 그리고 시간, 공간 등을 고려하여 다양하게 응용한다면 상대방이 나의 작전을 쉽게 예측하기 어렵기 때문에 승리할 확률이 높아진다.

---

9 지휘관계: 부대를 지휘하는 권한과 책임의 정도를 합법적으로 규정해 주는 것을 말하며 인사 분야를 제외한 모든 분야에 대한 지휘 및 통제가 가능한 배속, 작전에 관련된 분야에 대한 통제가 가능한 작전통제, 작전통제보다 한정된 지역과 시간 동안만 통제 가능한 전술통제 등의 지휘관계가 있다.

10 지원관계: 지휘관계에 속하지 않은 상태에서 한 부대가 다른 부대를 지원하는 경우에 지원하는 부대와 지원받는 부대 간의 관계를 설정한 것으로, 지정된 특정 부대만 지원하는 직접지원, 지정된 특정 부대가 아닌 필요한 부대들을 전체적으로 지원하는 일반지원, 한 부대가 동종 병과의 부대를 지원하는 증원, 일반지원 및 증원 임무를 동시에 수행하는 일반지원 및 증원 등의 지원관계가 있다.

과거 이래 동·서양의 전투를 살펴보면, 앞서 설명했던 과학적 영역의 내용들을 바탕으로 피·아의 능력·태세·의지와 시간과 공간 등 그 당시 상황을 고려하여 지휘관의 술적 능력 즉, 응용능력을 상대적으로 누가 더 탁월하게 발휘했는가에 의해 승패가 갈렸다. 과거 승리한 전투의 패턴은 시대와 장소를 떠나 유사한 부분들을 발견할 수 있는데, 기동방어를 예로 들 수 있다. 기동방어는 기만작전과 아군의 기도를 은폐하기 위한 작전 보안을 유지하여 적의 주력을 계획된 지역까지 유인하거나 진출시킨 후 적의 공격대형 신장, 측방노출, 전투력 분산 등 적의 약점과 과오를 노출시켜 공격부대의 결정적 작전으로 적을 격멸하여 조기에 주도권을 확보하는 능동적인 방어작전이다. 동서고금의 대표적인 기동방어 전례를 살펴보면 다음과 같다.

전례 #5 몽골 칭기즈칸의 납와(拉瓦)전법: 공성전에서 유럽군 유인+매복공격

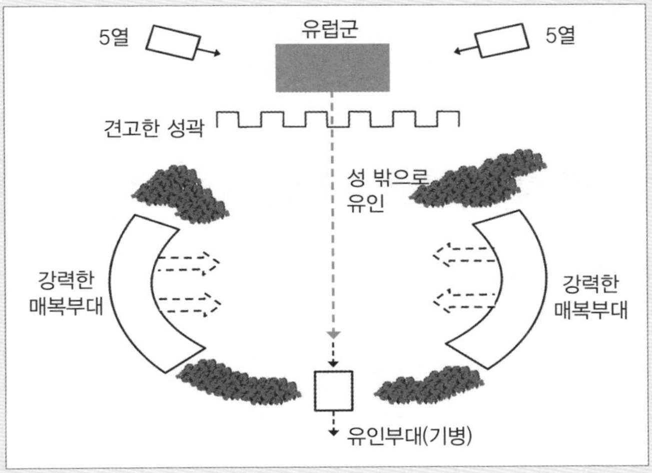

5열
유럽군
5열
견고한 성곽
성 밖으로 유인
강력한 매복부대
강력한 매복부대
유인부대(기병)

몽골의 칭기즈칸이 유럽 지역을 공격하면서, 몽골군은 견고한 성에 있는 유럽군을 소수의 병력으로 유인하여 격멸시키기 위해 3단계로 작전을 실시하였다. 1단계는 5열을 사전에 성내에 침투시켜 유언비어, 테러 등 심리전을 전개하고

2단계는 소수 기병으로 성을 공격한 후 패퇴하는 모습으로 위장, 후퇴함으로써 성곽 내 병력을 유인하며 3단계는 미리 포진한 강력한 정예부대로 하여금 유인되어 자루 속에 들어간 유럽군을 급습하여 포위 섬멸하였다.

전례 #6 이순신 장군의 학익진: 공격하는 일본 함대를 유인+매복공격

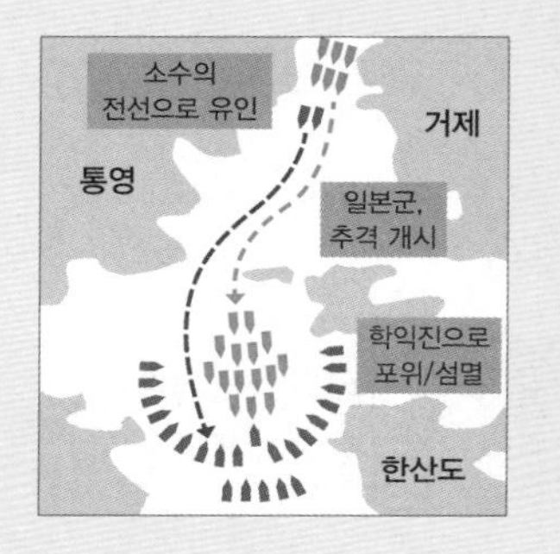

임진왜란 시 이순신 장군은 한산대첩에서 소수의 전선으로 일본 수군을 지형적으로 좁고 암초가 많은 견내량을 통과하게 한 후 한산도 바다 가운데로 유인하여 학익진으로 적선을 포위하여 섬멸하였다.(부록 2 〈그림 19〉 참조)

전례 #7 롬멜의 유인전술: 공격하는 연합군 기갑부대 유인+매복공격 및 측방공격

제2차 세계대전 시 북아프리카 전역에서 독일군은 소부대로 영국군 기갑부대를 유인한 뒤 매복한 88M 대공포에 의한 기습적인 사거리 전투와 기갑부대의 측방공격으로 퇴로를 차단하여 격멸하였다.

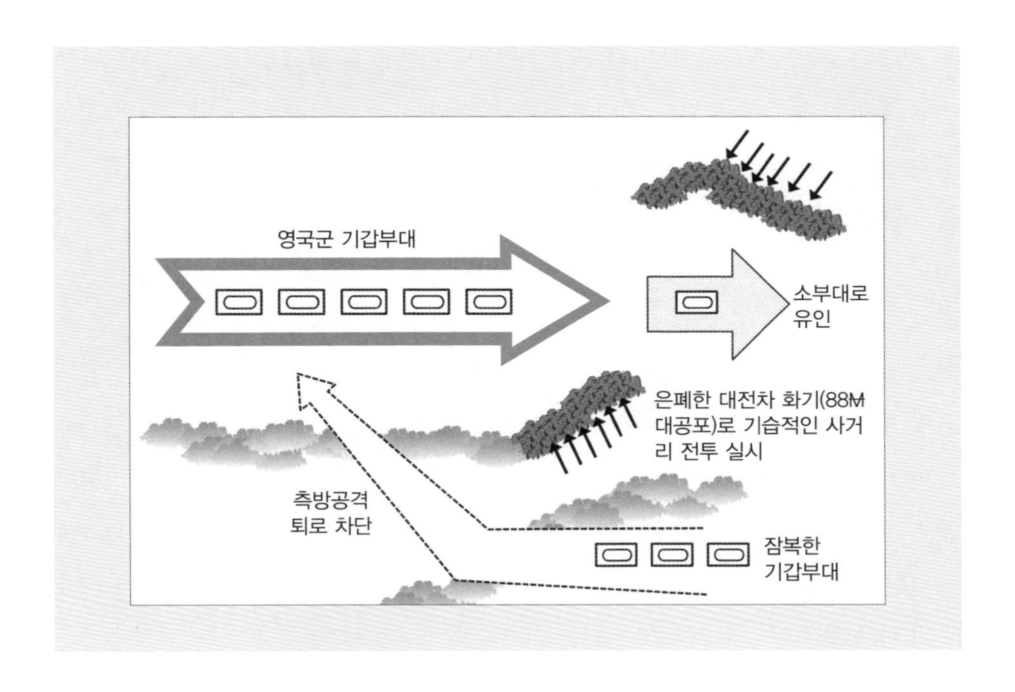

앞의 3가지 전례는 시대와 국가, 무기체계, 지형, 지휘관, 부대 등은 달라졌지만 기동방어에 대한 개념과 방법, 전투의 양상은 유사함을 확인할 수 있다. 따라서 전장에서 전투력을 최대로 발휘하기 위해서는 승리 또는 실패했던 전사를 통하여 어떠한 원리와 원칙, 데이터가 적용되었는가를 연구하여 이를 마음으로 기억하고 상황에 따라 METT+TC를 고려하여 이를 응용할 수 있는 술(術)적 능력의 개발이 대단히 중요하다.

2) 전투력 발휘 원리

전장에서 전투력을 발휘하기 위해 먼저, 유형 전투력과 무형 전투력이 최상이 될 수 있도록 전투수행 기능의 역할과 수준을 높여야 한다. 유형 전투력은 주로 기동과 화력, 작전지속지원을 통해 발휘되고 방호를 통해 보호되며, 무형전투력은 훈련을 통해 육성되고 지휘통제, 리더십과 전장 지식을 통해 발휘되며 적을 찾는 정보활동이 전제되어야 한다. 이에 따라 『야교 3-1 전술』에서는 "정보, 기동, 화력, 방호, 지휘통제, 작전지속지원 등 6대 전투수행 기능과 리더십, 전장 지식이 전투력 발휘요소가 된다"라고 하고 있다.

둘째, 『군사이론연구』에서는 전장에서 전투력 발휘를 자기가 가지고 있는 유형 및 무형 전투력에 전투력의 본질적인 4가지 성질[집중(集), 분산(散), 기동(動), 정지(静)]을 선택하여 조합하고, 이를 타이밍, 가용시간을 이용한 작전 준비, 시간 준수, 기상 이용, 전기 포착·활용 등 시간적 요소와 지형 및 장애물을 활용하여 유리한 태세를 조성하는 공간적 요소를 통합하는 것이라 보았으며 이를 정리해 보면 다음과 같다.

전투력 발휘 = 유형·무형의 전투력 × 응용능력

* [전투력의 4가지 성질{집중(集), 분산(散), 기동(動), 정지(静)}의 선택·조합 × 시간적 요소 × 공간적 요소]

따라서 전투력 발휘를 극대화하기 위해서는 유·무형의 전투력에 전투의 4가지 성질을 선택·조합하고 시간적 요소와 공간적 요소를 통합하되, 전투수행 6대 기능의 결합을 통하여 전투력 상승작용이 나타나도록 운용하여 적에 대한 전투력을 최대한 발휘토록 해야 할 것이다.

이를 위해 앞에서 설명한 전투의 3요소와 힘의 본질적 원리 관점에서 볼 때 전장에서 공격과 방어에서의 전투력 발휘를 위해 착안해야 할 사항은 다음과 같다.

첫째, 『위대한 장군들은 어떻게 승리하였는가?』의 저자 베빈 알렉산더(Bevin Alexander)는 전쟁에서 승리하기 위한 두드러진 원칙이 있다고 하였는데, 그 원칙은 ① 적의 최소예상선과 저항선을 지향 ② 적의 배후로 기동 ③ 중심부(내선)에 위치 ④ 분진합격으로 공격 ⑤ 약점에 대한 집중공격이다.

그러나 ③ 중심부에 위치하여 실시하는 내선작전은 적 부대를 견제하면서 적 부대를 각개격파 할 수 있는 효과적인 방법이지만, 부대를 잘못 운용하면 포위를 당해 큰 피해를 당할 수 있으므로 주의해야 한다. 따라서 상황에 따라 내선작전과 외전작전을 융통성 있게 적용할 수 있는 능력을 향상시켜야 할 것이다.

둘째, 전투는 피·아가 전장에서 벌이는 힘의 상호 충돌 현상이므로 전투력의 발휘도 적 전투력과 상대적 관계에서 고려해야 한다. 따라서 적을 알기 위해 지속적으로 첩보와 정보를 수집하고 적보다 우세한 전투력을 보유·운용하기 위해 모든 전투력 발휘요소를 지속적으로 통합시켜 상대적 우위를 달성토록 해야 한다.

셋째, 부대 이동이나 기동을 할 때에는 본대가 기습이나 직접적인 공격을 받아 대규모 전투력이 손실되거나 심리적 타격을 받지 않도록 제대별로 정찰자산을 통합 운용해야 한다.

넷째, 전투력은 병과와 기능이 상호 통합되고 지상·해상·공중전력이 3개 방향으로부터 입체화되어 발휘될 때 가장 효과적이므로 제병 협동 및 합동작전을 통해 전투력을 입체적으로 운용하여 전투력 승수효과를 발휘할 수 있도록 해야 한다.

다섯째, 지상작전은 자연 및 인공지형의 영향을 크게 받기 때문에 전투력을 보강할 수 있는 지형 요소를 적극 활용해야 한다.

여섯째, 전투력 발휘에 관계되는 피·아 간의 요소가 거의 대등한 경우에는 유형 전투력의 절대성 원리가 전투의 승패를 결정하기 때문에 지속적으로 물리적 전투력을 보충해야 한다.

일곱째, 공자의 전투력은 작전 개시점에서 최고 수준을 나타내지만 작전이 진행됨에 따라 점차 약화되어 작전한계점에 도달하며 마지막 국면에는 정지하게 된다. 따라서 방자가 최초 공격으로 인한 혼란과 직·간접적인 타격 효과로부터 전투력을 회복하기 전에 연속적인 공격이 필수적으로 이루어져야 하며 지속적으로 우세한 전투력을 유지하기 위해 작전 템포를 높임과 동시에 적시 적절한 전투력 보충과 작전지속지원이 이루어지도록 해야 한다.

여덟째, 부대는 목표와 방향이 정해지면 다른 방향으로 이를 전환시키는 데 많은 시간과 노력이 필요하며 전투력 발휘도 제한된다. 따라서 전투력의 작용점을 명확하게 하기 위해 작전 목표를 명확히 하고 전투력의 운용방향은 적에 대해 직각이 되도록 하며 전투력 지향지점은 기습을 달성할 수 있는 지점 즉, 적의 전투력이 약한 지점과 적의 전투력 운용상 집중(集中)×기동(機動)의 원리를 적용하기 어렵거나 적이 상황을 조치하는 데 많은 시간과 노력이 필요한 적의 후방과 측방으로 지향되어야 한다.

아홉째, 지휘관은 정형화된 교리 및 절차, 방법에 따른 획일적인 전투력 운용을 지양하고 앞서 설명했던 전투력 발휘를 극대화하기 위한 응용능력에 기초한 창의적인 전술을 구사함으로써 효율적으로 전장의 주도권을 확보해야 한다. 이를 위해 전투에서 의도적으로 적의 약점을 조성하거나 우연히 나타나는 전기를 포착하여 타이밍을 놓치지 않고 이를 활용하되, 적에게는 이러한 기회를 주지 않음으로써 최소의 손실로 최대의 효과를 낼 수 있도록 해야 한다. 또한 METT+TC에 따라 전투수행 기능을 효율적으로 결합하며 전투력의 4가지 성질을 선택하여 조합하고 이를 시간적 요소와 공간적 요소에 잘 결합하여 유·무형의 전투력을 극대화할 수 있도록 응용능력을 적극 배양해야 한다.

동서고금 최고의 병법서인 손자병법에서 전투력 발휘에 대한 내용을 어떻게 제시하고 있는지 발췌해 보았다. 이에 대한 설명을 하면서 독자들의 이해를 용이하게 하기 위해 손자병법의 고전적 의미를 살리면서 현대전을 고려하여 일부 용어와 표현을 현실감 있게 재해석하였다.

손자[11]는 제1편 「시계(始計)」에서 전투력 발휘를 위해 적을 속여야 한다고 강조하고 있다.

"용병은 적을 속이는 것이다. 그러므로 할 수 있으면서도 할 수 없는 듯이 보이고, 쓸 수 있으면서도 쓸 수 없는 것처럼 보이며, 가까우면서도 먼 것처럼 보이고, 멀면서도 가까운 것처럼 보이게 해야 한다. 적에게 이로운 것처럼 하여 유인

11 손자 관련 내용은 부록 2 〈그림 20〉 참조.

하고 아군이 혼란스러운 것처럼 속여 적이 공격하게 하며, 충실히 대비하고 있는 것처럼 속여 적이 불필요한 곳에 대비하게 하고, 튼튼히 지키고 있는 것처럼 속여 적이 대비하게 하고, 아군이 강한 것처럼 속여 적이 회피하게 한다. 아군이 분노하고 있는 것처럼 속여 적을 교란시키고, 비굴한 듯 속여 적을 교만하게 하며, 편히 있는 것처럼 속여 적을 힘들게 하고, 적의 동맹과 친한 척하여 서로를 이간시킨다. 적의 대비가 없는 곳을 공격하고, 적이 뜻하지 않은 곳으로 진격해야 한다. 적을 속여 전쟁에서 승리하는 것이지만 매번 동일하게 적용할 수 없고, 그 비법을 전수할 수도 없다"라고 하였다.

兵者 詭道也. 故能而示之不能, 用而示之不用,
병자 궤도야 고능이시지불능 용이시지불용

近而示之遠, 遠而示之近.
근이시지원 원이시 지근

利而誘之, 亂而取之, 實而備之, 强而避之.
이이유지 난이취지 실이비지 강이피지

怒而撓之, 卑而驕之, 佚而勞之, 親而離之.
노이요지 비이교지 일이노지 친이리지

攻其無備, 出其不意.
공기무비 출기불의

此 兵家之勝, 不可先傳也.
차 병가지승 불가선전야

손자는 제3편 「모공(謀攻)」에서 다음의 5가지를 보고 전쟁의 승리를 미리 알 수 있다고 했는데, 이는 마지막 문장의 군주를 상급부대 지휘관으로 고쳐 보면 전투에서도 동일하게 적용될 수 있을 것이다.

"첫째, 지금 싸울 것인지 아닌지를 아는 자는 승리한다.

둘째, 군사력의 우세와 열세에 따라 용병을 달리할 줄 아는 자는 승리한다.

셋째, 상하가 한마음 한뜻이 되어 단결하면 승리한다.

넷째, 깊이 숙고하고 미리 대비하여 그렇지 못한 적을 맞이하는 자는 승리한다.

다섯째, 지휘관이 유능하고 군주가 간섭(상급 지휘관이 과도하게 간섭)하지 않으면 승리한다.

이 5가지로 승리를 미리 알 수 있다. 따라서 적을 알고 나를 알면 백번 싸워도 위태롭지 않으며, 적을 모르고 나만 알면 승부는 반반이고, 적도 모르고 나도 모르면 싸울 때마다 위태롭게 된다"고 하였다.

> 故 知勝有五. 知可以與戰, 不可以與戰者勝.
> 고 지승유오 지가이여전 불가이여전자승
> 識衆寡之用者 勝, 上下同欲者 勝,
> 식중과지용자 승 상하동욕자 승
> 以虞對不虞者 勝, 將能而, 君不御者 勝. 此五者, 知勝之道也.
> 이우대불우자 승 장능이 군불어자 승 차오자 지승지도야
> 故曰 知彼知己, 百戰不殆.
> 고왈 지피지기 백전불태
> 不知彼而知己, 一勝一負, 不知彼不知己, 每戰必殆.
> 부지피이지기 일승일부 부지피부지기 매전필태

손자는 제4편 「군형(軍形)」에서 전쟁이나 전투의 승패는 피·아의 상대성과 공격과 방어의 속성에 달려있음을 다음과 같이 설명하고 있다. "예로부터 잘 싸우는 지휘관은 먼저 적이 승리하지 못하도록 만전의 태세를 갖추고 내가 적을 이길 수 있는 기회를 기다렸다. 적이 나를 이기지 못하게 하는 것은 나에게 달려 있고 내가 이길 수 있는 것은 적에게 달려 있다. 그러므로 잘 싸우는 지휘관은 능히 적이 승리하지 못하게 할 수는 있지만 적에게 내가 반드시 승리할 수는 없는 것이다. 그러므로 승리란 알 수 있지만 승리하게 할 수는 없는 것이다. 적이 나를 이기지 못하는 것은 방어하기 때문이요, 내가 적을 이길 수 있는 것은 공격하기 때문이다. 방어는 군사력이 부족하기 때문이고, 공격은 군사력이 여유가 있기 때문이다. 방어를 잘하는 자는 군사력을 땅속 깊숙이 숨기듯 하고, 공격을 잘하는 자는 군사력을 마치 하늘 위에서 자유자재로 움직이듯 한다. 그래야 자기의 군사력을 보존하여 온전한 승리를 할 수 있다. 따라서 승리하는 군대는 먼저 이겨놓고 싸움을 하고, 패배하는 군대는 일단 싸움을 시작하고 나서 승리를 구하려고 한다"고 하였다.

昔之善戰者, 先爲不可勝, 以待敵之可勝.
석지선전자 선위불가승 이대적지가승

不可勝 在己, 可勝 在敵.
불가승 재기 가승 재적

故善戰者, 能爲不可勝, 不能使敵之必可勝.
고선전자 능위불가승 불능사적지필가승

故曰 勝可知不可爲, 不可勝者守也, 可勝者 攻也.
고왈 승가지불가위 불가승자수야 가승자 공야

守則不足, 攻則有餘.
수즉부족 공즉유여

善守者藏於九地之下, 善攻者動於九天之上.
선수자장어구지지하 선공자동어구전지상

故 能自保而全勝也.
고 능자보이전승야

是故 勝兵先勝而後求戰, 敗兵先戰而後求勝.
시고 승병선승이후구전 패병선전이후구승

손자는 제5편「병세(兵勢)」에서 최상의 전투력 발휘를 위한 기정(奇正)[12]과 허실(虛實) 그리고 세(勢)와 절(節)을 다음과 같이 설명하고 있다.

"적과 전투를 하면서 반드시 패하지 않는 이유는 기(奇)와 정(正)의 전술을 사용하기 때문이며 전투력을 운용할 때 충실한 태세(실: 實)로 적의 허점(허: 虛)을 공격하기 때문이다. 전투 시에는 전형적인 태세(正)로 적과 대치하고 변칙적인 방법(奇)으로 승리해야 하며 변칙적인 방법과 전투력 운용은 무궁무진해야 한다."

三軍之衆, 可使必受敵 而無敗者, 奇正是也.
삼군지중 가사필수적 이무패자 기정시야

兵之所加, 如以碫投卵者, 虛實是也.
병지소가 여이하투란자 허실시야

凡 戰者, 以正合, 以奇勝.
범 전자 이정합 이기승

故 善出奇者, 無窮如天地, 不竭如江河.
고 선출기자 무궁여천지 불갈여강하

12 손자병법의 핵심적 어구인 기정(奇正)은 2개로 구분된 별개의 것이 아닌 본질상 동일체이며 이것이 손자병법의 오묘한 특징 중 하나이다. 정은 '5사, 7계, 상법(常法), 정통, 전형, 근본'이며 기는 '궤도, 변법(變法), 비정통, 비전형, 운용'으로 볼 수 있으며, 정을 바탕으로 기가 발산된다.

"전투의 형세를 결정짓는 것도 전형적인 태세(正)와 변칙적인 방법(奇)에 불과하지만, 이 변화에 의해 나오는 전략, 전술은 이루다 헤아릴 수 없이 많다. 기정은 서로 보완적이어서 마치 끝이 없는 순환고리와 같으니, 누가 다 헤아릴 수 있겠는가?"

戰勢, 不過奇正, 奇正之變, 不可勝窮也.
전세 불과기정 기정지변 불가승궁야

奇正想生, 如循環之無端, 孰能窮之哉.
기정상생 여순환지무단 숙능궁지재

"거세게 흐르는 물이 빨라서 돌을 떠내려가게 하는 것이 기세(세: 勢)이고 큰 새가 빠르게 공격하여 작은 새의 뼈를 꺾는 것이 절도(절: 節)이다. 전투를 잘하는 부대는 기세의 맹렬함이 석궁을 당긴 것과 같고 짧은 절도는 신속함과 힘의 집중이 방아쇠를 격발하는 것과 같다. 이런 지휘관이 지휘하는 부대는 얽혀서 혼란스럽게 싸우지만 패배시킬 수 없고, 뒤섞여 혼란스러워 진형을 갖추지 못하는 듯해도 패배시킬 수 없다. 혼란스러워 보이는 것은 질서 속에서 나오고, 비겁한 것 같아 보이는 것은 실은 용기에서 나온 것이며, 약한 것 같아 보이는 것은 실은 강한 데서 나온 것이다. 질서가 유지되거나 혼란에 빠지는 것은 군의 조직문제이고 용감하거나 비겁하게 되는 것은 전세의 문제이며 강하고 약함은 군의 태세 문제이다. 그러므로 적을 잘 조종하는 지휘관은 아군이 불리한 것처럼 위장하여 적이 반드시 계략에 말려들게 하고 적에게 무엇인가 주는 척하여 그것을 취하려고 덤벼들게 만든다. 이익으로 적을 움직여 공격할 기회를 기다리는 것이다."

激水之疾, 至於漂石者, 勢也. 鷙鳥之疾, 至於毁折者, 節也.
격수지질 지어표석자 세야 지조지질 지어훼절자 절야

是故善戰者, 其勢險, 其節短, 勢如彍弩, 節如發機.
시고선전자 기세험 기절단 세여확노 절여발기

紛紛紜紜, 鬪亂而不可亂, 渾渾沌沌, 形圓而不可敗.
분분운운 투란이불가란 혼혼돈돈 형원이불가패

亂生於治, 怯生於勇, 弱生於强. 治亂, 數也, 勇怯, 勢也, 强弱,
난생어치 겁생어용 약생어강 치란 수야 용겁 세야 강약

形也.
형야

故 善動敵者, 形之, 敵必從之, 予之, 敵必取之.
고 선동적자 형지 적필종지 여지 적필취지

以利動之, 以卒待之,
이리동지 이졸대지

"전투를 잘하는 지휘관은 승리를 기세(세: 勢)에서 찾고 사람에게 책임을 묻지 않는다. 그리하여 능히 인재를 택하여 적재적소에 배치하여 기세를 맡기는 것이다. 기세에 맡긴다는 것은 군대를 싸우게 하되 통나무나 돌을 굴리는 것처럼 하는 것이다. 통나무나 돌의 성질은 안정한 곳에 두면 정지하고 위태한 곳에 두면 움직인다. 모가 나면 정지하고 둥글면 굴러간다. 그러므로 잘 싸우게 하려면 천 길 낭떠러지에서 둥근 돌을 굴리듯 형세를 그렇게 만들어야 하는 것이다"라고 하였다.

故 善戰者, 救之於勢, 不責之於人, 故能擇人而任勢.
고 선전자 구지어세 불책지어인 고능택인이임세

任勢者, 其戰人也, 如轉木石, 木石之性, 安則靜,
임세자 기전인야 여전목석 목석지성 안즉정

危則動, 方則止, 圓則行.
위즉동 방즉지 원즉행

故 善戰人之勢, 如轉圓石于千仞之山者, 勢也.
고 선전인지세 여전원석어천인지산자 세야

손자는 제6편 「허실(虛實)」에서 적과의 상대적 관점에서 전투력 발휘를 극대화할 수 있는 방법을 다음과 같이 제시하고 있다.

"전장에 먼저 도달하여 공격해 오는 적을 맞이하는 자는 편하고, 뒤늦게 도착하여 끌려드는 자는 힘들게 된다. 그러므로 용병을 잘하는 지휘관은 적을 조종하지, 적에게 조종당하지 않는다. 적이 공격하도록 하려면 이로움이 있다는 생각이 들게 해야 하며, 공격해 오지 못하게 하려면 해롭다는 생각이 들게 해야 한다. 그러므로 적이 편하면 피로하게 하고, 적이 배부르면 배고프게 하며, 안정되어 있으면 동요시켜야 한다. 적이 쫓아오지 못할 곳을 공격하고, 적이 예측하지 못한 곳을 공격하며 천 리를 진군해도 피로하지 않은 것은 배비가 없는 곳으로 진군하기 때문이다. 공격이 성공하는 것은 지키지 않는 곳을 공격하기 때문이며, 방어가 성공하는 것은 적이 공격할 수 없도록 지키기 때문이다. 그러므로 공격을 잘하는 지휘관은 적이 어디를 지켜야 할지 모르게 하고, 잘 지키는 지휘관은 적이 어디를 공격해야 할지 모르게 해야 한다."

凡先處戰地 而待敵者佚, 後處戰地, 而趨戰者勞.
범선처전지 이대적자일 후처전지 이추전자로

故善戰者, 致人 而不致於人. 能使敵人, 自至者, 利之也.
고선전자 치인 이불치어인 능사적인 자지자 이지야

能使敵人 不得至者, 害之也. 故敵佚能勞之, 飽能飢之, 安能動之.
능사적인 부득지자 해지야 고적일능로지 포능기지 안능동지

出其所不趨, 趨其所不意, 行千里而不勞者, 行於無人之地也.
출기소불추 추기소불의 행천리이불로자 행어무인지지야

攻而必取者, 攻其所不守也. 守而必固者, 守其所不攻也.
공이필취자 공기소불수야 수이필고자 수기소불공야

故善攻者, 敵不知其所守. 善守者, 敵不知其所攻.
고선공자 적부지기소수 선수자 적부지기소공

"적이 아군의 공격을 막지 못함은 적의 허점을 찔러 공격하기 때문이요, 아군의 철수를 확인하고도 적이 추격하지 못함은 그 행동이 신속하여 적이 뒤쫓지 못하기 때문이다. 그러므로 아군이 싸우고자 마음먹으면 적이 아무리 높은 성루를 쌓고 참호를 깊이 파서 지킨다 해도 싸울 수밖에 없는 것은 적이 반드시 구해야 할 급소를 공격하기 때문이다. 아군이 싸움을 원치 않을 때는 비록 방어태세가 허술하게 보이더라도(땅 위에 선을 그려 놓고 지킬지라도) 적이 공격하지 못하는 것은 각종 기만작전 등을 통해 적이 바라는 바를 이루지 못하도록 만들어 놓았기 때문이다. 그런 까닭에 적이 취하는 형태는 노출시키고, 아군이 취하는 형태는 보이지 않게 하면 아군은 집중할 수 있고 적은 분산하게 되어 열 사람이 한 사람을 공격하는 것과 같아진다. 즉, 아군은 원하는 시간과 장소에 전투력을 하나로 집중할 수 있는 반면, 적은 전투력이 분산되어 결과적으로 아군은 집중된 전투력으로 분산되어 약화된 적을 각개격파 할 수 있는 것이며 이러한 전투는 비교적 쉬운 전투가 된다. 어디서 싸울 것인가를 알지 못하면 적은 방어할 곳이 많아지

고, 적이 방어할 곳이 많아지면 아군과 상대하여 전투할 적의 병력은 적어진다. 그러므로 정면을 방어하면 후면이 약화되고, 후면을 방어하려면 정면이 약화되며, 좌측을 방어하려면 우측이 약화되고, 우측을 방어하려면 좌측이 약화된다. 전, 후, 좌, 우 전부를 방어하려면 어느 방향이든 병력의 수가 적어질 수밖에 없다. 이렇게 병력의 열세에 빠지면 방어를 하게 되고 우세를 달성하면 공격을 하게 되며 공자가 일반적으로 주도권을 장악하게 된다. 따라서 전투할 곳을 알고 전투 시기를 알면 천 리까지 가도 싸울 수 있다."

進而不可禦者, 衝其虛也, 退而不可追者, 速而不可及也.
진이불가어자 충기허야 퇴이불가추자 속이불가급야

故 我欲戰, 敵雖高壘深溝, 不得不與我戰者, 攻其所必救也.
고 아욕전 적수고루심구 부득불여아전자 공기소필구야

我不欲戰, 雖劃地而守之, 敵不得與我戰者, 乖其所之也.
아불욕전 수획지이수지 적부득여아전자 괴기소지야

故 形人而我無形, 則我專而敵分.
고 형인이아무형 즉아전이적분

我專爲一, 敵分爲十, 是以十攻其一也.
아전위일 적분위십 시이십공기일야

則我衆而敵寡, 能以衆擊寡, 則吾之所與戰者, 約矣.
즉아중이적과 능이중격과 즉오지소여전자 약의

吾所與戰之地不可知, 不可知, 則敵所備者多.
오소여전지지불가지 불가지 즉적소비자다

敵所備者多, 則吾所與戰者寡矣.
적소비자다 즉오소여전자과의

故 備前則後寡, 備後則前寡, 備左則右寡, 備右則左寡,
고 비전즉후과 비후즉전과 비좌즉우과 비우즉좌과

無所不備, 則無所不寡.
무소불비 즉무소불과

寡者, 備人者也, 衆者, 使人備己者也.
과자 비인자야 중자 사인비기자야

故 知戰之地, 知戰之日, 則可千里而會戰.
고 지전지지 지전지일 즉가천리이회전

"그러므로 적의 정세를 검토하여 이해득실을 계산하고, 적을 자극하여 적의 대응을 파악하며, 적의 형태를 노출시켜 승리 또는 패배의 위치에 있는지 살피고, 적과 부딪쳐서 강하고 약한 지점을 살핀다. 용병에는 고정된 형태가 없어야 하며, 형태가 없으면 깊이 잠입한 간첩도 엿볼 수 없고, 지혜로운 자도 계책을 쓰지 못한다. 적의 형태에 따라 전쟁에서 승리하지만 사람들은 승리의 유래를 알지 못한다. 사람들은 모두 내가 승리했을 때 드러난 배치 형태는 알고 있으나, 내가 승리할 수 있도록 만들어 겉으로 나타나지 않은 여러 가지 실시간 상황조치에 대한 방안은 알지 못한다. 그러므로 그 싸움에서 이긴 방법은 다시 쓰지 아니하고 새로운 방법, 또는 응용하여 사용하며, 적의 배치 상황에 따라 무궁무진한 전략, 전술로 대응해야 한다. 무릇 군대의 운용은 물과 같아야 한다. 물은 높은 곳을 피하고 낮은 곳으로 흐른다. 마찬가지로 군대의 운용도 적의 강한 곳을 피하고 적의 허점을 공격해야 한다. 물은 지형에 따라 흐름의 형태가 이루어지지만 부대도 상황에 따라 강약허실(強弱虛實)을 파악하여 전투력을 운용함으로써 승리를 달성할 수 있는 것이다. 그러므로 물에 고정된 형태가 없는 것처럼 군사력 운용도 마찬가지이다. 적의 변화에 대응하여 승리하는 것을 신의 경지라고 한다"고 하였다.

故策之而知得失之計, 作之而知動靜之理,
고책지이지득실지계 작지이지동정지리

形之而知死生之地, 角之而知有餘不足之處.
형지이지사생지지 각지이지유여부족지처

故形兵之極, 至於無形. 無形則深間不能窺, 智者不能謀.
고형병지극 지어무형 무형즉심간불능규 지자불능모

因形而錯勝於衆, 衆不能知.
인형이조승어중 중불능지

人皆知我所以勝之形, 而莫知吾所以制勝之形.
인개지아소이승지형 이막지오소이제승지형

故 其戰勝不復, 而應形於無窮.
고 기전승불복 이응형어무궁

夫兵形象水, 水之形, 避高而趨下, 兵之形, 避實而擊虛.
부병형상수 수지형 피고이추하 병지형 피실이격허

水因地而制流, 兵因敵而制勝.
수인지이제류 병인적이제승

故兵無常勢, 水無常形, 能因敵變化而取勝者, 謂之神.
고병무상세 수무상형 능인적변화이취승자 위지신

손자는 제7편 「군쟁(軍爭)」에서 적의 강점을 회피하고 적의 취약한 지역으로 우회하여 적의 강점을 공격하는 우직지계(迂直之計)와 상황의 변화에 대처하는 방법을 다음과 같이 제시하고 있다.

"용병은 지휘관이 군주로부터 명령을 받아 부대와 병력을 편성하여 적과 대치하는 것이며, 전투에서 승리를 쟁취하는 것보다 더 어려운 것은 없다. 전투가 어려운 것은 우회하지만 오히려 곧은 길보다 앞지르게 하고, 불리한 것을 유리한 것으로 만들어야 하기 때문이다. 길을 돌아가면서도 적에게 이로운 듯이 유인하여, 적보다 늦게 출발하고도 더 빨리 도착하는 것이니, 이를 우직지계라 한다.

군대를 지원하는 부대, 식량, 그리고 보급물자가 없으면 패배한다. 또한 주변국의 의도를 모르고서는 외교관계를 맺을 수 없고, 산림이나 험한 곳, 소택지 등 지형을 모르고서는 군을 배치하거나 숙영할 수 없으며, 현지 안내자를 활용해야 지형의 이로움을 얻을 수 있다. 따라서 군사행동은 속임수로 여건을 조성하고 이로우면 움직이고 집중과 분산으로 변화를 만든다. 그러므로 그 행동이 빠를 때는 마치 바람과 같고, 느릴 때는 숲과 같이 고요하며, 침략할 때에는 불처럼 맹렬히 하고, 움직이지 않을 때는 산처럼 무겁게 하며, 나의 동정은 캄캄한 어둠처럼 알지 못하게 해야 한다. 움직임은 번개와 같이 하고, 전리품은 나누어 주며, 땅을 얻으면 이익을 나누고, 상황을 평가한 후에 신중히 행동한다. 우직지계를 먼저 아는 자가 승리하니, 이것이 전투의 법칙이다.

가까이에서 먼 곳으로부터 오는 적을 맞이하고, 나는 편안하되 지친 적을 맞이하며, 나는 배부르되 굶주린 적을 맞이하는 것은 적의 힘을 다스리는 것이다. 그러므로 용병을 할 때는 높은 구릉의 적진을 공격하지 말고, 언덕을 등진 적을 공격하지 말고, 거짓 패주하는 적을 추격하지 말며, 정예 병력을 공격하지 말고, 미끼 병력을 잡으려 하지 말며, 철수하는 적 부대를 막지 말고, 포위 시에는 틈을 내주며, 궁지에 처한 적은 공격하지 말아야 한다."

凡用兵之法, 將受命於君, 合軍聚衆, 交和而舍.
범용병지법 장수명어군 합군취중 교화이사

莫難於軍爭, 軍爭之難者, 以迂爲直, 以患爲利.
막난어군쟁 군쟁지난자 이우위직 이환위리

故迂其途, 而誘之以利, 後人發, 先人至, 此知迂直之計者也.
고우기도 이유지이리 후인발 선인지 차지우직지계자야

是故, 軍無輜重則亡, 無糧食則亡, 無委積則亡.
시고 군무치중즉망 무양식즉망 무위적즉망

故不知諸侯之謀者, 不能豫交, 不知山林, 險阻, 沮澤之形者, 不能行軍.
고부지제후지모자 불능예교 부지산림 험조 저택지형자 불능 행군

不用鄕道者, 不能得地利. 故兵以詐立, 以利動, 以分合爲變者也.
불용향도자 불능득지리 고병이사립 이리동 이분합위변자야

故其疾如風, 其徐如林, 侵掠如火, 不動如山, 難知如陰,
고기질여풍 기서여림 침략여화 부동여산 난지여음

動如雷霆, 掠鄕分衆, 廓地分利, 懸權而動,
동여뇌진 약향분중 곽지분리 현권이동

先知迂直之計者勝, 此軍爭之 法也.
선지우직지계자승 차군쟁지 법야

以近待遠, 以佚待勞, 以飽待饑, 此治力者也.
이근대원 이일대로 이포대기 차치력자야

故用兵之法, 高陵勿向, 背丘勿逆, 佯北勿從, 銳卒勿攻,
고용병지법 고릉물향 배구물역 양배물종 예졸물공

餌兵勿食, 歸師勿遏, 圍師必闕, 窮寇勿迫, 此用兵之法也.
이병물식 귀사물알 위사필궐 궁구물박 차용병지법야

손자는 제8편 「구변(九變)」에서 공격할 때 피해야 할 9가지 원칙인 구변(九變)과 오리(五利)를 다음과 같이 제시하고 있다.

ㅁ 구변(九變)의 9가지 원칙

- 제1원칙: 고지에 진 치고 있는 적에게 정면공격 하지 마라.
- 제2원칙: 구릉(丘陵)을 등지고 내려오는 적(기세가 강함)은 맞이하지 마라.
- 제3원칙: 거짓으로 패한 척 달아나는 적을 추격하지 마라.
- 제4원칙: 적의 정예부대는 공격하지 마라.
- 제5원칙: 미끼로 유인하는 적과는 교전하지 마라.
- 제6원칙: 철수하는 적병의 퇴로를 봉쇄하지 마라.
- 제7원칙: 적을 포위할 때에는 반드시 틈을 개방하여 퇴로를 만들어 주라.
- 제8원칙: 막다른 지경에 빠진 적은 핍박하지 마라(급히 몰아 죽기를 각오하고 싸우게 하지 않도록 해야 함).

- 제9원칙: 지세가 험한 지형에 머물지 마라(보급로 두절, 신속한 기동 불리).

凡用兵之法, 高陵勿向, 背丘勿逆, 佯北勿從, 銳卒勿攻,
병용병지법 고릉물향 배구물역 양배물종 예졸물공

餌兵勿食, 歸師勿遏, 圍師必闕, 窮寇勿迫, 絶地勿留.
이병물식 귀사물알 위사필궐 궁구물박 절지물유

□ 오리(五利)의 5가지 원칙

- 제1원칙: 길이라도 가서는 안 되는 길이 있다(작전 예측 불가능 시, 보급로 차단 우려 시, 기동 불리, 고착 우려 시).
- 제2원칙: 적군이라도 공격해서는 안 되는 적이 있다(적이 주도권 장악 시).
- 제3원칙: 요새(성)라도 공격해서는 안 될 요새가 있다(점령 후 장악 불능 시, 이익보다 해가 많을 시).
- 제4원칙: 적지라 해도 덮어 놓고 쟁탈해서는 안 될 땅도 있다(산악, 하천 등 死地).
- 제5원칙: 군주의 명령이라도 무조건 받아들여서는 안 될 것도 있다.

塗有所不由, 軍有所不擊, 城有所不攻, 地有所不爭, 君命有所不受.
도유소불유 군유소불격 성유소불공 지유소부쟁 군명유소불수

손자는 제11편 「구지(九地)」에서 적에게는 통합된 전투력과 융통성을 제한하고 아군은 통합된 전투력 운용과 융통성 있는 작전을 다음과 같이 해야 한다고 제시하고 있다.

"용병을 잘하는 지휘관은 적으로 하여금 앞과 뒤가 서로 연계되지 못하게 하고, 대부대와 소부대가 서로 의지하지 못하게 하며, 좌우가 서로 지원하지 못하게 하고, 상하가 서로 기대지 못하게 하며, 병사들이 모이지 못하게 하고, 집결되어도 정연하지 못하게 해야 한다. 그러므로 유리하면 움직이고, 불리하면 정지해야 한다. 적이 우세하고 정연한 태세로 공격하는 경우에는 우선 적이 아끼는 것을 빼앗아 나의 의도에 따르게 해야 한다. 군사작전은 신속한 것이 최선이니,

적이 미치지 못하는 틈을 타 생각하지도 않은 길로 기동하여 경계하지 않는 곳을 공격해야 한다."

所謂古之善用兵者, 能使敵人前後不相及, 衆寡不相恃,
소위고지선용병자 능사적인전후불상급 중과불상시
貴賤不相救, 上下不相扶, 卒離而不集, 兵合而不齊,
귀천불상구 상하불상부 졸리이부집 병합이부제
合於利而動, 不合於利而止.
합어리이동 불합어리이지
敢問, 敵衆整而將來, 待之若何. 曰, 先奪其所愛, 則聽衣.
감문 적중정이장래 대지약하 왈 선탈기소애 즉청의
兵之情主速, 乘人之不及, 由不虞之道, 攻其所不戒也.
병지정주속 승인지불급 유불우지도 공기소불계야

"용병을 잘하는 장수는 솔연과 같이 하는 것이니, 솔연이란 상산에 사는 뱀인데, 그 뱀은 머리를 치면 꼬리가, 꼬리를 치면 머리가, 그 중간을 치면 머리와 꼬리가 달려든다."

故 善用兵者, 譬如率然. 率然者, 常山之蛇也.
고 선용병자 비여솔연 솔연자 상산지사야
擊其首, 則尾至. 擊其尾, 則首至. 擊其中, 則首尾俱至.
격기수 즉미지 격기미 즉수지 격기중 즉수미구지

"병사들을 하나같이 용감하게 만드는 것이 통솔의 도이며, 굳센 병사와 연약한 병사를 모두 다 용감히 싸우게 하는 것은 지리를 활용하기 때문이다. 그러므로 용병을 잘하는 지휘관이 많은 병사들을 마치 한 사람을 부리듯 하는 것은 그렇게 싸우지 않으면 안 되게 해놓았기 때문이다. 지휘관은 고요하여 그윽하고, 엄정하게 다스리는 것이니, 병사들의 눈과 귀를 가려서 아는 것이 없게 하고, 계획을 바꾸고 계책을 고쳐도 알지 못하게 하며, 주둔지를 바꾸고 길을 멀리 돌아가도 헤아리지 못하게 해야 한다. 결전을 할 때는, 마치 높은 곳에 오르게 한 후 사다리를 치워 버리듯 하며, 적 후방 깊숙이 들어가 싸울 때는 방아쇠를 당기듯 빠르게 진격하고, 양 떼를 몰듯이 하되, 오가더라도 아무도 가는 곳을 알지 못하게 해야 한다. 전 병력을 집결시켜 위험한 곳에 투입하는 것이 바로 지휘관의 역할이다. 구지의 변화와 상황에 따라 공격과 방어를 결정하는 것에 따른 이익과 병사의 심리적 변화까지 깊이 살펴야 한다"라고 하였다.

齊勇若一, 政之道也. 剛柔皆得, 地之理也.
제용약일 정지도야 강유개득 지지리야

故善用兵者, 携手若使一人, 不得已也.
고선용병자 휴수약사일인 부득이야

將軍之事, 靜以幽, 正以治. 能愚士卒之耳目, 使之無知.
장군지사 정이유 정이치 능우사졸지이목 사지무지

易其事, 革其謀, 使人無識, 易其居, 迂其途, 使人不得慮.
역기사 혁기모 사인무식 역기거 우기도 사인부득려

帥與之期, 如登高而去其梯, 帥與之深入諸候之地, 而發其機.
수여지기 여등고이거기제 수여지심입제후지지 이발기기

若驅郡羊, 驅而往, 驅而來, 莫知所之.
약구군양 구이왕 구이래 막지소지

聚三軍之衆, 投之於險, 此將軍之事也.
취삼군지중 투지어험 차장군지사야

九地之變, 屈伸之利, 人情之利, 不可不察也.
구지지변 굴신지리 인정지리 불가불찰야

제5장
전투효율화 원리

전투는 쌍방간의 힘이 충돌하는 현상으로, 무모한 힘의 대결은 나와 나의 부대에 큰 피해를 가져올 수 있다. 따라서 전투에서 최소의 비용이나 노력으로 최대의 효과를 얻을 수 있는 근본 이치를 찾아 이를 응용함으로써 나의 피해를 최소화한 가운데 승리를 쟁취할 수 있다면 가장 바람직한 전투를 수행했다고 볼 수 있을 것이다. 이 장에서는 전투에서 최소의 비용이나 노력으로 최대의 효과를 얻을 수 있는 근본 이치[1]를 전투효율화 원리로 명명하고 전술적 수준의 원칙과 공격·방어 준칙을 제시하여 보았다.

1. 전술적 수준의 원칙

과거에는 동서고금의 전쟁사를 연구할 때 전쟁수행에 대한 지배적인 원리

---

1 한국어 사전에서 효율화는 최소의 비용이나 노력으로 최대의 결과를 얻는 것이며, 원리는 사물의 근본이 되는 이치라고 제시하고 있다.

를 도출한 전쟁의 원칙을 군사전략, 작전술, 전술에 일반적으로 적용하여 작전에 응용하고 교리의 발전과 전쟁사 연구에 있어 작전 분석 · 평가의 기준으로 삼아 왔다. 전쟁을 효율적으로 수행하기 위해 제대와 수준별 역할에 따라 군사전략, 작전술, 전술을 계층적으로 체계화하여 용병술 체계를 정립하였기 때문에 전쟁의 원칙은 전술을 연구함에 있어서도 일반적인 원리로 적용되었다. 그러나 전쟁이 비군사적인 분야까지 확장되어 수행되는 전쟁 양상의 변화에 따라 전쟁의 원칙이 군사작전에만 국한되어 적용된다는 관점에서 2003년 합참의 『군사기본교리』에서 군사작전의 원칙으로 변경되었다. 육군에서는 2013년 『작전술』에서 '지상작전의 원칙'으로 목표, 공세, 집중, 기습, 기동, 정보, 방호, 사기, 지휘 통일의 9가지 원칙을 제시하고 있다. 과거의 '전쟁의 원칙'이나 현재의 '군사작전의 원칙'은 제대별로 수준의 차이는 있지만 군사전략, 작전술, 전술에 공통적으로 적용되는 원리이기 때문에 본고에서는 전술의 관점에서 이를 정리하고 용어를 '전술적 수준의 원칙'으로 명명하여 사용하였다. 비군사적 분야까지 확장된 현대의 전쟁 양상에서 군사적 분야에서 공감하고 있는 주요원칙을 전술적 관점에서 살펴보면 다음과 같다.

1) 목표

목표는 작전 목적 달성을 위해 가용 전투력을 운용하여 확보 또는 달성해야 할 대상으로 전투력 운용의 지향점, 전술적 수준의 원칙의 구심점이 된다. 모든 목표는 명확하고 결정적이며 달성 가능해야 하며 상급부대의 목표 달성에 기여해야 한다. 목표를 달성하기 위해서 우선 상급부대의 임무와 작전 의도를 명확히 이해하고 작전 목적 달성을 위해 나의 목표를 명확히 해야 한다.

전쟁의 궁극적인 군사적 목표는 적의 군대와 전투 의지를 분쇄하는 것이다. 전쟁의 군사적 목표를 달성하기 위해 전술적으로 수행되는 작전은 임무에 기초를 두고 앞에서 제시한 공격, 방어작전의 목적을 달성할 수 있는 구체적인 목표

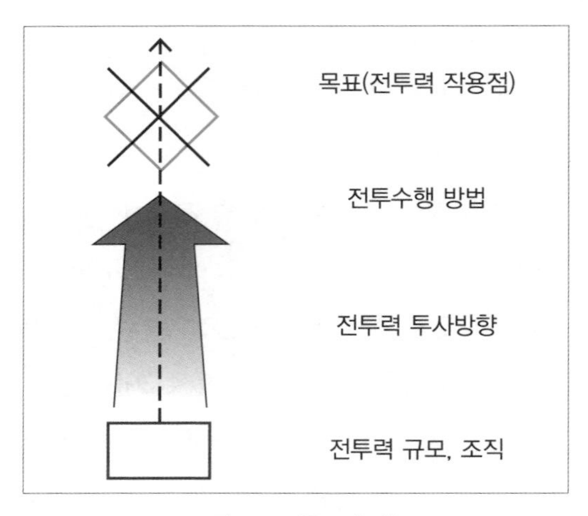

〈그림 5-1〉 목표의 기능

를 선정해야 하며 중간목표를 부여하여 단계적으로 최종목표를 달성해 나가는 것이 효과적이다. 이러한 목표의 올바른 선정과 작전 목표 달성을 위하여 노력을 집중하는 것이 전투에서 승리하기 위한 기본적이고 결정적인 요소라 할 수 있다. 즉, 〈그림 5-1〉과 같이 목표의 기능은 전투력의 작용점을 명확히 하는 것이고, 이에 따라 전투력의 규모 및 조직과 전투력 투사 방향, 작전 수행방법의 결정이 가능해진다. 작전 목표는 작전 목적 달성에 결정적으로 기여할 수 있어야 하며

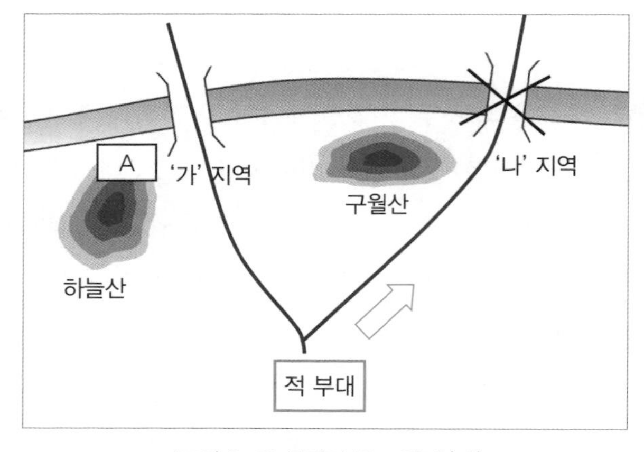

〈그림 5-2〉 목적과 목표 관계 '예'

달성 가능해야 하지만, 목표는 목적 달성수단의 성격을 가지므로 고정된 것이 아니라 필요시 유연하게 변경할 수 있는 융통성이 요구된다.

목적과 목표의 관계와 관련하여 목적의 중요성을 '예'를 들어 설명하면, 〈그림 5-2〉와 같이 상급부대에서는 적 부대가 방어에 실패하여 철수할 경우, '나' 지역의 교량이 파괴되어 있기 때문에 '가' 지역으로 철수할 것으로 판단하여 예하 A부대에게 목표 '가' 지역의 하늘산을 확보하여 퇴로를 차단하라는 임무를 부여하였다. 이에 따라 A부대는 하늘산을 사전에 확보하였으나, 도하 장비를 포함한 적 부대는 '나' 지역으로 방향을 변경하여 철수하고 있다. 이러한 상황에서 A부대장은 어떻게 상황을 판단하여 전투력 운용을 결심할 것인가? 상식선에서 보면 당연히 '나' 지역으로 이동하는 적 부대를 공격하거나 구월산을 확보하여 적의 퇴로를 차단해야 하겠지만, 부여된 목표만을 본다면 A부대 지휘관은 하늘산을 확보하는 소극적 작전활동으로 방책을 결심할 수도 있다. 따라서 상급부대에서는 작전 목적을 '철수하는 적 부대 격멸'로 명확히 부여하고 A부대 지휘관이 현장에서 상황을 파악하여 작전 목적에 부합되는 작전활동을 할 수 있도록 임무형 지휘를 보장해야 할 것이다.

전례 #1 걸프전 시 7군단의 조공인 제1기병 사단의 정면공격

쿠웨이트를 점령한 이라크군을 축출하고 쿠웨이트 정부를 회복하기 위해 다국적군이 이라크를 대상으로 수행한 걸프전 시, 1991년 2월 24일부터 27일까지 쿠웨이트 일대에서 '사막의 폭풍작전'이 수행되었다. 이때 주공인 7군단 예하의 제1기병 사단은 7군단의 공격 여건을 조성하기 위해 이라크군을 고착시키기 위한 목표를 선정하고 양공, 포병 집중사격, 모래방벽 제거 등을 실시하면서 최단거리로 강력하게 목표를 공격하여 주공방향을 기만하고 이라크군을 고착함으로써 7군단의 목표 달성에 기여하였다.

2) 공세

공세는 아군의 의지를 적에게 강요하는 능동적이고 적극적인 작전활동으로 전장의 주도권을 탈취, 확보, 유지, 활용함으로써 목표를 효과적으로 달성하게 한다.

전장에서 수세는 일시적인 안정감을 줄 수는 있지만 수동성으로 인해 자신의 의지를 적에게 강요할 수 없고 원하는 방향으로 전투를 이끌 수 없기 때문에 수세 일변도의 사고와 태세는 대단히 위험하다. 따라서 수세를 취하면서도 적의 약점과 과오 발견 시에는 항상 공세로 전환할 수 있는 공세적 사고와 공세를 위한 부대와 자원을 확보하고, 적극적으로 작전 태세를 갖추어야 한다. 그리고 상황에 따라 공격과 방어를 자유자재로 구사할 수 있는 능력을 확립하여 공세와 수세를 적절히 결합, 융통성 있는 작전을 수행함으로써 최소의 피해로 최대의 전과와 승리를 달성할 수 있도록 해야 한다.

전례 #2 6.25 전쟁 시 6사단의 춘천지구 전투

춘천지구 전투는 6.25 전쟁 발발일인 1950년 6월 25일부터 30일까지 춘천 일대에서 한국군 6사단과 북한군 2, 12사단의 전투로, ① 북한군 제2사단 4연대가 소양강 북쪽 대안 천전리에 집결하여 도하 준비로 인해 혼란한 상황이 발생하자 한국군 제7연대 2대대 5중대가 야간에 소양강을 도하하여 파쇄공격을 실시하였다. ② 북한군 12사단 예하 포병부대의 이동하는 자주포를 말고개 일대에서 대전차 공격조(육탄11용사)가 공격하여 적 자주포 10대를 노획 및 파괴함으로써 북한군은 최초 공격 시 거둔 성과를 확대하지 못하고 진격속도가 저하되었다.

3) 집중

전투력 집중이란 작전의 목적을 달성하기 위해 결정적인 시간과 장소에 전투력의 상대적 우세를 달성하는 것을 말한다. 전투는 피·아의 의지가 부딪치는 전장에서 제한된 전투력을 가지고 다양한 공간과 시간 속에서 수행되기 때문에 전투의 국면을 결정적으로 좌우할 수 있는 장소와 시기가 존재하게 된다. 전투를 수행하면서 이러한 결정적인 장소와 시기에서 승리할 수 있다면 다른 지역에서 일시적으로 불리하거나 패배하더라도 이를 감수할 수 있어야 한다. 전투의 승패는 결정적인 장소와 시기에서 상대적 전투력의 우위에 따라 결정되므로 아군의 전투력이 전반적으로 적보다 열세하다 하더라도 결정적인 장소와 시기에 전투력을 집중하여 상대적 우위를 달성해야 한다.

또한 전투력 집중은 피·아 간의 상대적인 개념이기 때문에 아군이 집중하기 위한 작전활동과 병행하여 적의 전투력을 분산시키는 작전활동이 필요하다. 적을 분산시키기 위해서는 애로, 고지, 도시지역 등 중요지형을 확보하여 적의 진출을 저지 또는 방해함으로써 집중을 하지 못하도록 하거나 기만 등을 통하여 적이 유휴전투력으로 방치되고 시간을 맞추지 못하게 해야 한다. 또는 타 방향에서 작전활동이나 기만작전, 공세행동을 통하여 적의 주의를 전환하거나 적 전투력 전환을 유도하며 작전지역의 종심을 활용하여 원거리부터 감시·타격 자산을 연계하여 적 전투력을 약화시킴으로써 결정적인 장소와 시기에 적이 집중하지 못하도록 해야 한다. 이를 위해 해당 지역에서는 기만, 지형, 장애물 이용 등 다양한 방법으로 병력을 절약하면서 작전의 성과를 달성할 수 있도록 위험을 감수하는 계산된 모험을 할 수 있어야 한다. 또한 전투력의 단순한 물리적 집중보다는 적의 약점과 과오에 의해 발생하는 결정적인 시간과 장소에 병력, 화력, 장애물, 지형이 통합된 전투력과 제병협동 및 합동전력을 조직적으로 집중하는 '효과의 집중'을 통하여 성과를 극대화해야 한다.

작전 간 지휘관들은 결정적인 시기와 장소에서 전투력 집중을 달성하기 위해 노력하지만, 적에 대한 불충분한 정보, 전투력 부족, 적이 주도권을 장악함에

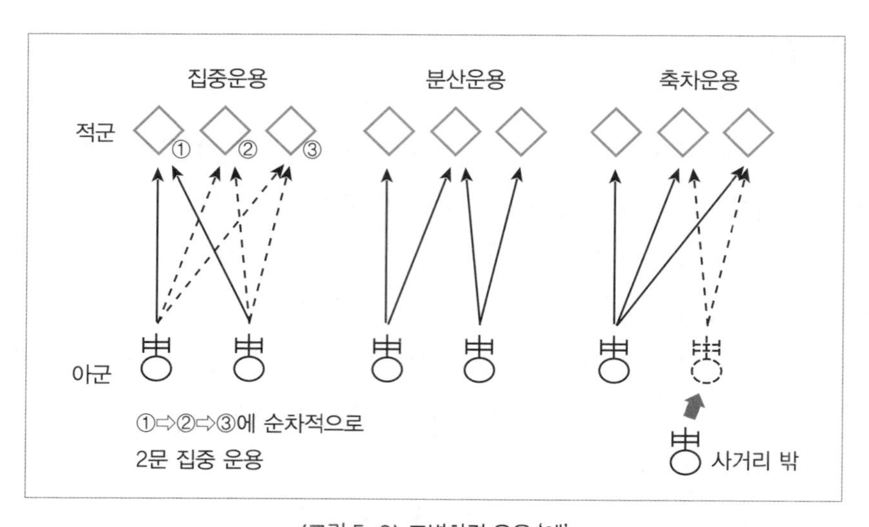

〈그림 5-3〉 포병화력 운용 '예'
* 출처: 전상조, 『작전원리』(서울: 범신사, 1997), p. 84 재구성

따라 수세적인 작전이 불가피할 경우에는 〈그림 5-3〉의 아군 155M 2문의 포병화력 운용 '예'와 같이 전투력을 분산 운용하거나 축차적으로 운용하는 과오를 범하기 쉽기 때문에 유의해야 한다.

전투력 집중을 위해서는 명확한 작전 목적과 목표를 설정하고 지휘관의 강력한 의지가 수반되어야 하며 결정적인 시기와 장소를 선정하여 가용 전투력을 통합하여 전투력을 극대화시키기 위한 집중을 해야 한다. 또한 전투력이 집중되는 지역을 제외한 타 지역에서는 전투력 절약을 위해 적절한 규모의 전투력을 운용하여 적 전투력을 최대한 분산, 약화시키기 위한 기만과 계산된 모험을 실시해야 한다. 또한 타 지역에서 적 전투력을 분산시키는 효과를 달성한 후에는 결정적인 시간과 장소로 가용한 항공전력을 포함한 우수한 기동력을 이용하여 전투력을 적시에 전환하는 등 주도권 확보를 위한 작전활동을 지속적으로 실시할 수 있어야 한다.

전례 #3 제1차 세계대전 시 탄넨베르크 전투

제1차 세계대전 시 독일의 제8군이 러시아의 제1, 2군을 맞아 1914년 8월 17일부터 29일까지 탄넨베르크 지역에서 실시한 전투로, 독일군은 러시아 2개 군이 상호 지원거리 밖에서 기동하면서 북쪽의 러시아 제1군인 레넨캄프(Rennen-kampf)군이 완만한 속도로 전진하는 것을 포착하였다. 이에 독일군은 제1기병사단으로 레넨캄프군을 견제하고 제17군단과 제1예비군 군단을 남쪽으로 전환하여 서남쪽에 위치하고 있었던 제1군단과 함께 전투력을 집중, 러시아 제2군인 삼소노프(Samsonov)군을 양 측면에서 동시에 포위 공격하여 삼소노프군을 섬멸한 후 다시 전투력을 북쪽으로 전환하여 레넨캄프군을 기습적으로 공격하여 패퇴시켰다. 전체적으로 러시아군이 30개 보병사단과 8개 기병사단을 보유한 데 비해 독일군은 11개 보병사단과 1개 기병사단으로 열세하였다. 그러나 정확한 정보를 바탕으로 한 계산된 모험을 통하여 북쪽 지역에서 전투력을 절약하여 결정적인 시간과 장소에서 전투력의 상대적 우세를 달성함으로써 열세한 전투력으로 우세한 러시아군을 섬멸하였다.

4) 기습

기습이란 적이 예상하지 못한 시간, 장소, 수단, 방법 등을 사용하여 적을 타격함으로써 전투력의 균형을 결정적으로 아군에게 유리하게 전환시키며 투입된 노력 이상의 성과를 획득할 수 있게 한다. 기습은 예상치 못한 시간과 장소의 이용, 불리한 지형 및 기상의 극복, 예기치 못한 전투력 사용, 작전속도 증가, 의사결정 속도 증가, 기만, 기도비닉, 작전보안, 전술과 작전활동 변화 등을 통해 달성되며 적이 알지 못하도록 하는 것도 중요하지만, 알더라도 효과적으로 대응하기에는 너무 늦도록 하는 것이 더 중요하다.

기습은 창의성, 대담성, 민첩성 등을 통하여 적이 예상하여 준비한 결전지역, 사태 계획 등과 같은 전투력 운용에 차질을 유발함으로써 적이 조직적으로 전투를 수행할 수 없도록 강요한다. 그리고 크게는 적을 심리적으로 마비시키고 공황을 유발시켜 아군의 주도권 장악을 용이하게 하며 전투를 유리하게 전개시킴으로써 결정적인 성과를 달성하게 한다.

기습의 성공을 보장하기 위해서는 먼저, 실제 의도와 다른 목표를 공격하거나 다른 방향으로 기동을 실시하고, 공격 의도를 숨기기 위한 방어 준비, 고의로 허위첩보 제공, 허구의 부대나 장비 묘사 등을 통해 적을 속여야 하며 이러한 기만작전은 〈표 5-1〉과 같이 기습의 성공확률을 높여 준다. 둘째, 기도비닉하에 자신의 기도와 능력, 활동을 노출시키지 않고 철저한 작전보안을 준수하면서 작전활동을 실시하거나 셋째, 제2차 세계대전 시 잠수함, 전격전 등과 같이 적이 예상치 못한 수단과 방법을 사용할 수 있다. 넷째, 제2차 세계대전 시 독일군의 대규모 기갑 및 기계화부대가 아르덴느 산림지대를 통과하는 것이 불가능하다고 판단한 프랑스의 예상과는 달리 독일군이 이를 극복한 것처럼 보편적인 상식을 뛰어넘는 작전활동을 실시함으로써 기습의 성공확률을 높일 수 있다.

〈표 5-1〉 1914년 이후 기만작전이 기습에 미친 영향

구 분	계	기습 성공	기습 실패
기만작전 실시	140건	131건(94%)	9건(6%)
기만작전 미실시	84건	25건(30%)	59건(70%)

* 출처: 성형권, 『전술의 기초』(서울: 마인드 북스, 2017), p. 136.

기습의 효과는 초기에는 클 수 있으나, 적이 아군의 행동에 적응하여 대응함에 따라 효과는 차츰 감소되므로 적에게 대응책을 강구할 시간적 여유를 주지 않는 신속 과감한 작전을 통해 기습으로 달성된 성과를 계속 확대해 나가야 한다.

전례 #4

제2차 세계대전 시 폴란드 전역

제2차 세계대전 시 독일군은 제1차 세계대전과 같이 방어에 집착한 폴란드군에 대해 1939년 9월 1일 새벽 선전포고 없이 공군의 기습공격으로부터 시작하여 폴란드군이 생각지도 못했던 전격전으로 하루 평균 40~50km를 진격, 폴란드군에게 정신적 공황과 마비 효과를 달성하였다. 독일군은 9월 10일~11일에 바르샤바를 포위하고 비스툴라강까지 진격함으로써 폴란드 전사자 90여만 명에 비해 독일은 전사자 8,000명의 적은 손실로 단기간 내에 전쟁을 종결하였다.

전례 #5

한나라의 관중작전

B. C. 206년 한나라와 초나라의 전쟁에서 한나라의 한신이 기만과 기습으로 함양을 점령한 전례이다. B. C. 206년 8월 한나라 유방은 항우가 제·조나라 진압작전으로 서쪽을 돌볼 여력이 없는 틈을 타서 한신으로 하여금 관중 지역을 공격하게 하였다. 한신은 과거 파괴하였던 잔도(절벽 사이에 밧줄과 나무로 엮어 만든 길)를 공개적으로 보수하여 한의 군대가 동쪽의 무관 방면으로 지향할 것처럼 기만하였다. 초군이 무관에서 방어진을 구축할 무렵 한군은 은밀히 감추어진 옛 통로를 따라 정북방의 진창으로 우회 기동하여 관중의 함양성을 점령하였다.(부록 2 〈그림 15〉 참조)

5) 기동

기동은 적에 비해 시·공간적으로 유리한 위치로 부대와 자원을 이동하는 것으로, 적을 지리적으로 불리한 위치에 놓이도록 강요하고 약점에 전투력을 집중할 수 있게 한다. 그리고 기동은 유리한 위치에 전투력을 이동시켜 배치함으로써 유리한 위치에서 화력을 집중할 수 있고 전투력을 집중하거나 분산하여 효율적으로 운용할 수 있으며 행동의 자유를 통해 계획과 작전의 융통성을 보장해 준다. 또한 기습을 달성하거나 적의 기습을 예방함과 아울러 공격 기세 유지, 침투와 추격의 효과를 상승시켜 주는 역할을 함에 따라 결정적인 성과를 달성하게 해 준다. 리델 하트가 "적의 정면을 향해 직접 이동하는 것은 물리적으로나 심리적으로 적의 균형을 강화하는 것이고 저항력을 증가시키는 것이다. 하지만 적의 후방으로 우회 기동하는 것은 적의 저항을 회피할 뿐 아니라 불의의 기습에 의한 공포심을 야기할 수 있어 전투 승패를 결정짓는 목적 달성이 가능하다"라고 말한 바와 같이 적의 취약점인 측·후방을 지향하는 신속한 기동은 적으로 하여금 극도의 공포심을 야기시켜 심리적 마비와 교란 상태를 조성, 적의 행동의 자유를 박탈함으로써 전투력을 무력화시키고 전투를 종결짓는 결정적인 역할을 한다.

기동은 전투력의 적절한 집중과 분산을 통하여 적의 강점은 회피하고 적의 약점에 타격력을 집중하는 다양한 형태의 융통성 있는 작전을 실시할 수 있게 한다. 또한 힘(전투력)에 관련된 공식인 F(전투력)=M(병력의 양)×C^2(기동속도)에서 적보다 빠른 기동을 통하여 C(기동속도)를 증가시켜 전투력을 상승시키고 여기에 적의 취약점인 측방이나 후방을 선택함으로써 최대의 타격력을 발휘하여 적을 심리적으로 마비시켜 결정적인 성과를 달성할 수 있는 것이다.

전례 #6 제2차 세계대전 시 독일의 프랑스 전역

제2차 세계대전 시 1940년 5월 10일부터 6월 22일까지 독일은 프랑스 전역에서 마지노선을 바탕으로 한 방어제일주의 사상에 젖어 있던 프랑스군에 대해 대규모 제병협동 및 합동부대인 기갑 및 기계화부대를 투입하였다. 독일군은 프랑스군이 기갑 및 기계화부대 기동이 어렵다고 판단한 아르덴느 고원지역과 뮤즈강을 신속히 돌파하는 전격전을 통하여 연합군을 심리적으로 마비시킴으로써 단 6주 만에 전쟁을 종결하였다.

전례 #7 로이텐 전투

1757년에 프러시아의 프레드릭(Fredreick)군 3만 명과 오스트리아의 카를(Charles)군 8만 명이 로이텐에서 조우하면서 발생한 전투로, 프레드릭이 좌익의 기병대로 오스트리아군의 우익을 먼저 공격하자, 카를 대공은 좌익 후방의 예비대를 급히 우익으로 전환시켰다. 이때 프레드릭의 주력군은 전진방향을 신속히 전환하여 언덕의 뒤편에 숨어 우측으로 기동, 키에페른 고지를 선점하고 사선대형으로 오스트리아군의 좌익에 맹공을 가했다. 카를 대공은 뒤늦게 기만당했음을 깨닫고 전열을 재정비하려 했으나, 8km 폭으로 신장 배치되어 있었던 오스트리아군은 기민하게 대처할 수 없었다. 때맞추어 오스트리아의 기병대를 격멸시킨 프러시아의 기병대가 배후를 공격하자 오스트리아군은 극도의 혼란에 빠져 3배의 수적 우세에도 불구하고 대패하였다.(부록 2 〈그림 16〉 참조)

6) 정보

정보는 적의 배치, 구성, 활동 등 적과 관련된 각종 자료와 작전지역의 지형, 기상, 민간 요소, 아군에 대한 자료 등으로, 현재 부대의 상황을 파악하고 앞으로 펼쳐질 상황을 예측하여 어떻게 작전을 전개할 것인가를 구상하고 구체화하기 위한 필수적인 요소이다. 이는 작전 계획과 이를 준비, 실시하는 근거가 되는 총체적 지식이며 적에 대해 상대적 정보 우위를 달성하여 적의 약점을 찾아 이를 이용함으로써 전투에서 승리를 보장하기 위한 전투의 전 과정에서 수행해야 할 중요한 원칙이다. 클라우제비츠가 전쟁의 불확실성은 전장 마찰의 심각한 요인이라고 했듯이 적과 비교하여 상대적으로 정보의 열세 속에서 작전을 하는 부대는 정보의 우세 속에서 작전하는 부대에 비해 행동의 자유가 제한된다. 그러므로

전례 #8 제4차 중동전 시 이집트 초기 작전

제4차 중동전 시 이집트는 이스라엘을 선제 기습공격하여 시나이반도를 확보하기 위해, 이스라엘과 작전지역에 대한 정보를 수집하여 다음과 같이 강·약점을 분석하였다.

- 이스라엘의 강점
  - 항공기, 기갑전력, 기술적 능력, 훈련 수준 우세
  - 미국으로부터 즉각적인 보급지원 가능
  - 바레브선의 모래방벽 등 각종 장애물
- 이스라엘의 약점
  - 양면공격에 취약, 전 전선에 신장된 병참선 유지
  - 과도한 자신감, 적은 인구와 경제적 취약성으로 장기 소모전 제한
  - 개전 후 이스라엘 동원병력 투입에 48~72시간 소요

이를 기초로 이집트군은 이스라엘군의 강점을 회피하고 약점을 이용할 수 있는 계획을 수립하여 선제공격을 실시하였다. 이때 ① 철저한 기만작전과 모래방벽 극복을 위한 중수압식 고압펌프를 운용하여 초기 완벽한 기습 달성 ② 이스라엘 항공기에 대해서는 SAM 대공방어 체계로 대응하고 기갑부대에 대해서는 보병의 SAGGER 대전차미사일을 중심으로 한 대기갑전 실시 ③ 이스라엘이 병력을 동원하기 위한 소요시간 동안에는 병력 열세가 불가피하다는 약점을 이용하여 전 정면에 걸쳐 동시공격을 실시하여 이스라엘의 기동방어 체계를 무력화시키고 시리아와 협조된 양면작전을 실시하여 개전 초기에 성공적으로 기습 성과를 달성하는 효과적인 작전을 실시하였다.

적에 비해 상대적으로 주도권 확보와 선견(先見)-선결(先決)-선타(先陀)[2]가 곤란하며 과감한 작전 수행에 많은 제한을 받게 되고 작전 결과를 예측하기도 어렵게

2 선견-선결-선타: 적을 먼저 보고 먼저 결심해서 먼저 타격하는 체계이다.

된다. 따라서 정보는 전투의 3요소인 피·아의 전투력, 시간, 공간에 중점을 두어 적의 전투력, 준비태세, 활동뿐만 아니라 아군의 전투력, 준비태세, 활동까지 동시에 고려해야 한다. 또한 지형과 기상, 기후, 시도 조건, 작전지역 내 민간인과 거주 지역, 시설 등에 대한 각종 정보를 파악하여 활용함으로써 작전의 성공확률을 높여야 한다.

또한 제대별로 다양한 정보 수집수단을 효율적으로 운용하고 수집된 첩보와 정보를 실시간 분석 및 평가하여 실시간 적시 적절하게 사용하며, 이를 활용하여 최선의 대응방책을 구상하고 구체화해 나가야 한다. 그러나 발전된 정보 수집수단과 전파체계에 의해 상급부대가 하급부대의 전투현장을 구체적으로 볼 수 있음에 따라 발생할 수 있는 상급제대에 의한 지나친 간섭과 통제가 도리어 하급제대의 융통성 있는 작전을 방해할 수도 있기 때문에 이를 항상 경계해야 한다.

7) 방호

방호는 적 위협으로부터 아군의 전투력을 효과적으로 보존하여 행동의 자유를 보장하는 것이다. 이를 위해 제 작전요소를 통합하여 적극적인 방호대책을 강구하되, 과도한 방호대책을 지양하고 최소한의 위험은 감수하면서 적 위협을 방지, 제거하거나 취약점을 최소화하여 전투력을 보존해야 한다. 전투에서 자신의 전투력을 제대로 보존하지 못한다면 행동의 자유가 제한되고 주도권을 확보할 수 없으며 임무를 종결하기 위한 결정적인 시간과 장소에 상대적으로 우세한 전투력을 공세적으로 집중하기 어렵다. 따라서 모든 부대는 전투력 보존을 위한 경계와 위장, 은·엄폐, 기밀 누출 방지, 기도비닉 유지 등 작전보안 활동을 강화하고 적 정보활동 거부를 통해 적 기습을 방지하고 행동의 자유를 유지하며 적에게 불필요한 전투력 손실을 당하지 않도록 해야 한다.

전례 #9 6.25 전쟁 시 동락리 전투

6.25 전쟁 시 동락리 전투는 한강 방어선 붕괴 후 국군 제6사단 7연대가 남하 중인 북한군 제15사단을 저지하기 위해 장호원 방면으로 진출하던 중, 북한군 제15사단 48연대가 동락 국민학교에 집결해 있다는 신고를 받고 1950년 7월 5일부터 8일까지 기습공격을 통해 북한군 제48연대를 궤멸시킨 전투이다. 계속적인 승리를 하면서 남하하던 북한군 제15사단 48연대의 궤멸적 타격에 대해 방호 측면에서 살펴보면, 북한군은 국군이 차를 타고 도망쳤다는 주민의 제보와 인근 지역에 대한 수색 결과 국군을 발견하지 못함에 따라 국군이 모두 철수한 것으로 판단하였다. 북한군은 미군의 공중공격 때문에 주로 야간에 활동하였기 때문에 주간에 휴식을 하기 위해 동락리 국민학교에 집결하였는데, 이때 북한군은 경계병 배치도 없이 총기를 사총 시켜놓고 식사 준비와 휴식을 취하였으며 노상에 장갑차와 각종 차량이 주차되어 있었다. 국군 제7연대 2대대는 3개 중대를 동·서·남쪽에서 포위하여 기습적으로 공격함으로써 궤멸적인 타격을 입혔으며 도주한 병력은 국군 제7연대 3대대의 매복공격을 받고 소수만 수리산 방향으로 도주하였다. 야포, 장갑차, 차량을 포함한 중화기로 무장된 북한군의 2,000여 명의 병력이 소총과 박격포로 무장된 국군 300여 명에게 궤멸적인 타격을 받은 것은, 승리했다고 방심해서는 절대 안되며 항상 경계를 포함한 방호태세를 갖추어 전투력을 보존해야만 행동의 자유를 가질 수 있고 차후 작전을 수행할 수 있다는 교훈을 주고 있다.

8) 사기

사기란 악조건하에서 개인 및 부대가 임무를 완수할 수 있다는 내재적인 정신 상태로, 사기는 적과 비교하여 장비, 물자, 전투기술 등 상대적 능력의 우월감과 동료 및 상하 간의 조직력과 친밀감 등에서 형성된다. 이러한 사기는 교육훈련 시 실전적으로 전술, 전기 숙달을 통한 자신감과 부대의 전통과 체제의 우월성 등에서 오는 소속감, 사명감, 그리고 전우애가 강화되면서 생사를 초월한 임무 완수의 전투 의지가 고양되며 이는 전술집단의 전투 동기가 되어 무형적 전투력을 극대화시키는 중요한 요소이다.

전례 #10 포클랜드 지상전투

포클랜드 전쟁은 1982년 4월 2일 아르헨티나가 영국령 포클랜드 군도의 양도를 요구하면서 12,000명의 병력으로 이를 점령하자, 영국군이 지상병력을 투입하여 1982년 5월 24일부터 6월 14일까지 아르헨티나 군을 축출하고 포클랜드 군도를 재점령한 전투이다. 사기 측면에서 분석해 보면, 아르헨티나군은 영국군에 비해 병력과 방공무기 등에서 우세하였고 포클랜드 군도를 먼저 점령하면서 본국에서 거리도 가까워 전투수행 여건도 좋았으며 지형을 이용한 방어의 이점을 충분히 활용할 수 있었으나, 병력에게 필요한 식수와 난방 자재, 보급품 등을 부족하게 보급하여 포클랜드 주민들을 대상으로 불법징발 등을 실시하고 통행금지 등 전시 조치법을 시행하면서 주민들이 큰 반감을 갖게 되었다. 또한 투입부대는 포클랜드의 기후와 기상에 대해 무지하고 경험도 없는 의무 단기 복무병으로 구성되었고 전투를 위한 교육훈련, 정신무장이 되어 있지 않았으며 정보작전의 중요성을 간과한 상태에서 거점 방어에 치중하였다. 이에 비해 영국군은 노르웨이, 북대서양 상의 여러 군도에서 훈련 경험과 극한 조건에서 임무를 수행할 수 있는 강인한 정예부대를 엄선하여 차출하고 대서양 이동기간 동안 작전에 필요한 준비와 보충훈련을 실시하였다. 또한 정보작전을 통한 정보 우세를 달성하여 아르헨티나군에 대한 유용한 첩보와 정보를 가지고 있어 유리한 여건에서 전투를 수행할 수 있었으며 부대의 사기도 높았다. 아울러 포클랜드 군도를 탈환해야 하는 임무의 정당성, 구호활동에 대한 신뢰, 장병들의 자부심, 상관에 대한 신뢰 및 자신감을 바탕으로 영국군은 수적으로 우세하고 지형과 시간의 이점을 활용할 수 있었던 아르헨티나군을 제압하고 포클랜드를 탈환할 수 있었다.

9) 지휘 통일

앞에서 제시한 목표, 공세, 집중, 기동, 기습, 정보, 방호, 사기의 원칙 하나하나도 중요하지만 작전 목표를 달성할 수 있도록 이를 조정, 통합하여 행동을 통일하고 전투 의지를 한 방향으로 집중시켜 최대한의 전투력을 발휘시키는 것은 오직 단일 지휘관에게 권한과 책임을 부여하는 지휘 통일을 통해 달성된다. 지휘 통일은 전투력의 분산이나 불필요한 전투력 소모 등 노력의 분산을 방지하고 부대가 가지고 있는 조직력과 제 작전요소를 통합함으로써 효율적으로 전투력을 발휘하게 하여 승수효과를 창출할 수 있게 한다. 지휘 통일은 부대를 움켜쥐고 있는 것이 아니라, 제 작전요소와 조직력이 최상으로 발휘될 수 있도록 조직을 구성하는 모든 요소가 자발적인 의지를 가지고 공동의 목표를 달성할 수 있도록 책임소재를 명확히 한가운데, 계획은 집권화하고 실시는 분권화해야 한다. 또한 지휘관계와 지휘 통제수단을 활용하여 조직력을 공고히 한 가운데 지휘권 확립과 제 작전요소의 긴밀한 통합 및 협조와 협력을 통해 노력의 통합을 달성해야 한다.

전례 #11

6.25 전쟁 시 현리 전투

6.25 전쟁 시 중공군은 중동부 지역의 국군 6개 사단을 격멸하고 고립된 미군을 섬멸하기 위해 중공군 2개 병단과 북한군 3개 군단을 투입하여 1951년 5월 16일부터 22일까지 5월 공세를 실시하였다. 이때 중공군은 현리 지역의 국군 4개 사단 격멸을 위한 다중포위를 실시하여 국군 제3군단의 주 보급로이며 철수로인 오미재고개를 선점하였다. 이에 국군 제3군단장은 작전지침만 하달하고 헬기로 현장을 이탈하였으며 국군 제3, 9사단장은 협조된 공격을 실시해야 했으나, 지형여건과 심리적인 공황으로 인해 오미재고개를 탈취하지 못하였다. 이에 부대는 모든 장비를 유기하고 지휘체계가 무너진 상태에서 무질서하게 방태산으로 철수하면서 대량 피해가 발생하였으며 이후 3군단은 해체되었다.

전술적 수준의 원칙은 작전 수행의 원리와 지침으로, 각각의 원칙은 상호 보완 및 의존관계에 있기도 하고 중복, 상충되기도 하는 하나의 사고체계로 존재하며 각 원칙은 상황과 여건에 따라 중요성이 증대되거나 감소된다. 즉, 이러한 원칙들은 작전의 효과적, 효율적 수행이라는 기본정신 아래 상호 보완, 의존, 중복, 상충되게 연결되어 있다. 전투는 동일한 양상이 반복되는 것이 아니므로 원칙은 수학적 공식처럼 일률적으로 적용할 수 없으며 한 가지 원칙만을 강조하게 되면 치명적인 결과를 초래할 수 있다. 따라서 목적과 목표 달성을 위해 원칙 간의 상호관계와 우선순위를 고려하여 상황과 필요에 따라 적절한 원칙을 적절한 시기에 전술적 고려 요소(METT+TC)를 판단하여 응용하고 창의적으로 적용해야 할 것이다.

2. 공격작전과 방어작전 준칙

1) 공격작전 준칙

공격작전 준칙이란 적의 강·약점 탐지, 적 방어체계의 균형 와해, 기습 달성, 전투력 집중, 공격 기세 유지, 종심 깊은 적 후방 공격과 같은 공격작전의 목적을 달성하기 위해 계획 수립, 작전 준비 및 실시간에 적용해야 할 지침을 구체화한 것으로 이를 살펴보면 다음과 같다.

① 적의 강·약점 탐지

전장의 불확실성을 제거하기 위해 적 제1·2제대, 예비대, 지휘 통제시설, 화력 지원수단, 전차 및 반 항공방어 체계, 특수작전부대, 대량살상무기(WMD) 등에 대해 인간·신호·영상정보 등을 통하여 상·하 제대에서 수집한 전장 감시

결과를 분석평가해 적의 강·약점을 도출한다. 그리고 적의 강점은 회피 및 최소화하고 약점을 최대한 이용할 수 있는 작전계획을 수립하고 실시간 변화하는 상황에 능동적으로 대처해야 한다.

② 적 방어 체계의 균형 와해

기동, 정보, 화력 지원체계 등 적의 전투수행 기능체계로 연결된 적 방어체계의 연결 고리를 타격하거나 교란하여 차단함으로써 적이 조직적으로 방어력을 발휘하지 못하도록 강요하여 최소의 희생으로 결정적인 승리를 달성해야 한다. 이를 위해 적지종심작전부대 및 침투부대로 적 후방 교란, 중요지역 선점, 지휘통제시설 및 화력지원수단 파괴 또는 무력화, 아군지역에서 활동 중인 적 특수작전부대 등을 격멸하여 예하부대 작전 여건을 보장하고 그들이 임무를 효율적으로 달성하도록 지원한다.

③ 기습 달성

공격작전 시 기습 달성은 앞 장 전술적 수준의 원칙을 참조한다.

④ 전투력 집중

전투력 집중은 앞 장 전술적 수준의 원칙을 참조한다.

⑤ 공격 기세 유지

공격 기세 유지란 공격부대가 세차게 흐르는 급류와 같이 적이 대응하는 것보다 빠른 속도로 정지함 없이 적 방향으로 기동하여 타격함으로써 적의 효과적인 대응 능력을 박탈하고 적이 계속 수동적이고 불리한 상황에 놓이도록 강요하는 것이다. 기동을 지원하기 위해 적 장애물 극복과 화력 운용을 조직적으로 결합하여 공격부대의 기동속도를 보장함으로써 적이 상황을 정확히 파악하기 전에 계속 새로운 상황을 강요해야 한다. 이를 통해 초기에 달성한 기습의 효과를 증대시키고 전장의 주도권을 지속적으로 확보하여 결정적 승리를 달성할 수 있다. 기동속도를 증가시키기 위해서는 다양한 기동로 선정과 기동로 상 애로지역을 선점하고 장애물을 신속히 개척하며 적의 증원부대를 차단하는 등 융통성 있는 작전을 실시해야 한다. 또한 물리적인 속도 발휘와 더불어 작전계획은 집권화하여 수립하되 작전 실시간에는 분권화하여 지휘관이 결정적인 시간과 장소에서 진두지휘하면서 상황 판단·결심·대응 주기를 빠르게 할 수 있는 임무형 지휘를 보장해주어야 한다.

⑥ 종심 깊은 적 후방 공격

공격부대는 최초 공격에 성공하면 적 지휘통제 시설, 작전지속지원 시설, 화력지원 시설 등 방어 지속성을 유지하는 데 중요한 시설이 위치한 적 후방 종심으로 신속 대담하게 공격해야 한다. 이를 통해 적 후방지역을 무력화시키고 적의 증원과 퇴로를 차단함으로써 적 방어체계를 와해시키고 전투 의지를 파괴하여 결정적 성과를 달성해야 한다. 공격부대가 적 후방 종심지역으로 공격할 경우, 적은 중요지역에 대한 고수방어나 역습과 같은 공세행동으로 형성된 돌파구를 폐쇄할 수도 있다. 따라서 후속지원부대와 조공부대를 운용하여 돌파구를 유지 및 확장하고, 병참선을 유지하여 작전지속지원을 원활하게 수행함으로써 공격부대가 공격 기세를 유지할 수 있도록 해야 한다.

2) 방어작전 준칙

방어작전 준칙이란 조기 적 기도 파악, 방어의 이점 최대 이용, 전투력 집중, 종심깊은 전투력 운용, 방어수단의 통합 및 협조, 적극적인 공세행동, 융통성과 같은 방어작전의 목적을 달성하기 위해 계획 수립, 작전 준비 및 실시간에 적용해야 할 지침을 구체화한 것으로 이를 살펴보면 다음과 같다.

① 조기 적 기도 파악

공자는 일반적으로 주도권을 확보하여 시간과 장소를 자유롭게 선택하고 전투력을 집중하며 기습을 달성할 수 있는 유리점이 있으므로 만일 방자가 조기에 적의 기도를 파악하지 못할 경우, 방자는 주도권이 있는 공자의 행동에 수세적으로 대응할 수밖에 없는 상황에 놓이게 된다. 따라서 방자는 작전 시작부터 적지종심지역부터 적극적인 감시정찰을 통해 공자의 기도를 분석하여 기습을 방지하고 공자의 전투력 집중, 방향, 시기, 규모 등을 조기에 파악하여 선제적으로 대응하며 식별된 적에 대해서는 적시적인 타격을 통해 적 공격대형을 와해시키고 전투력을 약화시켜야 한다. 또한 작전 실시간에도 모든 작전요소를 가동하여 공자의 작전 기도를 파악하여 불확실성을 제거하고 적과 아군 상태에 대한 정보를 신속하게 유통시켜 상·하 제대가 정보를 공유하면서 적시적으로 대응해야 한다.

② 방어의 이점 최대 이용

방자는 전장정보분석을 통하여 공자의 예상 접근로를 효과적으로 통제할 수 있고 방어력 발휘를 위한 유리한 지형에 가용한 시간을 이용하여 진지를 준비하고 병력, 화력, 장애물을 통합 운용하여 방어 강도를 증가시킬 수 있는 이점을 가지고 있다. 반면, 공자는 노출된 상태로 기동하기 때문에 생존성과 전투력 발휘에 취약하므로 방자는 감시정찰 자산을 적극 활용하여 적의 기도를 분석하고 적을 식별하기 위한 노력을 지속적으로 실시해야 한다. 또한 방어의 이점을 최대한 이용, 적의 약점과 과오를 발견 또는 조성하여 적시적으로 타격함으로써 방자의 전투력 소모를 최소화하고 공자의 전투력 소모를 극대화해야 한다. 방자도 상황에 따라서는 시간이 부족한 상태에서 준비되지 않은 진지에서 전투할 수 있기 때문에 기습을 받지 않도록 적극적인 감시정찰과 경계작전 등을 실시해야 한다. 그리고 전투 준비의 우선순위를 설정하여 효과적으로 시간을 사용하며 필요한 경우 전투력을 동적으로 운용하는 기동방어를 실시하는 등 상황에 적합한 융통성 있는 작전을 수행해야 한다.

③ 전투력 집중

방어 시 전투력 집중을 위해서는 적이 통과해야만 하는 전투력 발휘가 용이한 지형에 종심깊은 방어지역을 편성하고 통합 전투력 발휘가 가능하도록 병력, 화력, 장애물, 전투진지를 가용한 시간 동안에 지형을 최대한 이용하여 배비함으로써 전 종심에서 적을 분산시키고 전투력 소모를 강요하여 적의 공격 기세를 약화시켜야 한다. 또한 적 상황을 파악하여 유휴 전투력과 예비대를 적시 적절하게 전환 및 투입하고 적 약점과 과오 포착 시 가용 전투력을 집중하여 기습적이고 과감한 공세행동을 실시해야 한다.

④ 종심깊은 전투력 운용

방자는 작전지역의 정면과 종심, 지형을 이용할 수 있는 이점을 가지고 있으므로 이를 최대한 이용하여 종심깊게 전투력을 배비하고 전 종심에서 지속적인 전투를 공자에게 강요하여 공격 템포를 차단하고 통합성을 파괴하여 조기에 작전한계점에 도달하도록 강요해야 한다. 적지종심지역에서는 공격하는 적에 대해 감시자산과 연계하여 장애물로 적을 정지시키고 화력자산으로 타격하여 적을 분산 및 약화시켜 근접작전에 유리한 여건을 조성하면서 주도권을 확보해 나가야 한다. 근접지역에서는 적의 공격을 지연시키고 조기 전개를 강요하며 정면과 종심으로 준비된 병력, 화력, 장애물, 전투진지 등을 통합 운용하여 적을 저지 및 격멸한다. 후방지역에서는 지속적으로 적의 배합전 기도를 분쇄하고 방어의 지속성을 보장해야 한다. 이에따라 지휘관, 참모에게는 적지종심지역, 근접지역, 후방지역을 연계하여 전 종심에서 적의 전투력과 공격 기세를 축차적으로 흡수시키는 유연한 사고가 요구된다.

⑤ 방어수단의 통합 및 협조

방자는 병력, 화력, 장애물, 전투진지 등의 방어수단을 효과적으로 통합 및 협조시켜 방자가 보유하고 있는 지형, 전투 준비 시간, 생존성 등 전투력 발휘 면에서의 이점을 더욱 증대시켜 방어력을 최대화할 수 있다. 이때, 통합은 제반수단을 효과적으로 조직 및 결합하여 전투력의 상승효과를 달성하는 것이고, 협조는 최선의 결과를 획득하기 위하여 제반수단이 운용될 장소와 시간을 조정하는 것으로, 이를 통해 수단의 강점을 더욱 상승시키고 약점을 타 수단으로 보완하여 방어력 발휘를 극대화할 수 있다. 지휘관은 자신의 편제자산, 상급부대 지원자산뿐 아니라 가용한 합동 및 연합자산까지 효과적으로 통합 및 협조할 수 있어야 한다.

⑥ 적극적인 공세행동

일반적으로 방어는 수세적이다. 그렇다고 공자의 주도권 행사에 수세일변으로 대응한다면 전투에서 승리를 보장할 수 없다. 따라서 방자는 공세적 방어를 수행해야 하며 전장 감시를 통해 적의 약점과 과오를 식별하여 기습적이고 과감한 공세행동을 실시함으로써 적의 공격 기세를 약화시키고 작전의 주도권을 지속적으로 확보해 나가야 한다.

공세행동은 계획된 부대, 시간, 장소에서 실시한다거나, 결정적 작전으로 수행해야 한다는 경직된 사고에서 탈피하여 기회가 포착되면 상황과 여건에 부합된 공세행동을 신속하게 결심하고 과감하게 시행하여 적의 약점과 과오를 응징해야 한다. 방자가 이용할 수 있는 적의 약점과 과오로는 부대 밀집, 제대 간 간격 발생, 견제지역에서 전투력 부족, 공격대형 신장에 따른 지휘통제 및 상호지원 곤란, 작전 한계점 도달 등이 있다. 지휘관은 유연한 공세행동을 위해 적정 규모의 예비대를 확보하고 필요시 적의 위협이 없거나 미약한 지역 또는 견제지역에서 전투력을 전환하여 사용할 수 있는 융통성을 보유해야 한다.

⑦ 융통성

융통성은 상황 변화에 능동적으로 대처하는 능력을 말하며 방어작전 시 융통성이란 어떠한 전장상황에서도 방어의 균형을 유지하면서 적의 다양한 공격 양상에 탄력적으로 대응할 수 있는 태세를 갖추는 것이다. 방자는 공자보다 상대적으로 수세적이고 피동적이며 역동성이 떨어지는 작전이 불가피하여 작전 초기에 주도권을 가진 공자의 기도를 파악하기 어렵고 전투력의 전환과 집중이 곤란하기 때문에 융통성이 더욱 필요하다. 융통성 확보를 위해 계획 단계에서는 화력지원 계획, 장애물 운용 계획, 공세행동 계획, 그리고 다양한 우발계획을 준비하고 적의 공격에 신속히 대응할 수 있는 적절한 규모의 예비대와 기동력을 확보하는 균형된 방어계획을 수립해야 한다. 작전 실시간에는 임무형 지휘를 바탕으로 변화되는 상황을 신속하게 판단하여 적시적인 결심과 신속, 과감한 전투력 운용을 통해 주도권을 확보해 나가는 작전을 수행해야 한다.

제6장
작전수행 과정

1. 개요

적과 전투를 효율적으로 수행하기 위해 〈그림 6-1〉과 같이 계획 수립-작전 준비-작전 실시-평가라는 작전수행 과정[1]을 적용하여 작전을 수행하고 있다. 이는 임무 완수를 위한 체계적이고 논리적인 사고 과정과 절차이며 작전을 효율적으로 수행하는 일련의 순서적 과정으로 순차적, 연속적, 반복적으로 이루어지거나 상황에 따라 동시에 이루어지기도 한다.

작전수행 과정은 작전의 효율성을 극대화하기 위해 정형화된 일반적인 논리 절차와 순서를 제시한 것인데 이를 경직되게 적용하면서 나타나는 문제로 인하여 작전수행 과정의 본질적인 면이 왜곡되는 현상이 발생하고 있다. 이에따라 현재 제시된 작전수행 과정의 적용상에 나타나는 문제점을 제시하고 현재 작전수행 과정의 틀을 유지하면서 좀 더 쉽게 작전수행의 본질에 접근할 수 있는 방

1 『야전교범 지휘통제』에서 〈그림 6-1〉과 같이 제시한 작전수행과정 중 평가분야는 필자가 계획수립, 준비, 실시분야를 전반적으로 고려하여 보완, 제시하였다.

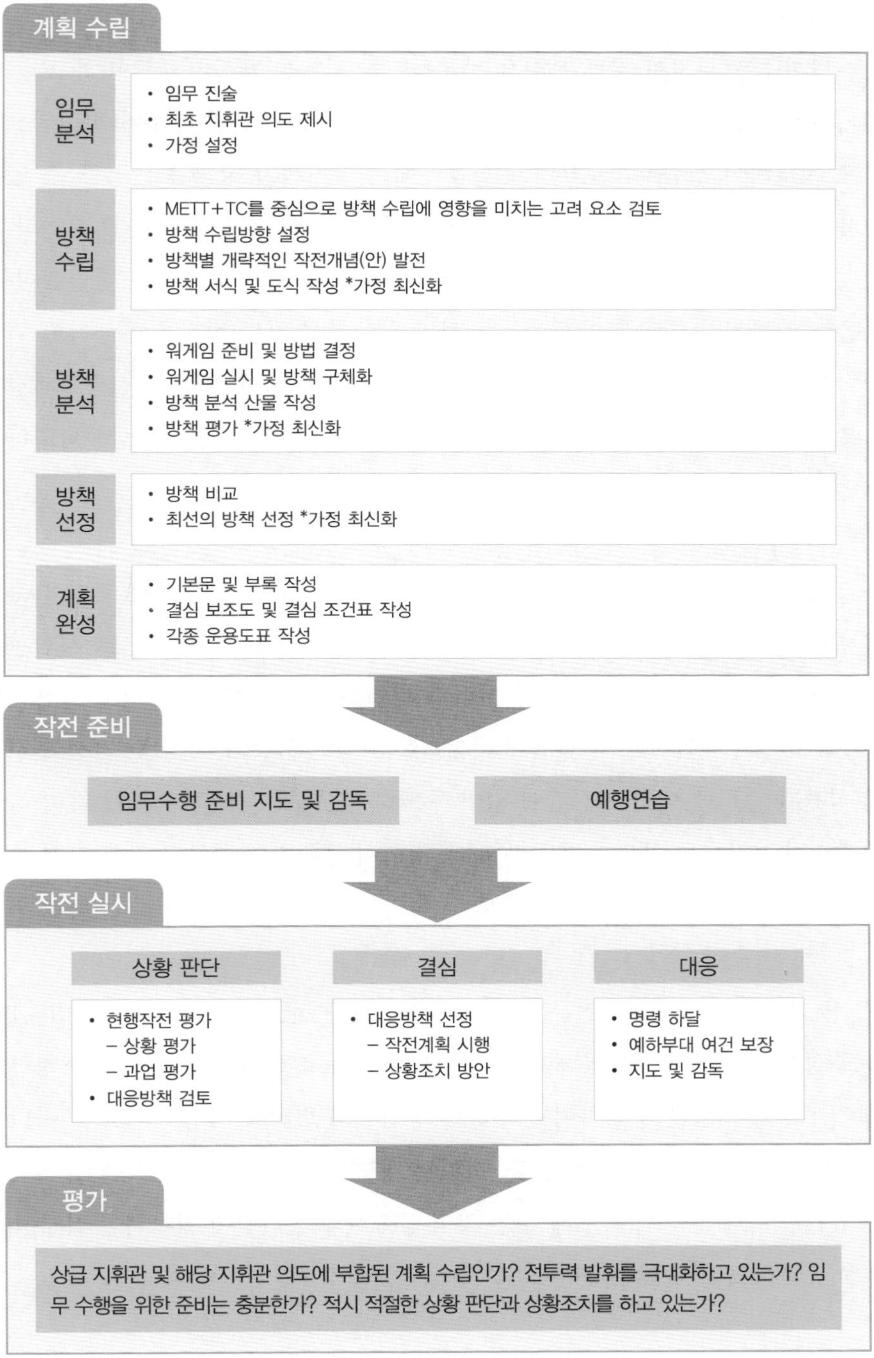

계획 수립

임무 분석
- 임무 진술
- 최초 지휘관 의도 제시
- 가정 설정

방책 수립
- METT+TC를 중심으로 방책 수립에 영향을 미치는 고려 요소 검토
- 방책 수립방향 설정
- 방책별 개략적인 작전개념(안) 발전
- 방책 서식 및 도식 작성 *가정 최신화

방책 분석
- 워게임 준비 및 방법 결정
- 워게임 실시 및 방책 구체화
- 방책 분석 산물 작성
- 방책 평가 *가정 최신화

방책 선정
- 방책 비교
- 최선의 방책 선정 *가정 최신화

계획 완성
- 기본문 및 부록 작성
- 결심 보조도 및 결심 조건표 작성
- 각종 운용도표 작성

작전 준비

임무수행 준비 지도 및 감독 | 예행연습

작전 실시

상황 판단	결심	대응
• 현행작전 평가 – 상황 평가 – 과업 평가 • 대응방책 검토	• 대응방책 선정 – 작전계획 시행 – 상황조치 방안	• 명령 하달 • 예하부대 여건 보장 • 지도 및 감독

평가

상급 지휘관 및 해당 지휘관 의도에 부합된 계획 수립인가? 전투력 발휘를 극대화하고 있는가? 임무 수행을 위한 준비는 충분한가? 적시 적절한 상황 판단과 상황조치를 하고 있는가?

〈그림 6-1〉 작전수행 과정

향을 제시하여 보았다.

작전수행 과정의 정립 목적은 간부들에게 전투를 계획하고 준비하고 실시, 평가하는 논리성과 적시성을 함양시켜 유사시 전투 상황에 맞추어 적시적으로 이를 적용하여 상급부대로부터 하급부대에 이르기까지 성과를 달성할 수 있는 효율적이고 신속한 계획 수립으로 작전을 위한 준비시간을 확보하고 작전의 타이밍을 맞추는 것이다. 그리고 전장상황의 변화에 부합되게 상황을 판단하여 계획을 조정하거나 새로운 계획을 수립하면서 융통성 있는 작전을 수행하기 위한 것이라 할 수 있다. 그러면 '현재 나와 내 부대가 실시하고 있는 작전수행과정은 이를 충족하고 있는가?'에 대해 다음과 같은 사항에 대한 문제를 심사숙고하면서 작전을 수행해야 할 것이다.

첫째, 지휘관과 참모가 군사적 단일체로 함께 작전을 수행할 때 작전을 주도할 수 있는 수준의 지휘관 역량이 있는가에 대한 문제로, 일반적으로 지휘관은 참모들보다 계급이 높고, 이론적 지식과 경험, 폭넓은 식견을 가지고 있음에도 불구하고 참모들의 보고와 판단에 의지하는 경향은 없는가? 지휘관 자신의 전술적 식견과 능력에 대한 자신감이 없어 주도하지 못하는 것은 아닌가? 특히 하급제대로 내려갈수록 참모의 계급과 지식, 경험이 부족한데 이를 감안한 작전 수행을 하고 있는가?

둘째, 계획 수립의 본질은 〈그림 6-1〉과 같은 전술적 고려 요소(METT+TC)를 중심으로 부여된 임무와 전장정보 분석을 기초로 하여 작전 개념을 선정하고 제 전투수행 기능을 통합하여 전투하는 방법을 수립해서 자신의 제대뿐 아니라 예하부대도 작전의 타이밍을 맞출 수 있는 계획을 수립하고 전투를 준비, 실시할 수 있는 시간을 충분히 확보해 주는 것이 중요한데 논리성에 집착하여 적시성(타이밍)을 놓치고 있지 않는가?

셋째, 작전 준비의 본질은 계획한 대로 작전이 실시될 수 있도록 전투력 발휘에 필요한 제반사항을 조치하고 준비하는 것인데, 상급부대는 예하부대가 전투를 효율적으로 수행할 수 있는 자산을 작전개시 시간을 충분히 고려하여 분배, 보충하고 전투준비에 필요한 시간을 충분히 할당하고 있는가?

넷째, 작전 실시의 본질은 전장상황의 변화에 부합되게 상황을 판단하여 계획을 조정하고 필요시 신속하게 새로운 계획을 수립하면서 융통성 있게 전투력을 운용하는 것인데 상황의 변화에 따라 전술적 고려요소(METT+TC)를 고려한 구체적인 실시간 상황조치를 하고 있는가? 적시성 있게 상황조치는 하고 있는가?

작전수행 과정은 지휘관, 참모가 단일체를 이루어 수행하되, 일반적으로 경험과 이론적 지식이 많은 지휘관이 주도하여 논리적 사고 과정의 중요성과 함께 적시성(타이밍)의 중요성도 동시에 고려하여 진행해 나가야 한다. 판단의 기준은 전술적 고려요소(METT+TC)로 이를 집중적으로 고려하여 논리적 계획수립과 작전실시의 상황조치 뼈대를 형성하여 제시하고, 작전수행 과정의 절차준수와 구체화 정도는 시간의 가용성, 상황의 불확실성, 지휘관과 참모의 능력, 관련 데이터 등에 따라 융통성 있게 적용할 수 있도록 해야 할 것이다.

2. 계획 수립

계획 수립이란 전투나 작전을 시작하기 전에 왜, 누가, 언제, 어디서, 무엇을, 어떻게 할 것인가를 구상하여 이를 일목요연하게 정리하는 것으로, 결과는 계획문서로 제시되고 시행 지시가 발령되면 명령으로 전환된다.

계획 수립은 작전의 목적과 목표에 맞도록 METT+TC를 지속적으로 고려하여 앞으로 해야 할 일에 대한 다양한 대안을 합목적적으로 준비함으로써 장차 발생할 상황에 대해 일련의 조치를 효율적으로 할 수 있어야 한다. 또한 다른 방향의 양상이 발생했을 경우에도 이를 미리 예측한 우발계획을 준비하여 사전에 검토한 대안을 사용할 수 있어야 한다. 그러므로 앞 〈그림 6-1〉에서 제시한 계획 수립 절차를 단지 기계적이고 형식적으로 적용하는 것은 의미가 없다.

따라서 계획 수립은 첫째, 정밀하고 구체적인 논리성에 집착하는 것이 아니라 가용시간과 불확실성을 고려하여 상황에 맞는 융통성 있는 계획을 수립해야 한다.

> 즉시 시행할 수 있는 적절한 계획은 차후의 완벽한 계획보다 낫다. 계획은 단순하고 융통성이 있어야 한다. -조지 S. 패튼. JR-

둘째, 계획은 지휘관이 관중들에게 보여 줄 연극 대본처럼 계획에 상황을 맞추어 작성하는 문서가 되지 않도록 간결하고 융통성 있게 작성되어야 한다.

> 모든 계획은 적용해야 할 행동의 방향이지, 문서에 쓰인 대로 행동해야 하는 각본이 아니다. -미 FM 3-0『작전』-

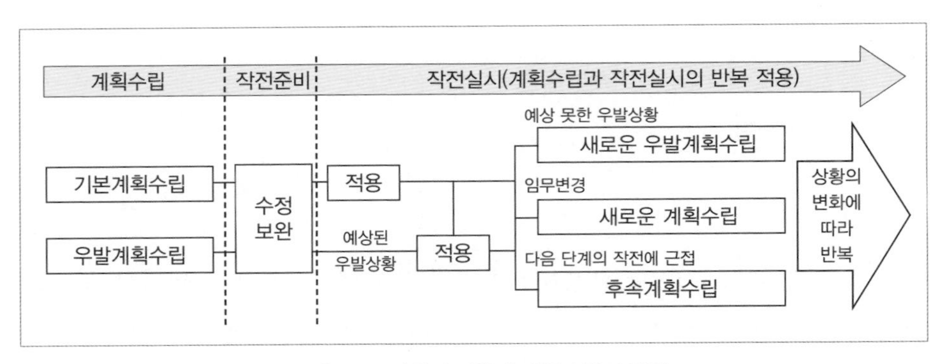

〈그림 6-2〉 작전의 진행과 계획 수립의 관계

* 출처: 성형권, 『전술의 기초』(서울: 마인드 북스, 2017), p. 210.

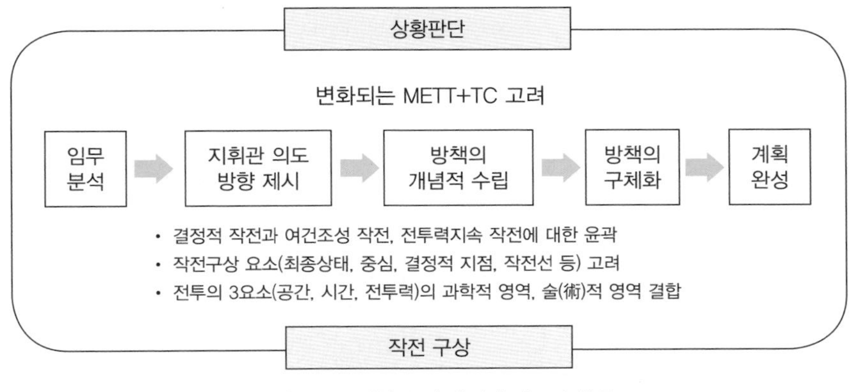

〈그림 6-3〉 계획 수립 과정과 사고의 활동

셋째, "최초의 총성과 함께 계획은 무효가 된다"라는 격언과 같이 계획 수립은 전투 개시 이전에만 국한되는 것이 아니라, 〈그림 6-2〉와 같이 모든 작전수행 과정에서 수정, 보완되고 상황에 따라 새롭게 작성되어야 한다.

전술제대의 계획수립 과정은 〈그림 6-3〉과 같이 일반적으로 상급부대로부터 하달된 명령의 전체적인 틀 속에서 전술적 고려요소(METT+TC)를 분석하여 내 부대의 역할과 과업을 규명하고, 부대의 임무와 작전목적을 도출하여 지휘관 의도와 방책수립 방향을 지침으로 제시한다. 이를 기초로 부대 임무를 완수할 수 있는 실행 가능한 방책을 개념적으로 수립하고, 시간이 충분히 가용할 경우에는 계획수립 절차를 적용하여 수립한 각 방책에 대해 가장 가능성있는 적 방책과 워게임을 통해 방책을 구체화하고 이러한 방책을 평가 및 비교하여 최선의 방책을 선정한다. 그러나 시간이 가용하지 않을 경우에는 수립된 방책의 장·단점을 비교하여 최선의 방책을 선정한 후, 염두 또는 서식으로 가장 가능성 있는 적 방책과 선정된 아 방책을 대응시켜 워게임을 통해 부대 전투력을 구성하는 요소들이 언제, 어디서, 어떻게 운용되는지를 구체적으로 결정하게 된다. 이렇게 선택되고 구체화된 방책은 최종적으로 각종 계획문서로 완성된다.

계획 수립 전 과정에서 상황을 판단하고 어떻게 싸울 것인가에 대한 작전을 구상하는 사고의 활동이 지속적으로 이루어지는데, 이를 구체적으로 살펴보면

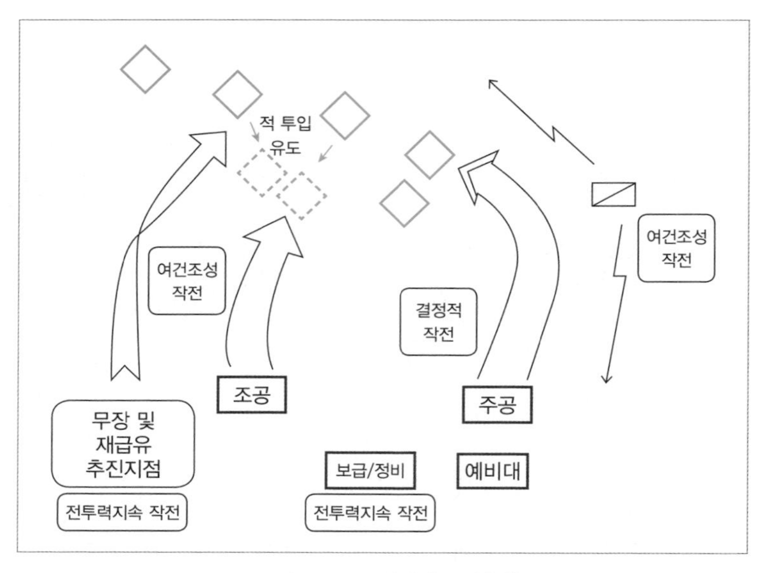

〈그림 6-4〉 공격작전 구상 '예'

다음과 같다. 상황 판단은 변화되는 METT+TC의 6가지 요소를 근간으로 상황을 분석하고 판단하게 된다. 작전구상은 상황판단을 기초로 상급부대로부터 부여받은 작전지역을 시·공간적 측면에서 적지종심지역, 근접지역, 후방지역으로 구분한다. 그리고 이와 연관시켜 전투력의 집중과 절약을 고려하여 결정적인 작전은 어떻게 할 것인가? 결정적 작전을 위해 여건조성 작전을 어떻게 할 것이며 이를 어떻게 연결시켜 효과를 극대화할 것인가? 이를 위한 전투력지속 작전은 어떻게 할 것인가?[2]에 대한 큰 그림을 먼저 그린다. 그리고 부대 임무 달성을 위한 자원 사용 측면에서 특정 시점에 자원 할당의 우선권을 부여하는 주노력과 이외 다른 주요 임무나 과업을 수행하는 보조노력을 지정하되, 앞에서 설명했던 전투의 3요소 즉, 전투력, 시간, 공간의 과학적 영역과 이를 응용하는 술적 영역을 결합하여 전투력 발휘를 최상으로 할 수 있는 작전을 구상하게 되는 것이다.

2 결정적 작전은 임무 완수에 결정적으로 기여하여 작전의 성공 여부를 결정짓는 작전이고, 여건조성 작전은 결정적 작전의 성공을 보장하기 위해 여건을 조성하고 유지하기 위한 작전이며, 전투력지속 작전은 임무를 완수할 때까지 전투력이 지속적으로 유지되고 발휘되도록 하는 작전이다.

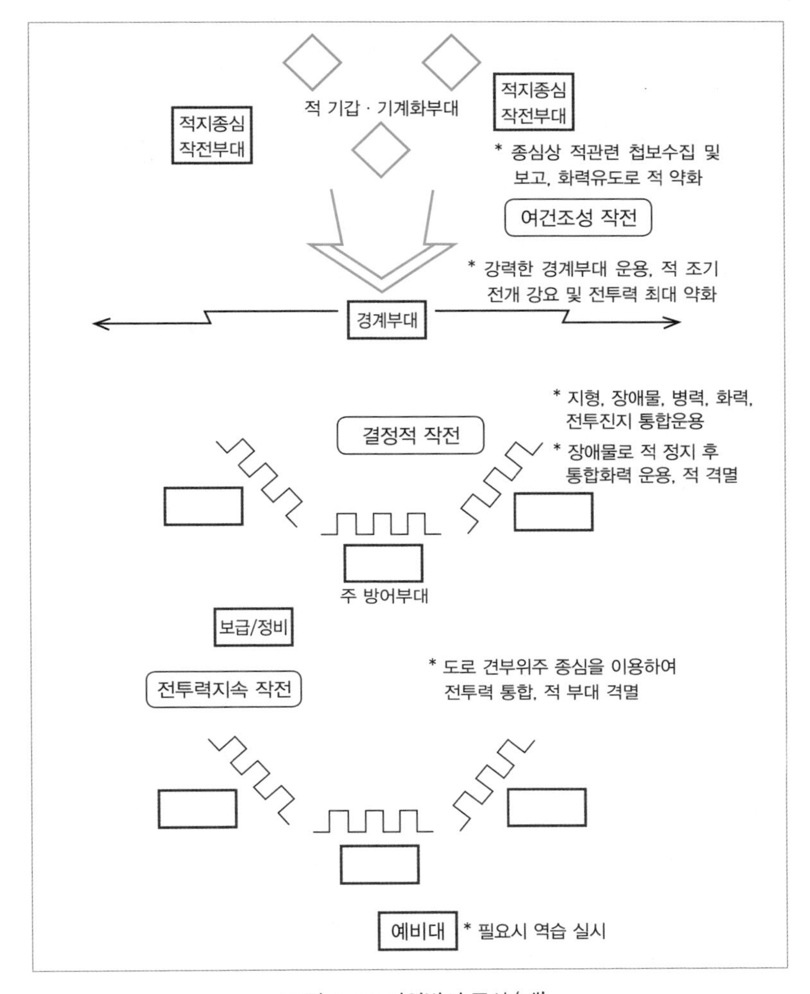

〈그림 6-5〉 지역방어 구상 '예'

권투를 예로 들어 설명해 보면, 나의 의도된 행동을 통해 적의 대응을 유도하고 이를 고려하여 다음 행동을 정확히 반복적으로 해나간다면 시합에서 승리의 확률이 대단히 높아질 것이다. 즉, 적이 공격할 때 가드를 올리고 내리면서 피하거나 붙거나 하면서 짧은 잽을 얼굴에 넣어 가드를 올리게 하고 다시 복부를 타격하여 가드를 내리게 하는 여건조성 작전을 실시한다. 이렇게 하여 얼굴 부분을 노출시킨 후 여기에 힘을 집중하여 타격하는 결정적 작전을 실시함으로써 적

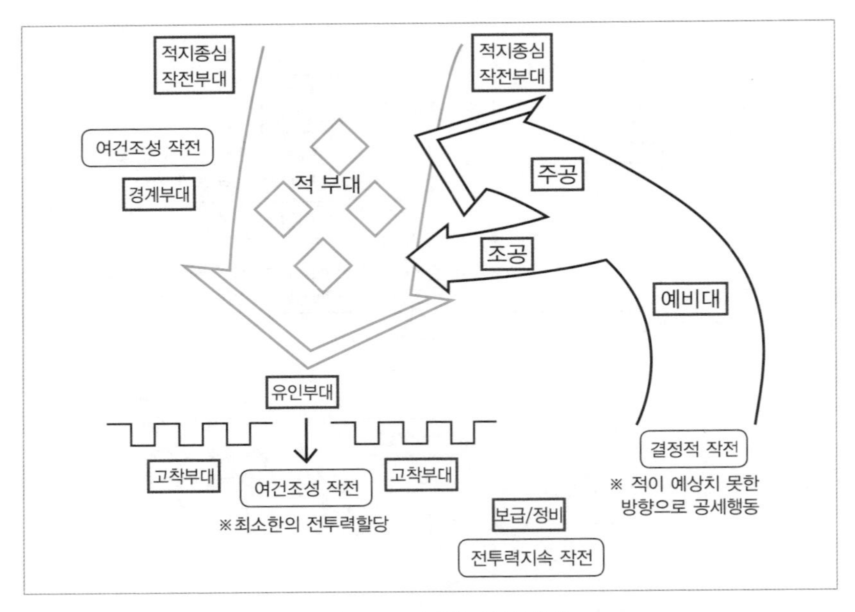

〈그림 6-6〉 기동방어 구상 '예'

을 무력화시킬 수 있는 것이다. 또한 라운드가 끝나고 휴식시간에는 음료수를 마시거나 치료를 받는 등의 전투력지속 작전을 지속적으로 실시함으로써 몸을 보호하고 힘을 축적해야 한다. 이러한 과정을 매 라운드마다 성공적으로 수행한다면 적을 K.O시켜 시합을 승리로 이끌 수 있을 것이다. 이러한 관점에서 공격작전과 방어작전의 여건조성 작전과 결정적 작전, 전투력지속 작전의 '예'를 들어보면 앞의 〈그림 6-4〉, 〈그림 6-5〉, 〈그림 6-6〉과 같다.

작전 구상은 군사사상, 군사이론과 교리, 전술적 고려요소(METT+TC)에 따라 다르게 나타날 수 있으며 중요한 것은 작전 구상 요소들이 상호 연계된 복합적인 사고의 영역에서 전체적인 작전의 윤곽을 형성한다는 것이다. 전술제대에서 기본적으로 적용되는 작전 구상 요소는 〈표 6-1〉과 같은 최종 상태, 중심, 결정적 지점, 작전선, 작전 한계점, 작전 단계화 등이다.

〈표 6-1〉 작전 구상 요소 '예'

최종 상태	전투를 통해서 최종적으로 달성하거나 조성해야 할 조건 또는 상태로 일반적으로 적 주력의 격멸 수준, 특정 지역 확보 및 통제, 아 전투력 수준과 작전지속 능력, 주민 및 적대세력과 부대와의 상호관계 등과 관련하여 설정한다.
중심	피 · 아 힘의 원천이나 근원으로, 이를 파괴 시 전체적인 구조가 균형을 잃고 붕괴될 수 있는 물리적, 정신적 요소이다.
결정적 지점	적에 대한 현저한 이점을 얻거나 승리를 달성하는 데 물리적 · 심리적으로 기여하도록 만들 수 있는 지리적 장소 또는 주요 사태이다.
작전선	부대의 현 작전기지나 배치지역으로부터 일련의 목표들을 연결하는 개념적 또는 지리적 방향으로, 일반적으로 전술제대에서는 작전선을 공격작전 시 주 전투력이 지향하는 방향을 결정적 지점과 연계하여 구상하고, 방어작전 시에는 아군이 방어력을 발휘해야 할 결정적인 지점을 적의 주 전투력이 지향되는 방향과 연계하여 구상한다.
작전 한계점	작전부대가 더 이상 현재의 작전을 수행하기 어렵게 되는 시점 또는 지점을 의미하며, 공자는 더 이상 공세를 유지할 능력이 없을 때, 방자는 더 이상 방어 또는 공세행동을 수행할 수 없을 때 작전 한계점에 도달한 것으로 볼 수 있다.
작전 단계화	부대의 능력이나 수행해야 할 작전의 성격을 고려하여 작전을 수 개의 단계로 구분하여 순차적으로 임무를 수행하는 것으로 잘못 적용하면 작전 수행 시 복잡성이 증대되어 작전의 효율성을 떨어뜨릴 수 있으므로 신중하게 고려해야 한다.

계획을 수립할 때 염두에 두어야 할 사항으로 첫째, 가능하다면 차상급 부대 계획 수립부터 적극적으로 참여하는 것이 필요하다. 특히 예비대 역할을 수행하는 부대는 차상급 부대 작전지역 전반에 걸쳐 작전을 수행할 가능성이 크기 때문에 차상급 부대의 전반적인 작전계획과 공세행동 계획, 우발계획 등을 알고 있어야 한다. 그리고 필요시 관련 계획 수립에 동참하여 차상급 지휘관과 큰 그림을 공유하면서 지휘관 의도를 파악함으로써 전투상황의 변화에 능동적으로 대처할 수 있어야 한다.

둘째, 상급부대에서 명령이 하달되면 이를 준수해야 하지만 문제와 애로사항이 있음에도 불구하고 무조건 지시한 대로 따르는 것은 작전 수행 시 장애로 작용할 가능성이 크기 때문에 관련된 사실을 정확하게 검토하여(예: 전투지경선, 통제선, 추가 전투력 등) 필요사항을 건의하고 수정해 나감으로써 상황에 맞는 계획, 적과 싸워 이길 수 있는 계획을 만들어야 한다.

셋째, 계획 수립 시 제일 먼저 실시하는 임무 분석 단계에서 작전 목적을 분명하게 도출해야 한다. 불확실한 상황과 다양한 마찰에 직면하는 전장에서는 상급부대와 연락이 두절된 상태에서 임무가 바뀔 수도 있고, 상황 변화로 인해 신속한 과업 변경이 불가피할 수도 있다. 이렇게 지휘관의 독단 활용이 필요한 경우가 발생되면 작전 목적을 고려하여 상급부대 작전에 기여할 수 있는 작전활동을 해야 한다.

넷째, 작전 수행 간 적과 아군 모두는 작전을 준비하기 위한 시간을 확보하기 위해 노력을 집중한다. 만약, 시간이 충분하지 않는 상황에서 위에서 제시한 계획 수립 과정을 전부 적용한다면 자기부대와 예하부대의 전투 준비시간을 제대로 확보해 줄 수 없을 것이다. 따라서 예하부대의 시간 보장과 적시성을 고려하여 불필요한 시간을 낭비하지 않도록 지휘관 주도로 가용시간, 상황 등을 판단하여 간결하고 융통성 있는 계획을 수립해야 할 것이다.

다섯째, 작전을 구상할 때 전투력의 집중과 절약 측면에서 결정적인 작전은 어떻게 할 것인지, 결정적 작전을 위해 여건조성 작전을 어떻게 할 것인지, 그리고 여건조성 작전을 결정적 작전에 어떻게 연결시켜 효과를 극대화할 것인지, 이를 위한 전투력지속 작전은 어떻게 할 것인지에 대한 큰 그림을 먼저 그려야 한다. 그리고 앞의 〈표 6-1〉과 같이 작전 구상 요소(최종 상태, 중심, 결정적 지점, 작전선, 작전 한계점 등)를 고려하여 전투의 3요소인 공간, 시간, 전투력의 과학적 영역과 이를 응용하는 술(術)적 영역을 결합하여 기본계획을 수립하되, 기타 예상되는 상황들에 대해서도 다양한 우발계획을 발전시켜 유사한 상황 발생 시 적시 적절하게 대응해야 할 것이다.

여섯째, 명령 하달은 관련 인원이 참석하여 이들이 이해하고 숙지하기 용이하도록 해당 지형을 묘사한 사판 또는 지도 등을 이용하여 간결하고 이해가 용이하도록 설명하되, 예하부대의 상황과 가용시간 등을 고려하여 절차와 형식에 얽매이지 말고 융통성 있게 명령을 하달해야 한다.

3. 작전 준비

작전 준비는 계획한 대로 작전이 실시될 수 있도록 사전에 준비하는 활동으로, 교범에서는 주요활동을 예행연습과 임무 수행 준비 지도 및 감독으로 명시하고 있으나, 작전 준비는 작전계획을 성공시키기 위한 개인 및 부대의 제반 준비 활동으로 계획 수립 단계부터 전투 종결 시까지 가용한 시간에 지속되어야 한다. 특히 명령 하달 이후에 새롭게 변화된 METT+TC 요소를 확인하여 기 계획된 명령을 수정 및 보완하고 임무 수행계획 보고, 예행연습, 핵심 전투원 교육 및 관리, 각종 장비 점검 및 정비를 중점적으로 실시해야 한다.

4. 작전 실시

작전 실시란 수립된 계획을 기초로 전장상황 변화에 부합되게 상황을 판단하여 계획을 조정하고 결심하여 그에 따른 전투력을 운용함으로써 임무를 달성해 나가는 과정으로, 작전 실시에 대해서 교범에서는 앞의 〈그림 6-1〉과 같은 상황 판단-결심-대응 절차를 제시하고 있다.

그러나 실시간 상황 판단과 결심, 대응 단계의 구체적인 방법과 절차가 정립되어 있지 않아, 계획 수립과 유사하게 전술적 고려 요소(METT+TC)의 변화를 중심으로 상황을 판단하고 작전을 구상하여 단편명령[3]을 작성하는 절차(작전 실시간 상황조치 문제해결 방법)를 제시해 보았다.

---

3 단편명령은 예하부대에게 이미 발령된 명령의 내용을 변경하는 사항을 지시하는 명령으로, 이미 발령된 명령에 대한 적시적인 수정이 요구될 때 사용하며, 단편명령을 사용하는 목적은 명확성을 잃지 않는 범위 내에서 간결하고 적시적인 특정 지시사항을 하달하는 데 있다.

먼저, 변화된 상황을 파악하기 위해 전술적 고려 요소(METT+TC)를 참고하여 상황을 평가한다.

① 임무(M)는 최초 임무와 지휘관의 의도가 변경되거나 변경해야 할 사항을 확인한다.

② 적(E)은 상대해야 할 적의 규모, 위치, 구성, 배치, 능력 등을 분석하고, 경중완급(輕重緩急)을 고려하여 적 위협요소에 대한 위협수준 정도와 반응시간을 판단하여 적 위협요소에 대한 우선순위를 결정한다. 경중완급의 판단기준과 조치는 〈표 6-2〉에서 보는 바와 같다.

〈표 6-2〉 경중완급(輕重緩急)의 판단기준과 조치

우선순위		판단기준	조치
1	중급(重急)	위협 수준이 높고, 급함	최우선 조치
2	경급(輕急)	위협 수준이 낮으나, 급함	신속한 조치
3	중완(重緩)	위협 수준이 높으나, 급하지 않음(시간적 여유가 있음)	신속한 조치
4	경완(輕緩)	위협 수준이 낮고, 급하지 않음(시간적 여유가 있음)	일반적 조치

※ 적 위협요소에 대한 위협수준 정도: 경(輕), 중(重)
※ 반응시간: 완(緩), 급(急)

적(E)에 있어 경중완급(輕重緩急)을 통해 위협 우선순위에 대한 판단기준을 제시하는 이유는 적의 위협에 대응하기 위한 방책을 논리적으로 용이하게 구상하고 적 위협에 따른 우선조치를 선제적으로 실시하여 적시성을 상실하지 않기 위함이다. 이렇게 판단한 적 위협요소에 따라 적 기도와 강·약점을 병행 분석하여 방책에 반영한다.

③ 지형 및 기상(T)은 지형 평가 5대 요소(관측과 사계, 은폐 및 엄폐, 장애물, 중요지형지물, 접근로)와 기온, 강수, 야음, 적설, 결빙, 광명 제원, 안개, 바람 등 기상요소가 적과 아군에게 어떠한 영향을 미칠 것인가를 분석하여 이를 이용하거나 회피하기 위한 대책을 구상하여 방책에 반영한다.

④ 가용부대(T)는 본인이 보유하고 있는 전투력과 지원받을 수 있는 상급부

대, 인접부대까지 고려하여 가용 전투력, 인원, 장비, 물자 등 보유 및 피해 현황, 현 상태 등을 판단하되, 피·아 상대적 전투력을 병행하여 파악한다.

⑤ 가용시간(T)은 적과 아군의 상대적 가용시간, 소요시간, 전투 지속시간과 시간 선택 및 시간 엄수, 전기 포착 및 활용 등에 대해 평가하되, 임무 수행을 위해 주어진 물리적 시간과 상대적 시간을 평가하여 적보다 유리한 상황에서 전투를 할 수 있는 적시적 조치를 하기 위한 시간을 판단한다.

⑥ 민간 요소(C)는 작전지역 내 주민, 정부기관, 비정부기구, 언론 등이 군사작전에 미치는 영향을 분석하여 필요시 활용 가능한 민간 가용 요소와 보호해야 할 요소 그리고 인도적으로 회피해야 할 사항 등을 판단한다.

둘째, METT+TC 요소에 의해 판단된 우선조치 사항을 판단하여 즉시 전파 및 조치한다. 우선조치 사항은 OODA 주기[4]를 단축시킬 수 있는 사전준비 시간을 부여하고 적보다 유리한 상황에서 전투를 실시할 수 있도록 예하부대에 시간과 여건을 보장해 주기 위해 필수적으로 조치해야 할 사항이다.

셋째, 상황평가를 통해 확인된 사항을 기초로 아군의 전투력을 어떻게 운용할 것인가에 대한 대응 방책을 수립하게 되는데, 현 상황에 꼭 필요한 전장기능을 통합하여 수개의 방책을 구상하고 각 방책의 장·단점을 비교하여 최선의 방책을 선정하게 된다.

넷째, 지휘관은 선정된 방책을 가장 가능성있는 적 방책과 대응시켜 염두 또는 간단한 서식으로 워게임을 실시하여 최선의 방책이 전장에서 성공적으로 구현될 수 있도록 작전을 구체화하고 이를 단편명령으로 하달한다.

위에서 제시한 절차를 〈표 6-3〉, 〈표 6-4〉와 같은 양식으로 정리하여 보았는데, 이러한 양식은 실시간 상황조치에 유용하게 활용할 수 있다.[5]

---

4 OODA 주기는 p. 170 참조

5 활용방법은 pp. 267~273과 pp. 279~376. 부록 1(작전실시간 상황조치 문제 및 해결) 참고.

〈표 6-3〉 전술적 고려 요소(METT+TC)에 의한 상황 평가

구분	내용
임무 (M)	• 최초 임무와 지휘관 의도 변경 여부 평가
적 (E)	• 적 위협요소에 대한 위협 수준 정도[경(輕), 중(重)]와 반응시간[완(緩), 급(急)]을 고려하여 우선순위 판단 • 적 기도와 강 · 약점 분석
지형 · 기상 (T)	• 지형: 지형 평가 5대 요소 고려(관측과 사계, 은폐 및 엄폐, 장애물, 중요 지형지물, 접근로) 평가 • 기상: 기온, 강수, 야음, 적설, 결빙, 광명 제원, 안개, 바람 등 기상 영향 요소 고려 평가 * 적과 아군 가용부대의 활용 고려, 지형 및 기상의 영향 평가
가용 부대 (T)	• 본인 소속부대와 예하부대, 가용한 상급 및 인접부대까지 고려하여 가용 전투력, 인원, 장비, 물자 등 보유 및 피해 현황, 현 상태 등 평가 * 피 · 아 상대적 전투력 병행 파악
가용 시간 (T)	• 적군과 아군의 상대적 가용시간, 소요시간, 전투 지속시간과 시간 선택 및 시간 엄수, 전기 포착 및 활용 등 평가 * 물리적, 상대적 시간 평가는 적보다 유리한 상황에서 적시적 조치를 위해 시간 판단
민간 요소 (C)	• 작전지역 내 주민, 정부기관, 비정부기구, 언론 등 민간인과 정부 및 민간기관이 군사작전에 미치는 영향과 보호해야 할 요소, 협조 및 상호 지원관계 그리고 인도적으로 회피해야 할 사항 평가
우선 조치	• 적과 상대적으로 OODA 주기를 단축시킬 수 있는 사전 준비와 유리한 상황에서 전투를 실시할 수 있는 여건 보장을 위한 필수 조치사항

〈표 6-4〉 방책 검토 및 최선의 방책 선정

구분	방책 #1	방책 #2	방책 #3
대응개념	구상한 각 방책에 대한 대응 개념 제시		
부대운용	전투수행 6대 기능을 중심으로 부대 운용 제시, 필요시 상급 및 인접 부대 건의 및 요구사항 제시		
장점	타 방책과 비교하여 방책의 장점 제시		
단점	타 방책과 비교하여 방책의 단점 제시		
결심	각 방책을 비교 · 평가하여 최선의 방책을 선정		

〈표 6-4〉에서 제시한 3가지 방책을 검토하여 최선의 방책을 선정하며, 방

책 선정 이유를 핵심 평가요소 중심으로 제시한다. 그리고 지휘관은 선정된 방책을 가장 가능성있는 적 방책과 대응시켜 염두 또는 간단한 서식으로 워게임을 실시하여 부대 전투력을 구성하는 요소들이 언제, 어디서, 어떻게 운용되는지를 구체적으로 결정하고 이를 단편명령으로 하달한다.

이러한 방법의 실시간 상황조치는 형식과 절차를 탈피하여 실사구시(實事求是) 측면에서, 논리성을 바탕으로 적시성을 상실하지 않기 위한 작전을 위해 매우 중요하다고 생각된다.

계획 수립과 작전 실시간 상황조치의 연계성을 살펴보면, 계획 수립, 작전 준비, 작전 실시는 순차적으로 연속적이고 반복적으로 이루어지거나 상황에 따라 동시에 이루어지기도 한다. 작전 실시간에도 수립된 계획을 기초로 작전을 실시하면서 상황 변화에 따른 새로운 계획 수립과 작전 준비, 작전 실시를 하게 되고 또 다른 명령 수령 시 현행작전을 실시하면서 또 다른 작전계획을 수립하게 된다. 계획 수립과 작전 실시간 상황조치를 비교해 보면 〈표 6-5〉와 같다.

〈표 6-5〉 계획 수립과 작전 실시간 상황조치 비교

<table>
<tr><th>구분</th><th>계획 수립</th><th>작전 실시간 상황조치</th></tr>
<tr><td rowspan="2">왜
(목적)</td><td>노력의 통합으로 효율적인 작전 수행</td><td>효율적이고 적시적인 상황 판단과 조치</td></tr>
<tr><td colspan="2">논리성, 적시성을 바탕으로 작전 요소를 통합하여 효율적인 임무 달성에 주안을 둔다.</td></tr>
<tr><td rowspan="2">어떻게
(과정)</td><td>임무 분석–방책 수립–방책 분석–방책 선정–계획 완성</td><td>상황 판단–결심–대응</td></tr>
<tr><td colspan="2">계획 수립과 작전 실시간 상황조치는 공통적으로 전술적 고려 요소(METT+TC)를 중심으로 하는 상황 판단을 기초로 방책이 수립된다. 계획 수립은 실시간 상황조치보다 많은 자료(상급부대 작전계획, 명령, IPB) 등 각종 데이터와 가용시간이 비교적 충분하므로 「전술적 계획 수립절차」라는 분석적 방법을 적용하나, 작전 실시간 상황조치는 자료(작전계획, 명령, IPB) 등 각종 데이터와 가용시간이 제한되므로 「전투 지휘 활동」이라는 비교적 단순한 직관적인 방법과 염두 판단을 적용하게 된다.</td></tr>
</table>

무엇을 (수단)	상급부대가 부여한 과업을 기초로 임무 결정, 최선의 방책 선정 후 계획 완성	전장에서 나타난 상황과 변화된 상황에 대한 상황 평가를 통해 대응 방책을 수립, 명령 하달
	최종 산물로 계획 수립은 기본문과 각종 부록을 작성하고, 작전 실시간 상황조치는 단편명령을 작성하여 하달한다. 계획 수립은 가정을 기초로, 작전 실시간 상황조치는 현재 상황을 기초로 하여 계획을 작성한다.	
누가 (대상)	지휘관 및 참모	지휘관 및 참모
	동 일	
언제 (시기)	최초 상급부대 작전계획(명령) 수령 시, 차후 상황 변화에 따른 상급부대 명령 수령 시, 전장의 METT+TC 변화 시 작성한다.	현재 상황과 METT+TC 변화 시 작성한다.
	최초 계획 수립 이후, 연속적이고 반복적 또는 동시에 실시된다.	
어디서 (장소)	주(예비) 지휘소, 전술 지휘소	주(예비) 지휘소, 전술 지휘소
	동 일	

계획 수립과 작전 실시간 상황조치는 〈표 6-5〉에서 보는 바와 같이 작전 계획은 가정을 기초로, 실시간 상황조치는 현재 상황을 기초로 작전활동을 하게 되며 실시간 상황조치는 계획 수립과 비교하여 시간과 자료가 부족하다는 차이 외에는 목적, 과정, 수단, 대상, 시기, 장소에서 유사하다.

이는 계획 수립 절차도 시간이 부족하거나, 지휘관을 보좌하는 참모의 경험과 능력이 부족할 경우에는 작전 실시간 상황조치처럼 간명하게 실시할 수도 있음을 반증하는 것이다. 계획 수립과 작전 실시간 상황조치를 실시함에 있어 적시성을 놓치면 아무리 논리적으로 잘 작성된 계획이라도 무용지물이 되기 때문에 가용시간은 계획 수립과 작전 실시간 상황조치의 지배적인 고려 요소이다. 불확실한 전장상황 속에서 구체화된 계획 작성을 위해 시간을 낭비하는 것은 작전에 치명적인 결과를 가져오기 때문에 간명하고 적시성 있는 계획을 수립하여 예하부대에 하달함으로써 예하부대에 작전 준비시간을 더 많이 부여해야 하며, 필요시 하달된 계획의 수정 및 보완 부분은 단편명령으로 하달하는 것이 효과적이다. 따라서 여건과 상황에 맞추어 시간적 여유가 있을 때는 논리성 중심의 계획 수립과 작전 실시간 상황조치를, 시간적 여유가 없을 때는 적시성 중심의 간명한 계획과 상황조치를 할 수 있도록 간부들의 능력을 향상시키고 상황에 따라 이를 융통성 있게 적용할 수 있는 조직 분위기를 조성해야 할 것이다.

제7장
전투력 발휘에 핵심이 되는 군사 이론

현대전에서 각국은 정보화 및 과학기술의 발전으로 인해 감시정찰, 타격, 네트워크 능력이 획기적으로 향상된 무기체계를 보유하게 되었고 전쟁에서 승리하기 위한 다양한 전술과 작전술, 전략이론이 정립되어 이를 전장에 적용함에 따라 효율적인 작전을 실시하게 되었는데, 전투력 발휘에 핵심이 되는 군사 이론을 살펴보면 다음과 같다.

1. 기동전(Maneuver Warfare)

기동전이란 적의 군사력을 물리적으로 파괴하기보다는 기동을 통해 심리적 마비를 유발하고 최소의 전투로 결정적 승리를 달성하게 하는 전쟁 수행방식으로, 사용하는 수단에 따라 다양한 기동전 방식이 사용되었다.

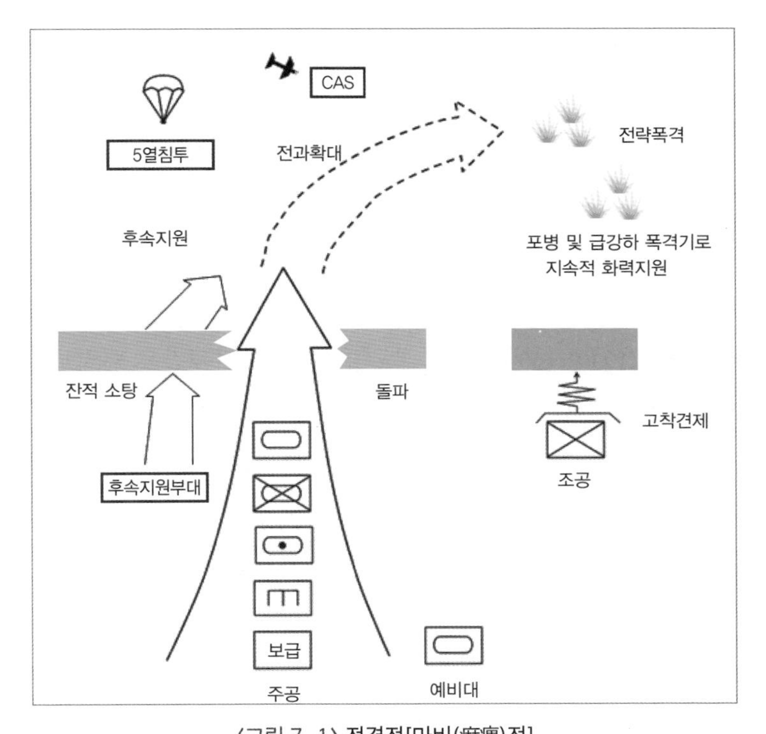

〈그림 7-1〉 전격전[마비(痲痹)전]
* 출처: 노병천, 『도해 손자병법』(서울: 연경문화사, 2012), p. 49.

독일은 전차, 장갑차 등 기계화된 부대와 항공기 등 제병협동 및 합동부대에 의한 전격전을, 칭기즈칸은 기마를 이용한 기동전을, 중공군은 빠른 도보 속도를 이용한 운동전을 수행하였다. 이 중 대표적인 기동전 이론인 전격전에 대해 알아보면, 후티어 전술[1]이 기동력과 화력, 수송력의 부족과 결함으로 난관에 봉착하자 영국의 풀러(J. F. C Fuller)와 리델하트(B. H. Liddell Hart) 등은 기계화부대를 이용한 기동전 이론을 발전시켰으나, 영국군에서는 이를 채택하지 않은 반면, 독일

1 후티어 전술은 제1차 세계대전 시 독일의 오스카 폰 후티어 장군이 고안해낸 공격전술로, 단시간에 강력한 포병사격으로 기습을 달성한 후, 보병전투단이 적의 강한 방어지역을 우회 및 침투 기동하여 적을 포위한 후 독일군의 후속지원부대와 협조하여 목표를 확보하였다. 이때 공격부대 직전방에 포병의 탄막을 형성하고 공격부대가 전진함에 따라 포병이 전방으로 추진하여 지속적으로 탄막을 형성하여 공격부대에 최대의 화력을 지원하였다.

군은 이를 받아들여 전격전 이론으로 발전시켰다. 무기체계와 관련하여 기술의 발전과 산업화가 고도화되면서, 전차, 항공기, 대포 등의 기동성과 화력이 획기적으로 개선되었고 대량생산이 가능해짐에 따라 전격전은 기습(Surprise), 속도(Speed), 화력의 우위(Superiority)를 핵심으로 하여 심리적, 물리적 마비에 의해 적을 무력화시키는 데 중점을 둔, 과거의 섬멸 개념에서 마비 개념으로 전환한 제2차 세계대전 시 독일의 전쟁 수행방법이 되었다. 이러한 전격전은 폴란드 전역(1939), 독일 전역(1940) 등에서 폭넓게 사용되었다. 전격전은 먼저, 5열을 적의 후방에 투입하여 정보 수집, 민심 교란, 전의(戰意) 상실을 유도하고 공군은 기습적 공격으로 제공권을 장악하면서 적 후방 지휘시설, 통신, 보급소, 예비군 동원체제를 타격하며 적국의 국민과 군대에게 심리적 충격을 가한다. 지상군의 공격여건이 조성되면 돌파부대로 전차, 자주포, 차량화 또는 기계화보병, 공병, 병참지원부대 등의 제병협동부대를 편성하여 돌파구를 형성한다. 이후, 그곳에 기갑부대를 신속히 투입하여 돌파구를 확장하고 적 주력을 차단, 포위하며 급강하 폭격기를 이용한 화력을 증원하면서 전과확대작전으로 전환한 후, 보병이 기갑부대를 후속하면서 포위된 잔적을 소탕하고 지역을 확보했다. 독일군은 이러한 전격전을 통해 적에게 심리적인 충격을 주어 전투력을 마비시킴으로써 최소의 노력으로 최대의 성과를 달성하였다.

풀러는 「Plan 1919」 마비론[2]에서 "기동성은 하나의 심리적 무기이다. 적을 죽이지 말고 단지 기동만 하라. 적을 죽이기 위해서 기동하는 것이 아니고, 적을 공포에 몰아넣고 적을 어리둥절하게 하고 적을 미치게 하고 적을 깜짝 놀라게 하기 위해 기동하라. 기동으로 적의 후방을 의심과 혼란의 도가니로 몰아넣어라. 기동의 목적은 적의 지휘부뿐만 아니라 적 정부 기능을 마비시키는 데 있다"라고 강조하였다.

2 풀러와 마비론 관련 내용은 부록 2 〈그림 17〉 참조.

2. 소련의 OMG(Operational Maneuver Group)

OMG는 영어의 'Operational Maneuver Group'의 두문자를 딴 것으로서 작전기동단이라 명명하고 있으며[3] 작전술 차원의 종심공격 또는 기동전을 위한 고속기동 집단의 운용방법이라고 정의할 수 있다. OMG의 운용 주안은 작전의 중점을 적 후방에 두고 다른 수단으로 파괴 불가능한 적의 종심목표를 공격, 적의 혼란과 조직의 붕괴 및 마비를 추구하여 적 기동의 자유 및 행동을 제한함으로써 주력작전에 기여하는 것이며, 최대한 핵전쟁을 회피하면서 재래식 전쟁만으로 단기간 내 전쟁을 승리로 종결시키는 것이다. 구소련의 수뇌부는 전쟁이 단기간에 종결되지 않고 장기화되면 전쟁 당사자나 지원하는 국가의 핵무기 사용 가능성이 높아질 것이라고 판단하였다. 그리고 핵무기가 일단 사용되면 그것은 단순한 전술핵무기 수준에 멈추지 않고 급상승하여 마침내는 전략핵무기의 상호 투발에까지 이르러 결국은 피·아가 파멸되는 비극에까지 이르게 된다고 보았다. 또한 핵무기의 상호 사용에까지 이르지 않더라도 전쟁의 장기화는 평시에 있어서도 문제가 많은 동구 위성국가들 사이에 균열을 일으켜 소련권 내부로부터 분열 가능성이 있을 것으로 구소련 지휘부는 보고 있었던 것이다.

OMG의 구성을 살펴보면 소련군의 OMG는 별도의 부대로 구성된 것이 아니라, 기존 부대를 임무에 적합하게 편조 및 증강시켜 편성에 융통성을 가질 수 있게 한 구조이다. OMG의 근간은 전차 및 기계화부대로 편성되며 이에 자주포병, 전투공병, 공수헬기, 전술공군, 특수부대, 군수지원부대, 공수보급 및 고사포부대 등으로 증강된다. OMG의 구성 규모는 군급(한국군의 군단) 수준에서는 증강된 1개 전차사단 규모이고, 전선군(한국군의 야전군) 수준에서는 1개 전차군(한국군의 군단) 규모로 구성하여 운용하였다. OMG 개념의 통합부대의 전장 투입은

3 OMG란 용어는 소련군에서는 사용하지 않는 용어로, 1982년 10월 13일 미국육군협회의 연설에서 NATO 군사령관 로저스 대장이 소련군의 운용을 설명하면서 처음 사용되었다. OMG는 특수한 기동부대 편성이나 고정된 편제부대가 아닌 부대의 운용방법이나 운용개념이라 할 수 있다.

전선군 사령관의 결심사항으로 투입부터 차후의 운용에 이르기까지의 모든 것을 중앙집권적으로 수행하였는데, OMG의 운용 중점은 선제기습과 고속전진이었다.

OMG는 전쟁 발발 또는 공격 개시 수 시간 내의 초전에 투입, 기습 효과를 극대화하고 후방 깊숙이 돌진하여 적에게 최대한의 타격과 지휘통제 조직을 무력화하면서 마비 효과를 추구한다. 그리고 고속전진을 통한 공중 및 지상부대의 입체적인 합동작전으로 적에 대하여 끊임없는 압박을 통하여 NATO군의 핵무기 사용을 곤란하게 하는 것이다. 즉, NATO군이 OMG를 목표로 전술핵무기를 사용한다면 OMG와 혼재되어 있는 NATO군을 동시에 타격하는 오류를 범하게 된다. 따라서 NATO군이 전술핵무기 사용결정을 내리기 이전에 OMG에 의해서 신속하게 NATO의 중요한 전략, 전술상의 목표를 탈취하게 된다면 소련군의 고속전진은 NATO군의 핵무기 사용을 방지하면서 신속하게 목표를 확보하고 전쟁을 종결시킬 수 있다고 보았다.

3. 독일군의 쐐기와 함정 전술(Keil und Kessel)

쐐기와 함정 전술은 이중의 양익포위 형태로써 소련군의 얕은 종심을 신속히 돌파하여 국경지대에서 포착·섬멸하기 위해 고안한 전술로, 초기 대소련 작전에서 대성공을 거둔 독일군의 전술이다. 조공으로 중앙부에 보병을 위치시켜 정면의 적을 고착 견제하고 차후 포위망 내 적 소탕을 수행한다. 주공은 기갑 및 차량화부대로 편성하여 양익부에 위치시켜 소련군의 얕은 종심을 신속히 돌파함으로써 외환을 형성하여 적 퇴로와 병참선을 차단하면서 대규모 포위를 통하여 적을 고립시키고 지휘부의 정신적 마비를 달성하며, 차량화부대는 내환을 형성하여 적을 소탕하였다. 쐐기와 함정 전술은 대소련 전역 시(1941) 민스크, 스몰

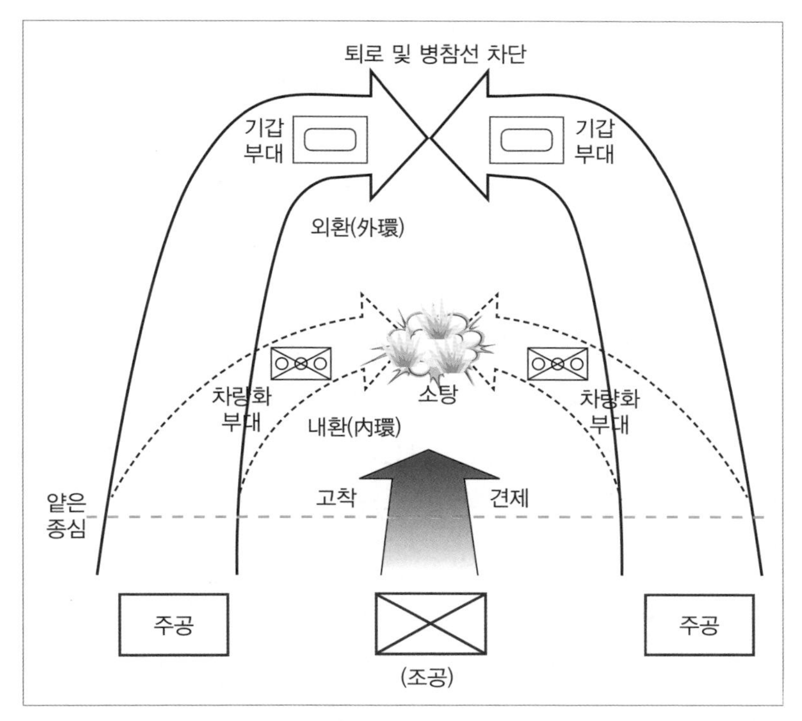

〈그림 7-2〉 쐐기와 함정 전술

* 출처: 노병천, 『도해 세계전사』, (서울: 한원, 2001), p. 667.

렌스크, 키예프 포위전 등에서 사용되었다.

4. 저항 거점 방어

기동전에 대응하기 위한 방어체계는 제2차 세계대전 초기에 기동전과 병행하여 발전되었다. 풀러(J. F. C Fuller)와 믹쉐(F. O Miksche)는 기동전에 대한 선형방어의 한계를 역설하면서 풀러는 군도방어(Archipelago Defence), 믹쉐는 망상방어(Web Defence)를 제시하였다. 1941년에 쓰인 믹쉐의 『전격전 원리연구』(A study of

Blitzkrieg Tactics)는 독일의 제2차 세계대전 시 전격전 전술 태동의 신호탄이 된 연구서로, 『전격전 원리연구』에서 믹쉐는 전격전에 대한 심도 깊은 연구 결과와 함께 전격전 대응책으로서 "종심을 이용한 망상방어(Web Defence)"를 제시하였다. 믹쉐의 망상방어의 핵심은 상호 지원할 수 있는 저항거점을 구성하여 적 전투력과 전투 지속능력을 약화시키고 기동에 의한 공세행동 여건을 조성한 후 강력한 공세행동으로 적을 격멸하는 것으로 요약할 수 있다. 저항거점을 이용하여 전투를 승리로 이끈 전례 중, 도시지역을 이용한 방어작전으로는 제2차 세계대전 시 소련의 스탈린그라드 전투와 미군의 바스토뉴 사수작전, 6.25 전쟁 시 지평리 전투가 있다. 산악을 이용한 방어작전으로는 중공군 춘계 2차 공세 시 중공군의 산악을 이용한 기동전에 맞서 완강한 방어작전으로 전투를 승리로 이끈 미 2사단의 한계지역 전투를 들 수 있다.

한반도의 지형은 서부 및 남부 평야지대를 제외한 대부분의 지역이 소구획 회랑형 지역으로 고지 사이의 계곡 접근로에 도로가 형성되어 있고 이러한 도로가 만나는 교통의 요충지에 도시가 발달되어 있다. 교통 요충지의 도시는 거대화되어 있고 인구 역시 도시지역에 89%가 집중되어 있다. 도시지역은 도로가 모이는 교통의 요충지로 공자 입장에서 확보하지 못한다면 측·후방 노출과 병참선이 차단되어 공격 기세를 유지하기 어렵다. 반면 방자는 협조된 진지방어를 실시하다가 지연방어 시 보병은 산악지역과 도로로, 기계화부대와 차량은 도로를 이용하여 자연스럽게 도시지역으로 모이게 되어 있으며, 도시지역을 확보하게 되면 도시의 자원과 도시라는 인공 장애물을 효과적으로 활용하여 전투를 유리하게 이끌 수 있다. 즉, 도시지역은 공자와 방자 모두에게 핵심지역으로 도시지역을 감제할 수 있는 고지를 포함한 도시지역을 누가 확보하는가에 따라 전투의 승패가 판가름 난다 해도 과언이 아니다. 따라서 도시지역을 감제할 수 있는 고지를 포함한 도시지역 확보가 무엇보다 중요하다. 산악지역은 도로, 도시지역, 개활지를 감제하여 포병을 유도하거나 고지에서 저지로 공격이 용이하다. 또한 종격실 능선은 침투공격에 유리한 반면 횡격실 능선은 방어에 유리하므로 산악지역에서는 군사 및 지세적 정상과 주요'목'의 확보가 중요하다. 또한 북한은 한반도 지형을 고려하여 단순히 독일군이 사용했던 전차를 이용한 기동전뿐 아니라, 중공군이 사용했던 보병에 의한 침투기동식의 기동전도 실시할 것이라 판단되므로 도로와 산악지역에 대한 동시대응이 필요할 것으로 보인다.

북한의 기동전에 대응하는 효율적 방어작전인 저항거점 방어는 한반도 지형이 대부분 회랑형 지역으로 도로와 산악이 병존함을 고려해야 한다. 즉, 기존 방어진지와 병행하여 "산림과 시가지는 병력을 삼킨다"라는 군사 격언에 기초하여 도시지역과 주요 고지를 저항거점화하여 사전에 총력전을 할 수 있도록 준비해야 한다. 적 공격 시 최초 전투를 실시할 경우 도로 및 개활지에서는 도로견부위주종심방어를, 산악지역에서는 산악요점방어를 실시한다. 작전을 실시하면서 적의 압력이 강해지면 지연방어를 실시, 사전 준비된 저항거점을 점령하여 완강한 방어를 실시하고 제대별 공세행동을 지속적으로 실시하여 적 전투력을 약화시킴으로서 상급부대의 대규모 공세행동 여건을 보장해야 할 것이다.

5. 분진합격(分進合擊)

분진합격은 수 개의 방향에서 전진하여 적을 포위·격멸하기 위해 포진되어 있는 부대를 목표 방향으로 기동시켜 결정적인 시기와 장소에 전투력을 집중하는 군사행동이다. 이는 대규모 집단을 형성하여 이동하거나 집결할 때 발생할 수 있는 대량살상무기와 집중 화력에 의한 피해를 방지하면서 신속한 기동력과 발달된 지휘통제 능력을 이용, 신속히 기동하여 목표를 포위함으로써 유리한 위치에서 전투력을 동시에 집중할 수 있게 한다.

분진합격 시 착안해야 할 사항은 먼저, 적을 포위, 격멸하기 위해 단순히 전투력을 집결하는 것이 아니라, 전투력을 통합하여 결정적 효과를 달성하기 위해 명확한 목표와 도달시간 및 공격시간 등을 예하부대에 제시해야 한다. 둘째, 분

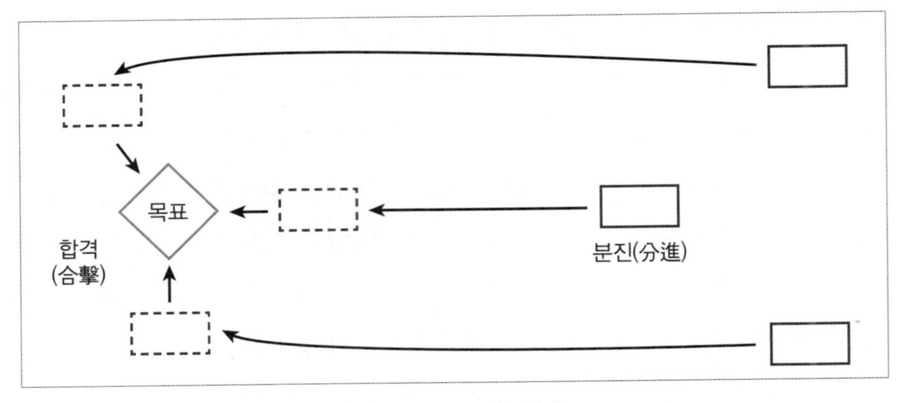

〈그림 7-3〉 분진합격 '예'

진하여 기동할 때 적에게 각개격파 당하지 않도록 부대들에게 전투력을 적절하게 할당하며 셋째, 분진하는 부대들에게 적절한 기동력을 갖추어 주고 상호 지원이 가능하도록 분진지역과 통로를 할당해야 한다. 넷째, 분진하여 기동하는 부대들의 지휘관계를 설정해주고 시간적 공간적으로 적절한 통제를 통하여 전투력을 상호 연결시켜 주며 다섯째, 기만과 기도비닉을 유지하여 기습을 달성하고 목표를 포위 공격할 때는 공군, 육군 항공 등의 전투력을 통합한 입체적인 전투력 운용으로 공격 효과를 극대화해야 한다.

분진합격 관련 전례로는 미국의 남북전쟁 시 1864년 5월 4일부터 12월 21일까지 실시되었던 채터누가-애틀랜타 전투를 들 수 있는데, 이 전투에서 셔먼(W. T. Sheman) 장군은 남부군의 교통, 문화, 병참의 중심지인 애틀랜타를 공격하는 임무를 부여받았다. 남부군은 애틀랜타에 이르는 주요 접근로에 지형의 이점을 이용한 강력한 방어진지를 구축했다. 셔먼은 이 진지들을 정면에서 양공으로 고착하고 험난한 야지를 우회 기동하여 분진합격으로 남부군의 후방지역을 고착부대와 협조하여 공격했다. 이러한 고착과 우회기동을 통한 분진합격의 반복과 간접접근적 기동으로 남부군은 제대로 싸워 보지도 못하고 전투 의지를 상실해 갔다.(부록 2 〈그림 18〉 참조)

6. 핀란드 전역의 수오무살미 전투와 모티 전술

핀란드의 지형은 국토의 51%가 산림이고 15%가 호수 및 늪지(6만 개)로 국토 대부분이 울창한 삼림과 무수히 산재한 호수 및 늪지 등으로 구성되어 군사작전을 방해하는 천연적인 자연 장애물이 형성되어 있다. 제2차 세계대전 시 소련군의 티모셴코(Semyon K. Timoshenko) 장군은 100만 명의 병력(4개 군), 1,000대의 전차와 800대의 항공기를 투입하면서 핀란드군을 얕잡아 보고 조직적인 계획 없이 압도적인 병력의 우세로 핀란드를 점령하고자 했다. 모티전술에서 모티(Motti)란 장작용 나무토막을 자르기 위해 쌓아 둔 것을 의미하는 용어로 핀란드군이 천연의 삼림지대에서 주로 임업에 종사하는 그들 특유의 환경에 부합되게 발전시킨 전술이다. 핀란드군은 소련군 1개 사단을 〈그림 7-4〉와 같이 3단계로 약 10개의 모티로 조각 낸 뒤 각개격파 하는 모티 전술을 구사하였다.

수오무살미 전투에서 소련군 2개 사단(제163 및 제44사단)은 1개 사단 미만의 핀란드군에게 3:1의 병력 우세에도 불구하고 모티 전술에 의해 산산조각 난 채 섬멸당하였으며, 소련군은 전사 및 동사자 27,500명, 포로 1,500명, 전차 50대 손실에 비하여 핀란드군은 전사 900명, 부상 1,770명이었다.

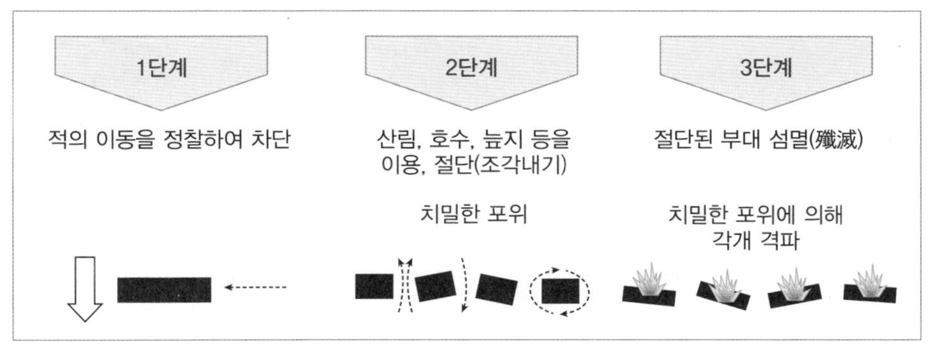

〈그림 7-4〉 모티 전술

* 출처: 노병천, 『도해 세계전사』, (서울: 한원, 2001), p. 300.

7. 제2차 세계대전 시 일본군의 와조전술과 미군의 우회전술

와조전술은 일본군이 태평양 전쟁 시 남방지역의 대부분 섬이 미개발지이며 내륙 통로가 거의 없었기 때문에 주요 해안 기지를 점령하면 나머지 지역은 자동적으로 확보된다는 원리하에 수행된 전술이다. 일본군은 제공권·제해권을 장악하고 목표 지역에 대해 해·공군으로 집중 공격하여 무력화시킨 후, 지상군이 상륙하여 기지를 건설하는 절차에 따라 작전을 수행하였다. 미군의 우회전술은 일본군의 와조전술과 대응되는 개념으로, 일본군의 완강한 저항기지는 우회하고 주변의 약한 지역을 점령하여 강한 지역을 고립시킨 후, 점령한 약한 지역에 기지를 건설하고 이를 바탕으로 우회한 강한 지역에 대해서 해·공군으로 집중 공격, 무력화시키는 것이다. 태평양 전쟁 시 맥아더(Douglas MacArthur)와 니미츠(Chester William Nimitz)가 즐겨 사용했으며 라바울 고립작전(1944. 3.)은 그 대표적인 전례이다.

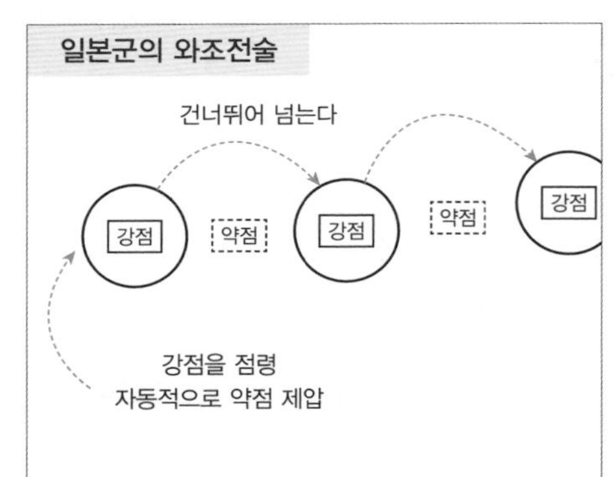

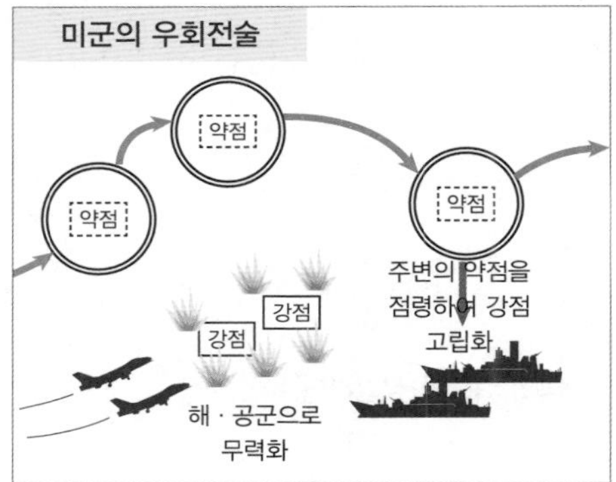

〈그림 7-5〉 와조전술과 우회전술

* 출처: 노병천, 『도해 세계전사』, (서울: 한원, 2001), p. 670.

8. 간접접근 전략

'런던타임즈'의 군사통신원과 육군장관의 개인고문을 지낸 영국의 군사이론가 리델 하트는 고대 페르시아 전쟁부터 1948년 제1차 중동전까지 30개 전쟁의 280개 전투를 분석한 결과, 6개 전역을 제외한 전 전역은 모두 간접접근에 의해 승리했다고 주장했다.

간접접근 전략의 궁극적 목적은 최소한의 희생과 최소한의 전투로 승리를 달성하는 것이다. 적의 부대와 지휘관의 관심을 각종 기만과 유인을 통해 고착견제하고 적의 저항이 가장 적고 적이 예상하지 않는 장소를 통해 주로 적의 배후를 지향하여 기동하며, 기동을 통해 적의 지휘부, 보급로 및 퇴로를 위협하는 등의 물리적 교란으로 공포, 공황을 유도하여 심리적 교란을 달성한다. 간접접근

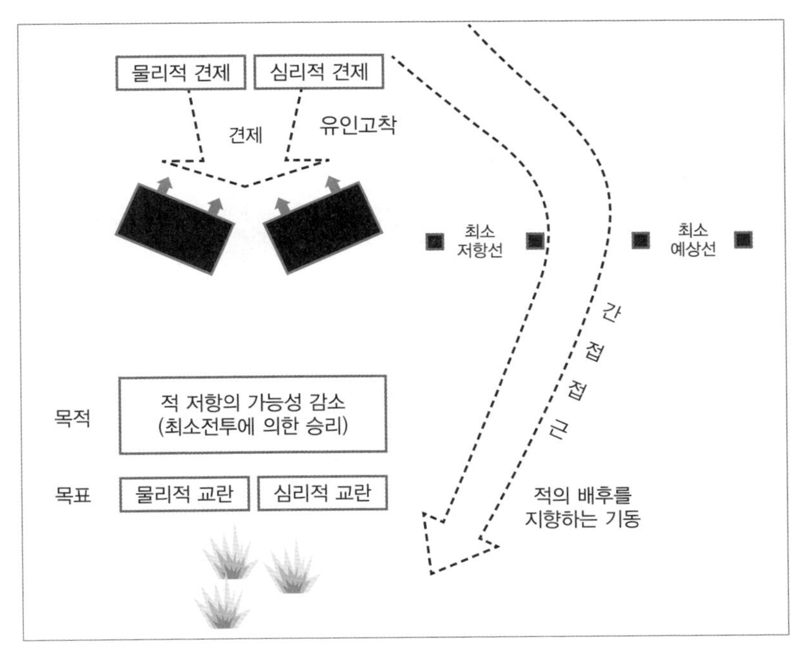

〈그림 7-6〉 간접접근 전략

* 출처: 노병천, 『도해 세계전사』, (서울: 한원, 2001), p. 247.

전략은 근본적으로 적의 부대가 아닌 적의 심리를 지향하는 전략으로 손자병법의 우직지계(迂直之計)[4]와 맥락을 같이한다.

9. OODA Loop(관측-판단-결심-행동 순환과정)

미 공군 대령 보이드(John Boyd)는 월남전 시 소련의 MIG-17 전투기가 미군의 F-105 전투기보다 기동성 등에서 우수함에도 불구하고, 전시창을 통해 더 넓은 범위를 쉽게 관측할 수 있고 방향전환 능력이 우수한 F-105전투기의 특성으로 인해 F-105 전투기의 승리 확률이 대단히 높았다는 것을 발견하였다. 보이드는 이 연구결과를 통하여 〈그림 7-7〉과 같이 전장상황을 관측(Observe)하여 신속하게 판단(Orient), 결심(Decide)하고 결심에 따라 신속하게 행동(Action)하는 순환과정(Loop)이 적보다 빨라야 승리할 수 있다고 주장하였다. 즉, 상황을 파악하여 신속하게 판단·결심한 후 적에게 갑작스럽고 예기치 못한 행동을 하거나, 적이

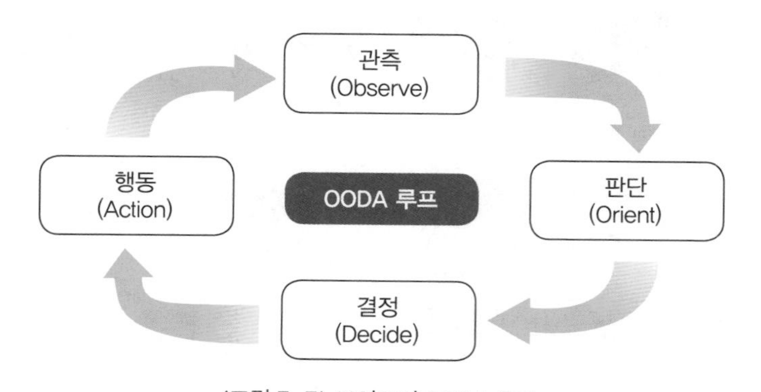

〈그림 7-7〉 보이드의 OODA 루프

* 출처: 권태영 · 노훈, 『21세기 군사혁신과 미래전』(서울: 법문사, 2008), p. 173.

4 우직지계에 대한 자세한 내용은 pp. 110~111을 참조한다.

미처 적절하게 대응할 수 없는 일련의 변화를 주면 적은 여지없이 패배한다는 원리이며, 이는 전장에 일반적으로 적용되는 보편적인 이론이 되었다.

10. 5원 체계 이론

적의 물리적 요소는 〈그림 7-8〉과 같이 크게 5개의 동심원 형태로 구성되어 있는데, 가장 안쪽인 제1원에는 전쟁에서 중추적 역할을 하는 적의 지휘부가 위치하고, 제2원에는 핵심체계, 제3원에는 하부구조, 제4원에는 시민, 제5원에는 군대로 구성되어 있다. 따라서 제일 바깥의 제5원인 적의 군대를 파괴하기보다는 안쪽에 위치한 제1원 적 지휘부를 파괴함으로써 적의 중추신경을 마비시켜 전쟁을 신속하고 효율적으로 종결할 수 있다는 이론이다.

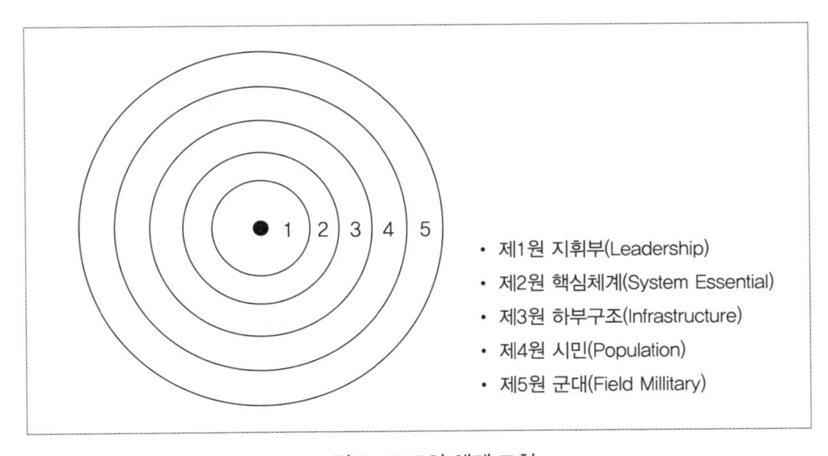

〈그림 7-8〉 5원 체계 모형

* 출처: 권태영 · 노훈, 『21세기 군사혁신과 미래전』(서울: 법문사, 2008), p. 179.

11. 병렬전쟁(Parallel Warfare)

병렬전쟁은 다양한 표적을 동시에 공격하여 적이 재정비와 재배치할 시간을 주지 않고 마비 효과를 달성하여 단기간에 전쟁을 종료하는 것으로, 적의 중심을 식별하여 선별된 표적을 병렬적으로 빠르고 효과적으로 공격함으로써 적에게 극심한 충격을 가해 순식간에 마비와 공황 상태에 빠뜨리는 전쟁이다.

12. NCW(Network Centric Warfare: 네트워크 중심전)

전장의 여러 전투요소를 〈그림 7-9〉와 같이 효과적으로 연결하고 네트워크

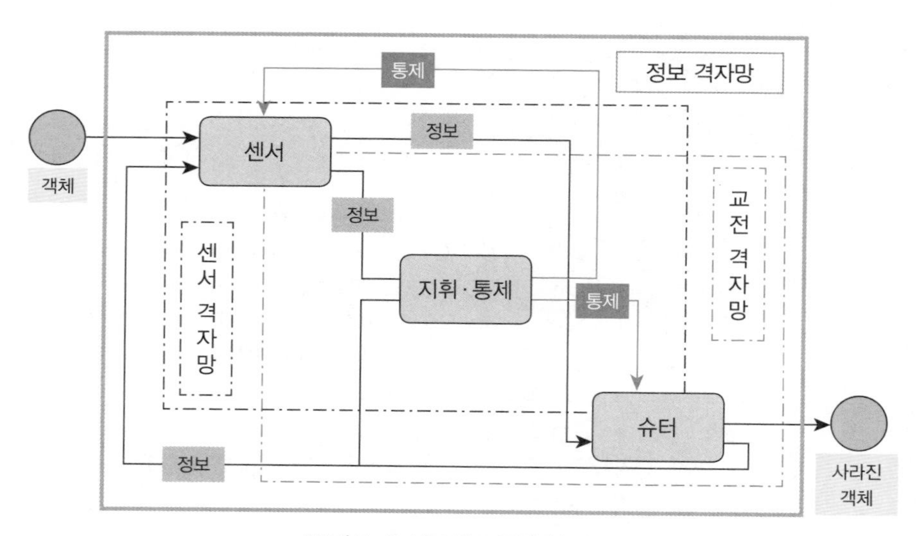

〈그림 7-9〉 네트워크 중심전(NCW)

* 출처: 권태영 · 노훈, 『21세기 군사혁신과 미래전』(서울: 법문사, 2008), p. 214.

화하면 지리적으로 분산된 여러 전투요소가 전장상황을 공유할 수 있어 통합적이고 효율적인 전투를 할 수 있다는 이론이다.

13. 신시스템 복합체계(SOS: A New System of System)

신시스템 복합체계는 〈그림 7-10〉과 같이 감시정찰체계를 통하여 위협 표적을 실시간 감시, 추적하고 위협 정보를 네트워크망을 통하여 지휘통제체계로 전환하며, 지휘통제체계에서는 표적의 위협을 정밀하게 분석 후 타격체계에 표적을 할당하여 교전하고 교전 결과를 다시 감시정찰체계를 통해 확인하여 이 과정을 위협이 제거될 때까지 계속 수정하는 시스템 이론이다.

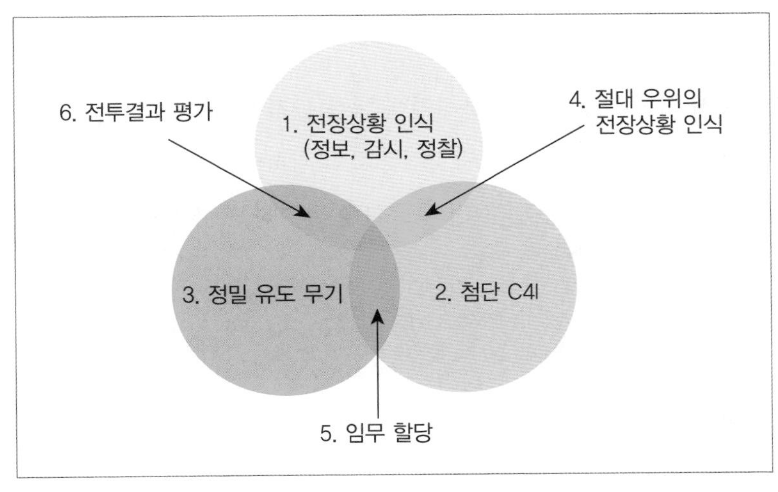

〈그림 7-10〉 신시스템 복합체계

* 출처: 권태영 · 노훈, 『21세기 군사혁신과 미래전』(서울: 법문사, 2008), p. 85.

14. 비선형전

비선형전은 전선이 명확치 않고 넓은 공간에 부대가 분산되어 있는 상태에서 이루어지는 전투이다. 부대가 넓게 분산되어 있지만 네트워크로 긴밀하게 연결되어 전장상황 인식과 정보 공유가 용이하고 신속한 기동력을 보유하여 빠른 템포로 작전을 수행할 수 있으며, 분산하여 생존성을 보장하고 신속한 기동성으로 여러 방향에서 전투력을 집중한 후 다시 분산하는 전투이다. 이러한 비선형 전투를 효과적으로 수행하기 위해서는 정보 우위 달성, 네트워크화, 종심 정밀타격, 신속한 기동 등의 능력을 확보해야 한다.

15. 효과중심 작전(EBO: Effects-Based Operation)

효과중심 작전은 물리적인 군사력에 대한 공격 및 파괴보다는 '효과'에 기초한 핵심표적들만 선별하여 동시 병렬적으로 파괴하여 적의 의지와 응집력 등 심리적 요인을 저하시켜 전략적 · 작전적 효과를 달성하는 작전이다.

16. 공지작전(ALO: Air Land Operation)

공지작전은 공지전투(ALB: Air Land Battle)의 확대 발전된 작전 개념으로, 공군작전과 지상작전의 유기적 통합과 합동 및 연합작전에 중점을 두고 적용범위도 평시, 분쟁 시, 전시를 망라하였다. 또한 지형 목표보다는 적의 능력을 상실시키는 데 목표를 두고 전투승리보다 작전적 승리를 추구하기 위해 작전수행 단계를 탐지 및 준비 – 결정적 작전을 위한 여건 조성 – 결정적 작전 – 작전 지속을 위한 군수지원, 휴식과 정비, 부대 재편성에 두고 작전을 수행하였다. 즉, 불확실한 전장환경에서 전쟁 준비 단계부터 시행, 후속 단계까지 구상하면서 전장 감시수단과 정확한 정보 처리, 장거리 및 정밀타격 체계, 효율적 지휘통제와 정보 공유 및 유통을 위한 C4I 체계, 작전 지속을 위한 군수지원 체계를 구축하여 효율적 작전을 수행하였다.

17. 신속결정 작전(RDO: Rapid Decisive Operation)

신속결정 작전은 적이 예상하지 못한 시간과 장소에 기습적으로 비대칭 전력을 포함한 합동전력을 동시·병행·비대칭·비선형적으로 운용하여 적을 신속하고 결정적으로 격멸하는 작전이다. 즉, 정보 우위 달성을 통해 획득한 적에 대한 정보를 분석하여 효과에 기초한 핵심 표적 등을 선정하여 압도적인 기동과 정밀 교전으로 적의 의지와 응집력 등을 와해시키는 효과 중심 작전을 구현한다. 신속결정 작전은 네트워크 중심전, OODA Loop, 5원 체계, 병렬전쟁, 비선형전, 비대칭전, 동시 통합전 등을 융합하여 체계화한 작전으로 2003년 이라크에 대한 미군의 '충격과 공포 작전'으로 그 효과를 검증한 바 있는데, 신속결정 작전 개념의 이라크전과 1991년의 공지작전 개념에 의해 수행된 걸프전을 비교해 보면 〈표 7-1〉과 같다.

〈표 7-1〉 공지작전과 신속결정 작전 비교

걸프전(1991)	이라크전(2003)
• 공지작전(Air Land Operation) – ALO 기본요건 적 · 지형 · 기상 중심 + 수적 우위 · 제파식 기동작전 + 대량 화력전 + 종심 전장확대 작전 C4I ※ 군 조직은 합동성 반영, 작전은 각 군 중심으로 실시	• 신속결정 작전(Rapid Dcisive Operation) – RDO 기본요건 지식 · 정보 중심 (전투지휘의 기본지식) + 신속결정적 기동(RDM) (기동) + 효과중심 작전(EBO) (화력) + 네트워크 중심전(NCW), C4ISR (지휘 · 통제) ※ 각 군은 실질적인 합동성 발휘
ALO 개념 • 축차적 • 점진적 • 선형적 • 소모전적 • 대칭적 • 병력 중심적 • 전장정보 분석(IPB)과 상황 전개에 의존 ※ 수적 우세, 적 군사력 공격 ※ 기존에 적용해 온 합동 및 연합작전 개념	RDO 개념 • 도시적 • 병행적 • 분권적 • 효과에 기초 • 비대칭적 • 핵심 지향적 • 가변적 전장 이해와 활용 ※ 질적 우세, 적 능력 공격 ※ 현대전쟁에 적용한 합동 및 연합작전의 개념

* 출처: 조영갑, 『국가안보학』(성남: 북코리아, 2012), p. 210.

제8장
승리를 위한 효율적인 지휘방법, 임무형 지휘

1. 임무형 지휘의 태동 배경과 발전과정

임무형 지휘는 시시각각(時時刻刻)으로 변화하는 현장상황에 신속하고 능동적으로 대처하기 위해, 부하로 하여금 지휘관 의도를 기초로 주도적으로 임무를 수행하게 하는 지휘 유형이다.

임무형 지휘의 태동 배경과 발전 과정을 살펴보면, 1806년 프러시아와 프랑스가 맞붙은 예나 전투에서 패배한 프러시아군은 일선 지휘관에 대한 일방적인 복종 강요가 예하 지휘관의 주도성과 자율성을 제한하였기 때문에 패배하였다는 원인을 밝혀내고 이를 보완하기 위한 노력을 지속적으로 실시하였다. 그 결과, 1870년에 있었던 보불 전쟁에서 독일군은 상급 지휘관의 의도와 임무 달성에 기초하여 유연하게 방법을 선택하는 자율성을 예하 지휘관에게 보장하는 임무형 전술(auftragstaktik)을 적용함으로써 일선 지휘관이 현재 상황을 파악하고, 주도적이고 능동적으로 작전을 수행하여 전쟁을 승리로 이끌 수 있었다. 독일군은 이러한 임무형 전술의 전통과 조직 풍토를 확산시켜 제2차 세계대전 이후 임무형 지휘 개념으로 발전시켰다. 미군은 월남전의 패배 원인이 통제형 및 지시형 지휘의 획일성 때문이라고 분석하고 이를 극복할 수 있는 연구를 실시하여 1982년 『임무형 지휘: FM100-5 작전』을 발간하고 임무형 지휘를 미군의 지휘 방법과 기준으로 정립하였다.

현대전에서 예기치 않게 변하는 전장상황은 최초 계획을 무용지물로 만들고, 때에 따라 조성되는 기회와 상황은 상급 지휘관의 새로운 지시 수령 이전에 계획을 변경하거나 적시 조치를 하지 않을 경우, 아군에게 불리하게 작용되므로 임무형 지휘가 더욱 절실히 요구된다. 임무형 지휘는 〈표 8-1〉과 같이 가변적이고 예측 불가능한 현대전쟁에 필수적이기 때문에 한국군도 이러한 임무형 지휘를 받아들여 1999년 한국군의 지휘 개념으로 채택하였다.

〈표 8-1〉 임무형 지휘와 통제형 지휘 적용기준

구분	임무형 지휘	통제형 지휘
전쟁 양상	가변적, 예측 불가능	고정적, 예측 가능
지휘 환경	분권적, 능동적	중앙집권적, 수동적
동기 부여	수직 · 수평적, 상호작용적	수직적, 일방향
조직구조	유기적	위계적

* 출처: 성형권, 『전술의 기초』(서울: 마인드 북스, 2017), p. 182.

2. 임무형 지휘 주요 내용

임무형 지휘는 상급부대가 '무엇'을 해야 할 것인가를 제시해 주고 이를 달성할 수 있도록 자산을 할당하고 여건을 보장해 주며, 예하부대는 상급 지휘관 의도를 구현하기 위해 '어떻게' 해야 할 것인가를 판단하여 조치하는 '신뢰를 바탕으로 하는 지휘'라 할 수 있다.

이러한 임무형 지휘를 실천하기 위해서는 다음과 같은 조직의 기본정신을 공유해야 한다. 첫째, 임무형 지휘를 위해 자기 자신과 부하의 역량을 개발하는 조직과 집단 차원의 전체적인 의식 변화가 요구된다. 개인의 능력은 상급자가 하급자를 신뢰하고 권한을 위임하는 원천적인 것으로 임무형 지휘의 근간이 되기 때문이다. 둘째, 상·하가 작전과 업무에 관한 개념의 통일을 이룬 가운데 시행의 자유를 보장하는 조직 분위기가 확산되어야 한다. 셋째, 불확실성의 연속인 전장 상황에서 상급자의 통제형 지휘로는 상황 변화에 신속하게 대응할 수 없기 때문에 현장 지휘관의 판단을 존중해 주어야 한다. 넷째, 사람은 누구나 실수할 수 있고 이를 통해 발전하게 된다. 이러한 실수를 용납하지 않고 완벽주의를 지향하는 조직은 발전할 수 없기 때문에 이러한 실수를 용인하는 조직 분위기 조성을 통해 창의성이 배양될 수 있도록 해야 한다. 다섯째, 무조건적인 복종보다는 복종 속에서도 자유의지를 가지고 자주적이고 창의적 모험을 시도하는 열정이 요구된다. 여섯째, 이러한 복종 속의 자유가 허용된 가운데 실시되는 권한 위임은 모두 전장의 주도권을 장악하기 위한 것이기 때문에 상황을 주도하고 모험을 감수하는 정신이 권장되어야 한다. 이를 위해 상급자는 부하에게 임무와 자신의 지휘 의도를 명확히 제시하고 임무 수행에 필요한 자원과 수단을 제공하며, 부하는 임무를 수행하는 과정에서 이를 기초로 자율적·창의적·적극적으로 임무를 수행해야 한다.

예하부대에게 상급 지휘관의 의도를 구현할 수 있는 재량을 부여하기 위해서 꼭 필요한 것은 상급자의 전술관과 일하는 방법의 공유 그리고 개인의 전술적인 능력이며, 이러한 능력이 개인과 부대를 신뢰하게 하는 가장 중요한 요인이다. 따라서 임무형 지휘는 일상생활부터 시작하여 작전에 이르기까지 모든 분야에서 상급자와 공감하고 전시에 이 능력을 발휘할 수 있도록 하급자에게 권한이 위임되어야 한다. 이를 위해 상급자는 평소 하급자에게 자신의 전술관과 일하는 방법 등을 지속적으로 지도하여 전술과 업무 능력을 향상시키고 공동의 전술관과 업무 수행의 공감대를 형성해야 한다. 또한 강력한 지휘체계를 확립한 가운데 명확한 지휘관 의도, 적절한 권한 위임, 규범 준수 및 부대 전통을 강조하고 부하들이 상황을 주도할 수 있는 자율성, 창의성, 적극성을 발휘할 수 있도록 조직 분위기를 조성하며 강하고 실전적인 훈련과 체력 단련을 생활화해야 한다. 하급자는 지속적인 자기노력을 통해 업무 전문성을 구비하고 지휘관 의도를 명확히 이해한 가운데 자발적 복종과 책임의식을 견지하여 업무를 효율적으로 추진해야 한다. 이러한 상하관계 속에서 임무형 지휘가 원활히 수행되기 위해서는 전문성을 갖추고 직책과 계급이 주는 권한과 책임 범위에서 올바른 권한 행사와 책임의식이 바탕되어야 한다. 또한 현장 상황을 가장 잘 알고 있는 각 제대 간부들이 상황을 주도적으로 이끌어 가겠다는 주인 정신이 요구되며 평상시부터 작전 또는 우발상황시 발생하는 예하부대의 시행착오에 대한 관용이 필요하다. 결국 임무형 지휘는 업무와 전술 능력을 기초로 자기 생각을 가지고 능동적으로 임무 수행을 하는 개인, 그리고 부하를 평상시부터 열성적으로 지도하는 상급자, 임무 수행 시 부하를 믿어 주는 조직 시스템과 분위기 속에서 발휘된다.

3. 임무형 지휘 향상 방안

임무형 지휘 향상을 위한 방안을 제시해 보면 첫째, 일상생활 속에서 오늘 할 일이 무엇인지, 어떻게 할 것인지에 대한 물음을 통해 자기 생각을 가지도록 유도하는 것이다. 일상생활에서 가장 쉽게 임무형 지휘를 숙달할 수 있는 방법으로, 업무 시작 시 1, 2단계 하급자에게 오늘 할 일이 무엇인지를 물어봄으로써 자기 생각을 가지고 하루를 시작하게 하여 미리미리 다음 날의 업무를 준비하게 하고, 주도적이고 적극적인 생활습관을 갖게 할 수 있다. 그리고 작업이나 훈련 등 업무에 관련된 모든 분야에 대해 지시한 후 어떻게 할 것인가라는 물음을 통하여 본인이 지시받은 업무의 수행방법을 생각하게 하고 상급자에게 방법을 설명하는 과정에서 자연스럽게 상급자의 의견을 청취할 수 있게 되어 일하는 방법에 대한 교감이 형성될 수 있다. 이 방법은 일상생활 속의 임무수행 계획보고(back briefing)라 할 수 있다.

둘째, 전술 관련 작전 실시간 상황조치 교재를 이용한 간부 교육의 활성화이다. 전투를 실제 할 수 없는 현 여건에서 전사(戰史)에 나타난 다양한 상황을 학습함으로써 유사한 상황 발생 시 이를 응용할 수 있고, 다양한 판단과 결심을 숙달함으로써 전투 승패의 핵심인 OODA 주기를 단축시킬 수 있다. 상급지휘관의 빠른 판단과 결심에 따라 예하부대의 반응속도가 빨라진다는 것을 고려할 때 전술 관련 작전 실시간 상황조치에 대한 교육훈련의 활성화가 절실히 요구된다. 나폴레옹은 "적이 회의하는 동안 나는 기동한다"는 유명한 군사 격언을 남겼는데, 이것이 가능하려면 다양한 전투사례에 대한 지속적인 연구와 학습, 전술훈련 시 상황을 복합적이고 돌발적으로 구성하고 이에 대한 조치가 숙달되어야 한다. 그래야 실전에서 어떠한 상황에 부딪히더라도 직관적으로 빨리 판단하고 결심하는 능력을 보유할 수 있을 것이며, 이러한 능력이 전제되어야 적보다 신속한 기동과 임무형 지휘가 가능하다고 생각된다.

이러한 취지에서 필자는 독일군 임무형 지휘 관련 작전 실시간 상황조치 책자를 우리 지형과 교리에 맞추어 재정립하여 활용해 본 결과,[1] 독일군과 한국군의 임무형 지휘 범위에는 대단히 큰 차이가 있으며 이는 조직문화의 차이에 기인하고 있음을 확인할 수 있었다. "전술 및 임무형 지휘능력 향상을 위한 Case-Study식 실시간 상황조치 훈련 사례"에서 한 가지를 들어 설명해보면, 〈그림 8-1〉의 상황과 요도에서 독일군은 지시된 이동을 뒤로 미루고 우선 측방의 적 공정부대를 격멸함으로써 '호미로 막을 수 있는 것을 차후 가래로 막는' 우를 범하지 않고 있다. 상식과 전투의 논리적 지식체계와 응용 측면에서 보자면 당연한 것인데 막상 시행할 때 지휘관들은 "명령을 어겨도 되는 것인가?", "실패하면 문책받지 않을까?" 갈등하게 된다. 이러한 갈등은 어떻게 조치해야 하는지 알면서도 명령대로 실시할 수밖에 없도록 만드는 조직문화 때문이 아닌지 자문해 보아

1 재정립한 자료는 오광세, "전술 및 임무형 지휘능력 향상을 위한 Case-Study식 실시간 상황조치 훈련 사례", 『군사평론』 제403호 부록(대전: 육군대학, 2010)에 수록되어 있다.

야 할 것이다.

〈그림 8-1〉 공격 중 인접지역에 적 공중강습 부대 착륙 '예'

◆ 상황

- 아군부대에게 기습적으로 역습을 실시한 적이 북쪽 20km에서 급편방어를 실시하고 있다는 첩보를 상급 부대로부터 수령하였다.
- B기보대대 TF(기보중대 2, 전차중대 1)는 C전차대대 TF의 공격통로를 확보하고, 여단의 예비로 적 역습으로 전투력이 저하된 C전차대대 TF를 후속하여 공격 중이며, 전방에 적은 확인되지 않고 있다.
- 2월 26일 10시 00분 B기보대대장에게 모래재 남쪽의 남노일교에서 교량 경계임무 수행 중인 소대장이 다음과 같이 보고하였다. "10시 00분 여주포리 서쪽 끝에 적 공중강습 부대가 12대의 AN-2기[2]로 강습낙하 중. 구봉교는 단지 1개 분대가 경계 임무 수행 중!"
- 이때 첨병소대가 모래재 북단에 도착하였다. 적의 전파 방해로 여단 통신망이 두절되었다.
- 지금은 2월 26일 10시 00분이다.

◆ 요도

◆ 문제

B기보대대장으로서 현 상황을 평가하고 조치 사항을 제시하시오.

---

2 AN-2기는 소련에서 1946년부터 생산한 경량수송기로, 북한은 주로 대남 기습공격시 특수작전 부대 수송을 위해 운용하고 있다.

☞ 조치(안)

◆ 상황 평가

- 임무(M): C전차대대 TF를 후속하여 목표 확보를 위한 공격 ⇨ 여주포리 일대 적 공정부대 격멸 및 구봉교 확보 + C전차대대 TF 후속
- 적(E) 위협 우선순위: 여주포리 일대에 12대의 AN-2기로 낙하 중인 적 공정부대
  * 적 기도: 구봉교 확보 또는 파괴로 아군 공격 기세 둔화 강요
  * 적 약점: 개활지에 낙하한 적 부대는 아군 기갑 및 기계화부대 공격에 취약
- 지형 · 기상(T)
  – 여주포리 일대는 개활지로 적 공정부대 활동은 불리하나 기계화부대는 유리
  – 구봉교와 남노일교는 한천강 극복을 위한 중요 교량
- 가용부대(T): 기보 2개 중대, 전차 1개 중대, 공병 1개 소대
- 가용시간(T): 적 공정부대가 구봉교를 확보하거나 파괴 시 아군 작전에 영향을 미치므로 신속한 조치 필요

◆ 조치

- 2개 중대조를 투입하여 여주포리 일대 적 공정부대 격멸 및 구봉교 확보, 1개 중대조는 C전차대대 TF를 후속, 목표 확보를 위해 계속 공격(우선 조치사항: 첨병소대에게 전투정찰대 임무 부여, 신속히 여주포리로 추진)

따라서 이러한 문제를 해결하기 위해서 전례를 기초로 한 다양한 상황을 전투의 논리적 지식체계와 이를 응용하여 풀어 낼 수 있는 작전 실시간 상황조치 문제를 연구 개발, 학교 교육에 체계적으로 반영하여 학습 및 평가하고 야전에도 확산해야 할 것이다. 이를 통하여 상황별 조치의 융통성 범위와 근거가 정립되어 자연스럽게 공동의 전술관이 확립됨으로써 고민 없이 상황을 조치할 수 있으리라 판단된다.

셋째, 전술훈련의 승패와 데이터를 제공해 줄 수 있는 교전 심판 시스템을 이용하는 것이다. 마일즈(MILES: Multiple Integrated laser engagement) 장비[3]를 활용하여 전술훈련을 실시하는 것이 가장 좋은 방법이나, 현실적으로 전 부대에 마일즈 장비가 보급되어 있지 못하기 때문에 보급되기 전까지는 마일즈 장비와 유사한

3 마일즈 장비는 레이저 발사기와 감지기를 이용해 실제 교전과 같은 모의군사훈련을 가능하도록 해주는 장비이다.

효과가 있는 ID 패널(Identification Panel)을 이용한 교전 심판 방법[4] 등으로 정확한 교전 결과를 데이터로 산출하고 승패를 결정함으로써 객관적인 평가를 할 수 있다. 이러한 훈련 방법은 교리와 절차를 숙달하는 차원에서 벗어나 교리와 절차를 응용하여 상대방과 머리싸움을 하게 된다. 그리고 그 결과가 데이터로 제시되면서 한눈에 승패가 확인되기 때문에 상급 지휘관 의도 안에서의 자기 구상을 통한 임무형 지휘 숙달에 대단히 큰 효과가 있다.

승패와 데이터를 제공해 주는 전술훈련을 해본 결과, 교리와 절차를 가지고 전투하는 부대와 이를 응용하는 부대를 비교해 보면 자기 구상을 가지고 METT+TC를 고려하여 교리와 절차를 응용하는 부대가 항상 승리함을 확인할 수 있었다.

넷째, 임무 수행계획 보고(back briefing)와 예행연습 시 2단계 하급 지휘관(자)을 포함한 관련 인원을 대동하여 해당지형을 묘사한 사판에서 훈련을 실시하는 것이다. 이 방법은 상급지휘관 의도에 기초하여 발전시킨 계획을 보고 및 토의하는 과정에서 1, 2단계 하급 지휘관(자)들은 상급부대 계획뿐만 아니라 인접부대 계획을 숙지하게 된다. 그리고 2단계 하급 제대 지휘관들도 자신이 해야 할 역할을 자연스럽게 숙지하게 됨에 따라 작전 시 통신 두절 등과 같은 불확실한 상황 발생 시 상급 지휘관 의도에 맞추어 임무형 지휘를 할 수 있다.

다섯째, 예하부대 전술훈련 또는 전술훈련 평가 시 불확실한 상황을 조성하여 상급지휘관 의도에 부합된 판단과 결심을 유도하는 방법이다. 일반상황은 METT+TC를 포함한 작전명령 형태로 제시하고 특별상황은 각종 전사와 훈련 결과를 참고하여 전투 실상을 고려, 훈련부대 지휘관(자)이 고민할 수 있는 복합적, 돌발적인 상황을 부여하며, 이때 지휘관 사망, 통신망 두절, 가용시간 부족, 악천후 등과 같은 불확실성과 심리적·육체적 압박감을 느낄 수 있는 분위기를

---

4 훈련에 참가하는 전 병력과 장비에 고유번호(Identification)를 부착하고 쌍방 자유기동 훈련을 실시함으로써 자동적으로 전장과 유사한 훈련 상황이 조성되고, 교전심판 프로그램을 적용하여 교전 결과를 산출, 피해 결과에 따라 전투행동을 통제하여 실전적 훈련이 가능할 뿐만 아니라 실시간 축적한 교전 결과 데이터를 이용하여 객관적인 사후 검토가 가능한 훈련방법이다.

조성한다. 이러한 변화된 상황하에서 상급부대 지휘관의 의도를 구현하기 위해 어떤 판단과 결심을 하는지 확인하고 상황에 적합한 조치를 토의하며 이를 지도함으로써 예하부대 지휘관(자)이 상급부대의 일부로서 자신의 역할에 부합한 조치를 할 수 있는 능력을 향상시켜야 할 것이다.

여섯째, 급변하는 상황을 시간대별로 부여, 훈련부대 지휘관·참모가 현 상황을 평가하여 어떻게 대응하는가를 평가하는 방법으로, 방어 임무를 부여받은 대대를 예로 들어보면 다음과 같다.

- 1차 상황: 적 공격 개시 1시간 전

  "대대장, 귀관의 대대는 1시간 안에 적 전차대대 공격을 받을 것이다. 적 전차대대는 보병이나 포병의 지원을 받지 못할 것이다. 적절한 방어 준비를 하라."

- 2차 상황: 45분 경과 후

  "적 전차대대는 보병 및 포병 그리고 항공지원을 받을 것이다. 귀관의 방어계획을 수정하라."

- 3차 상황: 적 공격 개시 5분 전

  "우리는 조금 전 적의 공격이 예상했던 방향의 정반대에서 실시되는 것을 인지하였다. 다시 방어계획을 수정하라."

위와 같이 단시간에 급변 상황을 부여하여 평가한다면 대대장과 참모는 단시간 내에 상황을 평가한 후 작전을 구상, 결심하는 능력을 보유하게 될 것이라고 판단된다.

일곱째, 훈련과 작전 실시간 전술예규를 이용하는 방법이다. 전술예규는 "지휘관이 자신의 부대와 예하부대가 전술을 구사할 때 준수하고 적용해야 할 방법을 제시하는 하나의 규정이나 지시"로, 이는 어떠한 특정 경우에 있어서 별도로 규제하지 않는 한 적용되는 행동의 기준이다. 전술예규는 소대까지 보유하여 매

훈련이나 작전 시 이를 활용하되, 전술예규 작성 시 교리, 훈련 및 작전 경험 등을 수록하여 상하 전술적 공감대를 형성할 수 있도록 해야 하며 매 훈련 및 작전 종료 시에는 교훈을 도출하여 보완함으로써 자연스럽게 임무형 지휘를 실천하여야 할 것이다.

제2차 세계대전 시 독일군의 전격전을 성공적으로 수행한 롬멜은 "모름지기 기계화부대 장교들은 명령을 수령할 때까지 기다릴 것이 아니라 일반계획의 테두리 안에서 독자적으로 판단하고 행동하는 것을 배워야 한다"라고 했으며, 린드는 기동전의 기본 원칙을 "중점, 강점과 약점, 임무형 지휘이며 이들 세 요소는 기동전을 계획하고 실행하는 데 공히 적용해야 할 요소"라고 하였다. 또한 미 해병대 교범 MCDP-1 War-fighting에서도 "임무형 지휘는 기동전 수행의 지휘철학이다"라고 하고 있다. 즉, 장차전에서 역동적인 전장상황을 조성하고, 그중에서 상대보다 우위의 템포를 창출하여 적을 무력화시켜 나가기 위해서 분권화 지휘는 필수적이며, 이것은 바로 임무형 지휘를 통해서 달성된다는 것이다. 한국군의 공격작전 수행개념은 기습 · 집중 · 템포 · 대담성으로, 기동전을 추구하고 있음을 감안할 때 임무형 지휘는 한국군의 지휘 통제의 기초가 되고 철학이 되어야 하며, 이를 위한 전제조건인 간부의 전술 능력 향상과 임무형 지휘를 수용할 수 있는 조직 분위기는 필수 불가결한 것이다. 따라서 간부의 전술 능력과 임무형 지휘 능력을 향상시킬 수 있는 구체적인 방법에 대한 연구가 심도 깊게 추진되어 실천적으로 적용되어야 하며, 정책부서와 야전이 연계되어 임무형 지휘를 활성화할 수 있는 조직 분위기를 실질적으로 창출해야 할 것이다.

제 Ⅲ 부
공격작전과 방어작전

제9장
전투 승리의 핵심, 주도권

1. 공격과 방어의 관계

전투는 쌍방 간의 힘이 충돌하는 현상으로 전투현장에서는 불완전한 전개 상태에서 이동하고 있는 부대가 불충분한 정보로 인하여 이동 중이거나 정지하고 있는 적과 조우하게 되었을 때 발생하는 전투행위인 조우전의 모습과 한쪽을 공격하고 다른 한쪽은 방어하는 즉, 공격과 방어라는 2가지 형태가 상호 대립하는 모습으로 나타난다. 일반적으로 공격은 전투력이 강할 때 취하는 작전 형태로 주도권을 보유하고 공격 시기와 장소, 방향을 선택하여 기습, 기동과 집중을 통해 목표를 달성하는 능동적인 작전의 형태이다. 이에 비해 방어는 전투력이 약할 때 취하는 작전 형태로 지형과 준비시간의 이점을 이용하여 적의 공격을 저지, 격퇴하고 상실된 주도권을 확보하기 위한 수세적인 작전 형태로 볼 수 있다. 그러나 전술제대는 일반적으로 상급부대의 일부로 작전을 수행하기 때문에 독립 작전을 수행하지 않는 한 부여받은 공격 또는 방어임무를 수행하는 것이 대부분이지만, 전투의 모습을 세부적으로 관찰해 보면 어느 부대는 공격하고 또 다른 부대는 방어의 형태를 취할 수도 있다. 또한 전투가 진행되면서 공자가 전투력이 노출된 상태에서 지형, 기상, 저항, 하중 등에 의한 마찰로 인해 방자와의 전투력이 역전되거나 방자가 호기를 포착하여 공세적인 작전을 실시할 경우에는 공·방이 바뀔 수도 있기 때문에 공격과 방어를 동시에 수행한다는 공방일심(攻防一心)의 개념이 대단히 중요하다. 이러한 공방일심의 대표적 지휘관으로 세계 최대의 제국을 건설했던 칭기즈칸을 꼽을 수 있다.

칭기즈칸은 적을 공격하기 전에 첩자와 척후를 사전에 침투시켜 유언비어 유포 및 소부대를 이용한 파괴활동으로 적을 공포와 혼란에 빠지도록 심리전을 전개하였다. 하루에 50마일 이상 기동 가능한 경기병을 신속히 전진시켜 적의 정면을 견제 공격하고 주력은 적의 측·후방으로 기동하여 결정적인 공격을 실시하였다. 상황에 따라 강력한 몽골 기병을 활용하여 윤번충봉식 공격, 포위공격, 퇴각 후 포위공격 및 유인섬멸 등과 같은 공격과 방어를 동시에 수행하는 공방일심의 다양한 기동전을 구사하였다.(부록 2 〈그림 11〉 참조)

전투 간 공자와 방자가 자신의 의지를 상대방에게 관철시키고자 하는 원동력은 주도권을 확보하고 이를 행사하는 것이며, 공자와 방자 중 어느 일방이 상대방을 피동적인 상태로 만들고 자신은 행동의 자유를 확보함으로써 자신의 의지대로 전투를 이끌어 갈 수 있다면 이는 주도권을 확보하고 있음을 의미한다. 즉, 주도권을 확보한다는 것은 적의 행동을 구속한 상태에서 내가 선정한 시간과 장소, 그리고 전투수단과 방법을 자유롭게 선택하여 싸울 수 있다는 의미이므로 주도권 확보와 행사는 전투에서 승리를 달성하는 핵심요건이라 할 수 있다.

2. 주도권

주도권이란 전장에서 아군에 유리한 상황을 조성하여 아군이 원하는 방향으로 제반 작전을 이끌어 나가는 능력이나 상태를 말한다. 바둑을 예로 들어 설명하면, 바둑에는 수준에 따라 아마추어부터 프로까지 급수가 부여된다. 급수가 높은 사람은 전체적인 포석으로부터 항상 선수를 잡아 하수가 이에 대응하기 급급하도록 만들고 이를 마지막 국면까지 이어 간다. 이렇게 상대방이 자신의 의도대로 따라오게 하는 것을 주도권이라 할 수 있다. 즉, 행동의 자유를 유지하면서 주도적이고 적극적으로 행동하여 상대를 피동적인 상태로 유도함으로써 자신의 의지대로 전투를 이끌어 가는 것을 의미하는 것이다. 주도권을 장악하게 되면 행동의 자유가 확보되어 전투력 운용 면에서 다양한 선택이 가능한 반면, 적은 행동이 위축되고 피동적으로 변하게 됨에 따라 작전을 위한 선택의 폭이 점차로 제한된다. 따라서 주도권은 승리를 달성하기 위한 핵심 요건이 되므로 모든 작전은 전장에서 주도권 장악을 바탕에 두고 수행되어야 한다. 일반적으로 작전 초기에는 우세한 전투력과 공세적인 의지를 가지고 있는 공자가 주도권을 장악하기 용이하나, 공자의 방심이나 방자가 공자의 약점을 파악한 후 호기를 포착하여 공세적으로 전투력을 운용할 경우에는 도리어 초기부터 방자가 주도권을 장악할 수도 있다. 또한 주도권은 전투의 진행과정에서 공자와 방자의 주도권 확보 노력에 따라 주도권의 향방이 바뀌고 전투에서 발생하는 각종 작전들의 성공과 실패는 결국 주도권 확보에 달려 있다. 따라서 공자와 방자는 경쟁적으로 전투 전반에 걸쳐 더 많은 기간 동안 주도권을 행사하고 결정적인 국면에서 주도권을 장악할 수 있도록 지속적으로 노력해야 한다.

주도권은 어떤 장소와 시기, 방법적인 면에서 쌍방의 의도와 힘이 부딪치면서 나타나게 된다. 주도권의 일반적인 특징은 상대방에게 더 큰 심리적 위협을 느끼게 하는 장소와 방향에서 주도권 획득이 용이하고 주도권을 획득하고자 하는 기도가 신속할수록 유리하며 우세한 전투력과 강인한 전투 의지를 보유하는 측에 유리하게 작용한다. 힘의 원리 면에서는 적이 예상치 않은 시간과 장소, 방향, 힘의 중심점이 최대 취약점이 되고 이러한 취약점에 대해 기습, 신속한 기동력과 전투력 집중을 통해 적의 유·무형 전투력을 마비시킬 때 가장 작은 힘으로 큰 효과를 발휘할 수 있다.

이와 같은 주도권의 특징과 힘의 원리를 연계하여 전장에서 주도권을 확보하기 위한 방안은 첫째, 시기적 측면에서 적이 공격하기 전에 기습, 기동, 집중을 기반으로 하는 선제공격을 통해 적보다 빨리 기선을 제압해야 한다.

둘째, 장소와 방향 측면에서 적의 힘 중심점과 작용점을 파악하고 적이 심리적 위협을 크게 느끼는 장소와 방향을 고려하여 결정적인 목표를 선정하며 적의 후방과 측방에 전투력을 집중, 신속한 기동력으로 기습을 달성하는 것이 가장 효과적이므로 아군의 전투력은 적이 심리적으로 가장 위협을 느끼는 적의 최소 저항선과 최소 예상선을 지향해야 한다.

셋째, 작전 초기에 주도권을 장악할 수 있는 방법은 가장 효율적으로 기선을 제압할 수 있는 시간에 결정적인 목표를 선정하여 어떻게 기동하고, 어떻게 전투력을 집중하여 기습 효과를 극대화할 것인가에 초점을 맞추어야 한다.

즉, 주도권을 장악하기 위한 방안은 선제적으로 적이 예상하지 않은 시간과 장소에 대해 신속한 기동과 전투력 집중을 통해 결정적인 시간과 장소에서 상대적 우세를 달성하고 최소 저항선과 최소 예상선을 따라 기동하면서 전투수행 기능을 통합하여 집중함으로써 선제공격에 의한 기습 효과를 극대화시키는 것이다. 이를 위해 지휘관의 확고한 의지와 전술적 능력이 바탕이 되어야 하며 정보우위 달성, 선제행동, 전투력의 상대적 우세 달성, 공세적 전투력 운용, 작전 속도 증가, 결정적인 지형 확보, 유리한 방어지역 선정, 창의력 발휘 등이 필요하다.

상급부대로부터 공격과 방어 임무를 부여받은 상태에서 주도권은 일반적으로 공자가 가지고 있으나, 적과 조우할 때에 발생하는 조우전에서는 주도권 확보가 교전이나 전투의 승패를 좌우하게 되므로 다음과 같은 사항을 염두에 두고 작전을 실시해야 한다. 먼저, 조우전이 발생할 상황은 〈표 9-1〉과 같으며 이 중 가장 유리한 상황은 적과의 접촉을 미리 예상하여 예상치 못한 적을 공격하는 것이다. 이를 위해 사전에 적과 접촉 시 발생하는 조우전 상황을 상정하여 계획 및 준비하고 실시간에는 적지종심작전부대나 정찰대를 운용하여 전장을 감시함으로써 적의 움직임을 간파하여 유연하게 전투력을 운용해야 한다.

〈표 9-1〉 조우전 발생 상황

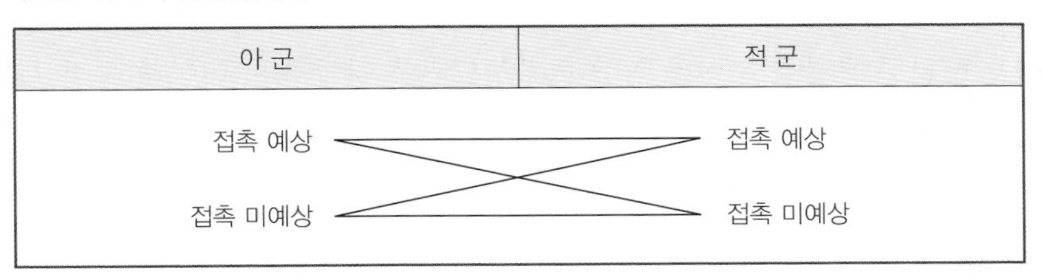

* 출처: 전상조, 『작전원리』(서울: 범신사, 1997), p. 59.

둘째, 조우전 상황에서는 피·아 공히, 적정 파악이 부정확하기 때문에 원거리부터 적을 파악할 수 있도록 전투력을 운용하고 적지종심작전부대나 정찰대 등에 의해 적과 원거리에서 접촉이 이루어지면 신속히 상황을 판단하여 우선 기선을 제압할 수 있도록 해야 한다. 이를 위해 전투력 발휘가 용이한 지형 선점이 중요하므로 전장정보분석을 통해 선정한 중요지형에 정찰대 등을 투입하여 이를 확보하면서 작전을 진행하는 것이 필요하다. 예를 들면 〈그림 9-1〉과 같은 상황에서는 비록 규모가 작은 전투력이라도 A 고개를 확보하는 것이 승패에 결정적인 영향을 미치기 때문에 규모가 작은 전투력으로라도 우선 A 고개를 선점한다면 부대는 주도권을 확보할 수 있고 보다 용이하게 적을 격멸할 수 있다. 즉, 지형의 이점을 이용하여 작은 전투력으로 큰 전투력에 대응할 수 있는 것이다. 또한 적보다 유리한 태세에서 작전을 전개하기 위해 접촉된 적을 고착, 견제하면서 기동력을 발휘하여 적의 측·후방으로 우회해 적을 포위할 수 있도록 노력해

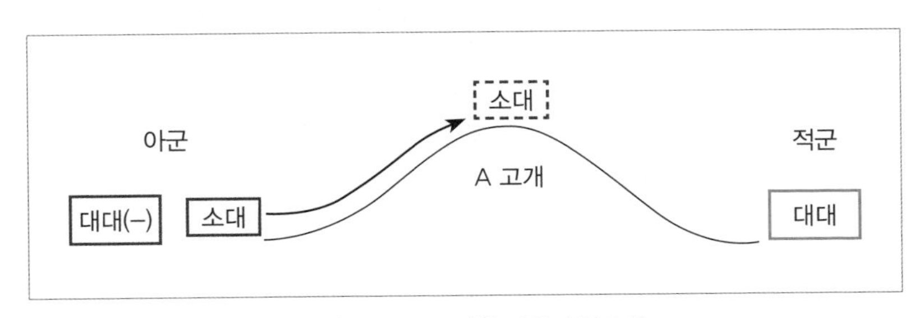

〈그림 9-1〉 중요지형 선점의 중요성

야 한다.

셋째, 조우전에서도 최초 주도권을 장악하는 것이 무엇보다 중요하므로 적과 접촉 시 적이 움츠러들도록 우선 선제공격으로 기선을 제압해야 한다. 이후, 화력을 포함한 통합 전투력을 집중하여 주도권을 장악하며, 이를 지속적으로 유지하기 위해 공세적으로 전투력을 운용해야 한다.

넷째, 작전 진행 간에는 신속하게 전투력을 투입하는 급속공격을 할 것인가, 조직화된 전투력 발휘를 위한 정밀공격을 할 것인가에 대한 판단과 결심이 중요하다. 일반적으로 아군이 중요 지형지물을 확보하고 있는 경우에는 지형의 이점을 최대한 이용할 수 있도록 호기 포착 즉시 전투력을 투입하는 급속공격이 바람직하고, 적이 중요 지형지물을 확보하고 있는 경우에는 이를 상쇄할 수 있는 조직화된 전투력 발휘가 요구되므로 정밀공격이 유리하다.

방어 시에도 주도권 확보는 대단히 중요하다. 공자는 원하는 결정적인 시간과 장소에 전투력을 집중할 수 있고 지향 방향을 주도적으로 정할 수 있다. 반면, 방자는 공자의 기도를 정확히 판단하기 곤란하므로, 방자가 준비해 놓은 방어지역을 공자가 회피하여 〈그림 9-2〉와 같이 공격한다면 방자가 준비해 놓은 전투진지, 장애물 등은 무용지물이 되고 배치된 병력을 전환하여 준비되지 않은 전장에서 전투하게 되기 때문에 방자의 이점을 활용할 수 없게 된다. 방자가 준비해

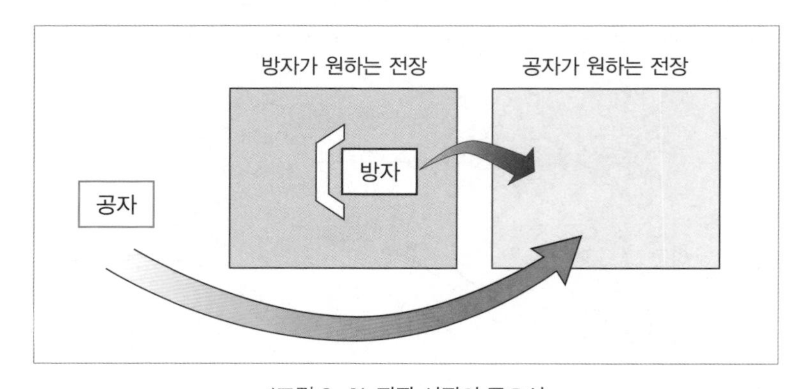

〈그림 9-2〉 전장 선정의 중요성

* 출처: 전상조, 『작전원리』(서울: 범신사, 1997), p. 79.

놓은 방어지역을 공자가 공격한다고 하더라도 방자는 정면과 측·후방 등에 전투력을 분산배치할 수밖에 없기 때문에 공자의 전투력 집중지역에서는 돌파의 위험성이 크고, 타 지역에서는 유휴 전투력이 발생될 가능성이 크다.

따라서 방자는 주도권 획득을 위해 먼저 전장 정보 분석을 통하여 적이 반드시 통과해야만 하고 자연적인 방어력 발휘가 용이한 지형을 선정하여 종심 깊게 방어지역을 편성해야 한다. 또한 방자의 이점인 지형과 시간을 이용하여 병력, 화력, 장애물, 전투진지를 통합 운용함으로써 통합 전투력 발휘가 극대화될 수 있도록 해야 한다. 이러한 방자의 이점을 발휘하여 전 종심에서 동시 전투를 강요하여 공자의 후속제대 증원을 차단함으로써 공격 기세를 약화시키고 각종 기만작전을 통하여 공자를 유인하고 분산시켜 각개격파하며 상황을 파악하여 방자의 유휴 전투력과 예비대를 적시 적절하게 전환 및 투입해야 한다.

아울러 방어 간에도 정보 우위 달성을 통해 공자의 전투력 집중 방향, 시기, 규모 등을 조기에 파악하여 공자가 예기치 않은 장소와 시간, 방법으로 기습을 달성하지 못하도록 해야 한다. 또한 공자가 공격 기세를 유지하기 위해 필수적으로 방호하려고 하는 병참시설, 병참선, 지휘부 등을 확인하여 기습적으로 타격 또는 확보하며 공자의 약점과 과오 발생 시 기습적이고 과감한 공세행동을 통해 주도권을 장악해 나가야 한다.

제10장 “공격작전”과 제11장 “방어작전”에서는 기본적인 전투수행 방법과 전투력 발휘를 위한 일반적인 전투력 3요소의 결합 방법, 그리고 이러한 방법으로 시행된 공격 · 방어 작전의 전례를 제시하였다. 이때 전례는 독자의 가독성 향상을 위해 핵심사항 위주로 전개해 보았다.

제10장
공격작전

1. 개요

클라우제비츠는 공격의 목적을 적 전투력의 격멸을 통해 적 영토를 정복하는 것이며 공격은 기습의 이점을 보유하고 있고 공격행동은 공격과 방어가 지속적으로 순환하고 결합된다고 하였다. 또한 공자의 전진은 공격력의 우위가 상실될 때까지 지속되어야 하지만 공격의 한계 정점을 예리한 판단력으로 감지하는 것이 중요하다고 강조하면서, 이 한계 정점을 넘어서면 상황이 반전되어 방자의 반격이 시작되고 이 반격력은 공자의 타격력보다 훨씬 강하다고 하였다. 이와 같이 공격작전이란 적의 전투 의지를 파괴하고 적 부대를 격멸하기 위해 가용한 수단과 방법을 사용하여 전투를 적 방향으로 이끌어 나가는 작전이다. 공격작전의 목적은 적 부대 격멸, 적 전투 의지 파괴, 중요지역 확보, 적 자원의 탈취 및 파괴, 적 기만 및 전환, 적 고착 및 교란 중 한 가지 이상의 목적을 달성하기 위해 작전을 실시한다. 이외에도 공격작전 성격과 상급부대에서 요구하는 해당 부대 역할을 고려하여 연결을 통한 포위망 형성, 상급부대 공격 준비를 위한 시간 획득, 측방 차단, 적 주방어선 식별 등의 다양한 작전 목적을 선정할 수 있다.

공격작전은 시간, 장소, 방향을 선택할 수 있는 이점으로 인해 주도성 발휘와 융통성 있는 전투력 운용이 가능하기 때문에 기습, 집중, 속도와 대담한 공격을 공격작전 수행 주안으로 삼아야 한다. 즉, 적이 예상치 못하거나 알았다고 해도 타이밍을 맞출 수 없는 시간, 장소, 수단, 방법으로 공격하여 기습을 달성하고 적의 약점과 과오에 전투력을 집중하여 결정적인 성과를 달성해야 한다. 또한 속도를 발휘하여 적의 대응시간을 박탈하고 과감한 압박을 통하여 적의 전투 의지를 파괴하거나 적 부대를 격멸함으로써 작전 목적을 달성해야 한다. 이때 공세적인 정신과 의지를 가지고 대담한 공격을 통하여 지속적으로 주도권을 장악, 유지, 확대해 나가되, 적에게 역이용 당하는 실수를 방지하기 위해 지속적으로 정보 우위를 달성해야 하며 전투력 소모에 의해 공자와 방자의 전투력이 역전되지 않도록 지속적으로 전투력을 보충하고 관리해야 한다.

이러한 공격작전의 예를 들어보면, 우리 역사상 최대의 영토를 확장한 광개토대왕은 22년의 재위기간 중 10여 차례의 전투로 후연, 북연, 거란족, 동부여, 백제를 정복하였고 신라와 가야를 복속시켰으며 왜를 한반도에서 완전히 축출하여 고구려를 동아시아의 패자로 우뚝 세웠다. 백제와 전쟁 시 관미성 공격에서 고구려는 백제군의 정면을 소수의 병력으로 고착 견제하고 광개토대왕이 압록강에서 수군을 직접 지휘, 서해상으로 이동하여 화성 일대의 남양만과 한강 하구로 상륙하는 과감한 우회기동과 배후공격으로 백제군의 보급 및 증원을 차단함으로써 20여 일 만에 백제의 요충지인 관미성을 함락시켰다.(부록 2 〈그림 12〉 참조)

2. 공격기동 형태

공격작전의 목적을 효율적으로 달성하기 위해 적보다 유리한 위치로 부대를 이동시켜 목표로 접근하는 전투력 운용 모습을 공격기동 형태라 한다. 전술적 고려 요소(METT+TC)에 따라 돌파, 포위, 우회기동, 침투기동, 정면공격과 같은 공격기동 형태가 사용되며 공격기동 형태별 역학적 원리를 살펴보면 다음과 같다.

1) 돌파

돌파는 공격부대가 적 방어진지상의 약점에 전투력을 집중하여 적의 방어진지를 뚫고 들어가 적을 분리한 후 적 방어의 지속성을 파괴할 수 있는 목표를 확보하여 각개격파 하는 공격기동 형태이다. 일반적으로 적 방어진지에 약한 측방이 없을 경우, 포위 또는 우회기동이 불리하거나 불가능한 경우, 시간적으로 타 기동 형태를 채택할 여유가 없을 경우에 실시하며 강력한 화력지원, 적 신장배치, 적 진지의 취약지점, 돌파에 용이한 지형이 있을 경우에 이를 유리하게 활용할 수 있다.

돌파는 주공이 적 방어진지상의 약점에 전투력을 집중하여 적 방어진지를 뚫고 들어갈 때 돌파의 정면과 종심을 고려하여 전투력을 투입해야 한다. 최초 돌파한 정면의 폭이 넓으면 돌파의 종심을 안정적으로 증대시킬 수 있어 적이 돌파구를 폐쇄하는 것이 어렵지만 초기에 많은 전투력이 필요하다. 그러나 돌파한 정면에 폭이 좁으면 돌파의 종심이 깊어질수록 적에 의해 돌파구가 폐쇄되기 쉽다. 일반적으로 돌파 정면의 폭과 종심은 거의 대등한 45° 각도를 유지하는 것이 안정적이다. 공격부대는 돌파하고자 하는 종심과 자신의 전투력을 종합적으로 고려하여 돌파구 정면의 폭을 결정해야 하나, 기동성과 화력, 충격력을 갖춘 기갑 및 기계화부대와 이를 지원하는 화력이 충분할 경우에는 정면 폭에 비해 돌파 종심을 증대시킬 수 있으며 돌파 종심은 적의 조직적인 저항과 방어 지속성을 파괴하기에 충분해야 한다. 조공은 주공에 의한 돌파구 형성 여건을 조성하기 위해 조공 정면의 적과 예비대가 주공 방향으로 투입되지 않도록 고착부대로 운용되며 주공의 진출에 따라 계속 공격하여 주공의 신속한 기동 여건을 보장하면서 필요시 주공과 협조하여 포위망을 형성하거나 분리된 적을 각개격파 한다.

돌파 시에 전투력을 집중하여 목표를 효율적으로 달성하기 위해서는 돌파지점 선정이 중요한데, 돌파지점은 첫째, 지형적으로 충분한 기동공간이 확보되는 곳으로 장애물, 도로망, 관측과 사계 등을 고려하여 기동성이 보장될 수 있는 지형, 둘째, 적 진지의 강도가 약하고 배치상 취약점이 있는 곳, 셋째, 목표에 이르는 직선 단거리 접근로, 넷째, 상급부대 지휘관의 의도와 작전계획에 부합되는 성과를 거둘 수 있는 곳, 다섯째, 기습이 달성되면 큰 효과를 거둘 수 있는 곳에 선정한다.

돌파 방향은 〈그림 10-1〉과 같이 사각보다는 직각으로 돌파할 때 유리하고 아군의 후방 병참선과 일직선이 되는 방향이 유리하며 오목형 배치지역은 적의 저항의 구심점으로 작용하기 때문에 불리하다.

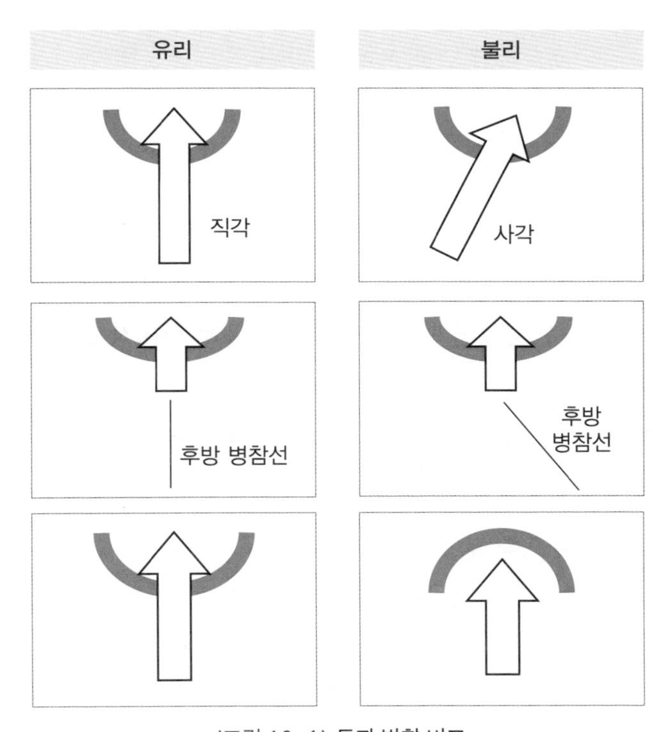

〈그림 10-1〉 돌파 방향 비교

* 출처: 전상조, 『작전원리』(서울: 범신사, 1997), pp. 124-125 재정리

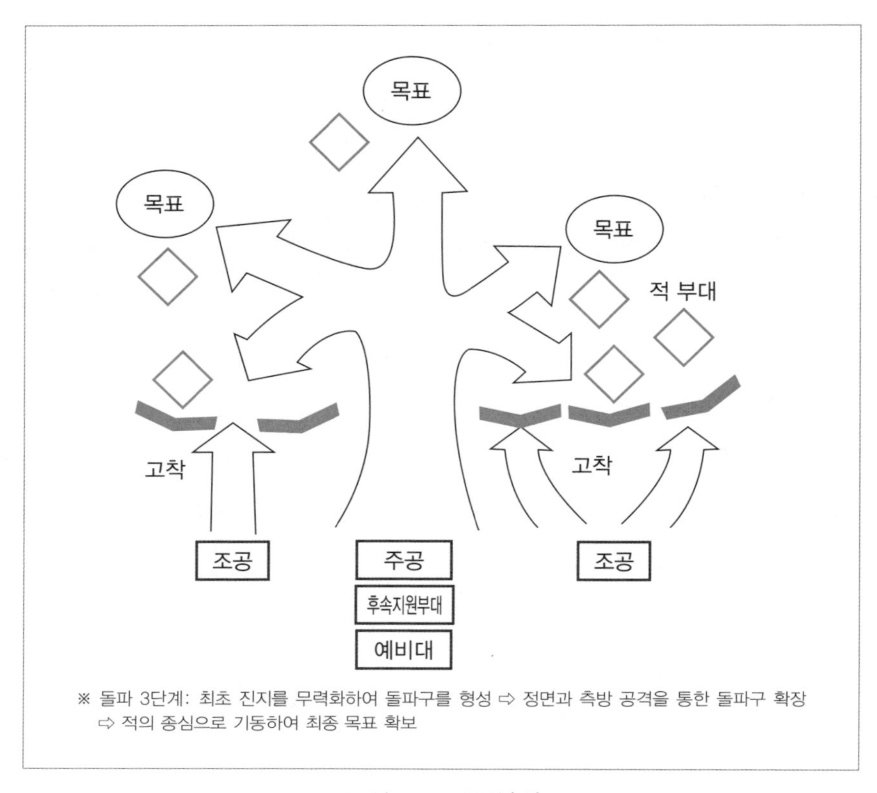

〈그림 10-2〉 돌파 '예'

돌파는 일반적으로 〈그림 10-2〉와 같이 돌파구 형성 ⇨ 돌파구 확장 ⇨ 목표확보 3단계로 진행된다. 1단계 돌파구 형성 단계는 상대적으로 취약한 지점에 전투력을 집중하여 돌파구를 형성하는 것이다. 이는 적의 최초 진지에 우세한 전투력을 집중하여 적 배치에 틈을 만들고 분리공간을 형성하는 것으로 일반적으로 조공(고착부대)은 주공과 병행 공격을 통하여 조공 정면의 적과 예비대가 주공 방향으로 전환되지 않도록 해야 한다.

2단계 돌파구 확장 단계는 최초 돌파구가 형성되면 돌파구 내의 견부를 확보하고 정면과 양측방으로 돌파구를 확장함으로써 목표까지 종심 깊은 돌파가 가능하도록 전투력을 지속적으로 투사하는 과정이며 적 방어 지속성을 파괴할 수 있는 목표 방향으로 진출할 수 있도록 주공, 후속지원부대, 예비대를 운용한다. 조공은 정면의 적을 고착하면서 계속 공격하여 주공의 돌파구 확장에 기여하고 상황에 따라 돌파구 확장 간 주공은 조공과 연계하여 국지적인 포위를 실시할 수도 있다.

3단계 목표 확보 단계는 돌파구가 확장되면 적의 종심으로 기동하여 적의 방어 지속성을 파괴할 수 있는 결정적 목표를 확보하면서, 분리된 적을 계속 공격할 수 있도록 후속지원부대, 예비대와 같은 전투력을 계속 투입하여 적을 각개격파하고 지속적으로 공격 기세를 유지해야 한다. 그리고 목표가 확보되면 성과를 확대하기 위해 적을 포위, 격멸하면서 계속적으로 전과를 확대해 나가야 한다.

돌파를 실시하는 방법은 다정면 돌파와 단일 정면 연속돌파로 구분된다. 단일 정면 연속돌파는 주공, 후속지원부대, 예비대를 투입하여 하나의 방향에 전투력을 집중, 적 종심으로 돌파해 가는 방법이다. 이때 돌파 여건을 보장하기 위해 통합 전투력을 운용하여 측방을 방호하고 종심에 위치한 적의 예비대를 포함한 각종 적의 전투력을 무력화시켜 공격부대의 속도를 보장함으로써 적이 효과적으로 대응하지 못하도록 해야 한다. 이러한 단일 정면 연속돌파의 단점은 돌파에 성공하더라도 돌파지역 외에 위치하고 있는 적 전투력이 건재함에 따라 적이 시간적 여유를 갖고 타 정면의 전투력을 전환할 수 있다는 것이다. 이러한 적 전투력이 돌파구에 투입된다면 돌파지역의 공격부대는 대규모 피해를 받게 되고 돌파구가 폐쇄되는 상황이 발생되어 최종적으로 돌파에 실패하는 경우가 발생할 수 있다. 다정면 돌파는 다정면에서 돌파 후 적을 압박하여 적을 분리시킨 후 포위 격멸을 추구한다. 다정면에서 시행되는 돌파는 돌파부대 간 협조된 작전을 통하여 수 개의 방향에서 포위가 가능하고 적 전투력을 분리하여 각개격파 할 수 있어 최초의 돌파구 형성 및 확장, 목표 확보의 성과를 크게는 포위, 다중 포위, 각개격파로 연결시킴으로써 전과를 확대할 수 있다. 이러한 다정면 돌파의 유형은 〈그림 10-3〉과 같은 모습으로 나타날 수 있으며 다정면 돌파시에는 통합된 전투력 발휘, 신속하게 종심을 돌파할 수 있는 기동속도, 적의 대응을 거부하고 종심으로 공격하여 방어 지속능력을 파괴할 수 있는 지속적인 전투력 투사 등 융통성 있는 전투력 운용이 필요하다.

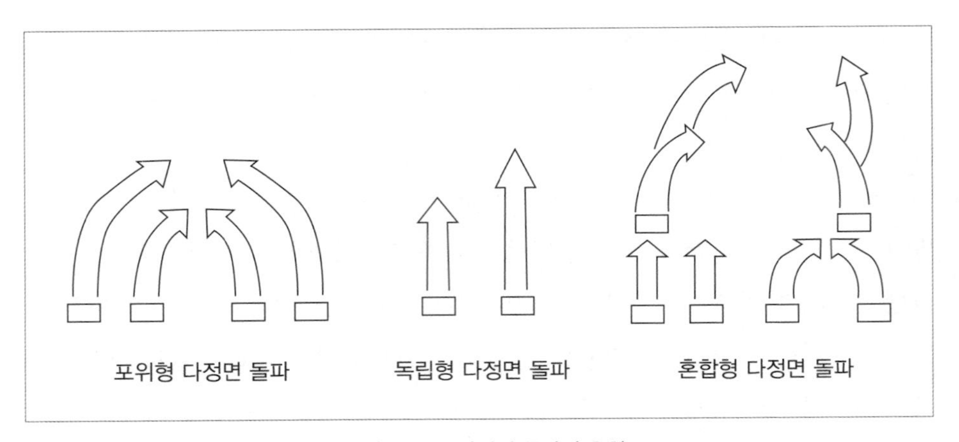

〈그림 10-3〉 다정면 돌파의 유형

* 출처: 전상조, 『작전원리』(서울: 범신사, 1997), p. 128 재구성

다정면 돌파는 일반적으로 돌파와 포위가 복합적으로 이루어지는데, 돌파는 작전 초기단계에 실시되며 크게는 포위의 수단이 된다. 특히 기갑 및 기계화부대를 운용하기 위한 다정면 돌파의 경우에는 기동전을 수행하기 위해 항공을 포함한 통합 전투력 운용과 종심 깊은 적 후방 공격을 위한 지속적인 종심 전투력 투입, 기습과 속도 발휘를 위한 여건 조성이 지속적으로 이루어져야 기동전의 핵심 효과인 마비 효과가 달성된다.

2) 포위

포위는 〈그림 10-4〉에서 보는 바와 같이 적의 강력한 방어진지를 회피하여 적의 약한 측익 또는 공중으로 기동하여 적 후방의 목표를 확보한 후 지대 내에서 적을 격멸하는 공격 기동 형태로, 일반적으로 주공이 적의 퇴로를 차단할 수 있는 지형을 확보하여 주공(포위부대)과 조공(고착부대)이 상호 지원 거리 내에서 적 부대를 격멸하는 작전을 수행한다. 포위의 원리는 적의 배치상 정면은 일반적으로 가장 견고하게 조직되어 있는 반면, 후방과 측방은 전투력 조직이나 방향성

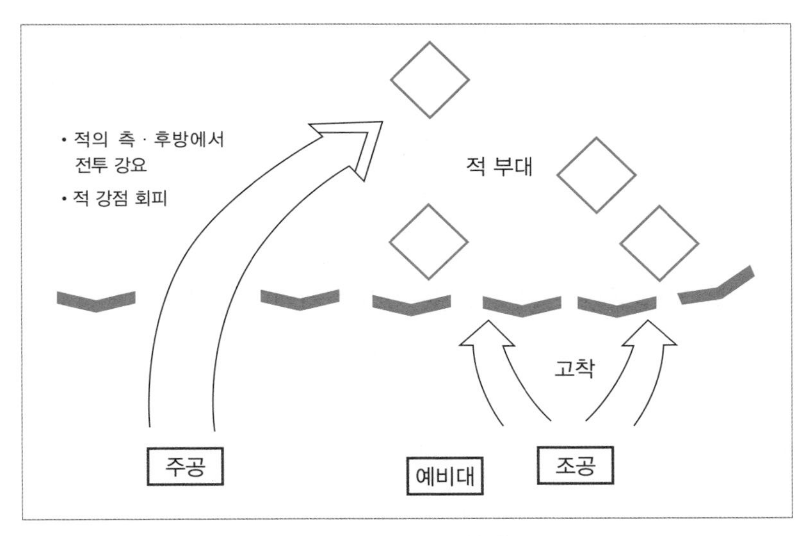

〈그림 10-4〉 포위 '예'

등에서 취약하므로 조공부대로 적을 정면에서 고착하고 주공부대는 적의 강력한 방어진지를 회피하여 적 측·후방의 유리한 위치로 기동하여 적의 취약점을 타격하여 최소의 노력으로 최대의 효과를 거두는 것이다. 손자는 제3편 「모공(謨攻)」에서 "아군의 병력이 적보다 10배가 되면 포위하고, 5배가 되면 공격하며, 2배가 되면 적을 분산시킨다. 병력이 대등하면 싸우며, 적보다 적으면 지키고, 상대보다 아주 열세하면 피해야 한다"고 하였다.

> 故用兵之法, 十則圍之, 五則攻之, 倍則分之.
> 고용병지법 십즉위지 오즉공지 배즉분지
> 敵則能戰之, 少則能逃之, 不若則能避之.
> 적즉능전지 소즉능도지 불약즉능피지
>
> -제3편 「모공(謨攻)」

참고적으로, 고착은 특정 지역에서 활동하는 적 부대의 전부 또는 일부를 다른 지역에서 운용할 목적으로 이동 및 전환하는 것을 방지하는 것이며, 견제는 적으로 하여금 아군이 요망하는 특정 지역에 집중하거나, 전투력을 전환하지 못하도록 하는 전술적 과업이나 군사행동이다. 고착과 견제는 적으로 하여금 아군이 원하는 지역에 영향을 미치지 못하도록 하는 것은 유사하나, 차이점은 고착이 특정 지역의 적 부대에 대해 특정 기간 동안 다른 지역으로의 이동 및 전환을 허용하지 않는 반면, 견제는 아군이 요망하는 지역 이외의 다른 지역이나 방향으로 이동하거나 전환을 허용할 수 있으며 허용범위는 지형이나 시간으로 명시한다. 고착과 견제는 적이 불리하다고 느끼는 정신적 상태인 위협에 기초하고 있는데, 고착과 견제 효과는 아군의 위협의 결과로 나타나며 적이 위협에 대한 부담을 느낄 때 대응조치를 적극적으로 하게 되므로 〈표 10-1〉과 같이 상황에 따른 피·아의 상태에 따라 효과의 차이가 나타난다.

〈표 10-1〉 상황에 따른 고착과 견제 효과

구 분	고 ← 고착과 견제 효과 → 저
적의 특성	• 신경이 과민하고 공포심 많은 적 〉 실전 경험이 풍부하고 자신감 넘치는 적
장소 (방향)	• 입체적 방향(지상, 공중 등) 〉 일방향(지상) • 후방 〉 측방 〉 정면
적의 준비 정도	• 준비 미비 〉 준비 완료 • 대응부대, 수단 미보유 〉 대응부대, 수단 보유
아군 위협 정도	• 고착, 견제부대 전투력 강함 〉 고착, 견제부대 전투력 약함

* 출처: 전상조, 『작전원리』(서울: 범신사, 1997), p. 169 표로 재정리

고착 수행방법으로는 적 방어진지 전방의 양호한 진지를 점령하여 사격을 통해 적을 고착하는 사격에 의한 고착과 기동로 및 목지점 등 중요지형을 확보하여 적을 고착하는 중요지형 확보에 의한 고착, 적과 접촉을 유지하면서 제한된 공격을 통하여 적을 고착하는 방법이 있다. 이 중 제한된 공격에 의한 방법은 적에게 주는 위협 정도가 가장 크기 때문에 고착을 위한 최고의 방법이다. 공격으로 고착하고자 할 경우에는 일반적으로 적에게 가장 불리한 시기와 장소를 선정하여 공격하되 주공의 작전에 영향을 미치지 않도록 적절히 이격되어 있어야 하고 적의 행동의 자유를 제한할 수 있는 위력적인 공격 강도와 실시 방법을 선정

하여 주공작전에 기여해야 한다. 특히 고착 임무를 수행하는 부대는 적에게 역견제를 당할 가능성이 있기 때문에 항상 유의해야 한다.

포위를 통하여 얻을 수 있는 이점은 첫째, 적의 강점인 정면을 고착하면서 회피하고 적의 약점인 측방과 후방을 타격하는 자체가 적에게 위협이 되므로 적의 전투 의지 약화, 공황을 발생하게 하는 심리적 효과를 거둘 수 있다. 둘째, 두 방향 또는 그 이상에서 전투를 강요함으로써 적의 전투력을 분산시킬 수 있고 강력한 주도권을 발휘하여 최소한의 희생으로 결정적인 성과를 달성할 수 있다. 셋째, 적의 후방 병참선을 차단하여 작전지속 능력을 약화시킬 수 있다.

포위를 성공적으로 실시하기 위해서는 첫째, 포위 기도가 노출되지 않도록 적을 기만하고 기도비닉과 작전보안을 유지하며 적이 예상치 않은 기동과 속도로 기습을 달성할 수 있어야 한다. 둘째, 조공은 포위를 위한 부대 운용을 고려해 적절한 최초 배치를 실시한 후, 정면에서 과감한 전투행동으로 적을 실질적으로 고착하여 주공이 우세한 전투력과 기동성으로 신속하게 포위망을 형성할 수 있도록 해야 한다. 또한 주공과 조공은 효율적인 작전을 위하여 제병협동 및 합동부대로 편성하고 협조된 작전으로 전투력 승수효과가 달성될 수 있도록 해야 한다. 셋째, 아군이 포위를 위한 기동 중에 적에 의한 역 포위 등 적의 대응책에 대비하여 우발 계획을 수립하고 적절한 규모의 예비대를 보유해야 한다. 포위 중 발생할 수 있는 취약점은 적의 규모와 배치 등을 식별하지 못하고 피·아 전투력을 오판하여 포위 범위와 부대 규모를 잘못 선정함으로써 포위 부대(주공)가 기동 중 측·후방에서 적의 공격을 받거나 투입 후 조공과 협조된 작전이 되지 않아 조공이 적의 역습을 받을 수 있다. 최악의 상황에서는 적에게 역 포위를 당하는 경우가 발생할 수 있으므로 이러한 취약점이 발생하지 않도록 계획단계부터 치밀하게 준비해야 한다.

포위의 유형은 〈그림 10-5〉와 같이 일익포위, 양익포위, 전면포위, 수직포위가 있다. 먼저, 일익포위는 고착부대(조공)가 적을 고착하고, 포위부대(주공)는 적의 배치가 약한 측익을 공격하여 적의 퇴로를 차단한 후 포위부대와 고착부대

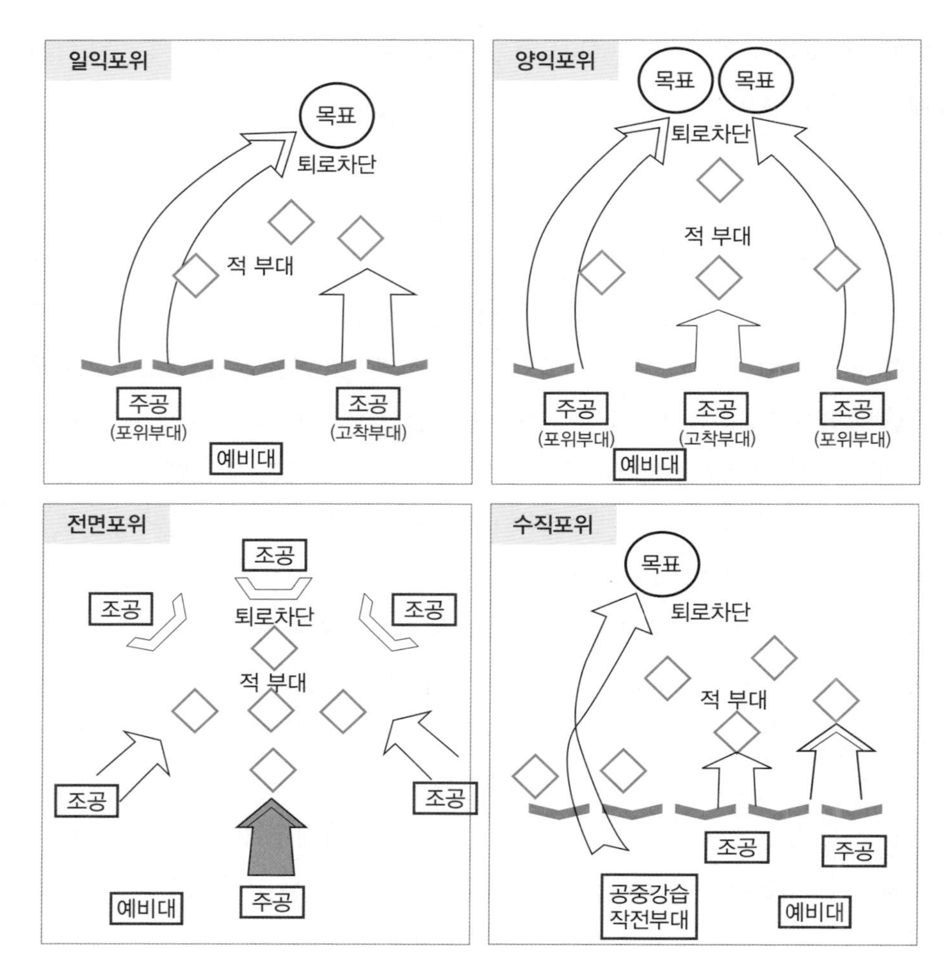

〈그림 10-5〉 포위의 유형

* 출처: 교리발전부, 『군사이론 연구』(대전: 교육사령부, 1987), pp. 489-490;
전상조, 『작전원리』(서울: 범신사, 1997), pp. 111-118 을 참고로 재구성

가 상호 지원하에 협격하여 적을 격멸한다. 둘째, 양익포위는 양측방에 약한 측익이 있고 우세한 전투력을 보유하고 있을 경우, 2개 지역에서 적의 퇴로를 차단한 후 고착부대(조공)와 2개의 포위부대(주공, 조공)가 협격하여 지대 내에서 적 부대를 격멸한다. 셋째, 전면포위는 후방 및 측방의 모든 퇴로 차단이 가능할 경우, 후방 및 측방의 퇴로를 조공으로 차단한 후 주공부대로 적을 압박하여 격멸하는 포위의 한 종류이다. 넷째, 수직포위는 공중 기동력과 항공 화력, 해·공군력을

이용하여 실시하나, 전술제대에서는 일반적으로 항공, 보병, 포병, 공병, 방공, 화생방 등으로 편성된 공중강습부대로 적의 퇴로를 차단 후 지상작전 부대와 연결하여 적 부대를 격멸하며, 포위 시에도 가용한 육·해·공군의 다양한 전투력을 통합 사용하여 승수효과를 달성해야 한다.

포위와 관련된 전례로, 제2차 세계대전 시 1944년 8월에 실시되었던 팔레즈-아르장탕 포위전을 살펴보면, 노르망디 상륙 후 연합군은 독일 제7군의 퇴로를 차단하기 위하여 패튼의 제3군을 아르장탕 방향으로 북상시켰다. 이때 패튼은 제15군단을 독일군의 대비가 미약한 알랑송-아르장탕 축선으로 투입, 맹렬하고 대담한 공격으로 독일 제7군을 포위하여 5만 명의 포로를 획득하였다. 패튼은 자신이 직접 강으로 걸어 들어가 수심을 확인한 후 신속한 전진을 독촉하는 등 적극적인 지휘활동을 통하여 1일 40km 기동이라는 유례없는 공격속도를 발휘하였다.(부록 2 〈그림 13〉 참조)

3) 우회기동

우회기동은 적 주력부대를 우회 통과하거나 상공을 비행하여 적 후방의 종심 깊은 목표를 확보함으로써 적을 현 방어진지로부터 이탈시키거나 우회부대에 대항하기 위한 적 주력부대의 전환을 강요하여 공자가 원하는 장소에서 적 부대를 격멸하는 공격기동 형태이다.

우회기동 시기는 적의 주력이 도주하거나 증원되기 전에 적의 후방에 위치한 중요 지형지물을 확보할 수 있는 기회가 발생했을 때이다. 이때 우회기동부대(주공)는 〈그림 10-6〉과 같이 고착부대(조공)와 지원거리 밖에서 작전을 수행하기 때문에 충분한 기동력과 전투력을 보유한 독립작전이 가능한 부대로 편성하고, 정보 우위 달성을 통해 적의 강점을 회피하고 적의 약점을 공격하여 작전의 주도권을 확보함으로써 아군이 선정한 장소에서 적의 주력을 격멸하는 데 노력을 집중해야 한다. 우회기동의 전투력 운용 모습은 고착부대(조공)가 적 고착 →

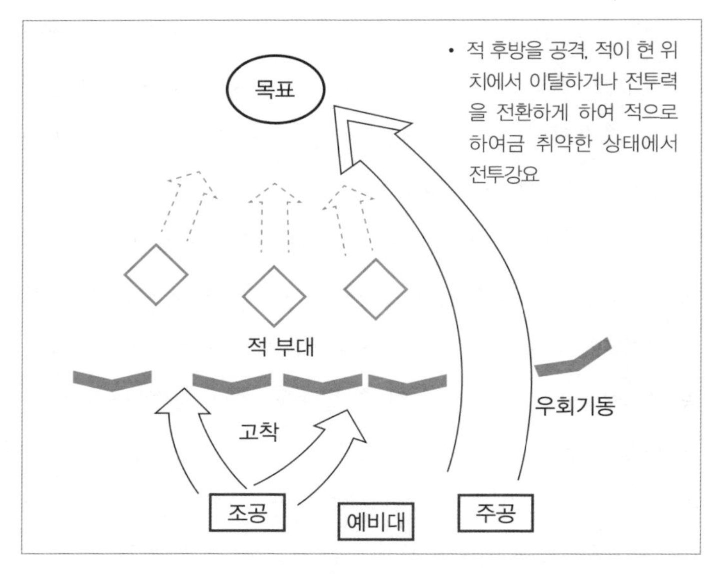

〈그림 10-6〉 우회기동 '예'

주공의 결정적 목표 확보 → 적 부대의 이탈 유도 및 격멸의 3단계로 진행된다.

1단계, 고착부대가 적을 고착하는 단계에서는 계략, 허식, 양공, 양동[1] 등 다양한 기만작전과 제한된 공격작전을 통하여 적의 전투력을 아군이 원하는 지역에 고착시켜 우회기동부대의 종심 기동을 보장하는 것이다.

2단계, 우회기동부대가 결정적 목표를 확보하는 단계에서는 고착부대(조공)가 적을 고착하는 동안 우회기동부대는 상황이 가용하면 기도비닉을 유지하여 적의 방어 진지 상 간격이나 경미한 적진지를 돌파하여 적 후방 종심으로 신속히 기동한다. 적 후방 종심으로 우회기동 후에는 상황에 따라 정지함 없이 공격하여 결정적 목표를 확보하거나, 일단 집결지는 점령하고 차후 작전을 준비할 수도

1 계략은 적을 기만하기 위하여 적에게 허위첩보 및 활동을 고의로 제공하는 것이고, 허식은 적의 시각적 관측을 기만하기 위한 모의 및 가장과 연출을 말하는데, 이를 위해 가용한 재료와 방법으로 모의 무기 및 시설, 위장된 형체, 가상부대의 출현 또는 실제와 다른 형태의 부대 등을 묘사한다. 양공은 적을 기만하기 위해 실시하는 제한된 목표에 대한 공격작전이며, 양동은 적을 기만할 목적으로 아군이 결정적인 작전을 기도하고 있지 않은 지역에서 실시하는 무력시위로, 양공과 비슷하나 적과 접촉하지 않는 것이 다르다.

있다.

3단계, 적 부대의 이탈 유도 및 격멸 단계에서는 우회기동부대가 결정적 목표를 확보함으로써 적이 어쩔 수 없이 준비된 방어진지로부터 이탈하거나 전투력을 전환하여 아군이 확보한 지역에 대한 공격을 실시하게 하는 것으로, 상황에 따라 우회기동부대는 급속공격과 급편방어를 실시하고 상급부대의 항공 및 포병 등 통합 화력을 지원받아 적을 격멸한다. 이때 적이 아군을 우회하거나 포위하여 각개격파 하거나 고립시키지 못하도록 각종 대책을 수립하여 대비하여야 한다. 우회기동의 성공요소는 기도비닉, 기동력, 기만이며 우회기동 후에는 적의 후방 병참선, 퇴로 상의 교통 요충지나 이를 차단할 수 있는 중요 지형지물 등을 결정적 목표로 선정하여 이를 확보해야 한다. 이를 통해 적에게 배후가 차단되었다는 심리적 불안을 갖게 함으로써 전투력 발휘를 곤란하게 하여 전장에서 이탈하도록 강요하며, 지휘계통을 단절시키고 보급지원을 곤란하게 하여 적이 자멸하거나 고립되도록 유도해야 한다. 또한 후방 병참선과 퇴로 차단의 효과를 확대시켜 작전의 주도권을 행사할 수 있도록 해야 한다.

우회기동 전례로 제2차 세계대전 시 1942년 5월에 있었던 가잘라-비르하케임 전투를 살펴보면, 롬멜(Erwim Rommel)의 북아프리카 군단은 이탈리아 2개 군단으로 하여금 견제공격을 실시하여 영국군의 강력한 진지를 고착한 후, 비르하케임으로 우회기동, 전투력을 집중하여 영국군 기갑부대를 격멸하고 토브룩을 점령할 계획을 수립하였다. 롬멜은 공격 전에 비행기 엔진을 탑재한 트럭으로 먼지 구름을 형성하여 전차의 수를 기만하는 등 다양한 작전을 구사하였다. 롬멜은 작전 실시 중 연료의 부족, 영국군의 제공권 장악과 강력한 역습 등으로 불리한 상황이 조성되었으나, 철수를 하던 과정에서 우연히 포착된 기습통로를 이용하여 토브룩을 공격, 점령하였다.(부록 2 〈그림 14〉 참조)

4) 침투기동

침투기동은 공격부대의 일부 또는 전부가 적 방어진지의 간격 또는 적 배치가 미약한 지역을 은밀히 통과하여 적과 교전 없이 또는 최소한의 교전으로 적의 측·후방을 공격하는 기동 형태이다. 지상, 수중, 공중 또는 이들 수단을 결합하여 실시할 수 있으며, 일반적으로 시도 조건이 불량한 악천후, 야간, 적 방어진지 간 발생되는 간격을 이용한다.

침투기동 시에는 〈그림 10-7〉과 같이 일반적으로 적 지역으로 은밀하게 침투하는 주공(침투기동부대), 양공, 양동 등으로 적을 기만 및 교란시키고 적의 주의를 전환시키는 조공(고착부대)과 예비대 등을 운용한다. 침투기동 시에 조공(고착부대)에 의한 기만 및 교란작전으로 발생한 기습 효과가 상실되지 않도록 해야 하며 침투기동부대가 적 지역에서 작전 시 지휘통제와 정보, 화력지원을 지속적으

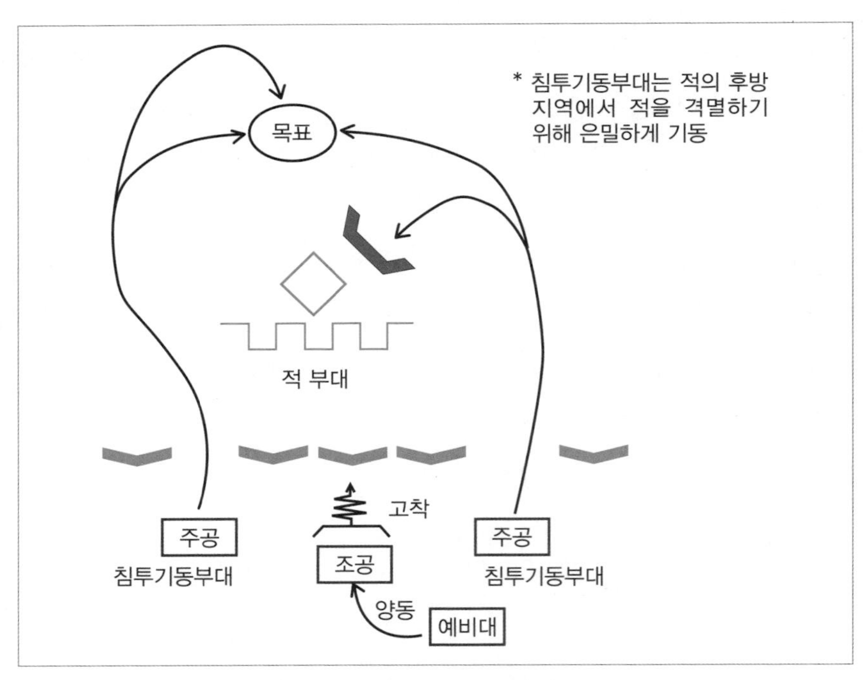

〈그림 10-7〉 침투기동 '예'

로 제공하여 침투기동부대의 생존성을 보장하고 필요시 공격부대와 원활한 연결작전이 보장될 수 있도록 조치해야 한다. 침투기동은 일반적으로 보병부대가 실시하지만, 전선이 유동적이고 적 방어 강도가 미약하거나 간격이 노출될 경우에는 기갑 및 기계화부대도 침투기동을 실시할 수 있다.

침투기동의 전례로 제2차 세계대전 시 1941년 12월에 있었던 말라야 전역에 대해 알아보면, 말레이반도를 수비하고 있던 영국 극동군은 일본군이 울창한 정글지대를 피해 바다에서 직접 싱가포르를 공격할 것이라 예상하고 반도 남쪽 싱가포르 주변으로 병력을 집중시켰다. 그러나 야마시타는 일본 제25군 4개 사단과 제2함대, 400여 대의 항공기를 투입, 영국군의 예상과는 달리 반도 북쪽에 상륙하여 3개의 기동로를 통해 남진하여 싱가포르를 점령했다. 제25군의 선두인 5사단은 사전에 경장비와 수일분의 식량을 휴대한 소규모 부대로 편성, 침투 및 우회하여 영국군의 배후를 기습하고 전차와 자전차 부대를 앞세워 정글지대 1,100km를 50여 일 만에 돌파하였다. 이때 포병 사격이 제한되는 정글지역에서는 항공기를 이용하여 근접지원하고 우회와 침투가 불가능한 지역에서는 해안을 통한 우회 상륙을 실시하여 공격 기세를 유지하였다.

5) 정면공격

정면공격은 전 정면에 걸쳐 최단거리로 적을 동시에 공격하는 기동 형태이다. 일반적으로 적이 약화되었거나 전개하지 않았을 경우, 적 경계부대의 소탕, 위력수색, 전과확대, 추격 간 분산된 적을 신속히 공격할 경우, 도하공격 시 하천선 차안의 도하지점 확보 간 전투력이 약한 적 부대를 공격하거나, 적을 고착 견제하는 작전 등에 적용한다.

정면공격은 〈그림 10-8〉과 같이 일반적으로 책임지역과 목표만을 부여하여 전 정면에 걸쳐 동시에 공격하기 때문에 실시간 아군 전투력 손실이 클 수밖에 없으므로 신중히 실시해야 하며 적의 약점을 찾아 이용하려는 노력이 필요하

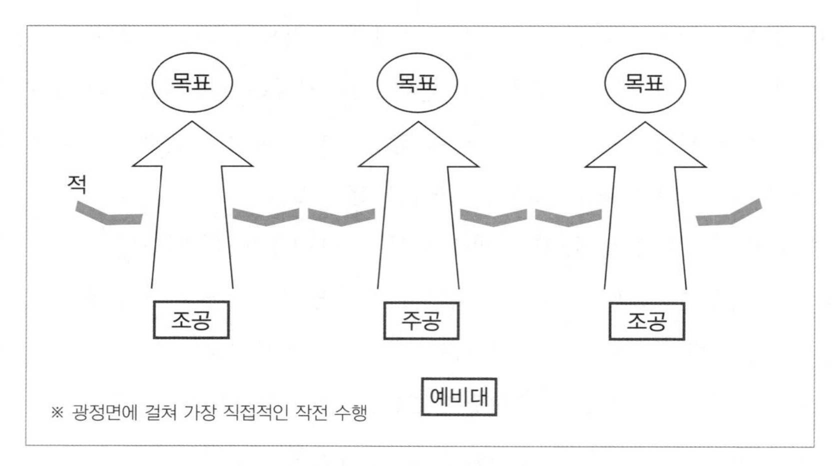

〈그림 10-8〉 정면공격 '예'

다. 약한 적에 대한 정면공격 시에는 전투력의 대부분을 주공과 조공에 편성하고 우발상황에 대비하여 소규모의 예비대를 운용하지만, 강한 적에 대한 고착 견제 시에는 임무 수행에 필요한 규모의 주·조공을 편성하고 우발상황이나 다른 기동 형태로의 전환에 대비하여 적정 규모의 예비대를 보유해야 한다.

3. 공격작전 형태

공격작전은 앞에서 설명한 다양한 공격기동 형태를 활용하여 실시하게 되는데, 실시되는 양상에 따라 일반적으로 접적전진 – 급속공격, 협조된 공격 – 전과확대, 추격으로 전개된다.

1) 접적전진

(1) 전투수행

접적전진은 적과 접촉이 단절된 상태하에서 적과 접촉을 유지하거나 회복하기 위해 실시하는 공격작전 형태이며 접적전진의 목적은 일반적으로 차후 작전을 위한 유리한 상황을 조성하는 것이다. 즉, 접적전진은 전투상황을 전개시키고 적과의 접촉 유지 및 회복을 통해 공격부대의 행동의 자유를 보장해 주며 주도권 유지를 위해 실시한다.

접적전진은 비교적 광범위한 지역에서 적을 찾는 유동적인 작전이므로 전반적으로 전투력의 4가지 성질 중 분산(散)×기동(動)의 원리가 적용되지만, 제거해야 할 적에 대해서는 부분적으로 집중(集)×기동(動)의 원리가 적용된다. 광범위한 지역에서 신속한 작전과 적 발견 시 적시 적절한 조치가 요구되므로 타이밍과 전기 포착·활용의 시간요소 적용이 중요하다. 또한 전투력이 분산되어 기동하게 되므로 전투수행 기능을 통합하여 작전지역의 자연 및 인공지형과 장애물과 같은 공간요소를 최대한 활용할 수 있도록 해야 한다.

접적전진은 적을 발견하는 데 중점을 두어야 하며 주요 작전활동은 탐색 및 공격, 위력수색[2], 조우전, 급편방어, 행군 대형으로부터 급속한 전개 등이다. 접적전진 시 전술집단은 〈그림 10-9〉와 같이 METT+TC를 고려하여 일반적으로 적지종심작전부대, 경계부대(엄호부대, 전위, 측위, 후위), 주력부대로 편성된다. 접적전진은 일반적으로 전진 개시 및 접촉 유지 ⇨ 적 고착 및 기동 ⇨ 종결 및 전환 순으로 이루어지지만 반드시 순차적으로 진행되는 것이 아니라 동시에 전개되거나, 작전이 조기에 종결될 수도 있다. 전진 개시 및 접촉 유지 단계는 공격개시선을 통과하여 적과 최초 접촉하기 이전 단계로, 전방으로 전진하면서 적을 찾기 위한 항공 정찰, 위력수색, 정찰 등을 실시한다. 적 고착 및 기동단계는 조우한 적

---

2 위력수색은 적의 배치, 강도, 약점 그리고 예비대 및 화력지원 요소의 반응을 알아보기 위하여 강한 부대로 제한된 목표에 실시하는 공격작전이다.

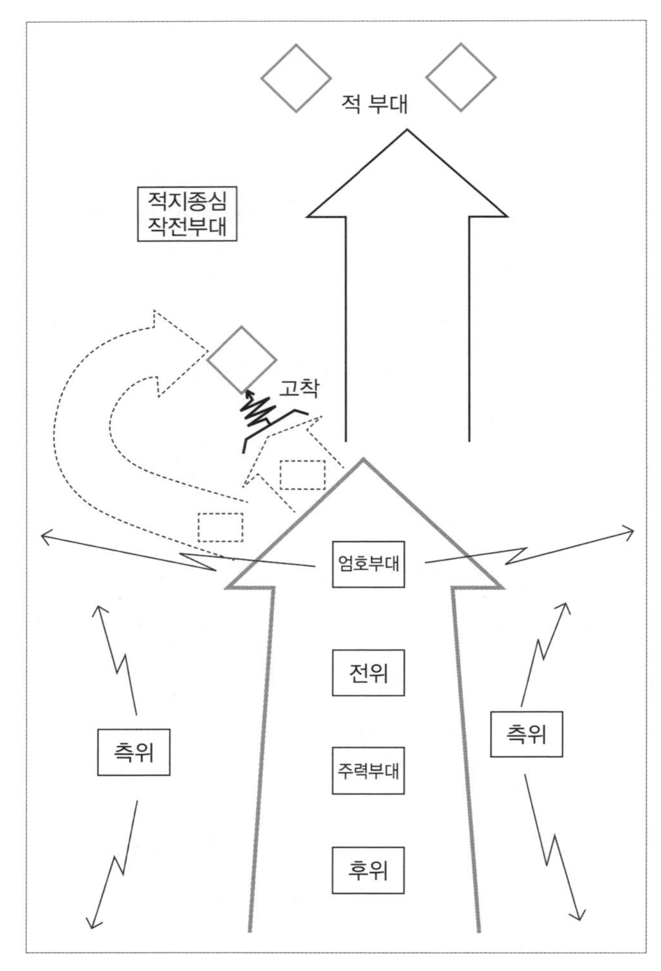

〈그림 10-9〉 접적전진 '예'

을 격멸하거나 고착·우회한 후 계속 공격하는 단계로, 적과는 조우전을 주로 실시하게 되는데, 적과 조우 시 선제공격을 통하여 주도권을 확보하고 유동적인 상황하에서 전기를 포착·활용하는 적시성과 융통성 있는 작전을 실시해야 한다. 종결 및 전환 단계는 일반적으로 최종목표 또는 전진한계선에 도달하거나 접촉하길 원하는 적 주력과 접촉을 달성할 때 종결된다. 이후에는 상황에 따라 급속공격, 정밀공격, 급편방어, 철수 등으로 전환될 수 있다.

(2) 전례 연구

전례로 6.25 전쟁 시 미 8군이 중공군의 3차 공세 이후 1951년 1월 13일부터 16일까지 중공군의 배치, 규모, 기도 등을 탐색하고 중동부 전선의 중공군 압력을 견제하기 위해 실시한 울프하운드 작전이 있다. 울프하운드 작전은 항공기 엄호하에 미 제25사단 27연대와 전차·포병·공병 각 1개 대대를 엄호부대로, 제24연대 2개 대대와 제90포병대대를 경계부대로, 미 제1군단을 주력부대로 편성하여 위력수색을 실시하였다. 작전 결과 중공군의 방어선(수원~이천)을 확인하고 중공군의 보급 수준과 화력지원이 열악하여 대규모 공세가 제한됨을 식별하여 이를 기초로 반격작전인 선더볼트 작전으로 전환하였다.

울프하운드 작전은 중공군이 3차 공세 이후 전선에서 사라진 애매한 시기에 미 8군 사령관 리지웨이(Matthew Bunker Ridgway) 장군이 지역 확보보다는 우세한 기동력과 화력으로 중공군을 타격하여 전투력을 약화시키는 것이 효율적이라는 판단하에 광범위한 지역에서 중공군의 배치, 규모, 기도를 확인한 후 공세로 전환하기 위해 실시한 작전이다. 리지웨이 장군은 중공군에 대한 첩보 및 정보를 획득하기 위해 접적전진부대를 전차, 포병, 공병, 항공기 등 제병협동 및 합동작전이 가능하도록 편성하여 중공군의 상황을 확인한 후 공세작전으로 전환하기 위한 계획을 수립하였다. 특히 작전지역의 공간요소를 고려하여 전투수행기능이 통합된 전투편성으로 분산(散)×기동(動)의 원리를 적용하였다. 이를 통해 중공군의 기도와 상태를 성공적으로 확인함으로써 적시적으로 공세 이전을 위한 전기를 포착하여 선더볼트 작전으로 잘 알려진 급속공격으로 전환하였다.

2) 급속공격

(1) 전투수행

급속공격은 공격 기세를 유지하기 위해 적이 방어태세를 갖추기 전에 최소한의 준비로 가용부대를 투입하여 적을 격멸하거나 목표를 확보하는 공격작전의 형태이다. 급속공격의 목적은 일반적으로 조기에 주도권을 장악 및 유지하고 적 부대를 격멸하거나 목표를 확보하는 것이다. 급속공격은 아군의 준비가 부족하더라도 포착된 호기를 이용하여 주도권을 장악하고 공격 기세를 유지하기 위해 실시되므로 적에 대한 첩보 및 정보가 부족하여 상황이 명확치 않고, 계획 수립과 작전 준비를 위한 가용시간이 부족하며 작전 실시간 상황이 다양하게 변화하는 특징이 있다. 하지만 포착된 호기를 이용하지 못할 경우에는 적이 방어태세를 강화하거나 전투 이탈을 하는 경우도 발생하기 때문에 지휘관은 임무와 적에 대한 첩보 및 정보, 전투 준비 가용시간, 감수할 수 있는 위험 정도 등을 고려하여 시행 여부를 결심하고 상급부대에 건의하여 승인을 받아야 한다. 상급부대와 연락 두절 시에는 상급 지휘관 의도와 장차 작전에 기여할 수 있는가를 판단하여 선 조치 후 보고의 임무형 지휘를 실시하되, 작전의 완전한 통합성보다 기민성을 발휘해야 한다.

급속공격은 일반적으로 접적전진 간 접촉된 적의 방어 준비가 미약하거나 공격에 유리한 기회 포착 시, 성공적인 방어 후 공격에 유리한 여건이 조성된 경우에 실시한다. 급속공격 시 전술집단은 정밀공격과 동일하며 일반적으로 〈그림 10-10〉과 같이 주공, 조공, 예비대, 적지종심작전부대로 편성하고 가용부대가 충분할 경우에는 경계부대, 후속지원부대를 편성한다. 급속공격은 일반적으로 접촉 유지 ⇨ 적 고착 및 기동 ⇨ 종결 및 전환 순으로 진행된다. 접촉 유지 단계에서는 정찰부대를 운용하여 적과 지속적인 접촉을 유지하고 주·조공의 공격 기세 유지 및 유리한 여건을 조성하며 부대가 분산하여 기동하더라도 효율적인 작전을 위해 분진합격식으로 전투력을 집중할 수 있도록 운용해야 한다. 적 고착 및 기동 단계에서는 적과 접촉 시 일부 부대로 적을 고착시키고 주공부대를 적의 측·후방으로 기동시켜야 한다. 이때 지형을 고려하여 적시적으로 부대를 전개시키되, 적절한 규모의 전투력으로 적을 고착시키고 주력은 적의 취약점을 통해 전투력을 집중, 신속하게 공격할 수 있도록 적시적인 상황 판단과 명령을 하달해야 한다. 종결 및 전환 단계에서 급속공격이 성공하면 전과확대나 추격을 결심하고

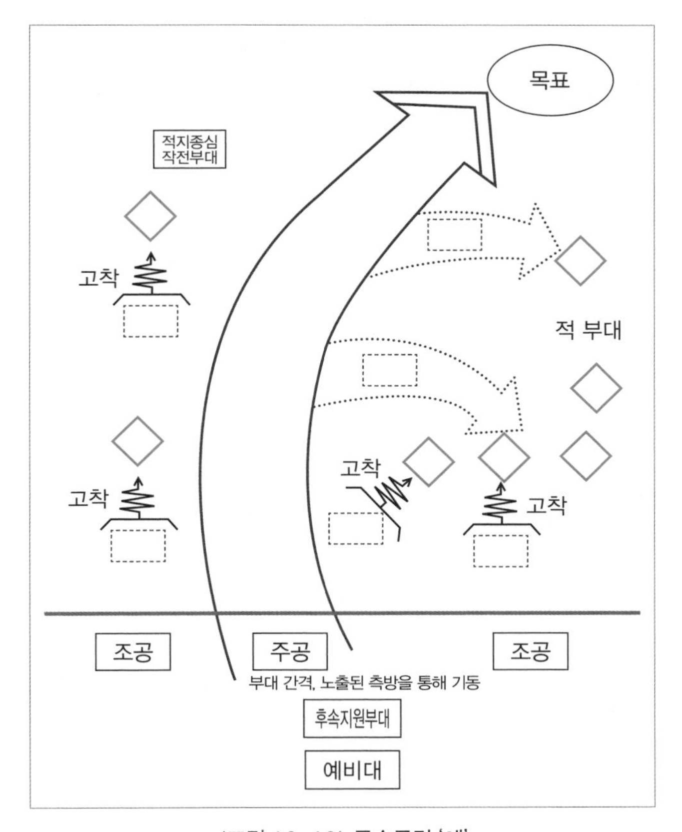

〈그림 10-10〉 급속공격 '예'

소기의 성과 미달성 시에는 정밀공격, 급편방어로 전환한다.

급속공격은 일반적으로 최소한의 준비로 포착된 호기를 이용하여 주도권을 장악하고 공격 기세를 유지하기 위한 역동적인 작전이므로 전체적으로는 집중(集)×기동(動)의 원리가 적용되나, 적을 분산시키고 호기를 조성하기 위해 부분적으로는 분산(散)×기동(動) 또는 분산(散)×정지(靜)의 원리가 적용된다. 적이 명확치 않고 가용시간이 부족한 상황이지만 적의 약점과 과오를 이용해야 하기 때문에 적극적인 전기 포착과 신속한 전투수행 기능 통합이 대단히 중요하다. 상황에 따라 전투력을 집중 또는 분산하여 기동하게 되므로 자연 및 인공 장애물을 회피하거나 신속히 개척하고 지형을 유리하게 활용할 수 있는 작전을 수행해야 한다. 급속공격 시 분산하여 기동하더라도 강한 전투력을 가진 적과 조우할 경우에 대비하여 분진합격식으로 전투력을 집중할 수 있는 대책을 강구해야 한다.

(2) 전례 연구

선더볼트 작전은 6.25 전쟁 시 미 8군이 앞의 접적전진 단계에서 살펴보았던 울프하운드 작전 이후에 반격작전으로 전환하여 1951년 1월 25일부터 2월 10일까지 실시한 급속공격 전례이다.

선더볼트 작전은 미 제5공군 근접 항공지원, 미 제95기동함대 함포사격, 미 제10군단 우전방 엄호하에 전차로 증강된 미 1 · 9군단 예하 제25 · 1기병 사단이 주공으로 서해안-오산-천리-여주를 연하는 선에서 공격을 개시하여 휴식 및 부대 정비 중인 중공군을 공격, 인천-소사-남한산-양자산선(한강선)을 확보하고 작전을 종결하였다.

미 제8군 사령관 리지웨이 장군은 유엔군의 우세한 화력과 기동력으로 유엔군의 손실을 최소화한 가운데 병력 우세의 중공군에게 피해를 강요하며, 전선이 연결된 가운데 모험을 회피하고 단계적으로 신중한 작전을 실시하라는 지침을 하달하였다. 이에 따라 제병협동 및 합동전력으로 증강된 2개 사단이 서해안으로부터 여주에 이르는 광범위한 지역에서 방한용품과 병력 보충이 미흡하고 탄약 및 식량 보급이 제한되어 4차 공세를 위한 휴식과 부대 정비를 하고 있었던 중공군에게 전반적으로 분산(散)×기동(動)의 원리를 적용하여 작전을 실시하고, 필요시 전투수행 기능을 통합하여 집중(集)×기동(動)으로 중공군을 격멸하였다. 또한 광범위한 작전지역의 공간요소를 통제하기 위해 5개의 통제선을 부여하여 작전부대 간 연결을 유지하면서 안전한 진출을 보장하고 중요지형인 수리산을 확보하기 위한 선점부대를 운용하였다. 아울러 앞에서 설명한 울프하운드 작전을 통해 유엔군은 상황을 오판하고 열악한 여건에서 차후 공격을 위한 휴식과 부대 정비를 하고 있던 중공군의 약점과 과오를 확인하고 최소의 준비로 포착된 호기를 이용하여 급속공격을 실시함으로써 중공군의 3차 공세로 상실된 주도권을 장악하고 목표를 달성한 성공 전례이다.

3) 정밀공격

(1) 전투수행

정밀공격은 공격작전 목적을 달성하기 위해 면밀한 전장상황 평가를 통해 적의 기도를 분석하고 강약점을 도출하여 철저한 준비와 긴밀한 협조 및 통제하에 동시·통합된 작전을 수행하는 공격작전 형태이다. 적을 우회할 수 없거나, 급속공격으로 극복할 수 없을 경우 적 방어체계 와해를 목적으로 작전을 실시한다. 정밀공격은 비교적 적, 지형 및 기상, 민간 요소 등에 대한 상세한 첩보를 기초로 충분한 시간을 가지고 세부적이고 주도면밀하게 계획을 수립한다. 또한 공격작전 실시 전까지 수립한 계획을 수정 및 보완하고 다양한 우발계획을 발전시키며 전투를 효율적으로 수행하기 위해 상급부대로부터 할당받은 부대를 포함한 예행연습, 상·하·인접부대 및 전투수행 기능 간 협조, 적에 대한 정찰 및 감시활동을 체계적으로 실시하는 등 철저한 작전 준비를 통하여 작전의 성공 가능성을 높여야 한다.

정밀공격 시 전술집단은 급속공격과 동일하며, 일반적으로 〈그림 10-11〉과 같이 주공, 조공, 예비대, 적지종심작전부대로 편성하고 상황과 여건에 따라 경계부대, 후속지원부대를 편성한다. 최초 공격부터 최종목표를 확보할 때까지 주도권을 지속적으로 행사하여 결정적인 작전에 전투력을 집중함으로써 공격기세를 유지하고 공격 간 발생하는 호기를 포착하여 이를 적극적으로 이용하는 융통성 있는 작전을 수행해야 한다. 정밀공격은 일반적으로 적과 접촉 유지 ⇨ 적 고착 ⇨ 기동 ⇨ 종결 및 전환 순으로 진행된다. 접촉 유지 단계에서는 정찰자산을 운용하여 적의 배치와 구성, 예비대 이동, 장애물 등 관련 첩보를 수집하고 지속적으로 접촉을 유지하여 공격의 유리한 여건을 조성한다. 적 고착 단계에서

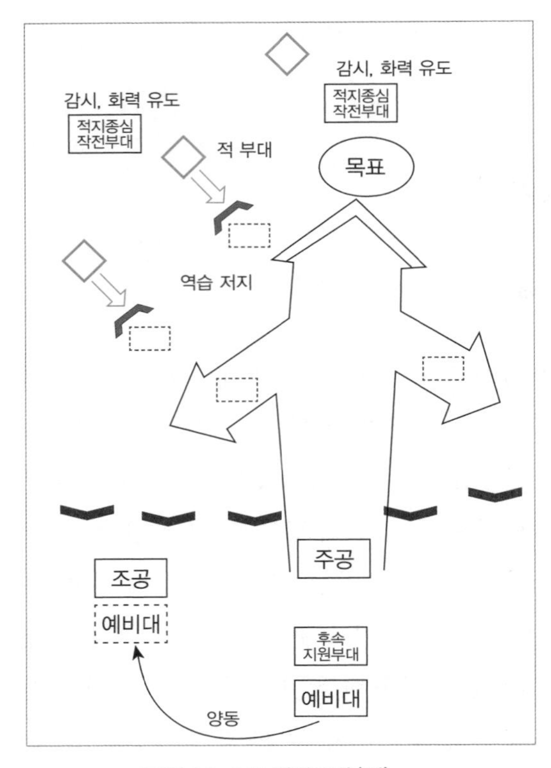

〈그림 10-11〉 정밀공격 '예'

는 기만작전을 포함, 가용한 모든 수단을 통합하여 적의 재배치나 기동을 방해하여 조공지역의 적 부대와 예비대 및 증원부대를 현 위치에 고착시킴으로써 적을 분산시키고 적의 행동을 제한하여 아군이 주도권을 가지고 선택한 시간과 장소에 전투력을 집중하여 공격작전을 주도하기 위해 실시한다. 기동 단계에서 정밀공격은 준비된 적에 대한 공격이기 때문에 취약한 시간과 장소를 선정하여 강력한 화력 집중을 통해 최초 진지에 대한 공격 여건을 조성하고 적이 약하게 배치된 지역이나, 조성된 약점에 주공을 지향, 전투력을 집중하여 최초 진지를 공격하며, 돌파구가 형성되면 적 역습을 차단하면서 돌파구를 확장한다. 이때 적의 강점은 회피하고 측방이나 후방 등 적의 약점을 찾아 전투력을 집중하여 유리한 위치로 기동함으로써 지속적으로 주도권을 행사해야 한다. 적의 방어 균형이 와

해되면 적 종심지역으로 계속 공격하여 목표를 확보하고 차후 작전을 준비한다. 종결 및 전환 단계에서는 목표 확보 후 전과확대와 추격으로 전환하거나 공격작전을 종결한다.

정밀공격은 일반적으로 면밀한 계획과 충분한 시간을 가지고 긴밀한 협조하에 준비된 적에 대해 실시하는 공격작전이므로 주도권을 가진 공자는 최초 공격 시 주공을 강력히 편성, 결정적인 시간과 장소를 선택하여 집중(集)×기동(動)을 통해 상대적 우세를 달성한다. 기타 지역에서는 기만작전을 포함한 분산(散)×기동(動), 분산(散)×정지(静)를 통해 적의 전투력을 분산시키고, 적의 약점에 전투력을 집중하여 돌파구가 형성 및 확장되면 추가 전투력을 종심으로 투입하여 분산(散)×기동(動)해야 한다. 이로써 방어 균형을 와해시키고 지속성을 파괴하며 적 예비대와 결정적 목표에 대해서는 분진합격식으로 집중(集)×기동(動)을 통해 최종목표를 확보해야 한다.

정밀공격은 전투 준비와 전투수행 기능을 통합한 협조된 작전이 필수적이므로 시간적 요소 중 가용시간을 이용한 작전 준비와 시간 준수, 기상 이용, 전기 포착·활용이 중요하며 작전이 진행되면서 적의 약점과 과오를 포착하여 이를 적시에 응징하는 전기 포착·활용 능력과 타이밍의 중요도가 증가된다. 또한 준비된 적 방어체계를 효율적으로 와해시키고 성과를 달성하기 위해서는 세밀한 지형 분석을 통해 자연 및 인공 장애물을 회피하거나 신속히 개척하고 이를 유리하게 활용할 수 있는 작전을 수행해야 한다.

(2) 전례 연구

6.25 전쟁 시 인천상륙작전은 낙동강 방어선의 위기를 극복하면서 북한군의 병참선과 퇴로를 차단하여 작전지속지원 능력을 상실시키고 지휘체계를 붕괴시켜 전의를 저하시킴으로써 한국전쟁의 전세를 역전시키기 위해 1950년 9월 15일부터 16일까지 미 제10군단에 의해 실시된 정밀공격 작전 전례이다.

인천상륙작전은 인천 지역에 대한 기상·지형, 적 상황을 정확히 파악하고 상륙일자와 지점을 고려하여 기만작전을 포함한 주도면밀한 계획을 수립하였다. 손실 보충 병력은 신규·징병 및 모집장병을 통해 충원하고 전투 스트레스를 관리하였으며 상륙부대가 12시간 동안 사용할 군수지원 품목 양륙 준비 등 효율적인 작전 준비를 하였다. 또한 양동 상륙작전과 해·공군을 통한 분산(散)×기동(動)을 통해 적을 기만한 가운데 인천지역에 대한 상륙작전 시에는 월미도 점령, 해안 교두보 확보, 인천 시가지 확보 등을 위해 전투수행 기능을 통합하고 제대별로 명확한 임무를 부여하여 결정적 작전을 수행하였다. 이러한 작전을 통해 1950년 9월 15일 월미도를 점령하였고, 이어서 16일까지 인천 시가지를 공격하여 해안 교두보를 확보하였다. 인천상륙작전은 군산 지역 양동 상륙작전 등 기만을 통해 북한군의 전투력을 분산시키고 조수 간만의 차이가 크고 좁은 수로와 해안 방벽 등과 같은 시간과 공간적 불리점을 극복하기 위한 대책을 치밀하게 수립하였다. 그리고 대규모의 전투력을 집중(集)×기동(動)시켜 기습을 달성함으로써 단지 196명의 아군 피해로 상륙작전을 성공시키고 북한군 전투조직을 와해시키면서 서울 탈환 및 38도선 회복의 발판을 마련하였다.(부록 2 〈그림 21〉 참조)

4) 전과확대

(1) 전투수행

전과확대는 전투에서 달성된 부분적인 성공을 신속히 확대하여 적을 와해시키기 위해 실시하는 공격작전 형태이다. 전과확대의 목적은 적의 조직적인 철수나 재편성을 방해하고 방어의 지속성을 파괴하는 것이다. 전과확대는 일반적으로 급속공격이나 정밀공격이 성공했을 경우 실시되며 적의 종심을 와해시켜 작전을 종결시키기 위해 실시된다. 그러므로 지휘관은 급속공격이나 정밀공격 간 적의 장비 및 물자의 유기물 증가, 후방으로의 교통량 증가, 적 부대의 철수 등 전과확대 징후가 나타나고 호기가 포착되면 과감하게 전과확대로 전환해야 한다. 그러나 적이 의도적으로 아군을 유인할 수도 있기 때문에 진출지역의 지형을 확인하고 다양한 정보자산을 활용하여 적 상황을 파악함으로써 적의 의도에 말려들지 않아야 한다.

전과확대 시 전술집단은 〈그림 10-12〉와 같이 METT+TC를 고려하여 일반적으로 전과확대부대, 후속지원부대, 예비대, 적지종심작전부대, 필요시 경계부대로 편성하며 전과확대는 일반적으로 전투 이탈하는 적과 접촉 유지 ⇨ 선두

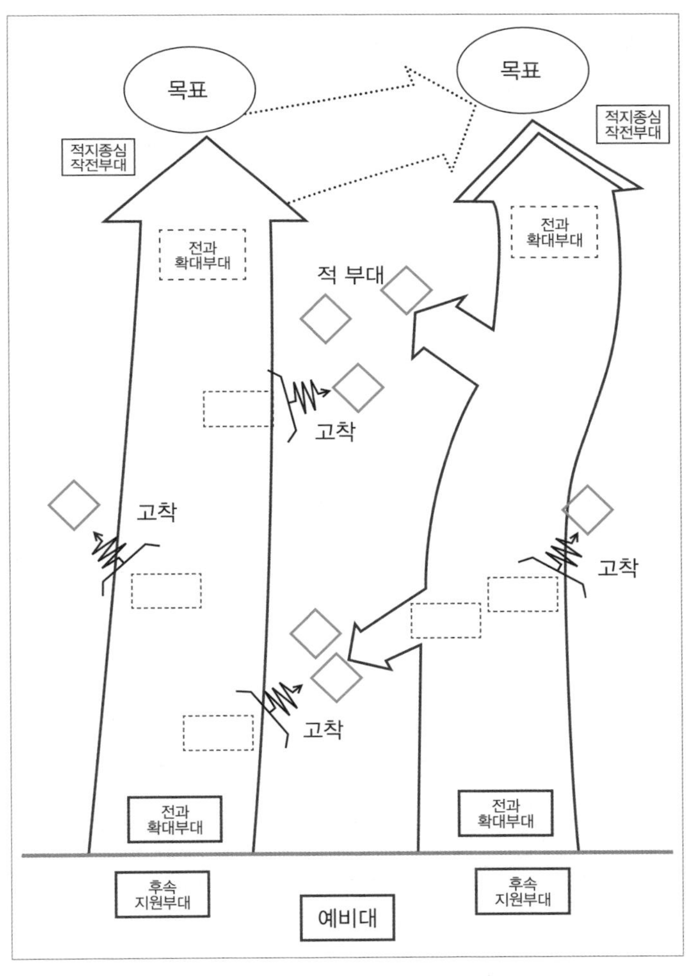

〈그림 10-12〉 전과확대 '예'

공격부대 적 고착 ⇨ 주력은 적 후방 종심으로 기동해 가는 과정을 반복하면서 공격 ⇨ 종결 및 전환 순으로 이루어진다. 일반적으로 성공적인 전과확대가 이루어지면 추격으로 전환하고 전투력이 저하되어 더 이상의 진출이 제한되면 정밀공격으로 전환한다. 접촉 유지 단계에서는 적극적으로 정찰자산과 경계부대를 운용하여 철수하는 적과 접촉을 유지하며 부대를 분산하여 기동하더라도 효율적인 작전을 위해 분진합격식으로 전투력을 집중할 수 있도록 운용해야 한다. 적 고착 단계에서는 적의 2제대가 전과확대부대에 영향을 미치기 전에 무력화하거나, 현 진지에 고착시켜 조직적인 저항 능력을 박탈하며 선도부대의 기동과 화력을 효과적으로 운용하여 접촉된 적을 고착시키면서 후속지원부대 및 예비대를 적 종심으로 신속히 기동시켜 공격 기세를 유지해야 한다. 기동 단계에서 선도부대는 사격과 기동으로 적을 제압하면서 적의 이동속도보다 신속하게 공격하며 이를 위해 분권화 작전을 보장하고 호기를 포착하여 이용할 수 있도록 해야 한다. 그러나 강한 전투력을 가진 적과 조우할 경우를 대비하여 분진합격식으로 전투력을 집중할 수 있는 대책을 강구해야 한다. 종결 및 전환 단계에서는 목표를 확보하고 작전 목적을 달성했을 때 작전을 종료하고 전과확대 성공 시에는 추격으로, 실패 시는 정밀공격으로 전환한다.

전과확대는 전투에서 달성된 부분적인 성공으로 인해 적이 전선에서 조직적으로 철수하거나 재편성하는 작전활동을 방해하고 방어의 지속성을 파괴하기 위해 적의 종심으로 기동하여 적을 와해시켜 작전을 종결시키는 역동적인 작전이므로 분산(散)×기동(動) 또는 집중(集)×기동(動)의 원리가 적용된다. 또한 적이 후방으로 철수하면서 발생하는 혼란과 심리적 위축 등 약점과 과오를 적극적으로 이용해야 하기 때문에 시간적으로 타이밍과 전기포착 · 활용이 대단히 중요하므로 통제를 최소화하고 권한을 위임해야 한다. 또한 전투 이탈하는 적을 고착한 가운데 적 후방 종심으로 기동하여 적의 철수로를 차단하고 적 후방 종심에서 계획된 작전을 하지 못하도록, 상황에 따라 전투력을 집중 또는 분산하여 다양한 기동로를 이용, 신속하게 기동해야 한다. 이를 위해 전투수행 기능을 통합하여 자연 및 인공 장애물을 회피 또는 개척하고 다양한 기동로를 활용하며 중요

지형을 선점하는 등 융통성 있는 작전을 수행해야 한다. 전과확대 시 분산하여 기동하더라도 강한 전투력을 가진 적과 조우할 경우를 대비하여 분진합격식으로 전투력을 집중할 수 있는 대책을 강구해야 한다.

(2) 전례 연구

6.25 전쟁 시 유엔군은 지평리 전투를 통해 중공군 4차 공세를 저지한 후, 중공군의 차후 공격 준비시간을 박탈하기 위해 1951년 2월 20일부터 4월 21일까지 제천-영월 지역의 중공군 주력을 포위 섬멸하기 위한 유엔군 2차 반격에서 4회에 걸쳐 전과확대 작전을 실시하였다.

유엔군은 중공군이 지평리 전투 후 지휘체계 혼란, 피로 누적, 작전지속지원 능력 저하, 철수 징후를 식별하여 지평리 전투의 성공을 확대하기 위해 2차 반격작전을 실시하였다. 중공군이 4차 공세 실패 후 계속 철수하는 상황에서 2월 2일 킬러(Killer) 작전을 계획하여 미 제7군단은 원주-횡성 방향으로 공격하면서 주공인 미 해병 제1사단으로 횡성을 공격하게 하고 3개 사단은 좌·우측에서 병행 공격하였다. 또한 미 제10군단과 국군 제3군단은 제천-평창 방향으로 공격하여 3월 6일 한강-횡성-강릉을 연하는 선을 확보함으로써 킬러(Killer) 작전을 종결하였다. 3월 7일에는 서울 탈환을 위한 양익포위 계획인 리퍼(Ripper) 작전을 시행하였는데, 전선의 중앙인 횡성-홍천-가평-춘천을 연하는 선으로 대규모 돌파구를 형성하여 서부의 중공군과 동부의 북한군을 분리시킨 후, 서울 남쪽(한강)과 동쪽(가평·춘천)에서 양익포위를 실시하면서 주공인 미 제9군단은 용문산-홍천 방향으로 신속히 공격하여 중공군과 북한군에게 큰 피해를 입혔다. 국군과 유엔군은 3월 16일 서울을 재탈환하고 3월 21일 춘천을 확보하여 리퍼(Ripper) 작전을 종결하였다.

중공군이 철의 삼각지대(평강-철원-김화) 일대에서 차후 공격을 위한 준비 중에 있을 때, 리지웨이 장군은 중공군의 공격 기도를 사전에 분쇄하고 차후 방어선인 캔자스선(임진강-연천-화천저수지-양양) 확보를 위한 러기드(Rugged) 작전을

4월 1일부터 9일까지 실시하였다. 38도선 기준 서부 3.2~9.6km, 동부 16km를 북상하여 지역을 확보하였고 4월 11일부터 21일까지 계속 공격하여 철의 삼각지대 근처까지 진출하였으나, 4월 22일부터 중공군과 북한군의 강력한 저항에 봉착하여 방어로 전환함으로써 러기드(Rugged) 작전이 종결되었다.

유엔군의 2차 반격은 지평리 전투 후 중공군의 취약점을 간파하여 전과확대로 전환, 중공군의 조직적인 철수와 재편성을 방해함으로써 작전의 주도권을 장악하기 위한 공세적인 작전이었다. 유엔군은 전과확대 징후를 파악하고 전과확대를 위한 전기를 포착한 후, 분산(散)×기동(動) 또는 집중(集)×기동(動)의 원리를 적용하고 공격 기세 유지를 위해 항공 및 지상정찰, 적시적인 근접 항공지원, 포병 사격 등을 기동부대에 제공하였다. 또한 작전지역의 특성을 고려하여 기동력이 우수한 미 제1군단을 서부전선에서, 미 제9·10군단을 중부전선에서, 국군 제1·3군단을 동부전선에서 운용하였으며 서부, 중부, 동부 전 전선에서 작전을 수행하는 공간요소를 고려, 통제선을 활용하여 공격부대의 진출을 통제하였다. 또한 적극적인 정찰과 화력 운용으로 중공군과 북한군이 후방으로 철수하면서 발생하는 혼란과 심리적 위축, 공포, 공황 등 약점과 과오를 최대한 이용하면서 실시간 발생하는 전기를 포착하여 주도권을 장악한 가운데 공격속도를 발휘한 성공전례라 할 수 있다.

5) 추격

(1) 전투수행

추격은 도주하는 적의 전투 의지를 파괴하거나 적 부대를 격멸하여 결정적인 승리로 전투를 종결하기 위해 실시하는 공격작전의 형태이다. 공격작전이 성공적으로 진행되고 있는 상황에서 적이 피해를 최소화한 가운데 전투 이탈을 하게 된다면 적은 다시 재편성과 정비를 통해 전투력을 회복하게 될 것이다. 그렇게 된다면 다음 전투 시 어려움에 봉착될 가능성이 크기 때문에 호기가 포착되면 즉시 추격으로 전환하여 적의 전투 의지와 재편성 기회를 박탈하고 전투를 종결하고자 노력해야 한다. 추격은 타이밍이 대단히 중요한데 추격을 조기에 시작하면 적이 아군의 약점을 역으로 공격할 수 있고, 반면에 너무 늦게 시작하면 적이 철수하여 행동의 자유를 가질 수 있기 때문이다. 추격의 징후는 적 후방으로의 교통량 증가, 적 전투지원시설 및 포병부대의 무질서한 후방이동, 적 부대의 전면적인 철수 등으로, 전과확대 징후와의 차이점은 전과확대는 철수 규모가 일부 부대인 데 비해 추격은 대부분의 적 부대가 철수를 시도한다는 것이다. 그러나 이러한 징후가 나타난다고 해서 무조건 적이 철수하는 것이라 판단하는 것은 위험한데, 이유는 적이 원하는 지점으로 유인하기 위한 기만작전일 수도 있어, 적의 의도에 말려들 수도 있기 때문이다. 따라서 부단한 전장 감시를 통해 임무형 지휘에 기초한 융통성 있는 작전을 수행해야 한다.

추격은 정면에서 적을 압박하여 격멸하는 정면추격과 정면압박과 포위를 통해 적의 퇴로를 차단하여 격멸하는 혼합추격 형태가 있다. 추격 시 전술집단은 〈그림 10-13〉과 같이 일반적으로 정면압박부대, 퇴로차단부대, 후속지원부대, 예비대, 경계부대로 편성하며 필요시 적지종심작전부대를 운용한다. 추격은 일반적으로 철수하는 적과 접촉 유지 ⇨ 적 고착 ⇨ 기동 ⇨ 종결 및 전환 순으로 이루어지나, 항상 연속적으로 수행되지 않으며 동시에 전개될 수도 있다. 접촉 유지 단계는 적이 접촉을 단절하고 조직적인 철수를 하지 못하도록 계속 압박하거나, 필요시 정찰부대를 운용하여 도주하는 적과 접촉을 유지하고 모든 기동로에 대한 항공 및 지상 정찰활동을 강화하여 적의 철수 여부, 방향, 적 예비대 동향, 장애물 상태 등을 확인해야 한다. 적 고착 단계는 정면압박부대의 기동과 화력으로 철수하는 적의 후방경계부대를 격파하고 적의 본대를 지속적으로 압박하여 고착시키며 적의 증원부대는 화력, 기동 장애물, 항공전력, 공중강습작전부대 등을 이용하여 전방투입을 차단하고 지휘통제 체계를 교란 및 마비시켜 대응능력을 저하시켜야 한다. 기동 단계에서 추격 간 정면압박부대의 일부와 퇴로차단부대는 적의 퇴로를 차단할 수 있는 목표로 기동하며 소규모 적은 우회하고 가

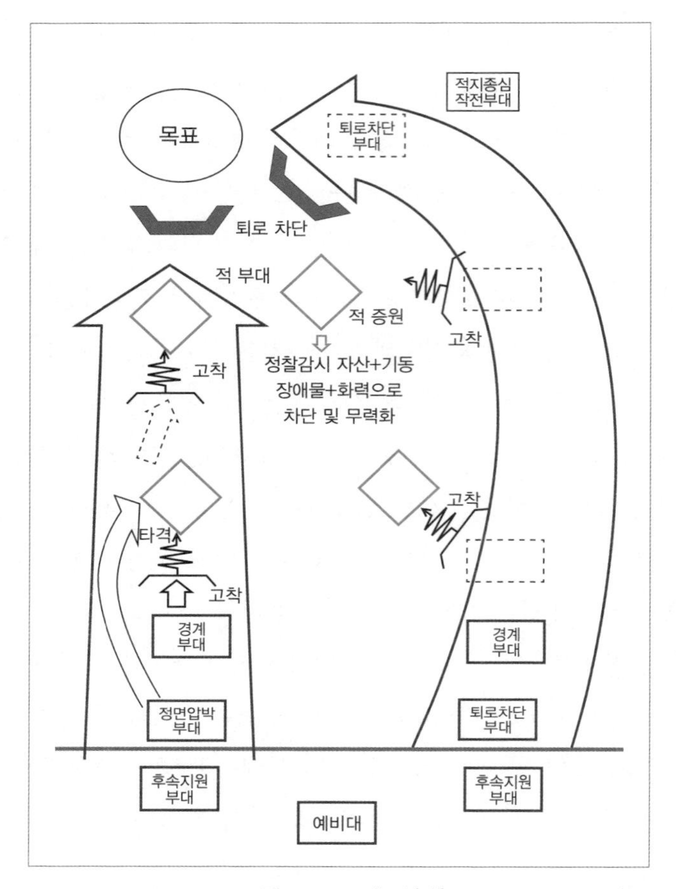

〈그림 10-13〉 추격 '예'

능한 전투를 회피하면서 가장 빠른 기동로를 이용, 신속히 기동해야 한다. 부대가 분산하여 기동하더라도 필요시 분진합격식으로 전투력을 집중할 수 있도록 융통성 있는 작전을 실시해야 하며 적의 퇴로를 차단할 수 있는 도섭 불가능한 하천, 애로지역 등 유리한 지형을 이용해 적을 포위하여 각개격파 해야 한다. 그러나 포위가 불가능한 상황에서는 적이 재편성할 수 있는 시간과 기회를 가질 수 없도록 하기 위해 적 주력의 전방보다는 측방이나 후방 등 적의 취약점을 공격하는 융통성 있는 작전을 수행해야 한다. 또한 추격 과정에서 부대는 신속하게 기동하기 때문에 제대 간 거리가 신장되고 전투력이 분산되는 등 취약점이 발생할 수 있기 때문에 이를 이용한 적의 공세행동이나 매복에 유의해야 한다. 종결 및 전환 단계에서 철수하는 적 부대를 격멸하였거나 상급부대 통제에 의해 작전이 종결되지만 새로운 적 부대 출현, 적의 저항 증가, 작전지속지원 곤란 등을 고려하여 추격작전을 종결하거나 새로운 작전 형태로 전환할 수 있다.

추격은 도주하는 적이 피해를 최소화하면서 철수하여 재편성과 정비를 할 수 있는 기회를 박탈하고 전투를 종결시키는 역동적인 작전이므로 분산(散)×기동(動) 또는 집중(集)×기동(動)의 원리가 적용된다. 적이 후방으로 대규모로 철수하면서 발생하는 무질서와 공황 등 약점과 과오를 적극적으로 활용해야 하기 때문에 시간적으로 전기 포착·활용과 타이밍이 대단히 중요하므로 부단한 전장감시와 임무형 지휘에 기초한 융통성 있는 작전을 수행해야 한다. 기동로가 제한될 경우에는 정면에서 압박하여 적을 격멸할 수도 있으나, 기동로가 가용할 경우에는 정면에서 적을 압박하면서 적 후방 종심으로 기동하여 적의 퇴로를 차단·포위하여 격멸함으로써 적이 후방에서 재편성과 정비를 통하여 전투력을 회복할 기회를 박탈해야 한다. 이때 다양한 기동로를 이용, 전투력을 집중 또는 분산하여 신속하게 기동하기 위해 전투수행 기능을 통합해야 한다. 또한 자연 및 인공 장애물을 회피 및 개척하고 중요지형을 선점하며 불필요한 교전을 회피하면서 적의 행동의 자유를 박탈하는 민첩하고 과감한 작전을 수행해야 한다. 추격 시 분산하여 적을 압박하더라도 퇴로차단부대는 공중을 포함한 다양한 통로를 이용하여 종심 깊게 분진합격식으로 기동하여 적을 포위하고 포위된 적에 대해 다방면에서 협격하여 전투력을 집중함으로써 최소의 희생으로 최대의 효과를 거둘 수 있도록 해야 한다.

(2) 전례 연구

엘 알라메인 전투는 제2차 세계대전 시 영국군과 독일군이 북아프리카에서 주도권 확보를 위하여 1942년 10월 23일부터 11월 4일까지 실시한 전투이다.

영국군은 1940년 8월 1개 사단을 파견하여 이집트의 주요지역에 배치하였으나, 독일이 1941년 3월 롬멜의 기갑사단을 투입하여 엘 아게일라의 영국군을 축출하면서 독일군과 영국군은 주도권 확보를 위한 쌍방 간의 치열한 전투를 지속하다가, 1942년 7월에 엘 알라메인 전방에서 대치하게 되었다. 이때 영국군과 독일군의 상황을 살펴보면, 영국의 몽고메리(B. L. Montgomery)군은 충분한 작전지속지원으로 미군의 신형전차 수백 대를 추가적으로 보충받았으나, 독일의 롬멜군은 신장된 병참선과 군수품 부족 등으로 어려움을 겪고 있었다.

영국의 몽고메리는 남쪽의 13군단으로 독일 21기갑사단을 견제하면서 북쪽에 주공인 30군단과 10기갑군단을 투입하여 독일군을 패퇴시키고 계속 공격하였다. 지중해 해안에서는 독일군 164사단을 포위하고 3개 기갑사단과 1개 보병사단을 집중하여 전과확대 작전을 실시하다가 추격으로 전환하였다. 이에 롬멜군은 엘 아게일라를 거쳐 트리폴리까지 피로와 공포 속에서 3개월 동안 2,240km를 철수하였다.

엘 알라메인 전투에서 몽고메리의 영국군은 최초 진지 돌파 이후 11월 4일까지 독일군이 재편성과 정비를 통해 전투력을 복원하지 못하도록 하면서 독일군의 전투 의지를 파괴하고 격멸하기 위해 추격을 실시하였다. 이때 성공적인 기습공격으로 확보한 주도권을 바탕으로 전투에서 발생한 전기를 활용하여 제30군단을 정면압박부대로, 제10기갑군단을 퇴로차단부대로 운용하였다. 전투수행기능이 통합된 분산(散)×기동(動) 또는 집중(集)×기동(動)을 통해 3개월간 지중해를 연한 도로와 주변 고지 및 개활지의 공간요소를 활용해 2,240km의 추격작전을 실시하여 롬멜군을 튀니지 국경까지 축출하였다.(부록 2 〈그림 22〉 참조)

앞에서 설명한 공격작전 형태별로 나타나는 전투력, 시간요소, 공간요소의 작용을 요약해 보면 〈표 10-2〉와 같이 정리해 볼 수 있다. 공격작전은 일반적으로 접적전진에서 시작하여 급속공격, 정밀공격 ⇨ 전과확대 ⇨ 추격 순으로 이루어진다고 하고 있으나, 앞의 전례에서 살펴본 바와 같이 상황에 따라서는 지평리 전투와 같은 방어작전에서 바로 전과확대, 추격으로 이루어지는 경우도 발생할 수 있으므로 작전과정에 대한 융통성 있는 사고가 필요하다.

〈표 10-2〉 공격작전 형태별 전투의 3요소 작용 '예'

구분	시간요소	공간요소	전투력의 4가지 성질 작용
접적전진	• 타이밍 • 전기 포착·활용 • 가용시간을 이용한 작전 준비 • 시간 준수 • 기상 이용	자연·인공지형, 장애물 이용과 극복 또는 회피 등을 통해 작전 간 유리한 태세 조성	• 전체적으로 분산(散)하여 적을 찾기 위한 융통성 있는 기동(動), 부분적으로 적 격멸을 위한 집중(集)×기동(動)
급속공격			• 적과 접촉 시 일부부대를 이용하여 적 고착 후, 적 측·후방으로 우회하기 위해 분산(散)하여 융통성 있는 기동(動) • 분진합격을 위한 융통성 있는 기동(動)과 선정된 목표에 대한 집중(集)
정밀공격			• 적의 전투력을 분산시키고 약점을 포착 및 조성하기 위해 기만작전을 포함하여 조공지역에서는 분산(散)×기동(動) 또는 분산(散)×정지(静), 주공지역에서는 선정된 목표에 대한 집중(集)×기동(動)
전과확대			• 전투이탈 또는 철수하는 적 부대에 대한 접촉 유지와 적 후방 차단 및 와해를 위해 적 취약점과 적 후방으로 분산(散)하여 융통성 있는 기동(動) • 실시간 선정된 목표에 대해 분진합격식으로 집중(集)×기동(動)
추격			

전투력의 운용도 일반적으로는 접적전진은 분산(散)×기동(動), 급속공격과 정밀공격은 집중(集)×기동(動), 전과확대 및 추격은 분산(散)×기동(動)으로 생각 할 수 있다. 그러나, 상황에 따라 접적전진, 급속공격, 정밀공격, 전과확대, 추격도 집중(集)×기동(動) 또는 분산(散)×기동(動), 분산(散)×정지(静)의 원리가 융통성 있게 적용될 수 있으며 분산 시에도 집중할 때를 고려하여 분진합격식으로 운용하는 것이 효율적이다. 이러한 공격작전에서 시간요소 중 가장 중요한 것은 타이밍과 전기 포착·활용이며 기상 이용, 가용시간을 이용한 작전 준비와 시간 준수도 필수적인 요소라 볼 수 있다. 또한 공격작전의 공간요소는 작전지역의 자연 및 인공 지형지물과 장애물을 극복하거나 활용하여 작전 간 유리한 태세를 조성하는 것이라 할 수 있다.

특수조건하 공격작전은 산악지역, 도하, 도시지역, 요새지역, 동계 공격작전 등이 있으며 형태별 공격작전을 적용하되, 시간요소와 공간요소가 작전에 미치는 영향이 심대하여 특수장비와 전문기술 등 추가적인 대책이 요구되는 작전이기 때문에 특수조건하 작전에서는 구체화된 시간과 공간요소의 적용이 필요하다.

공격작전을 성공적으로 수행하기 위해서 착안해야 할 사항은 먼저, 최소의 전투력으로 적을 분산시키고 결정적인 작전에서 전투력을 통합시켜 집중함으로써 상대적 우위를 달성해야 하며 둘째, 유형 전투력을 최대로 발휘할 수 있도록 정신무장 등 무형 전투력을 강화해야 한다. 셋째, 부대 이동이나 기동을 할 때는 반드시 정찰대, 경계부대, 정찰자산 등을 통합 운용하여 본대가 기습이나 직접적인 공격을 받지 않도록 해야 하며 넷째, 입체적이고 통합된 전투력 운용을 통한 승수효과 발휘를 위해 가능한 제병협동작전과 합동작전을 실시하고 적의 정면보다는 상대적으로 취약한 측방과 후방에 전투력을 집중해야 한다. 다섯째, 지상작전은 공간적, 시간적 요소에 영향을 크게 받기 때문에 이를 극복할 수 있도록 작전을 계획하고 실시해야 하며 여섯째, 목표를 명확히 하되 상황이 변화됨에 따라 적의 강점은 회피하고 약점을 최대한 이용할 수 있도록 목표를 수정할 수 있는 융통성을 보유해야 한다. 일곱째, 작전 진행에 따라 적시 적절한 전투지원과 작전지속지원을 실시하여 공격 기세와 지속성을 유지할 수 있도록 해야 하며 마지막으로, METT+TC를 고려하여 〈그림 10-14〉와 같이 전투력의 4가지 성질을 유연하게 적용하고 이를 시간과 공간적 요소에 잘 결합하여 전투력이 극대화될 수 있도록 지휘관은 자신의 응용능력을 지속적으로 발전시켜야 할 것이다.

공격작전은 적의 전투 의지를 파괴하고 적 부대를 격멸하기 위해 가용한 수단과 방법을 사용하여 전투를 적 방향으로 이끌어 가는 전쟁의 결정적인 작전 형태로, 공자는 전투의 시간, 장소, 방향을 선택할 수 있는 주도권을 가지고 융통성 있는 전투력 운용이 가능하기 때문에 기습, 집중, 속도, 과감성을 가지고 대담한 공격을 수행해야 한다. 또한 상황에 따라 시기적절하게 접적전진, 급속공격, 정밀공격, 전과확대, 추격으로 전환할 수 있어야 하며 전술적 고려 요소(METT + TC)를 판단하여 공격작전 수행방법을 융통성 있게 적용해야 한다.

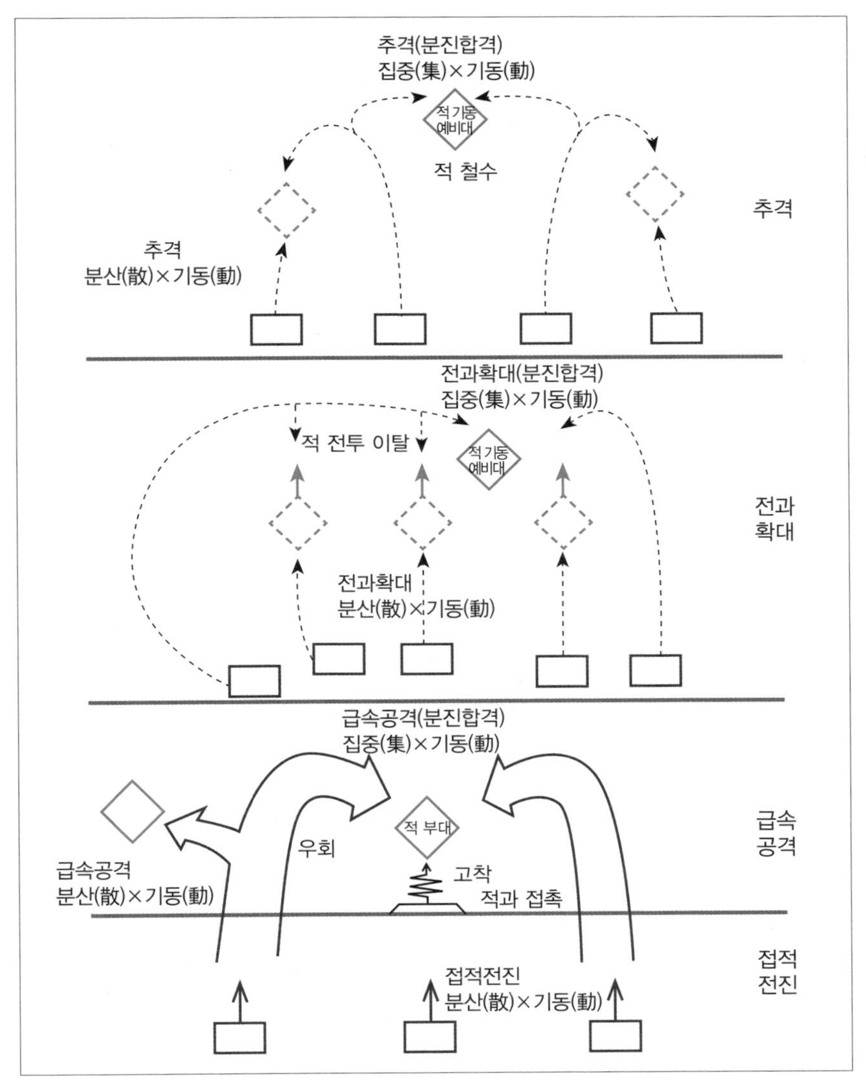

〈그림 10-14〉 접적전진-급속공격-전과확대-추격 '예'

제11장
방어작전

1. 개요

클라우제비츠는 그의 저서 『전쟁론』에서 방어 형태는 본질적으로 공격 형태보다 강력하며 단순한 방패가 아니라 능숙한 타격과 더불어 형성된 방패라고 하였다. 또한 전쟁은 방어로 시작하여 공격으로 종료하는 것이 자연스러운 진행이며 번쩍이는 보복의 칼처럼 신속하고 강력한 공세로의 이전은 방어에서 가장 중요한 순간이라 하였다.

이와 같이 방어작전이란 공세 이전의 여건을 조성하기 위하여 가용한 모든 수단과 방법으로 공격하는 적 부대를 지연, 저지, 격퇴, 격멸하는[1] 작전이다. 방어

---

1 수단은 병력, 화력, 장애물, 전투진지 등을 포함하는 제반 전투력을 의미하며 방법은 이러한 전투력을 효과적으로 조직하고 운용하는 과학과 술(術)로서의 방어전술을 의미한다.
지연, 저지, 격퇴, 격멸은 방어작전 간 수행하는 과업 또는 과업을 수행한 결과로서 나타나는 적에 대한 효과를 의미하며, 지연은 적의 공격을 지체시키는 것이고 저지는 적의 공격을 일정지역에서 멈추게 하는 것이며, 격퇴는 적으로 하여금 현행 임무를 포기하고 퇴각하도록 하는 것이다. 격멸은 적이 어떠한 전술적 임무도 수행할 수 없도록 하는 것을 말한다.

작전은 일반적으로 상대방보다 전투력이 열세인 경우 실시하게 되나, 적의 공격 기도를 좌절시키고 작전한계점에 도달하게 하여 방자 자신이 공격작전으로 전환하는 것이 최종 상태가 된다. 즉, 방어작전의 궁극적인 목적은 공세 이전을 위한 여건을 조성하는 것이라 할 수 있으며, 적 부대 격멸, 중요지역 확보, 시간 획득 중 하나 또는 그 이상의 목적을 달성하기 위해 작전을 실시한다. 이 외에도 지연작전이 포함된 방어작전의 성격과 상급부대 및 인접 부대와 연관된 해당 부대 역할을 고려하여 전투력 절약, 측방위협 차단, 후방초월 또는 초월공격 지원, 전투력 보존, 적 전투력 약화, 적 부대 유인, 타 지역으로 부대 전용 등의 다양한 작전 목적을 설정할 수 있다.

방어작전 시 주도권을 가지고 있는 적의 공격에 수세적이고 피동적으로 작전한다면 전투에서 승리할 수 없고 방어작전의 궁극적인 목적인 공세 이전을 위한 여건도 조성할 수 없다. 따라서 방어작전 간 지형과 시간의 이점을 최대한 이용하여 병력, 화력, 장애물, 전투진지를 통합운용하면서 정보 우위를 달성하고 이를 기초로 작전 초기부터 적보다 먼저 보고 먼저 판단 및 결심하여 먼저 타격하는 선제 행동을 통하여 적의 공격 균형을 와해시키고 조성된 호기를 적시성 있게 이용할 수 있도록 해야 한다. 또한 제대별로 호기를 포착, 전투력을 공세적으로 운용하여 조기에 주도권을 장악함으로써 더 많은 적의 전투력 소모를 강요하여 조기에 작전한계점에 도달시키는 공세적 방어를 추구해야 한다.

방어작전의 일반적인 역학적 원리는 다음과 같다. 방어작전은 공자가 가진 주도권으로 인해 방자는 초기에 전투력의 성질 중 분산(散)과 정지(靜) 상태로 대응이 불가피하기 때문에 이러한 취약점을 극복하기 위해 정면과 종심에 방어에 유리한 지형을 선정하고 여기에 방어수단인 병력과 화력, 장애물, 전투진지를 가용한 시간을 투입하여 준비해야 한다. 또한 통합된 전투력 발휘와 방어수단 간 승수효과가 발생될 수 있도록 전투력을 조직하고 운용하여 적이 공격하면서 최대의 마찰을 받도록 강요함으로써 공자의 전투력을 지속적으로 약화시켜야 한다.

이를 위해 자신이 수립한 방어작전수행 개념에 따라 상급부대로부터 부여

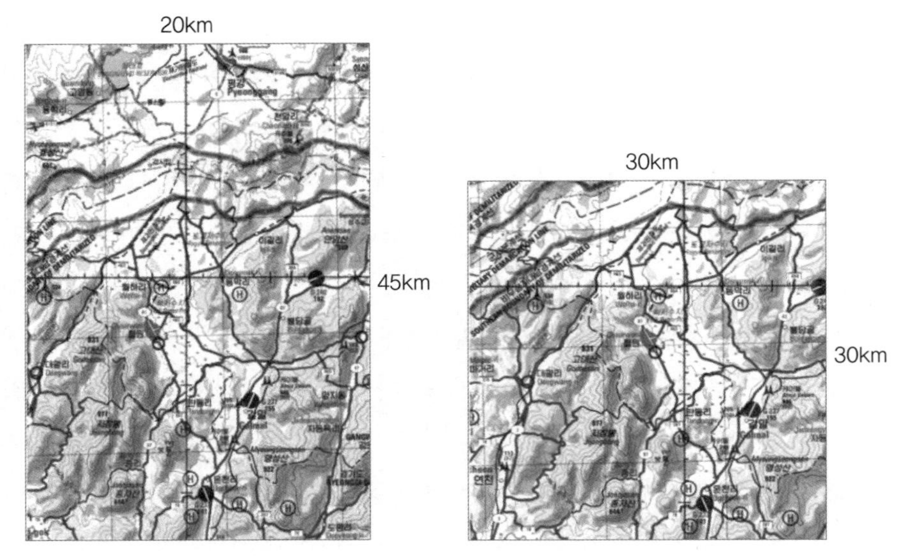

〈그림 11-1〉 전투 정면과 종심의 관계

받은 책임지역의 정면과 종심을 예하부대에 할당하거나, 독립작전을 수행한 경우에는 전투정면과 종심을 선정하고 여기에서 효율적으로 전투를 수행할 수 있도록 전투력을 할당해야 한다. 전투 정면과 종심의 관계는 〈그림 11-1〉에서 보는 바와 같이 일정한 전투력으로 전투 정면을 증가시키면 종심이 감소하고 종심을 증가시키면 정면이 감소하는 불가분의 관계에 있다. 따라서 적의 정면과 종심, 적 상황, 적의 측·후방위협, 부여받은 임무, 아군의 가용전투력, 지형 및 기상 등을 고려하여 전투력을 효율적으로 운용할 수 있도록 전투 정면과 종심의 전투력을 할당해야 한다.

지역방어 시에는 〈그림 11-2〉와 같이 적이 통과해야 하는 접근로 상 방어에 유리한 지형을 이용하여 방어지역을 선정하고 가용한 장애물을 지형 여건을 고려하여 통합 운용한다. 전투진지에 배치된 병력과 화력은 장애물을 보호하면서 적의 진출을 저지, 격멸할 수 있도록 종심 깊게 배비하고, 적절한 규모의 예비대를 보유하여 필요시 역습 등 공세행동을 실시해야 한다.

방자가 공격력을 이용하여 기동방어를 실시할 경우에는 방어 책임지역의

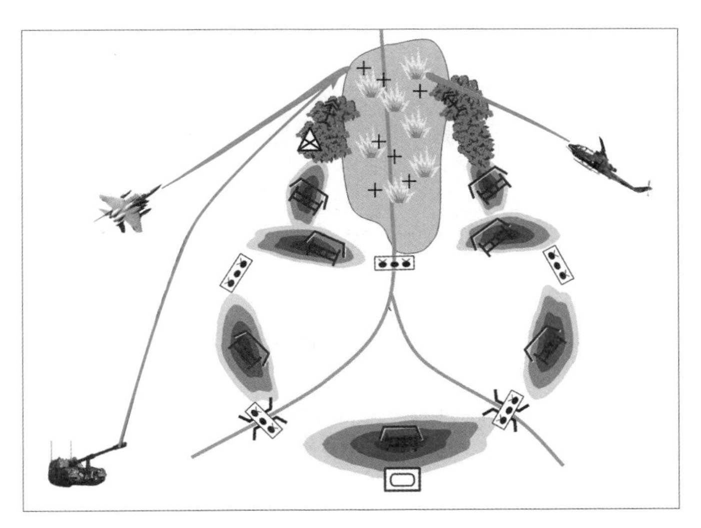

〈그림 11-2〉 지역방어 "예"

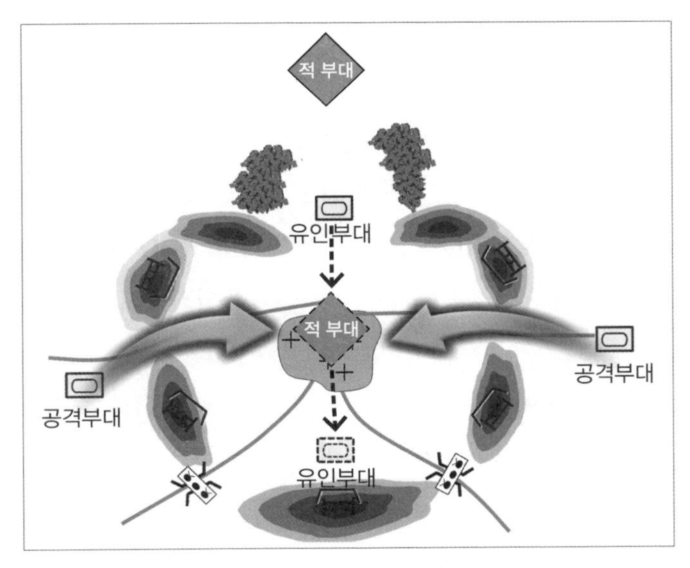

〈그림 11-3〉 기동방어 '예'

지형에 방어수단인 병력, 화력, 장애물, 전투진지를 통합하여 운용하면서 적을 유인하거나 진출시켜 방자가 원하는 지역과 시간에서 〈그림 11-3〉과 같이 기갑 및 기계화부대 등 기동력이 우수한 부대를 공격부대로 보유하여 집중(集)×기동

(動)의 능동적인 힘을 강력히 발휘할 수 있는 결정적인 작전을 실시해야 한다.

2. 방어작전 형태

방어작전은 형태에 따라 지역방어, 기동방어, 지연방어로 구분되는데, 이를 구체적으로 살펴보면 다음과 같다.

1) 지역방어

(1) 전투수행

지역방어는 방어에 유리한 지형에 정지(靜) 상태인 주 전투력을 운용하여 적을 저지, 격퇴, 격멸하는 방어작전 형태이다. 지역방어는 지형의 자연적인 방어력을 이용하여 전투진지를 준비하고 여기에 병력을 배치하며 화력과 장애물로 진지를 보강하는 지형+병력+화력+장애물을 유기적으로 통합한 작전을 수행한다.

지역방어에서는 적이 기습을 달성하고 전투력을 집중하는 지역에서는 돌파가 불가피하다. 따라서 적절한 예비대를 보유, 적극적인 공세행동을 통하여 방어체계의 균형을 유지하고 방어의 지속성을 보장하며, 적의 약점과 과오가 노출되어 호기가 포착될 때에는 이 기회를 적극 활용해야 한다. 또한 주도권을 가진 적이 아군의 약점과 과오에 예상치 못한 공격을 할 수도 있기 때문에 다양한 우발상황에 대한 융통성 있는 작전을 수행할 수 있어야 한다.

지역방어 시 결정적인 작전을 전투지역 전단에서 실시할 경우에는 전방방어를, 방어지역 종심을 활용하여 전투를 실시할 경우에는 종심방어를 실시하며,

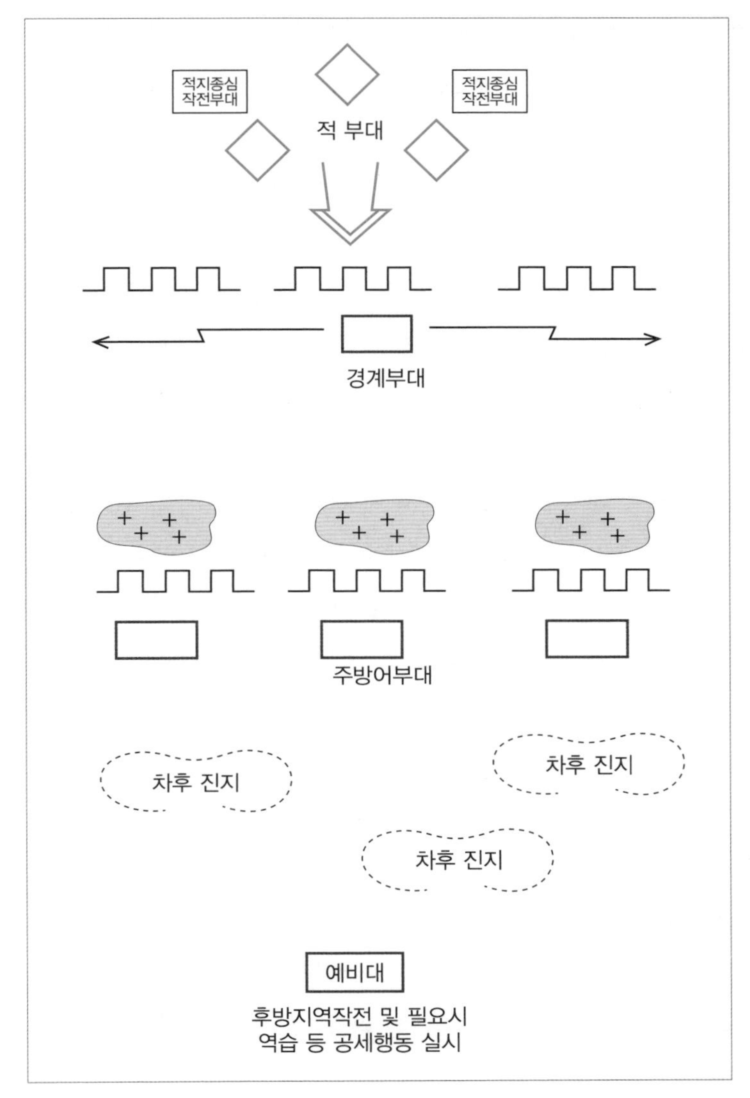

〈그림 11-4〉 지역방어 '예'

종심방어 시에는 METT+TC를 고려하여 도로견부위주종심방어와 산악요점방어 등을 실시할 수 있다. 지역방어 시 전술집단은 〈그림 11-4〉와 같이 일반적으로 적지종심작전부대, 경계부대, 주방어부대, 예비대로 편성하며 필요시 후방지역전담부대를 편성할 수 있다.

지역방어는 일반적으로 적지종심작전, 경계작전, 주방어작전, 후방지역작전을 실시하게 되며 반드시 순차적으로 이루어지는 것이 아니라 동시에 전개될 수도 있다.

적지종심작전은 제대별로 감시자산을 통해 적의 기도와 핵심표적을 식별하고 화력지원 자산으로 타격하여 근접작전에 유리한 여건을 조성하는 작전이다. 경계작전은 적의 침투 및 기습을 방지하고 적 공격을 조기에 경고하며 화력 위주의 원거리 전투로 적의 조기 전개를 강요해야 한다. 아울러 적의 전투력을 최대한 약화시켜 주방어작전에 유리한 여건을 조성하는 데 주안을 둔다. 주방어작전은 지형+병력+화력+장애물을 통합 운용하여 적의 기동과 화력 등 전투수행 기능이 효율적으로 결합되지 못하도록 하여 적 공격 기세를 둔화시키고 최대의 피해를 강요하며, 적이 집중하는 지역에 전투력을 증원하거나 전환하는 등 융통성 있게 대응해야 한다. 또한 적극적인 공세행동을 통하여 돌파된 방어지역에서 사태를 수습하고 적의 약점과 과오 발견 시 적극적으로 적 전투력을 약화시키면서 전과를 확대하여 조기에 주도권을 확보해야 한다. 후방지역작전은 중요시설 방호, 보급로·기동로 확보, 침투한 적 부대에 대한 탐색격멸, 민군작전 등을 통해 작전지속 능력을 유지하고 행동의 자유를 유지하도록 해야 한다.

지역방어는 일반적으로 주도권을 가진 적을 상대하여 부여받은 정면과 종심의 자연 및 인공적인 지형과 준비시간의 이점을 가지고 지역을 확보하면서 적을 저지, 격퇴, 격멸하는 작전이다. 그러므로 전체적으로 분산(散)×정지(靜)의 원리가 적용되지만, 적이 돌파한 지역에 대한 역습이나 적의 약점과 과오에 대해 호기를 포착하여 실시하는 공세행동 시에는 집중(集)×기동(動)의 원리가 적용된다.

지역방어에서는 가용시간을 이용한 작전 준비와 공세행동 시에는 전기 포착·활용, 타이밍, 시간 준수의 시간적 요소 적용이 중요하며 전투력이 분산되어 정지상태에서 운용되므로, 이러한 취약점을 보완할 수 있도록 자연 및 인공지형을 최대한 이용하고 더불어 이러한 지형에 각종 장애물을 설치하는 등 공간요소를 최대한 활용할 수 있어야 한다.

(2) 전례 연구

6.25 전쟁 시 북한군은 다부동 전투에서 한국군과 미군이 낙동강을 연하여 강력한 방어 편성을 하기 이전에 북한군의 주공인 제3·13·15사단을 왜관 일대에서 대구에 이르는 축선에 투입하여 대구를 조기에 점령할 목적으로 공격작전을 실시하였다. 이에따라 유엔군은 1950년 8월 13일부터 28일까지 한국군 제1사단과 미군 제23·27연대를 투입하여 270고지-수암산-유학산-신주막을 연하는 20km 정면에서 지역방어를 통하여 북한군을 격퇴하였다.

북한군은 다부동-대구 축선에 2개 사단, 군위-대구 축선에 1개 사단을 투입하여 공격하였고 한국군은 20km의 정면에 15연대(-), 12연대, 11연대로 방어진지를 편성하되, 주요 도로 접근로인 신주막-다부동-진목정-대구 축선에는 11연대와 증원된 미 27연대, 미 23연대를 중점 배치하고 328고지에는 15연대(-), 수암산, 유학산에는 12연대를 배치하여 지역방어를 실시하였다.

북한군은 교통의 요충지인 신주막과 신주막~대구에 이르는 도로 축선에 전차 및 장갑차를 포함한 보전협동부대를 편성하여 집중 운용하고 유학산 일대에도 연대 규모의 전투력을 투입하여 야간 위주로 공격을 실시하였다.

한국군 제1사단은 신주막~대구에 이르는 도로 축선과 산악지형으로 이루어진 작전지역의 특성을 고려하여 산악 접근로에 2개 연대로 배비하고 제11연대를 도로 축선에 배비하되, 증원된 미 제27연대로 하여금 도로 견부를 따라 3개 대대를 종심 배치하여 북한군의 집중공격과 후방 침투에 적절하게 대처하였다. 그리고 448고지가 피탈된 후, 1사단장의 진두 지휘하에 역습을 통해 피탈된 고지를 확보하는 등 성공적으로 작전을 수행하였다. 그러나 후방으로 철수 시 기도노출과 화력, 장애물 운용 미흡으로 북한군이 후방진지를 선점하고 추격을 실시하여 많은 전투력 손실이 있었다. 또한 인접부대와 전투지경선 협조가 미흡하였으며 미 27연대와 지휘계통이 이원화되고 연합작전 협조체제 미비로 미 공군의 오폭이 빈번하였다. 특히 북한군은 다부동 전투기간 동안 7회의 주간 공격 외에는 전 기간 야간공격을 수행하였으며 아군도 8회에 걸친 야간공격에서 승리함에 따라 야간공격의 중요성이 다시 한 번 강조되었다.

2) 기동방어

(1) 전투수행

기동방어는 적의 주력을 계획된 지역까지 유인하거나 진출시킨 후 공격부대의 결정적 작전으로 적을 격멸하여 조기에 주도권을 확보하기 위한 능동적인 방어작전 형태이다.

기동방어는 적 주력을 격멸하기 위해 계획된 지역으로 적을 유인하거나 진출시키기 위한 기만작전을 실시하고 아군의 기도를 적이 파악하지 못하도록 작전보안을 유지하면서 적의 공격대형 신장이나 측방 노출, 전투력 분산 등을 강요하여 약점과 과오를 노출시킴으로써 결정적 작전에 유리한 여건을 조성해야 한다. 그리고 제병협동 및 합동으로 전투력을 집중하여 공세행동을 과감하게 실시함으로써 적에게 치명적인 타격을 입혀야 한다. 기동방어는 방어 종심으로 의도적인 돌파구를 허용하거나 유인하여 포위망을 형성한 후 공세행동을 실시한다. 또는 적 주력을 전단 전방에서 저지시킨 후 적의 측·후방으로 우회하여 타격하거나, 퇴로를 차단할 수 있는 지역을 확보하여 공세행동을 실시할 수도 있으며 방어종심을 이용하여 진지를 변환하면서 상황에 적합한 공세행동을 통해 적의 전투력을 축차적으로 저하시킬 수도 있다. 기동방어 시 전술집단은 〈그림 11-5〉와 같이 일반적으로 적지종심작전부대, 경계부대, 고착부대, 유인부대, 공격부대, 예비대로 편성하고 필요시 후방지역작전전담부대를 편성한다.

기동방어는 유동적이고 작전이 복잡하기 때문에 적 진출선 변화, 새로운 위협 등 다양한 상황에 대한 시기적절한 상황 판단과 결심, 적시적인 협조와 통제, 융통성 있고 과감한 전투를 수행해야 하며 이를 위해 전 제대는 임무형 지휘를 실시해야 한다. 기동방어는 일반적으로 적지종심작전, 경계작전, 유인작전, 고착작전, 공격작전, 후방지역작전을 실시하게 된다. 적지종심작전과 경계작전은 앞

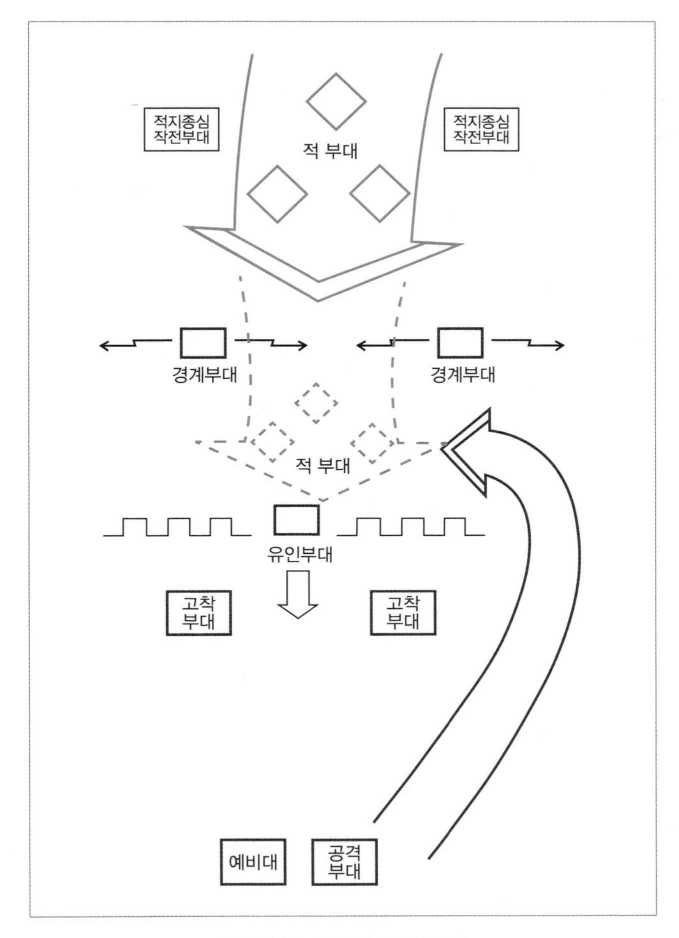

〈그림 11-5〉 기동방어 '예'

의 지역방어와 동일하나, 특히 적 주력이 아군의 결정적 작전을 위한 지역으로 유입되고 있는지를 지속적으로 추적 관리하여 유인 및 고착부대와 공격부대의 작전 여건을 조성해야 한다. 유인작전 및 고착작전에서 유인부대는 지연방어를 통해 적 주력이 아군이 요망하는 지역으로 투입되도록 유도하고 고착부대는 공격부대의 결정적 작전을 위해 적 주력을 고착시킨다. 공격작전에서 공격부대는 적의 진출 정도, 전투력 수준, 아군의 저지 능력 등을 고려하여 작전 반응시간 단축을 위한 축차적 이동을 실시하고 공세행동 시 가용한 모든 자산을 통합, 전투력을 집중하여 신속 과감하게 공격작전을 수행해야 한다. 후방지역작전은 앞의 지역방어와 동일하나, 특히 결정적 작전을 위해 공격부대에 대한 생존성 보장활동이 강화되어야 한다.

기동방어는 주 전투력을 동적으로 운용하여 아군이 원하는 시간과 장소에서 결정적인 작전을 실시하게 된다. 따라서 작전 초기에는 분산(散)×정지(靜)의 원리가 적용되지만 전투가 진행됨에 따라 분산(散)×기동(動)으로 변화되다가 결정적 작전 시에는 집중(集)×기동(動)에 의한 공세행동이 실시된다. 기동방어 시에는 가용시간을 이용한 작전 준비와 시간 준수, 전기 포착·활용, 타이밍의 시간적 요소가 중요하다. 그리고 주도권을 가진 적의 공격에 대응하여 지형을 최대한 활용함으로써 전투력을 절약한 가운데 적을 유인·고착하고 공격부대의 전투력을 원하는 시간과 장소에 집중할 때 전투력을 최대로 발휘할 수 있다.

(2) 전례 연구

제2차 세계대전 시 솔룸 전투는 영국의 서부 사막군이 1941년 6월 15일부터 17일까지 북아프리카 요충지인 투브루크 항구를 포위하고 있는 독일의 아프리카 군단을 공격하여 포위 상황을 타개하고 키레나이카에 대한 영향력을 재확보하기 위해 실시한 전투이다.

투부르크 항구에 포위망을 형성하고 있던 독일의 아프리카 군단은 영국 서부 사막군의 공격에 대비하여 소규모 부대로 주요도시인 카푸조, 솔룸 지역과 할파야 능선의 협로에 고수방어가 가능한 거점을 편성하였다. 그리고 하피드 능선과 할파야 도로 상에 강력한 대전차 파괴 능력을 가진 88㎜ 대공포를 매복시켜 공격부대의 공세행동을 위한 여건을 조성하였으며 15기갑사단과 5경사단을 공격부대로 편성하여 기동 방어를 실시하였다.

영국 서부 사막군의 인도 제4사단과 제4기갑여단이 할파야-솔룸-바르디아-카푸조 방향으로 공격하고 제7기갑여단은 우회기동을 통해 인도 제4사단의 측방을 방호하면서 하피드 능선 방향으로 공격하였다. 그러나 매복 중인 88㎜

대공포에 의한 기습 사격과 독일 아프리카 군단의 공격부대가 측방에서 공세행동을 실시함으로써 영국군은 공황상태에 빠져, 독일 아프리카 군단의 전차 파괴 25대 대비 영국 서부 사막군은 전차 220대가 파괴되어 결국, 영국군이 실시한 공격작전은 실패하여 리비아에서 퇴각하였다.

독일군은 공격부대에 의한 결정적인 작전을 위하여 지형과 준비시간을 이용, 거점과 장애물 지대를 편성하고 대전차 파괴 능력이 우수한 88M 대공포를 매복시켜 영국군 부대를 계획된 지역에 고착시키는 분산(散)×정지(靜)의 전투력을 운용한 후, 공격부대를 영국군의 취약지점으로 기동(動)시켜 전투력을 집중(集)함으로써 영국군을 패퇴시킨 성공적인 기동방어 전례이다.

또 다른 전례로는, 제2차 세계대전 시 1943년 3월과 8월에 독일군과 소련군이 소련의 남부 철도 8개가 교차하는 하리코프 일대에서 벌였던 제3차와 제4차 하리코프 전투 시 독일군의 기동방어 전례이다. 먼저, 1943년 3월 6일부터 23일에 있었던 제3차 하리코프 전투를 살펴보면, 스탈린그라드의 독일 제6군으로부터 항복을 받아 낸 소련군은 그 여세를 몰아 동부전선 남쪽의 캠프군과 제1기갑군 간의 간격으로 돌진하여 전략적 요충지인 하리코프를 탈환하고 독일군을 포위 섬멸하려 하였다. 만슈타인(Fritz Erich von Manstein)은 포위에서 벗어나기 위해 부대를 이동하면서 전선 깊숙이 들어온 소련군이 보급선이 신장되고 측방이 노출되어 작전한계점에 도달했음을 간파하여 남부 집단군에서 차출된 공격부대로 대규모 역공격을 감행하였다. 1:7의 전력 열세에도 불구하고 소련군 52개 사단을 격멸하여 하리코프 탈환에 성공하였으며 독일군의 전선 붕괴를 방지하고 주도권과 행동의 자유를 획득하는 데 성공하였다.(부록 2 〈그림 23〉 참조)

다음으로 1943년 8월 12일부터 23일에 있었던 제4차 하리코프 전투를 살펴보면, 1943년 7월 쿠르스크에서 성공적인 방어작전을 통해 대규모 공세로 전환한 소련군은 독일의 남부집단군을 격멸하기 위해 제40군, 제27군, 제6근위군, 제53군, 제69군을 투입, 전 전선에서 공격을 개시하였다. 이에 서측의 독일 제4

기갑군은 소련의 3개 군이 집중됨에 따라 지연방어를 통하여 소련군을 저지하면서 시간을 획득하였고, 동측의 제11군단은 하리코프 북방지역을 확보하면서 효과적인 지역방어를 실시하였다. 하지만 소련군이 독일 제4기갑군과 제11군단 사이의 간격을 이용하여 소련의 제1기갑군과 제5근위기갑군을 투입하여 종심 깊은 공격을 실시하였다. 이에 독일군은 중앙의 제3기갑군단을 공격부대로 투입하여 공격대형이 흐트러진 소련의 선두 기갑부대를 효과적으로 저지하고 후속하는 제5근위기갑군까지 격퇴하여 소련군의 공격을 저지하였다. 독일의 남부집단군장 만슈타인은 광범위한 전장에서 기동성 있는 전투력을 동적으로 운용하여 방어작전에 성공함으로써 소련군의 독일 남부집단군 격멸이라는 작전 목적 달성을 거부할 수 있었다. 이에 따라 차후 소련군은 독일 남부집단군 격멸에서 하리코프 점령으로 작전 목적을 수정하였다.

3) 지연방어

(1) 전투수행

지연방어는 차후 작전에 유리한 여건을 조성하기 위해 공간을 이용하여 적의 공격을 지연시키거나 적과의 접촉으로부터 조직적으로 이탈하는 방어작전 형태이다. 또한 지연방어는 경우에 따라서 공간을 양보하면서 아군의 전투력을 보호하고, 적의 공격을 지연함으로써 시간을 획득하거나 아군이 계획한 지역으로 적을 유인할 때 실시한다.

지연방어는 전방의 적과 접촉을 유지하면서 후방으로 작전을 진행하게 되어 인접 및 상급부대에 지대한 영향을 미치므로 반드시 상급부대 지휘관의 승인을 득해야 한다. 아군의 지연작전 기도를 적이 알게 되면 적은 전과확대 또는 추격으로 전환하여 신속하게 공격하려 할 것이므로 기만작전을 통해 아군의 의도를 은폐하고, 다양한 정찰 수단을 이용하여 적의 기도와 동향을 파악해야 한다.

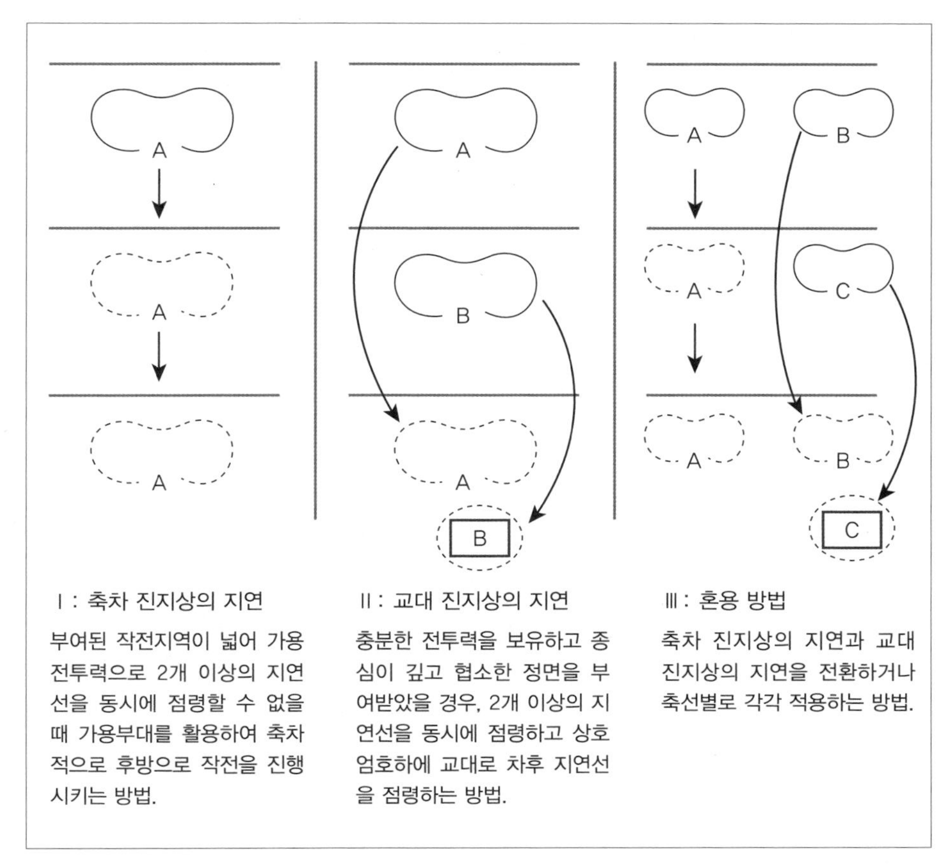

〈그림 11-6〉 지연 방법 '예'

또한 진지공간 통제, 후방 이동로 확보, 후방 초월 등 주도면밀한 계획과 협조 대책을 강구해야 하며, 후방으로의 작전 진행은 패배로 인식될 수 있기 때문에 지휘관은 주도적으로 부대를 확고하게 장악해야 한다.

지연방어는 근접전투는 회피하고 지형의 이점과 장애물, 포병·항공 등 지원화력을 최대한 활용하는 원거리 전투로 적의 전투력 소모를 강요하며 적극적인 공세행동으로 적을 지연시키거나 혼란 상황을 조성함으로써 지속적으로 적의 주도권 행사에 제동을 걸어야 한다.

지연방어는 수행하는 방법과 적과의 접촉 여부에 따라 지연과 철수로 구분

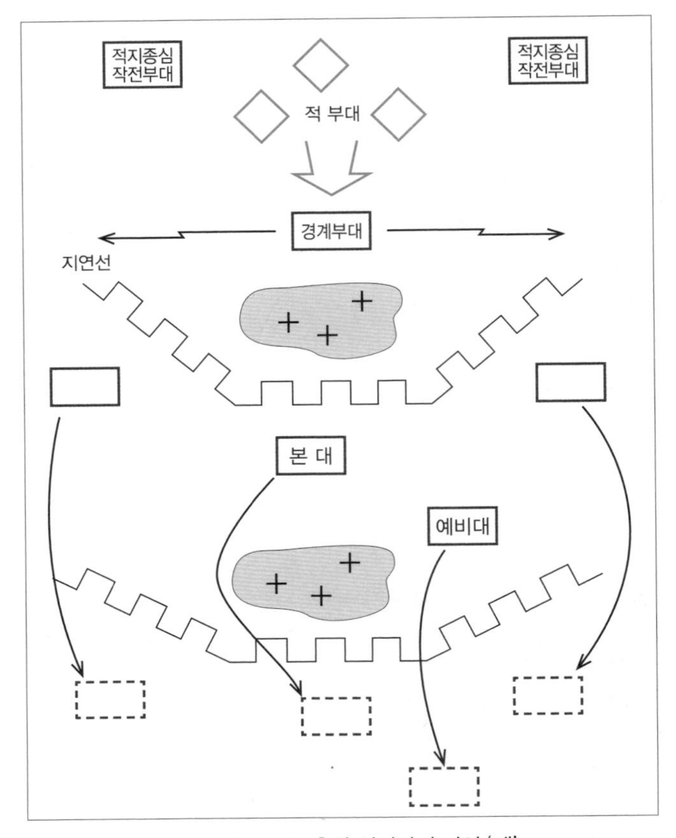

〈그림 11-7〉 축차 진지상의 지연 '예'

된다. 지연은 공간을 이용하여 전투력을 절약하고 시간을 획득하며 적 전투력을 약화시킴으로써 차후 작전이 유리한 여건을 조성하는 것으로, 이를 위한 지연 방법은 〈그림 11-6〉과 같이 축차 진지상의 지연, 교대 진지상의 지연, 혼용 방법이 있다.

지연 시 전술집단은 일반적으로 〈그림 11-7〉과 같이 적지종심작전부대, 경계부대, 본대, 예비대로 편성하며, 지연작전은 일반적으로 적지종심작전, 경계작전, 지연선에서의 작전을 실시하게 된다.

적지종심작전은 감시 및 정찰자산과 연계한 화력자산 운용으로 적의 공격기세 및 기동성 둔화와 조직적 압박 방해, 적의 기도 파악 등을 통하여 지연작전에 유리한 여건을 조성한다. 경계작전은 적의 접근을 조기 경고하고 적의 공격 기세를 약화시켜 지연선에서의 전투에 유리한 여건을 조성하기 위해 최초 지연 진지로부터 충분히 이격된 전방에서 실시한다. 지연선에서의 작전은 지형+병력+화력+장애물을 통합한 원거리 전투로 적을 지연, 유인하면서 최대한의 피해를 강요하고 적에 의한 포위 등과 같이 전체적인 작전에 큰 위험이 있는 경우에는 일시적으로 근접전투와 다양한 공세행동을 실시하여 적의 공격 기세를 약화시켜야 한다.

지연작전은 일반적으로 부여받은 정면과 종심의 자연 및 인공 지형과 준비시간의 이점을 가지고 주도권을 가진 적을 대상으로 공간을 양보하면서 후방으로 작전을 진행하게 되므로 전체적으로 분산(散)×기동(動)의 원리가 적용된다.

지연작전 시에는 후방으로 작전을 진행하면서 수 개의 지연선에 전투 준비를 해야 하므로 가용시간을 이용한 작전 준비와 시간준수가 중요하고 공세행동 시에는 전기 포착·활용, 타이밍의 시간적 요소 적용이 중요하다. 또한 주도권을 가진 적에 대응하여 분산된 전투력으로 기동하면서 수 개의 지연선에서 정지 상태로 작전을 하게 되므로 전투력을 절약하기 위해 지형과 장애물을 최대한 이용하여 원거리 전투를 수행해야 한다. 이를 통해 적에게 피해를 강요하고 적을 지연시켜 시간을 획득하거나 적을 계획된 지역으로 유인해야 한다.

철수는 적과 접촉하고 있는 부대의 일부 또는 전부를 접적지역으로부터 조직적으로 이탈시키는 것으로, 아군의 전투력 보존이나 타 지역으로 부대를 전용하기 위해 실시하며 자발적인 철수와 강요에 의한 철수로 구분된다. 자발적 철수는 적과 접촉이 단절되었거나 적의 압력이 경미한 경우에 실시하고, 적에게 강한 압력을 받고 있는 상태에서는 강요에 의한 철수를 하게 된다.

철수 시 적지종심작전부대는 상급부대 또는 후방 배치부대에게 통제 권한을 위임하고 경계부대는 자발적인 철수 시에는 잔류접촉 분견대가, 강요에 의한 철수 시에는 후방배치부대가 역할을 담당하며 〈그림 11-8〉과 같이 작전이 진행된다.

철수는 일반적으로 주도권을 가진 적으로부터 전투력을 후방으로 조직적으

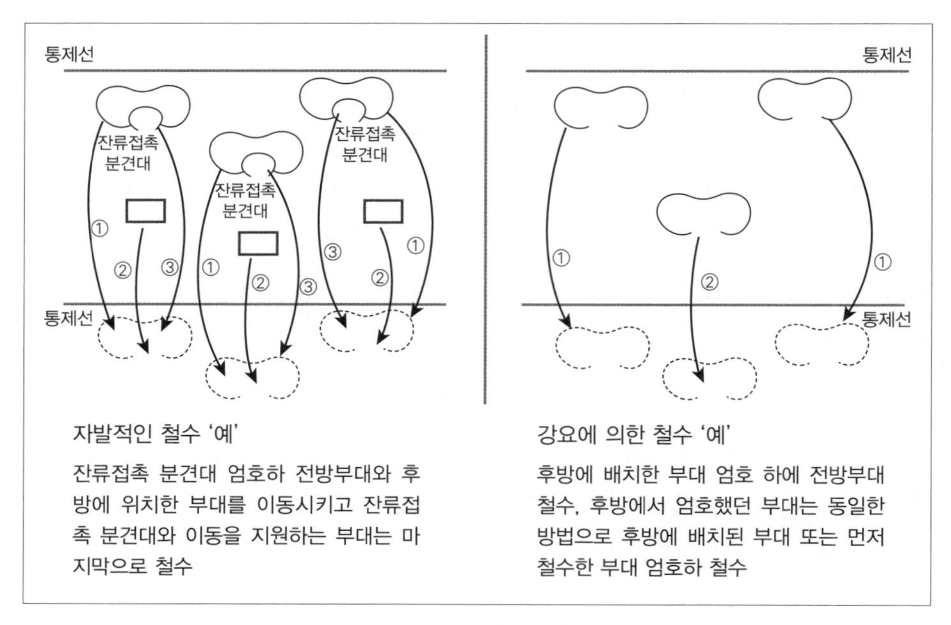

〈그림 11-8〉 자발적 · 강요에 의한 철수 '예'

로 이탈하는 작전으로, 분산(散)×기동(動)의 원리를 적용하되 야간, 안개 등 악기상과 연막, 기만작전 등을 통해 아군의 철수 기도를 은폐하고 적의 관측을 차단해야 한다. 또한 분권화 작전을 수행할 수 있도록 철수하는 부대에게 기동력과 화력, 그리고 제병협동의 후방엄호부대, 국지적 공중 우세권 등을 제공해야 한다. 아울러 가용시간을 이용한 작전 준비, 시간 준수, 타이밍, 불량한 기상 이용의 시간적 요소가 중요하며 주도권을 가진 적으로부터 분산된 전투력으로 접촉을 단절하기 위한 기동을 해야 하므로 지형과 장애물의 공간적 요소를 최대한 이용해야 한다.

(2) 전례 연구

6.25 전쟁 시 영동·김천 전투는 한반도에 최초로 투입된 미 제24사단이 공주·대전 전투에서 북한군을 저지하지 못하고 경부도로를 따라 철수하는 상황에

서, 미 제24사단을 증원하기 위해 투입된 미 제1기병사단이 1950년 7월 22일부터 31일까지 파죽지세로 남진하는 북한군 제3사단, 제105전차 사단(-)을 맞이하여 경부도로 축선에서 실시한 지연방어 전례이다.

미 제1기병사단은 7월 22일부터 25일까지 미 제8군 사령관 워커(Walton H. Walker) 중장의 명령에 따라 미 제24사단 후방지역작전을 지원하면서 영동 일대를 방어하기 위해 제8-1대대를 경부국도에, 제8-2대대를 무주 방향 도로에 배치하고, 제5기병 연대를 종심에 배치하여 방어를 실시하였다.

북한군은 제3사단 8연대와 전차부대를 옥천-영동 가도로 공격시켰으나, 미 제8-1대대는 금강 하천을 이용하여 북한군을 저지하였다. 그러나 미 제8-2대대 지역에서는 금산-무주 방향으로 우회 공격한 북한군 제3사단 7, 9연대가 야간에 피난민을 가장하여 배후로 침투, 갈령을 탈취하고 도로를 차단함에 따라 제8-2대대는 고립되었고 4차례의 사단 역습이 실패함에 따라 제8-2대대는 중장비를 유기하고 많은 사상자를 내면서 산악으로 철수하였다. 사단장은 미 제8연대의 피해가 많아 영동 일대 방어가 어렵다고 판단하여 미 제5-1대대 엄호하에 제8-1대대와 8-2대대가 철수하는 교대 진지상의 지연전을 실시하기 위해 영동-황간에 이르는 지연진지 점령을 지시하였다.

7월 26일부터 29일까지 미 제1기병사단은 제1지연선에 제7연대 2대대, 제5연대 2대대를, 그 후방에 제8연대 2대대, 제5연대 1대대를 배치하여 교대 진지상의 지연전을 실시하였다. 제1지연선에서 북한군 제3사단은 보전협동으로 도로 축선을 따라 돌파를 실시하였으며, 이때 제2지연선 후방의 황간 북쪽에 인접해 있는 미 제25사단 27연대도 북한군 제2사단을 저지하고 있었다. 미 제1기병사단장은 미 제25사단 27연대가 돌파될 경우에 대비하여 철수 준비 명령을 하달하였는데 철수 준비로 우왕좌왕하는 미 제7연대 2대대 전방으로 북한군이 공격해 오자 대대는 공황에 빠져 많은 사상자를 내고 퇴각하였다. 북한군이 제1지연선 확보 후 다시 공격을 준비하는 동안 미군은 제7연대 1, 2대대로 제2지연선을 점령하고, 제5연대는 종심을 배비하기 위해 황간 동쪽에 저지진지를 점령하였다. 북한군은 포사격과 함께 공격을 실시하였으나 격퇴되자, 측방과 후방지역의 피난민과 혼재되어 침투식 공격을 하면서 피난민을 인간 방패로 활용하여 공격함에 따라 민간인 학살 사건인 '노근리 사건'이 발생되게 되었다.

7월 30일부터 31일까지 미 제1기병사단은 북한군이 황간 일대를 일부 부대로 견제하고 주력은 무주-지례-김천으로 우회 공격하려는 기도를 파악하여 모든 부대를 김천 일대로 철수시켰다. 그리고 주요 고지를 점령하여 북한군 제3사단의 우회공격에 대비하면서 적극적인 정찰로 북한군과 접촉을 유지하고 화력을 유도함으로써 보전협동으로 공격하는 북한군을 미 공군의 항공지원으로 격멸하였다.

미 제1기병사단은 공간을 이용하여 북한군의 공격을 지연하면서 전투력을 보존하고 시간을 획득하기 위해 주도면밀한 지연방어 계획을 수립하여 2단계 하급제대인 대대를 직접 통제하고 퇴로 차단 방지를 위해 미 제25사단 27연대와 실시간 협조된 작전을 수행하였다. 북한군은 미군의 지연선을 확보한 다음에 반복적으로 재편성한 후 다시 공격함에 따라, 미군의 전투력이 약화된 시기와 지역에서 미군의 약점을 활용한 종심 깊은 공격을 하지 못하였다. 이에 따라 미군은 다음 지연선을 준비할 시간을 획득하고 지형의 이점을 이용, 축선별 종심 깊은 진지를 추가 준비하여 우발상황에 대비함으로써 북한군의 전과확대 및 추격으로의 전환을 방지할 수 있었다. 또한 야간전투 시에도 근접전투를 지양하고 청음초와 전방 경계부대를 운용하여 포병과 근접 항공지원을 통한 원거리 전투를 실시함으로써 북한군 보전협동부대를 궤멸시킬 수 있었다. 그러나 퇴로 차단 우려로 인한 철수 준비 명령으로 전장 공황이 발생하고 북한군의 배합전으로 전방에 고립되는 상황이 발생하였으며, 피난민을 가장한 북한군의 특수부대에 의해 퇴로와 보급선이 차단되는 등 미흡한 전투력 운용으로 많은 피해가 발생하기도 하였다. 하지만, 미 제1기병사단의 지연방어는 유엔군의 낙동강 방어선을 준비할 수 있는 시간을 획득한 성공적인 작전이라 평가할 수 있다.

또 다른 전례는 고구려 영양왕 23년(서기 612년), 중국의 수나라와 벌였던 지연방어 전례이다. 서기 612년, 수 양제는 113만 대군으로 고구려를 침공하여

2개월이 넘도록 요동성을 공격했으나, 성과가 없자 우중문에게 별동대 30만을 주어 평양으로 진군시켰다. 을지문덕은 7차례나 거짓으로 패하면서 수나라 군대를 고구려 깊숙이 유인하여 공격 기세를 약화시켰고, 철군하는 수나라 군대를 살수에서 수공작전으로 섬멸하였다.(부록 2 〈그림 24〉 참조)

앞에서 설명한 방어작전 형태별로 나타나는 전투력, 시간요소, 공간요소의 작용을 요약해 보면 〈표 11-1〉과 같이 정리해 볼 수 있을 것이다.

〈표 11-1〉 방어작전 형태별 전투의 3요소 작용 '예'

구분	시간요소	공간요소	전투력의 4가지 성질 작용
지역 방어	• 가용시간을 이용한 작전 준비 • 시간 준수 • 전기 포착 · 활용 • 타이밍 • 기상 이용	• 자연 · 인공지형, 장애물을 병력, 화력과 통합하여 방어에 유리한 태세 조성 • 지연이나 공세행동을 위한 유리한 지형과 기동로 확보	• 분산(散)×정지(靜) • 공세행동 시 역습부대는 집중(集)×기동(動)
기동 방어			• 분산(散)×정지(靜), 일부 부대는 분산(散)×기동(動) • 공세행동 시 공격부대는 집중(集)×기동(動)
지연 방어			• 분산(散)×정지(靜) • 차후 진지로 분산(散)×기동(動) • 공세행동 시 일부 부대로 집중(集)×기동(動)

방어작전 시 초기의 전투력 운용의 모습은 전반적으로 분산(散)×정지(靜) 상태로 작전을 시작하지만 전투가 진행되면서 적에 의한 돌파구 형성, 유인 지역으로 적 유입, 적의 약점과 과오가 노출 될 경우에는 가용한 전투력을 이용하여 집중(集)×기동(動)의 공세행동을 실시하게 된다. 방어작전은 전반적으로 수세적인 작전이기 때문에 적의 주도권을 제한하고 아군이 주도권을 장악하기가 대단히 어려우나, 기동방어는 지역방어의 모습으로 적 전투력을 흡수하면서 결정적인 시간과 장소에 전투력을 집중하여 공세행동을 실시함으로써 적 주도권을 제한하거나 주도권을 장악할 수 있는 가능성이 커진다. 지연방어는 분산(散)×정지

(靜)의 전투력을 운용하면서도 움직이면서 실시하는 분산(散)×기동(動) 작전을 많이하게 된다. 따라서 동(動)적인 전투력을 많이 운용하여 작전의 양상이 복잡한 기동방어와 지연방어에 대해 평상시부터 계획, 준비, 실시간 상황조치를 숙달해야 할 것이다.

방어작전에서 시간요소 중 중요한 것은 작전 초기에는 가용시간을 이용한 작전준비와 시간준수이지만, 전투가 진행됨에 따라 전장의 유동성이 커지기 때문에 이용할 수 있는 호기가 다양하게 발생하게 되므로 전기 포착·활용, 타이밍의 중요도가 더 높아진다. 방어작전의 공간요소는 작전지역의 자연 및 인공지형과 장애물을 병력, 화력과 통합하여 방어에 유리한 태세를 조성하고 지연이나 공세행동을 위한 유리한 지형과 기동로를 확보하는 것이라 할 수 있다.

일반적으로 방어작전 시 착안해야 할 사항은 첫째, 방어의 이점인 지형+장애물+병력+화력을 통합 운용할 수 있도록 가용시간을 최대한 이용하여 사전준비를 철저히 하고 험준한 산악, 하천선 등 병력을 절약할 수 있는 지형에서 절약된 전투력을 적의 집중이 예상되는 지역에 보강해야 한다.

둘째, 적극적인 전장 감시를 통해 적이 언제, 어디로, 어떻게 집중할 것인가를 파악하여 이에 대한 대응 전투력을 운용할 수 있도록 전투력을 적재적소에 배치하고 필요시 분진합격식으로 전투력을 집중하여 적의 약점과 과오를 응징할 수 있어야 한다.

셋째, 각종 기만활동으로 적을 분산 및 유인하고 적의 약점과 과오로 발생하는 호기 포착 시 예비대와 유휴 전투력을 전환하여 적을 기습적으로 집중 타격함으로써 적 전투력 저하와 심리적 마비를 달성해야 한다. 또한 가능한 전 종심에 걸쳐 동시 전투를 강요하여 후속제대 증원을 차단함으로써 적의 공격 기세를 약화시키고 공자가 공격 기세를 유지하는 데 필수적인 보급시설, 보급로 등을 타격하여 적의 공격 균형을 와해시켜야 한다.

넷째, 방어작전 성격상 나타나는 수세적이고 위축된 분위기를 무형 전투력을 강화시키는 정신무장 활동 등을 통해 해소하고 방어작전 시에도 제병협동작전과 합동작전으로 전투력 승수효과를 달성하며 기동하는 적의 측·후방을 찾아 지속적으로 타격해야 한다.

다섯째, 작전 진행 간 적시 적절한 전투지원과 작전지속지원을 실시하여 방어 균형을 유지해야 한다.

여섯째, 지휘관은 METT+TC를 고려하여 전투력의 4가지 성질을 유연하게 적용하고 이를 시간과 공간요소에 잘 결합하여 전투력이 극대화될 수 있도록 자신의 술(術)적 응용 능력을 지속적으로 발전시켜야 할 것이다.

방어작전은 공세 이전의 여건을 조성하기 위해 가용한 모든 수단과 방법으로 공격하는 적 부대를 지연, 저지, 격퇴, 격멸하는 작전이다. 방어는 초기 주도권을 장악하기 어렵기 때문에 적의 공격에 수세적이고 피동적인 작전이 불가피하나, 수세적 작전으로 일관한다면 공세 이전의 여건을 조성할 수 없기 때문에 주도권을 장악하기 위한 공세적인 전투력 운용을 지속적으로 할 수 있도록 노력해야 한다. 지역방어는 정지(靜)된 상태의 주 전투력을 운용하고 기동방어와 지연방어는 기동(動)의 비중을 높여 주 전투력을 운용하게 되는데, 어떤 방어작전 형태를 선택할 것인가는 일반적으로 METT+TC를 종합적으로 고려한다.

제12장
전술의 술(術, Art) 향상 방법

클라우제비츠가 『전쟁론』에서 인간의 판단이 시작되는 지점에서 술(術, Art)이 시작된다고 한 바와 같이, 전술의 술적 응용능력을 향상시키기 위해서는 전술적 판단 연습이 대단히 중요하다. 판단력 향상을 위한 연습에는 야전에서 건제를 유지하여 훈련하는 방법, 전투 전사와 훈련 사례 등을 연구하고 토의하는 방법, 전사와 훈련 사례 등을 바탕으로 상황조치 문제를 만들고 이를 해결하는 방법 등 다양하다. 이 중 전사와 훈련 사례를 기초로 하여 상황조치 문제를 구성하는 방법과 이렇게 작성된 문제를 해결하고 토의, 토론을 통해 타인의 판단까지 공유하는 학습 방법이 평상시에 손쉽게 판단력을 향상시킬 수 있는 방법으로 공감을 얻어 확산되고 있다. 이에 따라 본고에서는 전사와 훈련 사례를 기초로 상황조치 문제를 구성하는 방법과 이를 해결하는 방법을 소개하고 관련된 문제를 제공하여 독자들이 쉽고 재미있게 판단력을 향상할 수 있도록 하였다.

1. 문제 구성 방법

문제를 구성하는 방법은 〈그림 12-1〉과 같이 학습해야 할 상황을 구상 후, 전사와 훈련 사례 등에 대한 자료를 수집하여 이를 기초로 일반 및 특별상황을 구성하게 되는데, 문제를 구성하는 절차는 아래와 같이 6단계로 이루어진다.

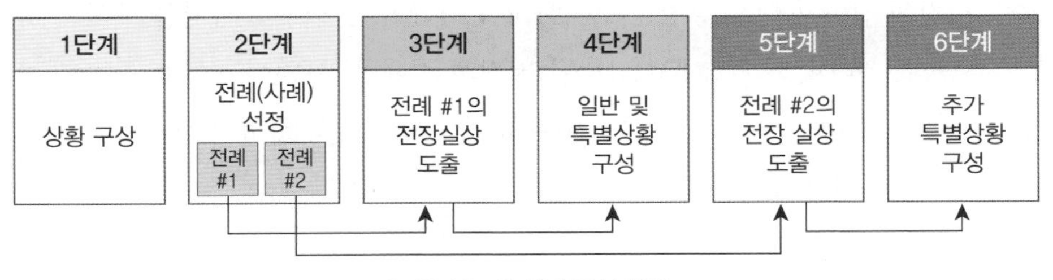

〈그림 12-1〉 문제 구성 방법

1단계는 학습과제를 교육하는 데 가장 적합한 전투 상황을 구상한다.

2단계는 구상한 전투 상황과 전투수행 6대 기능(지휘통제, 정보, 기동, 화력, 방호, 작전지속지원)을 통합적으로 훈련할 수 있는 전례를 선정하게 된다. 전례 선정 시 각종 전투 사례를 수록한 도서와 훈련 사례집을 참고하되, 전투지휘에 영향을 주는 METT+TC 요소가 종합적으로 고려될 수 있는 전례와 전투력 발휘에 영향을 주는 다양한 지형 및 기상 조건 등을 포함한 전례를 선정해야 한다.

3단계는 전례#1에서 나타난 전장의 상황 속에서 '무엇이', '어떻게' 발생하였는지를 분석하되, 전투지휘에 영향을 주는 요소 위주로 전장에서 무엇이 발생하였는가를 도출하고 어떻게 전투가 진행되었는지를 확인한다.

4단계는 전장에서 발생 가능한 METT+TC 요소의 가변성을 고려한 상황을 구성하되, 일반상황은 작전명령 5개항을 기초로 학생들이 전반적인 상황을 이해할 수 있도록 구성하고, 특별상황은 도출한 전장 실상을 고려하여 다양하고 복합적으로 구성하되, 학생들의 수준과 상황을 고려하여 수준을 가감하여 작성한다. 이때 일반상황은 적 상황, 지형 및 기상, 상급 및 인접부대 상황, 임무 및 지휘관 의도, 주요 부대 운용 및 현재 상태를 포함하여 시간적 여유를 가지고 판단할 수 있도록 부여한다. 특별상황은 METT+TC를 기초로 '상황 판단-결심-대응' 과정에 영향을 주는 다양하고 복합적인 상황을 부여하고 전투와 전투력의 특성[1]을 고려하여 불확실하고 빠르게, 끊임없이 바뀌는 상황에서 실제 전투 상황이라고 느낄 정도로 강렬한 인상을 전달한다. 전투원에게 지속적으로 마찰과 부담을 주는 상황과 혹독한 환경조건에서 전투, 생존을 훈련할 수 있는 상황을 포함하여 시간의 압박 속에서 상황을 조치하도록 서면 또는 구두로 상황을 부여한다.

5단계는 다시 전례#2에서 나타난 전장의 상황을 '무엇이', '어떻게' 발생하였는지를 분석하되, 전장의 실상과 전투 및 전투력의 특성을 반영하여 주로 무엇이 발생하였는가를 도출한다.

6단계는 이미 부여한 특별상황과 연계하여 전투지휘에 영향을 주는 요소 위주로 상황을 구성하되, 기상의 변화, 지형 상의 제한사항, 전투 피로, 전장의 공포증 등 악조건의 상황 등을 포함한다. 필요시 문제를 구성하면서 전례 #1, 전례 #2를 통합하여 일반 및 특별상황을 구성하는 것도 가능하다.

이렇게 문제를 구성한 다음에는 각각의 문제에 대한 요구사항을 제시한 후, 각 상황별로 문제와 요구사항에 대한 적절성 여부를 토의를 통해 확인하고, 이를 상황 판단 및 결심대응 절차와 워게임에 대입하여 보완 및 검증함으로써 완성도를 향상시켜야 한다.

문제 구성에 대해 하천선 방어작전을 '예'를 들어 설명해 보면 다음과 같다.

1단계: 한반도 지형에서 하천이 광범위하게 분포되어 있어 하천을 이용한 방어작전을 수행하는 데 가장 적합한 전투 상황을 구상하였다.

2단계: 제2차 세계대전 전사 서적인『전격전의 전설』중 하천선 전투를 기록한 제6장 마스강 전선의 붕괴를 살펴본 결과, 프랑스군이 지연방어를 하고 있

1 전투의 특성은 인간적 요소, 위험, 격렬한 마찰, 불확실성과 역동성이고 전투력의 특성은 가변성, 상대성, 한계성이다.

는 마스강 지역에서 독일의 호트 기갑군단이 마스강 도하를 실시하자 프랑스군이 역습을 하였으나, 실패하면서 마스강 방어선이 붕괴되어 철수하는 상황을 확인할 수 있었다. 이 전례는 전투수행 6대 기능과 다양한 지형과 기상 조건이 포함되어 METT+TC를 종합적으로 판단하고 다양한 방책을 구상하여 훈련할 수 있는 전례라고 판단하였다. 또한 제4차 중동전 관련 전사 서적인 『골란고원의 영웅들』 중 골란고원 일대에서 시리아군과 전투를 하면서 발생했던 다양한 상황들이 문제를 구성하는 데 적합하다고 판단하여 이 2가지 전례를 중심으로 하천선에서 공격과 방어에 대한 전투 상황을 구상해 보았다.

3단계: 『전격전의 전설』에서 호트 기갑군단의 디낭 돌파 간 하천선에서 공격작전을 실시했던 상황과, 돌파와 관련하여 전장에서 실제로 일어난 상황 및 전투 진행 경과를 통하여 무엇이 어떻게 발생하였는가를 다음과 같이 분석하였다.

전례 #1 호트 기갑군단의 디낭 돌파 『전격전의 전설』, pp. 356-375.

이때 드비스 펠라에르 중위가 지휘하는 벨기에 공병부대는 이 교량을 폭파할 준비를 마쳤고, 아르덴 보병 1개 소대와 프랑스 보병대대 일부 병력들도 일대에 방어진지를 편성해 놓은 상태였다. 5월 12일 아르덴에서 지연전을 수행한 제4경기병사단이 이 교량을 통해 철수했다. ① 모든 병력이 교량을 통과했지만 드비스 펠라에르는 피난 중인 민간인들이 계속해서 다리로 밀려들었기 때문에 폭파를 대기시키고 있었다. 그는 독일군이 아직 멀리 있다고 믿었다.

…중략…

적잖은 우려에도 불구하고 벨기에군과 프랑스군은 수위가 낮아질 것을 염려해 제5수문을 폭파하지 않고 그대로 두었다. ② 이 수문은 프랑스 제2군단과 제11군단의 전투지경선이었으며, 뒤에서 설명하겠지만, 그로 인해 결정적인 순간에 책임을 지고 행동을 취할 부대가 어디에도 없었던 것이다.

…중략…

③ 야전군 사령부는 하천변에 제1방어선을 구축하라고 대대에 지시했지만, 대대장은 이를 거부하고 뒤쪽에 있는 암반 지형의 고지대에만 병사들을 배치했다. 그 결과, 5월 12~13일 야간에 바로 그곳에서 독일군이 적의 눈에 띄지 않고 제방의 통로를 지나 마스강 서쪽 강둑에 도착한 것이다.

자정이 되기 조금 전, 이 지역 인근에 배치된 프랑스군 제6중대 병사들은 독일군의 침투를 인지하고 사격을 개시했다. ④ 그러나 수동적으로 방어하기만 할 뿐, 취약한 독일군의 교두보를 제거하기 위한 역습은 하지 않았다.

…중략…

특히 두 교두보 지역에서는 중화기도 전차도 없는, 전투력이 취약한 보병 부대들만으로 공격작전을 수행해야 했기 때문이다.

…중략…

자정이 가까울 무렵, 독일군 병사들이 최초로 마스강을 건넌 지 24시간이 지난 후, 제1기갑사단은 기존의 임무 대신에 제9군 예하부대로 디낭 방면으로의 역습 준비 명령을 하달받았다. 하지만 ⑤ 이들은 5월 14일 오전시간을 집결지에서 허비했다. 전달 과정에서 문제가 생겨 14시경에야 역습작전 명령이 전달되었다.

…중략…

그러나 하필 그때 샤르 B전차의 연료가 바닥났다. 전차마다 1개밖에 없는 작은 연료탱크가 원인이었다.

위의 전례에서 무엇이, 어떻게 발생하였는가를 도출해 보면, ①번은 하천선 경계부대 철수 간 교량 파괴 지연, ②번은 인접부대와 전투지경선 일대 공백 발생, ③번은 상급부대 의도와 맞지 않는 작전수행, ④번은 적의 취약점 발생(호기) 미활용, ⑤번은 작전명령 지연 하달과 전차 유류 부족 등을 도출할 수 있었다.

4단계: 도출된 상황을 바탕으로 현대 전장에서 발생 가능한 상황으로 구성하기 위해 일반상황은 첫째, 전반적인 전장상황과 부대의 임무와 작전 목적, 현재 처한 상태, 둘째, 아군 임무 수행에 영향을 미치는 적 위협 및 상태, 셋째, 상급·인접·지원부대를 포함하여 현재 해당 부대의 임무 수행 상태, 넷째, 피·아 임무 수행에 제한을 주거나 이용 가능한 지형 및 기상, 민간 요소와 관련된 사항을 작전 명령 5개항에 준하여 다음과 같이 작성하였다.

일반 및 특별상황은 야전부대와 군 관련 학교기관에서는 학생의 수준과 교육환경을 고려하여 정확한 군대 부호와 실제 지형 등을 사용하여 구체적으로 작성하고 문제풀이도 구체적으로 실시해야 하나, 본고에서는 일반 독자들을 고려하여 개략적으로 제시하였다.

□ 일반상황

당신은 현재 F전차대대장으로서 임무 수행 중이다.

■ 상황

- F전차대대 TF는 A, C 2개의 전차중대조, B기보중대조 등 3개의 전차 및 장갑차 위주로 기계화된 전투부대와 전투지원, 작전지속지원부대로 편성되어 하천선 방어작전을 수행하고 있으며 F전차대대 TF의 작전 목적은 적 부대를 격멸하는 것이다.
- F전차대대 TF 전방의 적은 선두에 보병부대, 후방에 기갑 및 기계화부대가 공격하고 있다.
- F전차대대 TF 동측에는 G기보대대 TF, 서측에는 H기보대대 TF가 위치하고 있고 F전차대대 TF를 지원하는 여단 예비대가 10km 후방인 야지리에 위치하고 있으며, 155M 1개 포대가 대대를 직접 지원하고 F전차대대 TF의 전투력은 70% 수준이다.
- 작전지역은 150~200m의 구릉지대로 기갑 및 기계화부대 기동에 큰 영향이 없고 한천강은 수심이 깊어 일부 구간을 제외하고 도섭이 제한되며 영흥리 교량은 사용 가능하다. 지역내 민간인은 현지역을 대부분 이탈하였다. 기온은 영하 3℃~영상 12℃의 분포를 보이고 있고

한천강 일대는 국지적으로 오전과 야간에 안개가 짙게 끼어 있다.

■ 임무

F전차대대 TF는 0000년 3월 17일 10시 00분 이전까지 영흥리~구주리 일대를 점령 방어하여 적 부대를 격멸한다.

■ 요도

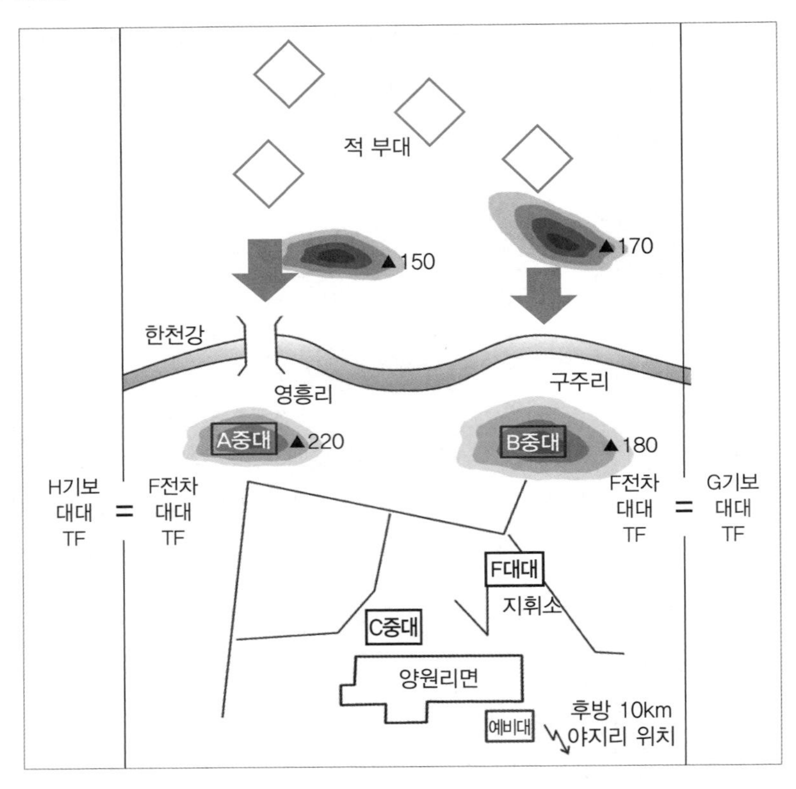

위와 같은 일반상황 속에서 특별상황의 구성은 첫째, 피·아 작전상황을 개략적으로 유추할 수 있도록 현재 시간을 제시하고 둘째, 현재 시간의 작전요도를 제시하며 셋째, 피·아 행동과 대응 및 역대응에 대해 기술한다. 넷째, 피·아 행동 간 아군이 복합적이고 다양한 판단을 할 수 있도록 어려운 조건과 상황을 부여하고 다섯째, 이에 따른 상황 판단-결심-대응을 위한 요구사항을 제시한다.

□ 특별상황

- 현재 시간은 3월 17일 10시 00분에 방어진지 점령을 완료하고 적의 공격에 대한 방어를 실시한 지 5시간이 경과된 15:00이다.
- F전차대대 TF는 현 위치에서 방어 중이다.
- 적은 아군의 영홍리 교량 폭파 이전에 교량으로 전차 10대가 통과하였으나, 통과 후 교량은 파괴되었다.
- 동측 G기보대대 TF 협조점 일대로 적 보병 1개 소대가 강습 도하하고 있다.
- 영홍리 대안 상 적 전차 20여 대가 포함된 미상의 부대가 공격 준비 중이다.

■ 요도

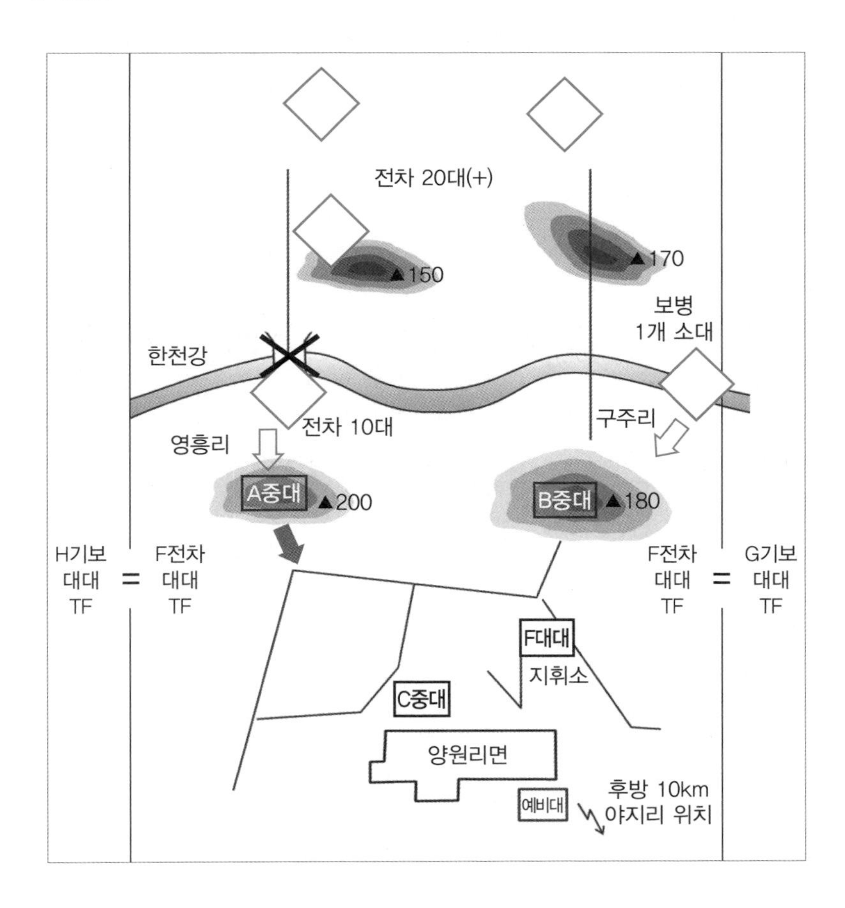

- 적의 강력한 포병사격과 대안 상 적 대전차 화기 공격으로 A전차중대조는 전차 7대가 파괴되고 탄약과 유류가 70% 이상 소모되었으며 일부 부대가 후방으로 철수하고 있다.
- F전차대대 TF는 일시적인 통신두절 상태이다.

■ 요구사항 #1

- F전차대대장으로서 현 상황을 평가하고 우선조치 사항을 제시하시오.
- 2가지 이상의 방책을 제시하고 각각의 장·단점을 비교하여 최선의 방책을 선정한 후 이유를 설명하시오.

5단계: 『골란고원의 영웅들』에서 이스라엘 전차부대와 시리아군 전차부대 간 근거리 교전에서 실제로 일어난 위험과 격렬한 마찰, 불확실성과 역동성 등 전투의 특성과 가변성, 상대성, 한계성 등 전투력의 특성에서 무엇이 발생했는가를 도출하였다.

전례 #2 『전격전의 전설』, p. 368; 『골란고원의 영웅들』, p. 200, p. 299, p. 309, p. 330.

하지만 이들은 5월 14일 오전을 집결지에서 허비하였다. ① 전달 과정에서 문제가 생겨 14시경에야 역습 작전 명령이 전달되었다.

…중략…

물로 처박히기 일보 직전에 가까스로 전차가 정지했다. 소리치면서 뒤를 돌아보니 스니르 전차가 최대속력으로 내 전차로 돌진해 오고 있었다.

…중략…

② 스니르의 전차가 둔탁한 소리를 내며 내 전차에 부딪쳤다.

…중략…

"요스! 사격 중지, 사격 중지, 내 전차들이 텔 아마르에 있다." ③ 우리 전차가 여단 내의 동료 전차에게 맞는다는 것은 생각만 해도 등골이 오싹해지는 일이었다.

…중략…

"나는 후속 중임, 측방에서 전차들이 사격하고 있는데 대처하기 곤란함. ④ 이 전차들이 적인지 아니면 아군인지, 그리고 정확한 위치가 어디인지 모르겠음. 남쪽과 북쪽을 보기 바람."

…중략…

나의 바로 왼쪽에 있었던 ⑤ 포병장교인 아브라함 스니르 중위가 즉사하여 그의 몸이 전차에 걸쳐져 있었다. 그는 포탑 안으로 대피할 여유를 갖지 못했던 것이다.

위의 전례에서 무엇이, 어떻게 발생하였는가를 도출해 보면, ①번은 명령 하달 지연으로 적시적인 전투력 발휘 제한, ②번은 아군 전차끼리 충돌, ③번은 인접해 있는 아군에 의한 오인 사격, ④번은 피·아 혼재로 식별 제한, ⑤번은 적 공격으로 화력지원장교 전사 등을 도출할 수 있었다.

6단계: 4단계에서 부여한 특별상황과 연계하여, 4단계 특별상황 구성과 유사하게 추가 특별상황을 구성하고 요구사항을 제시하였다.

□ 추가 특별사항

- 현재 시간은 적이 공격을 개시한 후 10시간이 경과되었다.
- A전차중대조는 영흥리 일대 적과 교전 중이며, 구주리 일대에서 최초로 도하한 적 소대 병력은 B기보중대조에 의해 격멸되었으나, 보병중대 규모가 다시 강습 도하 중이다.
- F전차대대 TF는 예비인 C전차중대조로 영흥리 일대 돌파구에 대한 역습을

실시하고 있으나, 명령 하달 지연, 부대 이동 간 장비 밀집, 아군 전차 간 충돌사고 등으로 혼잡하고 공격속도 발휘가 제한된다.

- 대안 상 적 주력부대는 도하 여건 보장을 위해 화력을 집중하면서 도하를 준비 중이고 적의 포병공격으로 화력지원장교가 전사하였으며 적은 1시간 이후 도하를 시작할 것으로 예상된다.
- 돌파구 내에는 적과 저지하고 있는 아군부대, 역습부대가 혼재되어 오인 사격이 빈번하게 발생하는 등 혼잡하다.

■ 요도

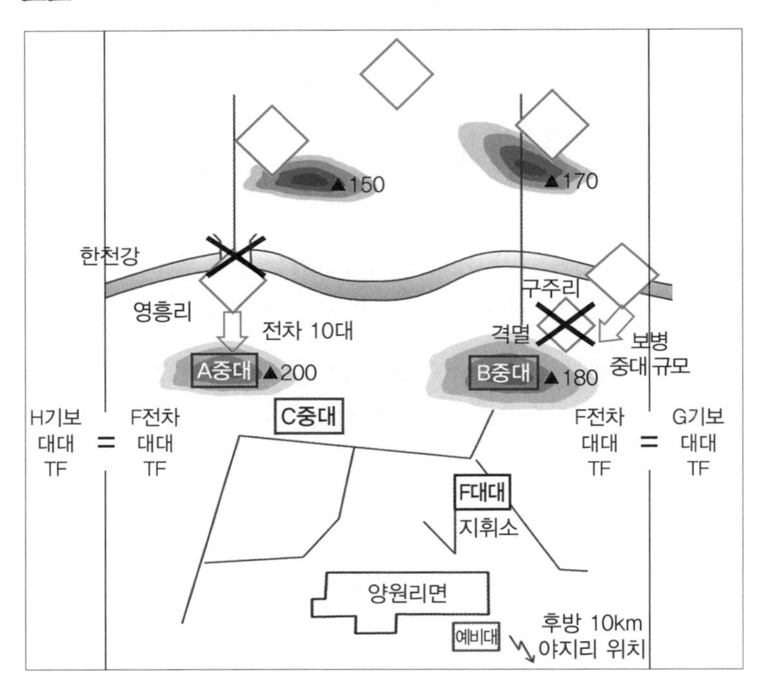

■ 요구사항 #2

F전차대대장으로서 변화된 상황을 판단하여 조치 방안을 제시하고 이유를 설명하시오.

이렇게 구성된 일반 및 특별상황과 요구사항에 대한 적절성 여부를 토의를 통해 확인하고 이를 상황판단 및 결심대응 절차와 워게임에 대입하여 보완 및 검증함으로써 완성도를 향상시켜야 한다.

2. 문제 해결 방법

위에서 제시한 '하천선 방어작전'에 대한 문제에 대해 제7장 작전수행 과정의 '3. 작전 실시'에서 제시한 절차를 적용하여 요구사항#1을 해결해 보면 다음과 같다.

(1) 변화된 상황을 전체적으로 파악하기 위해 전술적 고려 요소(METT+TC)를 참고하여 상황을 평가한다.

① 임무(M)에서 F전차대대 TF의 최초 임무와 지휘관 의도는 변경이 없으므로 변경 없음으로 평가한다.

② F전차대대 TF 전방의 적(E)에 대해 경중완급(輕重緩急)을 고려하여 아군에게 영향을 미치는 적 위협요소에 대한 우선순위와 적 기도, 강 · 약점을 평가해 보면 다음과 같다.

◆ 적(E) 위협 우선순위

- 교량을 통과한 적 전차 10대 * 위협 수준: 중(重), 반응시간: 급(急)
- 강습도하 중인 적 보병 1개 소대 * 위협 수준: 경(輕), 반응시간: 급(急)
- 영홍리 대안 상 공격 준비 중인 전차 20여 대를 보유한 규모

미상 적 부대 * 위협 수준: 중(重), 반응시간: 완(緩)

◆ 적 기도: 교두보 확보 후 주력부대 도하

◆ 적 강점: 아군 차안에서 활동 중인 적 전차부대와 보병부대, 강력한 포병과 대안 상 대전차 화기 공격

◆ 적 약점: 천연 장애물인 한천강으로 인해 적 전투력이 대안과 차안으로 분리

③ F전차대대 TF가 적과 아군 가용부대의 운용을 고려하여 지형평가 5대 요소와 각종 기상의 영향을 평가한 결과는 다음과 같다.

◆ 지형

- 작전지역은 구릉지대로 기갑 및 기계화부대 기동에 제한이 없으며 한천강은 적의 접근을 제한하는 자연 장애물로 작용
- 한천강의 파괴된 교량과 깊은 수심은 도섭과 도하 제한, 도하 장비 필요
- 고지의 분포로 볼 때 차안과 대안의 고지에서 관측과 사계, 후사면을 이용한 은폐와 엄폐는 용이하나, 아군 지역의 능선이 높아 아군이 다소 유리

◆ 기상

- 기온은 작전에 영향이 없으나, 아침과 저녁 시간대는 추위에 대한 보온이 필요
- 한천강 일대의 국지적 안개는 아군의 관측과 사계 제한

④ 가용부대(T)에서 F전차대대 TF는 예하부대, 상급 및 인접부대의 인원 · 장비 · 물자 등 가용한 전투력에 대한 보유 및 피해 현황, 현 상태 등을 평가하되, 피 · 아 상대적 전투력을 병행 파악한 결과는 다음과 같다.

- A전차중대조는 전차 7대 파괴, 탄약과 유류 70% 소모로 전투력 발휘 제한
- A전차중대조를 제외한 F전차대대 TF의 예하부대 전투력 수준은 양호하고 지형을 이용한 방어 가능
- 여단 예비대가 후방 10km에 위치하여 필요시 투입 가능하나, 통신 두절로 즉각 투입 제한
- 155M 1개 포대가 직접 지원 중이며, 유선 연결로 상급부대 화력 요청 가능
- 적은 전차 1개 대대 이상, 보병중대 이상 규모이며, 아군은 대대(-) 규모로 전투력 비율은 약 2:1이 되므로 정상적인 방어작전 가능

⑤ 가용시간(T)에서 F전차대대 TF가 적과 비교하여 상대적 가용시간, 작전 소요시간, 전투 지속시간과 시간 선택 및 시간 엄수, 전기 포착·활용 등을 평가한 결과는 다음과 같다.

- 차안 상 적 전차 10대와 강습 도하한 보병 1개 소대가 연결되어 통합되는 소요시간과 아군 상황 고려 시 즉각적인 조치가 필요
- 대안 상 적 부대는 즉각 도하는 제한되나, 단시간에 도하가 가능하므로 도하 준비 방해 및 공격속도 둔화를 위한 신속한 조치가 필요
- A전차중대조의 파괴 전차 후송 및 정비시간은 상급부대 정비반 지원 시 5시간 이상 소요 예상, 유류 및 탄약 보충은 2시간 소요 예상
- F전차대대 TF의 통신 복구 소요시간은 2시간으로 예상
- 적이 차안과 대안으로 분리되어 전투력의 통합 발휘가 제한되는 호기 활용

⑥ F전차대대 TF가 작전지역 내 민간인과 정부 및 민간기관이 군사작

전을 지원하거나, F전차대대 TF가 보호해야 할 요소 그리고 인도적으로 회피해야 할 사항을 판단한 결과는 다음과 같다.

- 양원리 면의 병원과 경찰이 군 작전을 지원
- 양원리 면의 주민과 각종 기관을 보호
- 작전지역에서 약탈, 파괴 등 비인도적 행위 차단

⑦ 이에 따른 우선조치 사항을 다음과 같이 도출하였다.

- 작전 반응시간 단축을 위해 각종 수단을 이용하여 현 상황 전파
- 통신망 복구를 위해 가용 병력 즉시 투입
- 준비 명령 하달
  - A전차중대조 탄약, 유류 보급
  - 직접지원포병 포대를 통한 상급부대 화력 요청

(2) 위의 상황 평가를 기초로 아래와 같은 방책을 구상하고 검토하여 최선의 방책을 제시하였다.

① F전차대대장은 구주리 일대로 도하한 적 보병 소대는 B기보중대조에서 격멸하고, 적 전차 10대가 공격하고 있는 영흥리 일대에 대해서는 대대 예비로 역습을 실시하는 방책 #1과, 전투력을 증원하는 방책 #2를 구상하여 각 방책에 대한 대응 개념을 다음과 같이 제시하였다.

방책	내용
방책 #1	대대 예비로 보유하고 있는 C전차중대조를 투입하여 역습을 실시, 영흥리 일대 적 부대 격멸
방책 #2	대대 예비인 C전차중대조에서 전차 1개 소대를 A전차중대조에 증원하여 영흥리 일대 적 격멸

② F전차대대장은 각 방책 수행을 위해 전투수행 6대 기능을 중심으로 다음과 같은 부대 운용을 제시하였다.

◆ 방책 #1

- 지휘 통제: 대대장 지휘하에 역습을 실시하고 대대장은 현 지휘소에 위치
- 정보: 200고지와 180고지에서 적 상황 관측 및 보고, 대안 상 적에 대해서는 상급부대 첩보 및 정보 요구
- 기동
  - A전차중대조는 200고지 일대에서 적 저지 및 고착
  - B기보중대조는 적 보병 1개 소대 격멸
  - C전차중대조는 연막차장 상태에서 적의 측 · 후방으로 기동, 기습적으로 영흥리 일대 적 격멸
- 화력: C전차중대조 역습 간 연막차장 지원, 포병 및 4.2 박격포 집중 지원, 대안 상 적 부대는 직접지원 포병부대를 통해 상급부대 화력지원 요청
- 방호: C전차중대조 역습 간 노출을 방지하기 위한 연막차장과 역습 간 아군 오인 사격 방지를 위해 피아식별 표식 부착
- 작전지속지원: 역습 준비 및 실시간 C전차중대조에 작전지속 지원의 우선권 부여, 역습 간 부대 밀집 및 혼잡을 피하기 위한 전장 순환통제 실시, 피해 인원 · 장비 후송, 치료 및 정비 실시

◆ 방책 #2

- 지휘 통제: C전차중대조의 전차 1개 소대를 A전차중대조에 작전 통제, A전차중대장 지휘하에 적 부대 격멸
- 정보: 200고지와 180고지에서 적 상황 관측 및 보고, 대안 상 적에 대해서는 상급부대 첩보 및 정보 요구
- 기동
  - A전차중대조는 C전차중대조의 전차 1개 소대를 작전 통제

하여 200고지 일대에서 적 격멸

- B기보중대조는 적 보병 1개 소대 격멸
- C전차중대조(-1)는 대대 예비 임무 수행

• 화력: A전차중대조에 화력의 우선권을 부여하여 집중 지원, 대안 상 적 부대는 직접지원 포병부대를 통해 상급부대 화력지원 요청
• 방호: 아군 행동 노출 방지를 위한 은폐 및 엄폐, 연막차장, 피·아 혼재에 따른 오인사격 방지를 위해 피아식별 표식 부착
• 작전지속지원: A전차중대조에 작전지속지원의 우선권 부여, 피해 인원·장비 후송, 치료 및 정비 실시

③ F전차대대장은 방책 #1과 방책 #2의 장점과 단점을 제시하고, 방책 #1을 최선의 방책으로 선정하였으며 지휘관·참모가 평가한 핵심 평가 요소를 중심으로 선정 이유를 설명하였다.

구분	방책 #1	방책 #2
장점	• 하천으로 인해 적의 주력과 분리되고 차안 상 적 전차부대와 보병부대가 통합되지 않아 상호 지원 곤란 • 하천으로 분리되고 고립된 적 취약점에 전투력 집중 및 기습 달성 가능 • 적의 취약점에 대한 역습 성공 시 안정한 방어 상태 유지 및 부분적 주도권 확보	• 증원된 예비소대를 통합하여 방어의 이점 지속 활용(준비된 진지, 지형)
단점	• 역습부대 노출로 적의 집중 타격 시 전투력 약화 우려 • 역습 실패 시 예비대 미보유로 우발상황 대처 곤란	• 적 분리와 분산의 호기 미활용 • 전투력 집중, 기습 달성 제한 • 축차적인 전투력 투입 우려
결심	○	

※ 선정 이유: 발생한 호기를 활용하여 부분적 주도권 확보, 축차적으로 투입되는 적 전투력 격멸로 적 공격 기세 약화 가능

F전차대대장은 선정된 방책을 가장 가능성 있는 적 방책과 대응시켜 염두

또는 간단한 서식으로 워게임을 실시하여 부대 전투력을 구성하는 요소들이 언제, 어디서, 어떻게 운용되는지를 구체적으로 결정하고 최선의 방책이 전장에서 성공적으로 구현될 수 있도록 간결하면서도 핵심 내용을 구체화하여 이를 단편명령으로 하달하였다.

이러한 작전 실시간 상황조치에 대한 문제 해결을 통해 얻을 수 있는 효과는 전장에서 발생할 수 있는 여러 가지 상황을 가지고 실시간 상황조치 절차를 숙달함으로써 상황에 대한 이해를 넓힐 수 있다. 그리고 이를 해결할 수 있는 논리적 절차를 숙달할 수 있으며 다양한 상황조치 문제 풀이를 통하여 문제 해결 능력이 향상되면 적보다 빠른 판단과 결심을 할 수 있게 되어 전투 승패의 핵심인 OODA 주기를 단축함으로써 작전의 적시성을 보장할 수 있는 것이다.

3. 문제 구성 및 해결 방법 활용 방안

이렇게 작성된 문제와 해결 방법을 학교기관과 야전에서 활용하는 방안은 다음과 같다.

1) 학교기관

학교기관에서는 작전 실시간 상황조치 과제를 연구하여 문제은행 식으로 축적하고 정규교육 시간과 자습교육 시간에 반영하여 교육을 실시해야 한다. 정규교육 시 교관의 역할은 과제에 대한 상황 설명과 임무 부여, 상호 토의 및 토론을 경청한 후 강평해 주는 것이며, 학생들은 상호 토의 및 토론을 통하여 논리적으로 실시간 상황조치 절차에 따라 최선의 방책을 도출하고 단편명령을 작성하는 것이다. 자습교육 시에는 정규교육 시 학습한 내용을 기초로 문제은행식으로 축적된 다양한 과제를 각자 자습을 통하여 공부하도록 해야 한다. 평가 시에는 문제은행 식으로 축적된 작전 형태별 다양한 문제를 선별하여 출제하고, 채점 시에는 학생들이 문제를 풀이함에 있어 정확한 상황 평가를 통한 실현 가능한 작전을 구상하고 이에 합당한 단편명령 작성 등 논리적인 절차 준수와 더불어 이에 소요되는 시간을 고려하여 평가해야 한다. 즉, 작전 실시간 상황조치의 논리적 절차뿐만 아니라 OODA 주기를 단축시키기 위한 시간까지 고려해야 한다는 것이다.

바람직한 교육훈련은 공통적인 해답을 찾기 위한 것이 아니라, 문제에 공통적으로 접근하는 방법을 모색하기 위해 '전투에서 어떻게 생각해야 하는가?'라는 의문을 갖고, 논리적이고 창의적인 사고를 숙달시키며, 급박한 전투 상황 속에서 상황조치 능력을 체득하는 것이다. 독일의 멜렌틴(Friedrich von Mellenthin) 장군은 "전술적 상황조치를 할 때 결심에는 정답이 없으나, 적시 적절한 결심의 실패와 자신의 결정사항에 대한 논리적이고 명쾌한 설명 부족, 이 2가지 요소는 비판되어야 한다"고 하였다. 즉, 학교기관에서는 학생들이 가능성 있는 해결책의 집합 속에서 논리적으로 문제에 접근하여 창의적인 최선의 대안을 도출할 수 있도록 교육해야 하며, 이를 적시에 판단하여 결심할 수 있는 시간 또한 중요한 요소로 고려해야 할 것이다. 이러한 학습 방법은 학생들에게 다양한 상황에서 논리적 절차로 단시간 내 결심하는 능력을 향상시켜 줄 뿐만 아니라 전투의 논리적 지식체계와 이를 응용하는 폭넓은 사고를 갖게 해 줄 것이다.

2) 야전부대

각 부대 여건에 맞추어 정과·자습·기회 교육을 실시하되, 작전 실시간 상황조치의 논리적 절차를 숙달하고, 빠른 결심을 하는 데 중점을 두어 교육을 실시해야 한다. 초기에는 아래 그림과 같이 상황과 문제해결을 위해 위에서 제시한 논리적 절차에 의해서 전술적 고려 요소(METT+TC)를 평가하여 최선의 방책을 도출하고 단편명령을 정확히 작성하며 강평을 통해 교훈을 도출하는 데 중점을 두되, 이러한 능력이 어느 정도 숙달되면 단시간 내 결심하는 능력을 향상시킬 수 있도록 교육해야 한다.

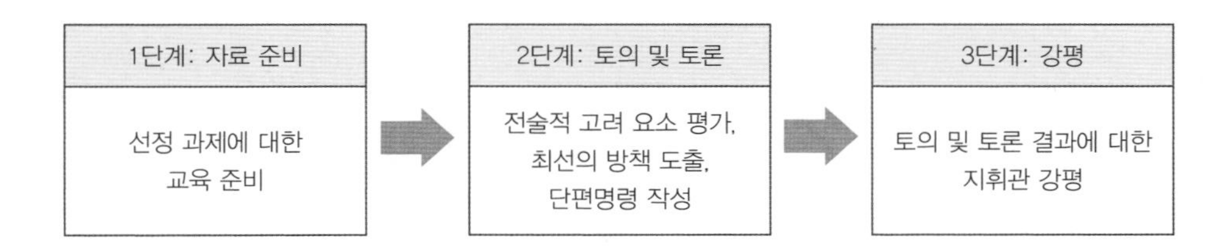

이렇게 숙달된 능력을 바탕으로 전술훈련 시에는 작전의 목적과 최종 상태를 달성하기 위해 작전을 진행시키면서 적시 적절한 상황조치를 해야 한다. 적시적인 상황조치란 신속한 판단 및 결심을 통하여 작전 타이밍을 맞추는 것이며, 적절한 상황조치란 현 상황을 평가하여 논리적인 최선의 방책을 도출해 내는 것이다. 그러므로 적시성을 상실한 방책이나, 적시성은 보장되었으나 논리적이지 못한 방책은 곤란하며 적시 적절한 상황조치는 시간과 논리를 고려한 지속적인 교육과 숙달을 통해 이루어진다.

지휘관은 상이한 의견이라도 전술적인 논리의 틀 안에 있으면 수용할 수 있어야 하며, 인접부대 협조, 상급부대 보고도 습관화될 수 있도록 지도해야 한다. 참고적으로 초급 간부에게는 최선의 방책을 도출한 절차를 요도에 도식하면서 설명하게 하면 전술적 사고와 브리핑 능력을 증진시킬 수 있으며, 요도를 그리고 상황을 받아 적게 하는 것도 교육의 효과가 있다.

부록 1
작전 실시간 상황조치 문제 및 해결(안)

부록 1에서 제시한 문제는 임의 지형과 지명을 사용하여 요도 형식으로 상황도를 작성하였고, 작전부대는 전차 및 기계화보병 중심의 전투부대 그리고 전투지원 및 작전지속지원부대로 편조된 임의 명칭의 대대 TF를 기준으로 공격과 방어로 구분하여 작성하였다.

여단은 공격작전 시 사단의 주공으로, 방어작전 시 사단의 주방어부대 또는 예비대로 작전을 실시하는 상황을 상정하였으며, 부여받은 작전지역과 임무를 중심으로 METT+TC를 고려하여 일반상황을 구성하고 각종 전사와 훈련 사례를 참고하여 작전을 실시하면서 발생한 상황을 특별상황으로 구성하였다. 일반상황은 작전명령의 형식과 내용에 매이지 않고 문제를 이해하는 데 꼭 필요한 핵심내용 위주로 요약 기술하였고, 특별상황에서는 여단과 예하 대대가 수행할 작전 실시간 상황조치를 망라하여 여단장과 대대장 그리고 해당 부대 참모들이 해결해야 할 문제를 구성하여 요구사항으로 제시하였다. 이를 해결하기 위해서는 '제6장 작전수행 과정의 4. 작전실시'와 '제12장 전술의 술(術, Art) 향상 방법의 2. 문제해결 방법'에서 설명한 작전 실시간 상황조치 해결방법을 참고하여 METT+TC를 고려하여 상황을 평가하고 적의 기도와 강·약점을 파악하며 적의 강점을 회피하고 약점을 최대한 이용하여 적의 기도를 좌절시킬 수 있는 방책을 창의적이고 다양하게 구상하여 제시하면 된다.

본 문제에 대해 제시한 해결방안은 필자의 의견일 뿐, 객관적인 모범 답안이 아니므로 본인이 고민하여 논리성과 창의성, 적시성 있는 해결방안을 제시하고 상호 토의 및 토론을 통해 각자가 제시한 해결방안의 개념과 구체화된 수행방법을 서로 보완해줌으로써 작전 실시간 상황조치 능력을 향상시킬 수 있을 것이다.

본 문제는 여단과 대대 중심으로 작성되었지만, 학생 수준과 부대 수준에 따라 적 제대, 지형, 기상, 시간 등을 고려하여 제시된 상황의 작전지역을 축소 또는 확장하고, 단대호를 조정하여 소부대부터 군단급까지 병과, 제원, 상황도 등을 변경하여 융통성 있게 사용할 수 있다.

1. 공격작전

일반상황

상황

▷ F기보여단은 3개의 전차, 장갑차 위주로 기계화된 전투부대(C전차대대, A기보대대, B기보대대)와 자주포병 1개 대대를 포함한 전투지원부대, 작전지속지원부대로 편성되어 있으며, 상호 편조를 통해 3개 대대는 제병협동부대로 편성되어 있다.

▷ F기보여단의 작전 목적은 화채봉 일대를 확보하여 지대 내 적 부대를 격멸함으로써 사단의 정한강 일대 확보 여건을 조성하는 것으로, 여단의 목표는 화채봉이다.

▷ F기보여단의 서측은 G기보여단, 동측은 H기보여단이 병행 공격하고 사단의 예비대인 J기보여단은 후방 30km 지점인 노곡리 일대에 위치하고 있으며, 155M 1개 대대가 여단을 직접 지원하고 육군 항공과 근접 항공지원(CAS)도 가능하다.

▷ 작전지역은 105~250m의 산악지역으로 기갑 및 기계화부대 기동에 제한을

주고 한천강과 정한강은 수심이 깊어 일부 구간을 제외하고 도섭이 제한되며 교량은 사용 가능하다. 지역 내 민간인은 현 지역을 대부분 이탈하였다. 기온은 영하 12℃~영상 10℃의 분포를 보이고 있고 한천강과 정한강은 국지적으로 결빙되어 있다.

▷ 전방의 적은 공격 후 작전한계점에 도달하여 급편방어와 철수를 하고 있는 보병과 기계화부대가 혼재된 50% 수준의 연대급 부대로 판단되며 적과 아군이 부분적으로 혼재되어 있는 비선형 유동전 상황이다.

임무

F기보여단은 0000년 2월 25일 10시 00분에 공격을 개시하여 목표 '1'을 확보한다.

예하부대 과업

▷ C전차대대 TF: 여단의 주공으로 전진축 '천둥'을 따라 공격, 목표 '1'(화채봉)을 확보한다.

▷ A기보대대 TF: 여단의 조공으로 전진축 '번개'를 따라 공격, 목표 '2'(불태산)를 확보한다.

▷ B기보대대 TF: 여단 예비로, 주공을 후속 지원한다.

* 기보대대 TF와 전차대대 TF는 자주포병 1개 포대, 공병 1개 소대, 방공 1개 반 등 제병협동부대로 편조되어 있다.

상황도

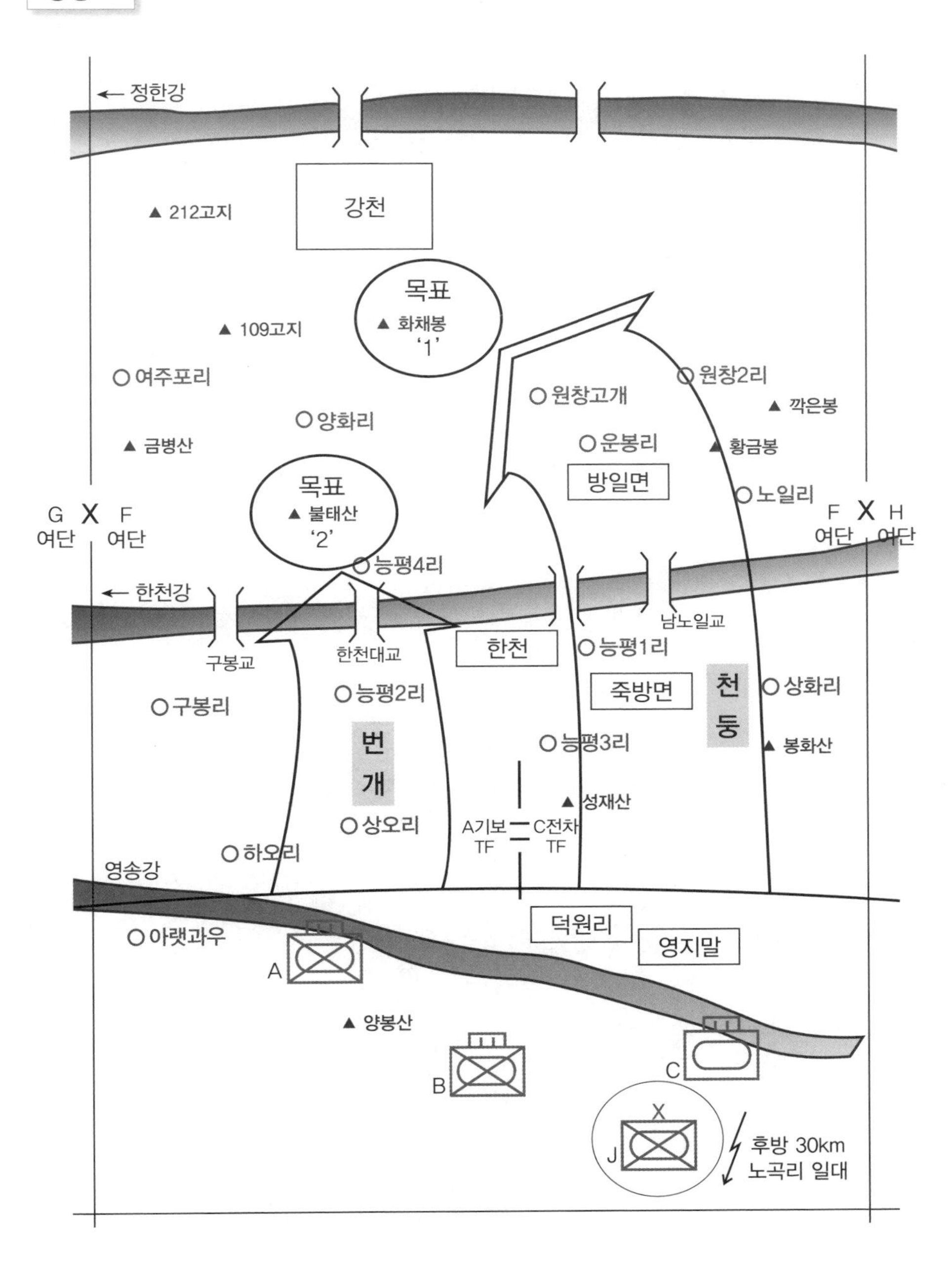

정한강
강천
212고지
목표
화채봉
'1'
109고지
여주포리
양화리
금병산
원창고개
원창2리
깍은봉
운봉리
황금봉
방일면
노일리
목표
불태산
'2'
G
F
여단
여단
F
H
여단
여단
능평4리
한천강
구봉교
한천대교
남노일교
한천
능평1리
구봉리
능평2리
죽방면
천둥
상화리
번개
능평3리
봉화산
성재산
상오리
A기보 TF
C전차 TF
하오리
영송강
덕원리
영지말
아랫과우
A
양봉산
B
C
X
J
후방 30km
노곡리 일대

특별상황 1: 공격 시 진지 강화 중인 적 부대 발견

상황

▷ 2월 25일 08:00시 B기보대대 TF(기보중대 3, 전차중대 1)는 주공의 원활한 공격 여건을 조성하기 위해 공격개시선 직후방의 영지말을 확보하는 임무를 부여받았다.

▷ 대대의 선두가 220고지에 접근할 때, 전방의 정찰대가 다음과 같은 보고를 하였다.

"08시 46분 영지말 마을 남서쪽 2km 지점의 고지에 도달하였음. 마을은 적이 점령하고 있으며 장갑차 5대, 전차 4대가 식별됨. 마을 남쪽 외곽 부분에는 약 50여 명이 진지 구축 중임. 계속 감시하겠음."

▷ 지금은 2월 25일 08시 50분이다.

요도

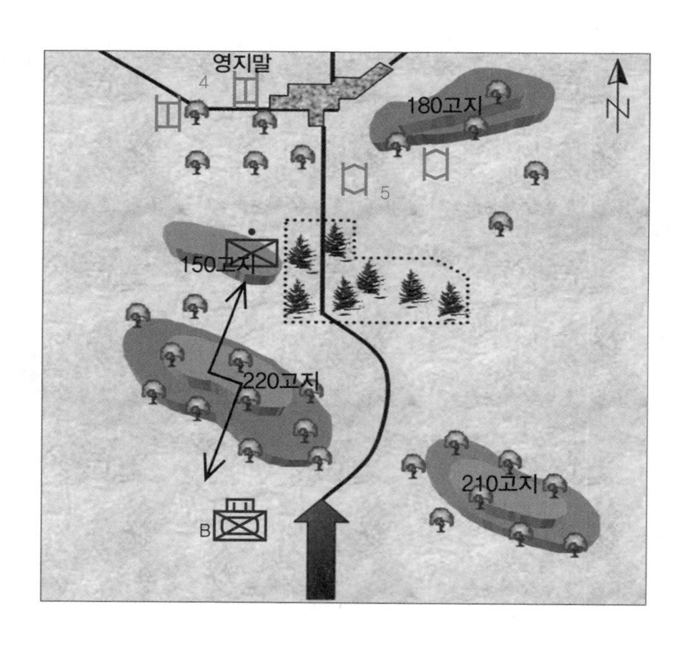

문제

1. B기보대대장으로서 현 상황을 평가하고 우선조치 사항을 제시하시오.

▶ 조치(안)

▷ 임무(M): 영지말 일대의 적 부대 격멸

▷ 적(E) 위협 우선순위

① 영지말 일대 방어 준비 중인 장갑차 5대, 전차 4대, 병력 50여 명

* 적 기도: 아군 격퇴를 위한 방어 진지 강화
* 적 약점: 급편방어 중으로 방어 강도 약함

▷ 지형 · 기상(T)

- 도로는 공격속도 발휘, 전투력 집중에 유리
- 180고지는 영지말 및 주변 개활지의 통제가 가능한 중요지형
- 영지말 소규모 시가지는 적 방어에 유리

▷ 가용부대(T): 기보 3개 중대, 전차 1개 중대, 자주포병 1개 포대, 공병 1개 소대 등

▷ 가용시간(T): 시간 지체 시 적이 방어진지를 강화함으로써 아군 공격작전에 불리하므로 신속한 조치 필요

▷ 우선조치 사항

- 현 작전 상황 보고
- 150고지에 위치한 정찰대 운용, 화력 유도로 적 방어진지 강화 방해

2. 방책을 구상하여 이를 비교, 최선의 방책을 제시하시오.

▶ 조치(안)

구분	방책 #1	방책 #2
부대 운용	• 1개 중대조는 150고지 일대에서 고착 • 2개 중대조는 180고지 일대로 공격 • 1개 중대는 예비로 운용	• 1개 중대조는 150고지 일대에서 고착 • 2개 중대조는 영지말 서측으로 우회 공격 • 1개 중대(−)는 180고지 일대로 공격 • 기보 1개 소대는 예비로 운용
장점	• 융통성 있는 예비대 보유	• 넓은 전개공간 활용 • 측방공격을 통한 기습 달성
단점	• 180고지 극복 간 많은 피해 발생 예상	–
결심		○

▶ 착안사항

▷ 적이 방어진지를 강화하지 못하도록 우선적으로 150고지에 위치한 정찰대를 운용하여 화력을 유도해야 한다.

▷ 일부 부대로 정면에서 적을 고착하고 주력은 적의 측·후방으로 우회하여 적을 격멸해야 할 것이다.

▷ 도시지역 전투 시 시가지를 감제 관측할 수 있는 지세적·군사적 정상 확보가 중요하다.

▷ 전차·기보중대는 평시부터 이동기술, 감시기술, 사격기술이 숙달되어 있어야 한다.

- 전차중대조는 150고지 점령, 기보중대조 공격 지원: 감시·사격기술
- 기보중대조는 180고지·영지말 확보: 이동·감시·사격기술

▷ 수평·수직적 의사소통(무전교신) 체계를 확립해야 한다.

- 작전 간 대대망 활용, 중대장 간 수평적 무전 교신 활성화 ⇒ 전장상황 공유
- 엄호중대는 이동중대에게 첩보 제공 및 경보(대대망 활용 전파)

▷ 전투 시 아군의 피해를 최소화하고, 적군에게 대량 피해를 입힐 수 있도록 최선의 노력을 경주해야 할 것이다.

특별상황 2: 공격 간 적 진지와 증원부대 발견

상황

▷ C전차대대 TF(전차중대 2, 기보중대 1)는 2월 25일 10시 00분에 공격을 개시하여 북쪽으로 계속 공격 중이다.

▷ 10시 12분 선두 전방의 정찰대가 봉화산 일대의 적 대전차 화기로부터 사격을 받아 장갑차 1대가 파괴되어 성재산으로 철수하였다.

▷ 성재산으로 급히 달려온 대대장은 다음과 같은 보고를 받았다.

"능평3리 남단에 1대의 장갑차와 하차한 적 보병이 움직임. 그리고 죽방면 부근에 전차 1대가 후진하여 엄폐진지를 점령. 봉화산에는 움직임이 없음."

▷ AFAC로부터 다음과 같은 보고가 들어왔다.

"10시 27분 방일면 북쪽 25km 지점에서 남쪽으로 이동 중인 적 장갑차량 대열."

▷ 바로 이어 FSO가 다음과 같이 보고하였다.

"포대는 서둘러 사격 준비를 하고 있으며 12분 안에 사격 준비가 가능함."

▷ 대대 예하부대들은 성재산 일대에 도달하였다.

▷ 지금은 2월 25일 10시 30분이다.

요도

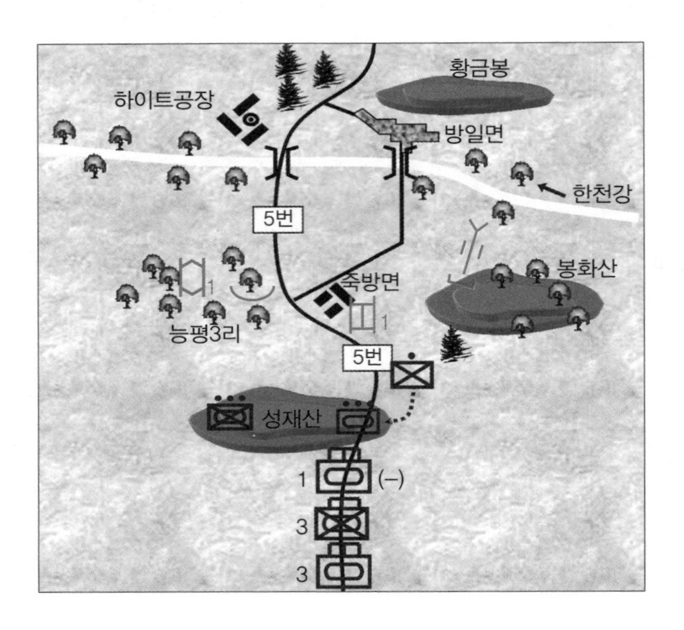

문제

1. C전차대대장으로서 현 상황을 평가하고 우선조치 사항을 제시하시오.

▶ 조치(안)

▷ 임무(M): 한천강 도하지역 확보 후 계속 공격 목표 '1'(화채봉) 확보

▷ 적(E) 위협 우선순위

① 방일면 북쪽 25km 지점에서 이동 중인 장갑차 대열

② 능평3리 남단 장갑차 1대와 하차보병, 죽방면 부근 적 전차 1대, 봉화산 부근 대전차 화기

* 적 기도: 한천강 지역 주요고지와 교량 확보로 유리한 상황하 전투

* 적 강점: 봉화산, 죽방면, 능평3리 일대 자연 장애물을 이용하여 방어하는 적 부대와 증원부대

* 적 약점: 소규모 부대로 봉화산, 죽방면, 능평3리 방어

▷ 지형 · 기상(T)

- 종적 기동로 발달로 아군 공격 간 전투력 집중 유리

- 봉화산, 성재산은 도로 통제에 유리, 황금봉은 한천강 교량 및 방일면 일대 통제에 유리
- 한천강은 자연 장애물로 한천강 교량 확보 시 공격 기세 유지에 유리

▷ 가용부대(T): 전차 2개 중대, 기보 1개 중대, 자주포병 1포대, 공병 1개 소대 등

▷ 가용시간(T): 방일면 북쪽 25km 지점에서 이동 중인 적이 한천강 교량, 봉화산 등으로 증원되면 임무 달성이 곤란하므로 신속한 조치가 필요

▷ 우선조치 사항: 지체없이 선도 정찰부대 편성, 이동 준비

2. 방책을 구상하여 이를 비교, 최선의 방책을 제시하시오.

▶ 조치(안)

구분	방책 #1	방책 #2
부대 운용	• 근접해 있는 적 격멸 후 한천강 교량 일대 확보 • 1개 중대조는 봉화산 일대로 공격, 적 격멸 • 1개 중대조는 죽방면, 능평3리 일대 적 격멸 • 1개 중대조 예비로 운용	• 근접해 있는 적 격멸, 한천강 교량 일대 확보 병행 • 전차 1개 소대는 성재산 일대에서 전방 적 고착, 중대조(−1)는 능평3리 서측으로 우회, 능평3리 · 죽방면 · 봉화산 일대 확보 • 기보중대조는 전차중대조(−1) 후속지원, 한천강 동측 교량 · 황금봉 확보 • 전차 1개 중대조는 기보중대조 후속, 서측 한천강 교량 · 삼거리일대 확보
장점	• 근접해 있는 적 위협 요소 단기간 내 제거 용이	• 취약한 적 측방기습 달성 • 한천강 교량 등 중요지형 조기 확보로 적 증원부대 차단 용이
단점	• 적 증원부대가 한천강 교량, 황금봉 등 중요지형 확보 시 임무달성 곤란	• 아군 측방노출 하 기동
결심		○

▶ 착안사항

▷ 방일면 북쪽 25km 지점에서 이동 중인 적이 더 위협적이므로 전투력을 집중하여 조치해야 한다.

▷ 선두로 임무 수행 중인 전차 1중대조 중 전차 1개 소대는 성재산 일대 사격진지를 점령하여 전방 적 부대에 대한 사거리 전투를 실시, 적을 고착해야 한다.

* 연막차장한 상태에서 전차 1중대조(-1)는 적 전투력이 미약한 곳으로 우회, 적을 측방에서 공격, 고착부대와 협격하여 적 부대를 격멸한다.

▷ 기보중대조는 전차 1중대조(-1)를 후속 지원하여 한천강 교량 일대를 확보하고 적 증원부대를 차단한다.

▷ 전차 3중대조는 기보중대조를 후속하여 한천강 교량 및 삼거리 일대를 확보, 적 퇴로 및 증원부대를 차단해야 한다.

* 한천강 도하지역 확보 시 황금봉 필히 확보 ⇒ 도하지역 확보 및 적 증원부대 차단에 유리

특별상황 3: 특별상황 2와 연계하여 공격방향 판단 및 결심

상황

특별상황 2와 연계, 요도에서 제시한 공격방향을 고려하여 문제를 해결하시오.

요도

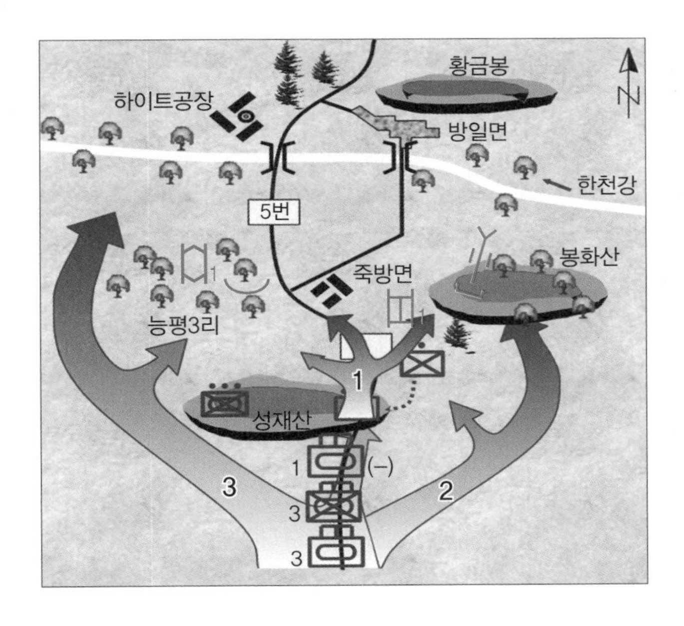

문제

1. 제시한 공격방향 1, 2, 3에 대하여 이를 비교, 최선의 방책을 제시하시오.

▶ 조치(안)

구분	#1. 죽방면 방향 공격	#2. 봉화산 방향 공격	#3. 능평3리 방향 공격
장점	• 목표지역으로 이동로가 발달되어 기동 용이 • 성재산 및 전방 개활지는 전차 전개 및 사격 용이	• 봉화산 일대 확보 시 관측과 화력 유도에 유리	• 공격 간 성재산 일대의 아군 화력지원 용이 • 적 측방타격 가능 • 최초 진지 돌파 후 목표지역으로 신속한 공격 용이 • 적 견제하 우회기동시 직접적인 교전 회피 및 목표 방향으로 공격 가능
단점	• 양호한 이동로에 비해 시가지(죽방면) 통과로 공격속도 둔화 • 능평3리 및 봉화산 일대의 적으로부터 측방 노출 • 정면공격 형태	• 봉화산 고지는 지형상 기계화부대 공격에 불리 • 보병을 활용한 고지확보 불가피 • 시간 과다 소요 예상	• 공자의 측방 노출 ※ 연막차장 및 성재산 일대의 아군 화력지원으로 해결
결심			○

▶ 착안사항

▷ 공격방향 #1: 정면공격

- 적 부대를 작전지역 내에서 밀어내기식 공격으로 치열한 교전이 불가피하다.

▷ 공격방향 #2: 정면공격

- 봉화산 확보를 위한 시간과 노력이 필요하다.

▷ 공격방향 #3: 우회공격 ☞ 우선 방책

- 적 견제하 우회기동 시 직접적인 교전 회피와 결정적인 목표 확보가 용이하며, 우회공격에 따른 적 부대 포위 및 격멸이 가능하다.

특별상황 4: 특별상황 2, 3과 연계, 철수하는 적 발견

상황

▷ 특별상황 2, 3과 연계하여 문제를 해결하시오.

▷ C전차대대 TF는 2월 25일 11시 09분 한천강 교량 방향으로 공격 중에 있다. 전방에 투입된 전차 중대조와 함께 이동 중인 C전차대대장은 잇따라 다음과 같은 보고를 받았다.

▷ 전차 3중대장

"적 장갑차 3대, 적 전차 2대가 능평3리와 죽방면에서 서쪽 교량으로 이동 중."

▷ 전차 1중대장

"적 기계화보병이 죽방면과 봉화산 사이를 통과하여 방일면에서 황금봉 방향으로 철수 중. 죽방면으로 전진하겠음."

▷ 지금은 2월 25일 11시 10분이다.

요도

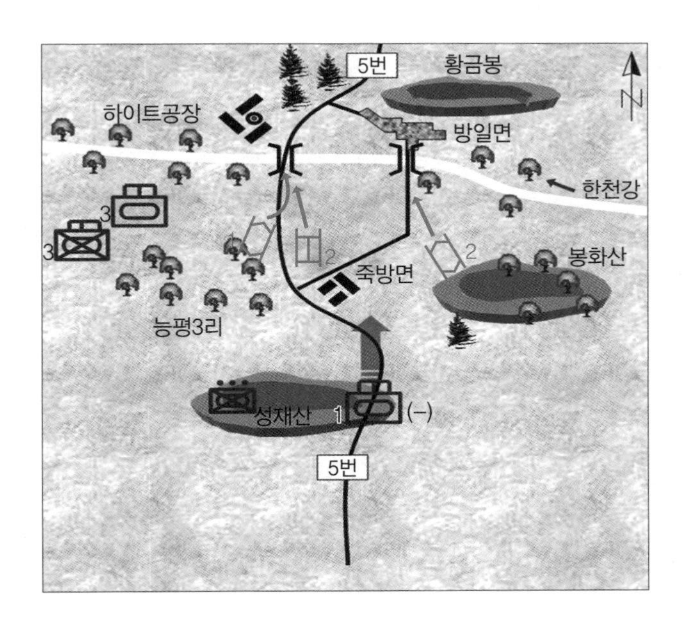

문제

1. C전차대대장으로서 현 상황을 평가하고 우선조치 사항을 제시하시오.

▶ 조치(안)

▷ 임무(M): 한천강 교량지역 확보후 계속 공격 목표 '1'(화채봉) 확보

▷ 적(E) 위협 우선순위

① 능평3리와 죽방면에서 서측 교량으로 철수 중인 적 장갑차 3대, 적 전차 2대

② 봉화산에서 방일면과 황금봉 일대로 철수 중인 적 기계화보병부대

* 적 기도: 전투력 보존을 위한 철수

* 적 약점: 한천강 교량을 이용한 철수 불가피

▷ 지형 · 기상(T)

- 종적 기동로 발달로 아군 공격 간 전투력 집중 용이

- 봉화산, 성재산은 도로 통제에 유리, 황금봉은 한천강 교량 및 방일면 일대 통제에 유리

- 한천강은 자연 장애물로서 한천강 교량 확보 시 적 퇴로 차단과 공격기세유지 용이

▷ 가용부대(T): 전차 2개 중대, 기보 1개 중대, 자주포병 1개 포대, 공병 1개 소대 등

▷ 가용시간(T): 시간 지체 시 철수하는 적 부대에 의한 교량 거부로 차후 작전 수행에 불리하므로 신속한 조치 필요

▷ 우선조치 사항: 각 중대별 선두 소대에 신속하게 한천강 교량 확보 지시

2. 방책을 구상하여 이를 비교, 최선의 방책을 제시하시오.

▶ 조치(안)

구분	방책 #1	방책 #2
부대 운용	• 전차 1개 중대조는 성재산에서 죽방면 방향으로 추격 • 전차 1개 중대조는 신속히 한천강 서측 교량 확보, 적 격멸 • 기보중대조는 신속히 동측 교량 확보, 적 격멸	• 성재산의 전차 1개 중대조는 철수하는 적 부대 추격 • 전차 1개 중대조(–1)는 서측 교량으로, 전차 1개 소대는 동측 교량으로 신속히 공격 • 기보중대조는 전차중대조 후속지원, 황금봉 일대 확보
장점	• 중대별 단일 임무 부여 지휘통제 용이	• 퇴로를 차단하여 적 격멸 용이 • 적시에 한천강 교량 확보 가능
단점	• 적시적인 한천강 교량 확보 곤란	–
결심		○

▶ 착안사항

▷ 적이 철수하고 있으므로 신속히 적의 후미에 따라붙어 한천강 교량을 포함한 도하지역을 확보해야 할 것이다.

▷ 적 철수부대가 한천강 대안에 도착 시 한천강 교량 거부가 예상되므로 철수하는 적 부대 기동속도 저하 노력이 필요하다.

* 지속적으로 화력 집중, 측후방 공격으로 대응 유도

▷ 교량 확보 후 포위된 적 부대 격멸 및 투항 유도, 적 증원부대 차단이 용이하다.

▷ 우회기동 및 포위의 이점을 최대한 이용해야 한다.
- 포위된 적 부대 투항 유도 가능
- 포위된 부대 구출을 위해 적 증원부대가 연결작전을 시도할 경우, 적 증원부대를 추가적으로 격멸 가능

특별상황 5: 공격 간 적 증원부대 발견

상황

▷ A기보대대 TF(기보중대 2, 전차중대 1)는 2월 25일 10시 00분에 공격을 개시, 한천강을 확보하기 위하여 C전차대대 TF 서측에서 공격 중에 있다. 공격 중에 적의 증원부대가 북쪽으로부터 능평2리로 전진하고 있다는 상급부대 첩보를 입수하였다. 대대가 상오리로 접근할 때 선두 전방의 정찰대로부터 보고가 들어왔다.

"11시 05분 능평2리에 도착함. 202고지 정상은 적이 점령하고 있음. 전차와 장갑차가 식별됨. 계속 감시하겠음."

▷ 220고지로 급히 이동하던 대대장은 그곳에서 도로 서쪽에 장갑차 2대, 도로 동쪽에 전차 3대와 대전차 화기 2정을 관측하였다. 그 순간 AFAC를 통하여 다음과 같은 무전 보고가 들어왔다.

"11시 15분 장갑차 15대, 전차 7대로 구성된 적 이동 종대가 남쪽으로 이동 중. 선두는 한천강 교량 북쪽 2km 지점에 도달!"

▷ 그렇게 하는 중에 상오리 서측에 전개했던 선두 부대들이 앞서가던 대대에 근접하였다. 포병 3포대는 사격 준비가 되었다고 보고하였다. 상오리의 한 주민의 진술에 의하면 한천강 교량의 통과 하중은 60톤이라 한다. 한천강 교량 좌우측은 단단한 자갈밭이며 도섭이 가능하다.

▷ 지금은 2월 25일 11시 20분이다.

요도

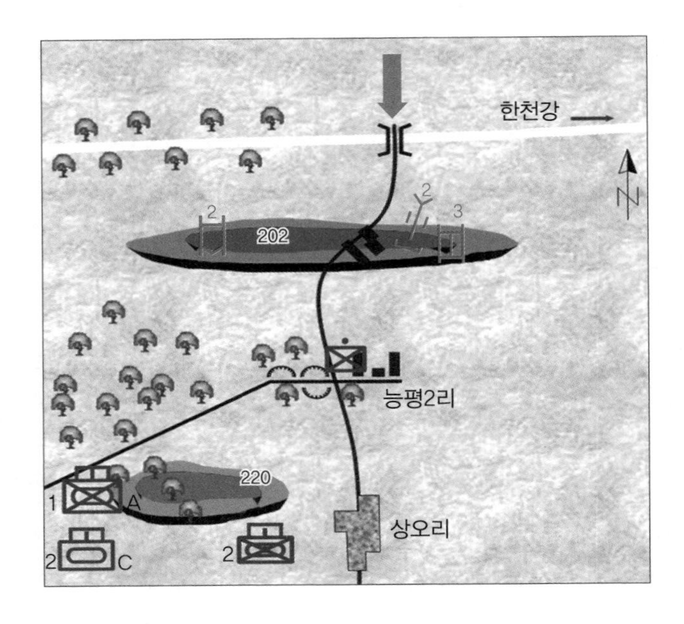

문제

1. A기보대대장으로서 현 상황을 평가하고 우선조치 사항을 제시하시오.

▶ 조치(안)

▷ 임무(M): 한천강 교량 및 목표 '2'(불태산) 확보

▷ 적(E) 위협 우선순위

① 북에서 남으로 이동 중인 적 전차 7대, 장갑차 15대

② 202고지 전차 3대, 장갑차 2대, 대전차 화기 2정

* 적 기도: 202고지 적 증원으로 방어 전투력 강화 및 한천강 확보

* 적 강점: 중요지형 확보와 적 기계화 부대 증원

* 적 약점: 202고지에 소규모 적 배치

▷ 지형 · 기상(T)

- 종적 도로망 발달과 주변 개활지는 전차 및 장갑차 전개 가능
- 202고지는 한천강 및 교량 통제가 용이하고 도로를 통제할 수 있는 중요한 지형
- 한천강 교량 좌우측은 도섭이 가능하고, 교량은 전차 통과 가능

▷ 가용부대(T): 기보 2개 중대, 전차 1개 중대, 자주포병 1개 포대, 공병 1개 소대 등

▷ 가용시간(T): 적 증원부대가 한천강 북쪽 2km 지점까지 이동하였고 시간 지연 시 적 진지 강도가 강해지기 때문에 신속한 조치 필요

▷ 우선조치 사항: 지체 없이 선도 정찰부대 편성, 이동 준비

2. 방책을 구상하여 이를 비교, 최선의 방책을 제시하시오.

▶ 조치(안)

구분	방책 #1	방책 #2
부대 운용	• 2개 중대조를 능평2리–202고지 방향으로 정면공격 • 1개 중대조는 예비로 운용	• 전차 1개 소대로 능평2리 일대에서 202고지 일대 적 고착 • 기보중대조(–)는 202고지 측방으로 공격, 적 격멸 • 전차 1개 중대조와 기보중대조는 능평2리 좌우측으로 우회 공격, 증원 중인 적 격멸 및 한천강 교량 확보
장점	• 발달된 기동로를 통해 속도 발휘	• 좌우측 개활지를 통한 적 측 · 후방공격으로 전투력 승수효과 달성 • 임무 달성 용이
단점	• 정면공격으로 대량 피해 우려	• 야지 기동으로 속도 발휘 일부 제한
결심		○

▶ 착안사항

▷ 현 상황에서 적 증원부대를 화력으로 차단하는 것은 제한되므로 근접전투가 불가피하다.
- 한천강 교량까지 거리: 적 증원부대(2km), 아군(3.5km)

▷ 우선적으로 적 증원부대에 가용화력을 집중하여 최대한 적의 진출을 지연시켜야 한다.

▷ 소규모 부대로 202고지 일대 적 부대를 고착한 가운데, 대대(-)는 좌우측 기동공간을 이용하여 우회공격을 실시, 적 취약점을 타격해야 할 것이다.
- 전차 1개 중대조와 기보중대조: 적 증원부대 격멸 및 한천강 교량 확보
- 기보중대조: 202고지 확보

특별상황 6: 애로지역 확보 간 다수 적 발견

상황

▷ C전차대대 TF(전차중대 2, 기보중대 1)는 북쪽으로 계속 공격 중에 있다.

▷ 12시 05분 전차1중대 선도정찰대 소대장(남산 동측)의 무전 보고가 접수되었다.
"능평1리 남단에 적 전차 3대, 장갑차 6대 진지 점령, 당소는 죽방면 북단 능선에서 교전 중. 아군 전차 1대 완전 파괴."

▷ 12시 10분 기보 3중대조 선도 정찰부대의 무전보고가 접수되었다.
"능평1리 서쪽 1,000m에서 임무 수행 중. 사시락골 일대 수 미상의 적 전차가 진지 점령 중."

▷ C전차대대장을 포함한 대대 지휘부는 죽방면에서 4km 후방에 위치하고 있다.

▷ 지금은 2월 25일 12시 15분이다.

요도

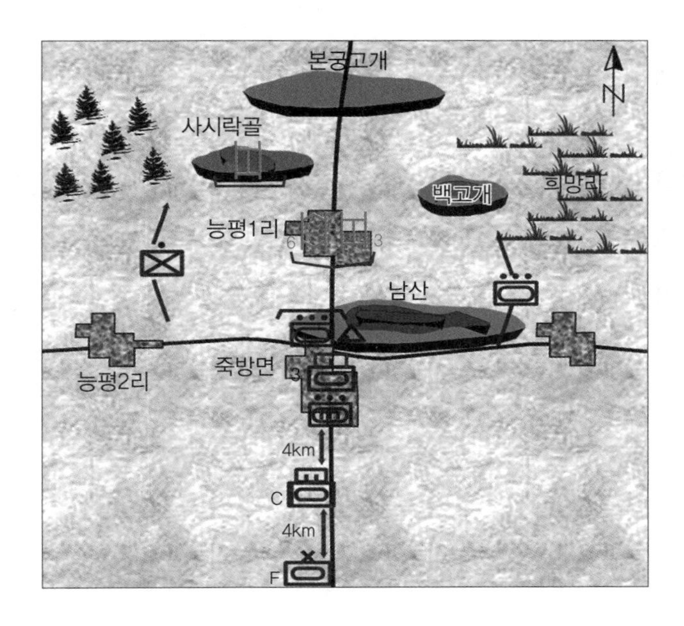

문제

1. C전차대대장으로서 현 상황을 평가하고 우선조치 사항을 제시하시오.

▶ 조치(안)

▷ 임무(M): 변경 없음

▷ 적(E) 위협 우선순위

① 능평1리 남단에서 교전 중인 적 전차 3대, 장갑차 6대

② 사시락골 일대 수 미상의 적 전차

* 적 기도: 능평1리 일대 확보, 아군 격퇴
* 적 강점: 중요지역 확보, 방어 전투력 발휘 용이
* 적 약점: 백고개, 희망리 일대 개활지로 우회 시 취약

▷ 지형 · 기상(T)

- 남산, 백고개, 사시락골, 본궁고개는 주변 개활지와 시가지를 감제관측, 저지할 수 있는 중요지형

- 능평1리의 시가지는 인공 장애물로 아군 공격에 불리

▷ 가용부대(T): 전차 2개 중대, 기보 1개 중대, 자주포병 1개 포대, 공병 1개 소대 등

▷ 가용시간(T): 능평1리 및 사시락골의 적이 장애물 등으로 방어 강도를 높이기 전에 애로지역을 확보해야 하므로 신속한 조치 필요

▷ 우선조치 사항: 지체 없이 선도 정찰부대를 편성, 이동 준비

2. 방책을 구상하여 이를 비교, 최선의 방책을 제시하시오.

▶ 조치(안)

구분	방책 #1	방책 #2
부대 운용	• 2개 중대조는 능평1리–본궁고개 방향으로 정면공격 • 1개 중대조는 예비	• 선두의 전차 1개, 기보 1개 소대로 능평1리 적 부대 고착 • 연막차장 하 전차 1개 중대조로 희망리–본궁고개 방향으로 공격, 본궁고개 확보 • 대대(–)는 후속 지원하며, 적 측 · 후방을 공격하여 격멸
장점	• 발달된 기동로 이동, 전개에 유리	• 적 견제하 신속히 본궁고개 확보로 적 퇴로 및 증원부대 차단 • 고착임무 부대를 최소화하여 융통성 있는 병력 운용 가능 • 적 측 · 후방공격을 통해 기습 효과 달성
단점	• 정면공격으로 시가지 및 산악 극복 간 대량 피해 우려 • 축차적 투입으로 전투력 집중 곤란	• 희망리 일대 수풀 및 야지 극복 간 속도 발휘 일부 제한
결심		○

▶ 착안사항

▷ 적이 도로를 통제할 수 있는 마을과 고지를 확보하여 아군을 저지하고 있다.

▷ 대대는 최소 규모로 적을 고착하면서 주력은 도로를 회피하여 연막차장 상태에서 야지로 우회해야 한다.

▷ 우회공격을 통하여 본궁고개를 확보한다면 적의 퇴로와 증원부대를 용이하게 차단할 수 있어 최소의 노력으로 임무를 완수할 수 있을 것이다.

▷ 선도정찰부대는 평시 상황 보고 및 화력 유도 등에 숙달되어 있어야 한다.

▷ 선도정찰부대 운용
- Recon-Pull: 본대가 이용할 수 있는 다수의 기동로를 정찰하여 적의 약점이 식별된 기동로에 본대 투입
- Command-Push: 이미 확정된 기동계획에 따라 기동로 상의 장애물과 적 부대 식별을 위한 정찰

▷ 현 상황에서는 Recon-Pull 방식으로 선도정찰부대를 운용하여 적의 약점을 식별하여 이를 최대한 이용해야 한다.

▷ 적 부대 고착은 상대적 전투력을 고려, 최소 규모로 실시하는 것이 바람직하다.

특별상황 7: 도하지역 확보 간 적 진지 강화 및 증원 징후 확인

상황

▷ A기보대대 TF(기보중대 2, 전차중대 1)는 야간 침투조 운용으로 4명의 포로를 획득하였다. 포로의 진술내용은 다음과 같다.

"2월 25일 저녁까지 적의 증원이 확실하고 새로운 지뢰 지대가 계속 설치되고 있으며 숲 속에서는 진지와 장애물을 보강하고 있음."

▷ 이에 따라 대대는 양일리 방향 동쪽으로 우회 가능한지를 확인하기 위하여 정찰대를 투입하였다. 2월 25일 04시 경 정찰대가 다음과 같이 보고하였다.

"04시 능평2리 북동 끝부분 적과 접촉 없이 도착하였음. 일동으로부터 단단한 모랫길이 있음. 지도에는 표시되어 있지 않음. 이 길은 능평2리 북단에서 동쪽으로 계속 이어짐. 모래밭 동쪽으로 조금 더 가면 양일리 방향으로 얼어붙은 길이 있음. 한천강 교량 건너 남쪽으로 화물차량 통행. 계속 감시하겠음."

▷ 우측 개활지 경계를 위해 일동 동측방에 배치된 선도 정찰부대(2중대 1소대)가 "적을 발견할 수 없다"고 보고하였다. 이후 도곡리 일대의 선도 정찰부대로부터 다음과 같은 보고가 다시 감청되었다.

"04시 05분 일동 북쪽 3.2km 지점임. 약 30명의 적이 한천강 남쪽 수풀지역에서 지뢰를 매설하고 있음. 계속 감시하겠음."

▷ 지금은 2월 25일 04시 09분이다.

요도

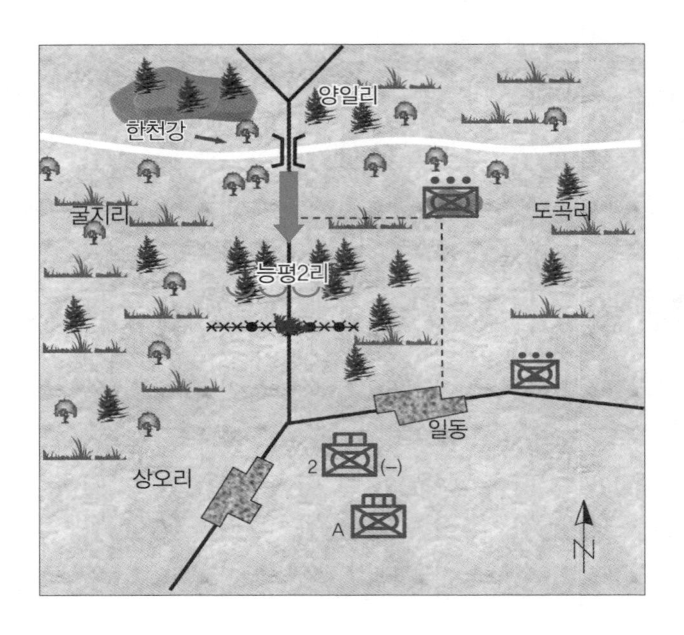

문제

1. A기보대대장으로서 현 상황을 평가하고 우선조치 사항을 제시하시오.

▶ 조치(안)

▷ 임무(M): 한천강 교량 및 도하지역 확보

▷ 적(E) 위협 우선순위

① 지뢰 매설 중인 적 30명

② 증원이 예상되는 적

* 적 기도: 한천강 일대 확보를 위해 지뢰 매설을 통한 방어 강도 증대
* 적 강점: 기동로 상 지뢰 매설
* 적 약점: 지뢰 매설 지역의 약한 적 전투력

▷ 지형 · 기상(T)

- 일동으로부터 능평2리 북단에 이르는 우회로는 기계화부대 기동에 제한이 없음
- 한천강 교량과 양일리 삼거리 일대 확보 시 지뢰 매설 중인 적 퇴로 및 적 증원부대 차단 용이
- 양일리 무명 고지는 도로 및 개활지 통제 용이

▷ 가용부대(T): 기보 2개 중대, 전차 1개 중대, 자주포병 1개 포대, 공병 1개 소대 등

▷ 가용시간(T): 적이 추가적인 장애물 설치, 증원 전에 적보다 유리한 지형을 선점하기 위해서는 신속한 조치가 필요

▷ 우선조치 사항: 지체 없이 대대 공격 준비 명령 하달

2. 방책을 구상하여 이를 비교, 최선의 방책을 제시하시오.

▶ 조치(안)

구분	방책 #1	방책 #2
부대 운용	• 1개 중대조로 능평2리 일대 적 공격 • 2개 중대조는 일동, 도곡리를 통해 측 · 후방공격 후 한천강 교량 및 도하지역 확보	• 1개 소대로 능평2리 일대 적 고착 • 중대조(-1)는 우회하여 적 측 · 후방타격 • 대대(-1)는 한천강 교량일대 도하지역 확보
장점	• 능평2리 일대 강력한 전투력 운용	• 능평2리 일대 적정 규모의 전투력 운용으로 병력 절약 • 신속히 한천강 교량 도하지역을 선점함으로써 적 퇴로 및 증원 차단
단점	• 지뢰지대 개척시 시간 지연 및 피해 예상 • 적의 반응 속도에 따라 한천강 교량 도하지역 확보 곤란	–
결심		○

▶ 착안사항

▷ 지뢰지대는 반드시 개척하여 차후 임무 수행 여건을 보장한다.

＊ 통로 상 장애물은 후속하는 부대와 전투지원 및 작전지속지원부대의 원활한 활동을 위해 필히 제거

▷ 적 지뢰 매설활동에 대한 화력집중 시 지뢰 매설량이 줄게 되고, 차후 지뢰 제거 시 시간 단축 등 모든 면에서 효과적이다.

▷ 도하지역 확보 시 한천강 교량, 양일리 일대, 무명 고지 및 전방 삼거리까지 확보해야 차후 전투력 발휘가 용이하다.

▷ 현재 적 30명이 지뢰를 매설하고 있고 차후 증원이 예상되는 적 부대 등 상대적 전투력 고려 시 1개 소대로 고착한 후, 대대(-)는 우회기동하여 한천강 교량 및 도하지역을 확보하는 것이 유리하다.

▷ 한천강 교량 일대가 확보되면 지대 내 적을 후방과 전방에서 협격하여 쉽게 격멸 가능하며, 적 증원부대를 효과적으로 차단할 수 있다.

특별상황 8: 인접 여단지역에서 유입되는 적 부대 발견

상황

▷ F기보여단은 2월 25일 소규모로 끈질긴 저항을 시도하는 적을 소탕하면서 북쪽으로 공격을 계속하고 있다.

▷ A기보대대 TF(기보중대 2, 전차중대 1)는 중화기의 화력 엄호하에 능평2리 마을 양측으로 진입하고 있다. 대대는 능평2리를 점령한 뒤 지체 없이 능평2리 서측으로부터 북쪽 방향으로 공격을 계속하라는 임무를 부여받았다. 현재 여단은 후속하는 사단 예비와 커다란 간격이 형성되어 있다.

▷ 능평2리 내부는 짙은 화염에 휩싸여 있다. 마을 외곽에서 더 이상 관측되는 적은 없다. 전방에 투입된 중대들은 "시가지에서 계속 전진하고 있음"을 보고하고 있으며 전투 과정에서 지금까지 2대의 적 전차가 출현하였으나 근접전투로 파괴하였다고 한다.

▷ 서측방 감시를 위하여 250고지에 투입된 정찰대로부터 다음과 같은 보고가 접수되었다.

"적이 2열 종대로 남서쪽으로부터 현 지점으로 전진 중. 장갑차와 전차 3대가 식별됨. 그 뒤는 흙먼지로 뒤덮여 있음. 선두는 남서쪽 2.5km 지점임. 계속 감시하겠음."

▷ 여단의 서측은 G기보여단이 병행공격 하고 있으나, 적의 강력한 저항으로 공격속도가 둔화되어 있다.

▷ 지금은 2월 25일 19시 52분이다.

요도

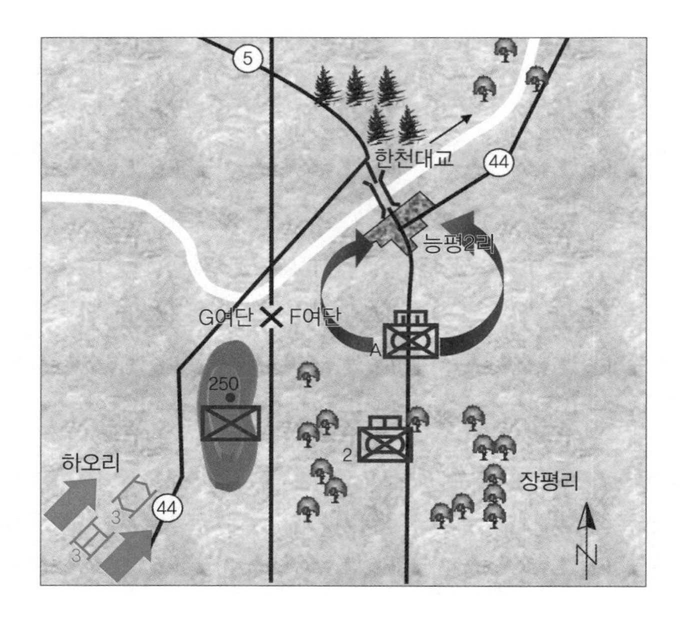

문제

1. A기보대대장으로서 현 상황을 평가하고 우선조치 사항을 제시하시오.

▶ 조치(안)

▷ 임무(M): 능평2리 점령 후 북쪽으로 계속 공격+여단 서측방 방호

▷ 적(E) 위협 우선순위

① 하오리 일대 장갑차 3대와 전차 3대, 후속하는 적 부대

② 미식별된 능평2리 시가지 일대의 소규모 적

* 적 기도: 기습적으로 아군 측방 타격, 공격 기세 둔화 강요

* 적 강점: 여단의 취약 지점인 측방으로 진출

▷ 지형 · 기상(T)

- 5번, 44번 국도가 종으로 발달

- 한천대교는 하천 극복을 위한 중요교량

- 250고지는 44번 국도 주변 개활지를 감제 및 통제할 수 있는 중요한 고지
- 전방 개활지는 기계화부대 기동 가능

▷ 가용부대(T): 기보 2개 중대, 전차 1개 중대, 자주포병 1개 포대, 공병 1개 소대 등

▷ 가용시간(T): 전투지경선 외부의 적이지만 시간 지체 시 여단 측방에 대한 공격이 우려되므로 신속한 조치 필요

▷ 우선조치 사항
- 상·하급, 인접부대에 첩보 보고 및 전파
- 250고지 확보를 위해 신속히 1개 소대 규모 증원

2. 방책을 구상하여 이를 비교, 최선의 방책을 제시하시오.

▶ 조치(안)

구분	방책 #1	방책 #2
부대 운용	• 예비중대조로 250고지 확보, 적 저지 / 격퇴 • 대대(−1)는 전방으로 계속 공격	• 동측 전방 중대조는 북으로 계속 공격 • 대대(−1)는 서측방으로 유입되는 적 격멸
장점	• 공격 기세 유지 가능	• 서측방의 적 위협 제거로 여단 공격 기세 유지 가능
단점	• 적이 대규모일 경우, 여단 측후방 노출 우려	• 전방 전투력 약화
결심		○

▶ 착안사항

▷ 방책 수립 시 고려해야 할 사항
- 상급 지휘관 의도: 여단 전투지경선 밖의 적이지만, 결국 여단 작전지역으로 유입될 것으로 판단된다. 여단의 측방이 노출되어 기습을 받는다면 더 이상의 공격은 곤란하므로 우선적으로 서측방에 대한 조치가 필요하다.
- 적의 예상 기도: 기습적으로 아군 측방을 타격하여 아군 격멸, 공격 기세를 둔

화시키는 것이다.

▷ 전술적 고려 요소(METT+TC)에 의한 상황 평가에 기초하여 상급 지휘관의 의도에 부합되고 적의 기도를 와해할 수 있는 성공 가능성이 큰 방책을 수립하는 것이 필요하다.

특별상황 9: 공격 중 적 역습부대 발견

상황

▷ 2월 25일 23시 F기보여단(기보대대 2, 전차대대 1)은 북쪽으로 계속 공격 중이다.

▷ A기보대대 TF는 현재 능평2리 일대에서 완강하게 방어하고 있는 적과 교전 중이다.

▷ C전차대대 TF는 능평1리 방향으로 진출 중에 능평1리로부터 적 역습이 실시되고 있다.

▷ A기보대대장은 다음과 같이 보고하였다.

"적은 능평1리 방향으로부터 대대 우측익에 대하여 전차 7대, 장갑차 14대로 공격, 또 다른 적이 북서쪽으로부터 능평1리로 기동 중임. 화력지원과 C전차대대 TF의 지원을 바람."

▷ 이와 동시에 방일면에 배치된 C전차대대 TF의 선도 정찰부대로부터 보고가 들어왔다.

"23시 10분 한천강 교량 통과, 50톤 통과 교량 미파괴, 500m 하류까지 자갈밭으로 도섭 가능, 그러나 물가는 습지임. 능평1리에서 전장 소음, 앞으로 전진하겠음."

▷ 지금은 2월 25일 23시 20분이다.

요도

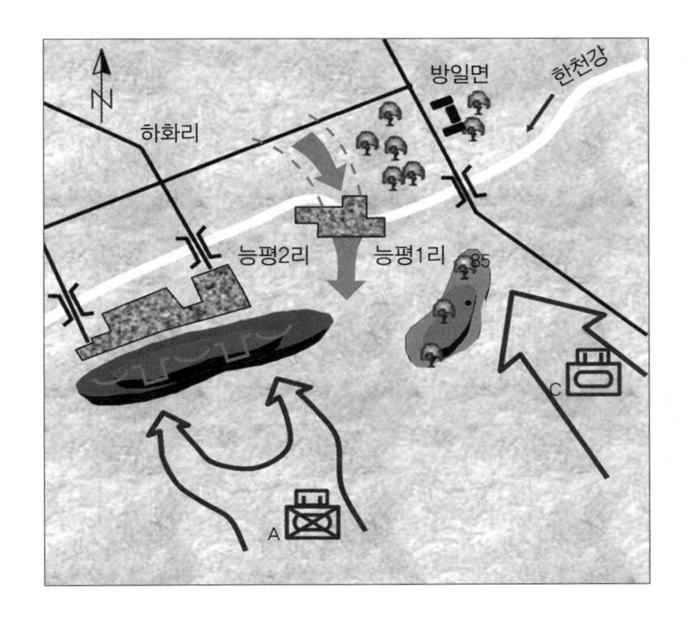

문제

1. 여단장으로서 현 상황을 평가하고 우선조치 사항을 제시하시오.

▶ 조치(안)

▷ 임무(M): 여단의 임무는 변동사항 없음.

- A기보대대 TF: 현 위치에서 급편방어로 전환, 능평1리로부터의 적 역습부대 격퇴
- C전차대대 TF: 주력은 방일면 확보 후 측방으로 공격하여 하화리 확보, 일부 부대로 A기보대대 TF와 협격하여 적 역습부대 격퇴

▷ 적(E) 위협 우선순위

① 역습부대

② 능평2리 일대 적 부대

③ 추가로 증원되는 적

* 적 기도: 역습을 통한 지역 확보 또는 아군부대 격멸

* 적 강점: 능평2리 적 부대와 역습부대 통합 전투력 발휘
* 적 약점: 역습부대 측방 노출

▷ 지형 · 기상(T)

- 한천강 교량은 전차 통과 가능하며, 500m 하류까지 도섭 가능
- 방일면, 하화리는 교통의 요충지로 아군 확보 시 적의 퇴로 및 증원 차단 가능
- 85고지는 능평1리와 한천강 교량 일대의 도섭지역 개활지 감제 가능 지역으로 적 역습부대에 대한 공격 시 이용 가능한 중요지역

▷ 가용부대(T): A기보대대 TF, C전차대대 TF, B기보대대 TF, 자주포병 1개 대대, 직할대 등

▷ 가용시간(T): 적 역습부대에 대한 A기보대대 TF와 C전차대대 TF의 협격 타이밍을 맞추어야 하고 현재 공백 상태인 방일면, 하화리 일대를 신속히 확보하기 위한 신속한 조치 필요

▷ 우선조치 사항: 지체 없이 선도 정찰부대를 편성, 한천강 교량 일대로부터 방일면, 하화리 일대까지 정찰, 첩보 수집 및 보고

2. 방책을 구상하여 이를 비교, 최선의 방책을 제시하시오.

▶ 조치(안)

구분	방책 #1	방책 #2
부대 운용	• A기보대대 TF는 현 위치에서 급편방어 • C전차대대 TF는 적 역습부대 공격 • B기보대대 TF 예비로 우발상황 대비	• A기보대대 TF는 현 위치에서 급편방어 • C전차대대 TF 1개 중대조는 A기보대대 TF와 협격, 적 역습부대 격멸 • C전차대대 TF(-)는 방일면-하화리 방향으로 공격 • B기보대대 TF는 예비로 우발상황 대비
장점	• 전투력 집중, 단시간 내 적 역습부대 격멸	• 한천강 교량 및 도섭지역을 이용하여 후방지역 공격, 심리적 마비 달성
단점	• 한천강 교량 및 도섭지역을 이용하여 공백 상태인 적 후방지역에 대한 공격시기 상실 우려	–
결심		○

▶ 착안사항

▷ 적 역습부대 규모(2개 중대) 고려 시 A기보대대 TF와 85고지를 이용할 수 있는 전차 1개 중대가 협격한다면 적 역습부대 격멸이 가능하다고 판단된다.

▷ 방일면, 하화리 일대의 적 후방지역은 현재 공백 상태로, 한천강 교량 및 일대의 도섭지역을 이용하여 신속히 공격한다면 적의 증원 및 퇴로 차단이 가능하고, 적에게 심리적 마비를 달성할 수 있는 호기로 판단된다.

특별상황 10: 예비임무 수행 중 적 증원부대 발견

상황

▷ 2월 26일 F기보여단은 한천강을 넘어 북쪽으로 공격 중이다. A기보대대 TF가 한천강을 극복, 대안 상의 적을 격퇴하고 새로운 방어진지 상의 적에 대하여 공격하는 동안, C전차대대 TF는 잘 위장된 적 대전차 화기의 공격으로 상당한 손실을 입고 동측 강안에서 정지된 상태이다.

▷ 이에 따라 B기보대대 TF(기보중대 2, 전차중대 1)에게 적 측방과 후방으로 공격을 실시, 적을 격퇴하여 C전차대대 TF의 동쪽 공격 통로를 열어 주라는 명령이 하달되었다.

▷ 한천강 하상은 견고하고, 강가는 작은 나무들이 무성하며 장갑차량의 도섭이 가능하다. 08시 33분 B기보대대 TF의 선두가 강 동쪽의 작은 수풀지역을 통과 시 다음과 같은 여단의 무전 명령을 수령하였다.

"적은 20대의 장갑차, 9대의 전차로 C전차대대를 향하여 서쪽으로부터 이동 중, 선두는 한천강 서측 약 4km 지점임. 즉시…!"

▷ 그 다음의 여단 명령은 강한 전파 방해로 더 이상 수신할 수 없었다.

▷ 지금은 2월 26일 08시 33분이다.

요도

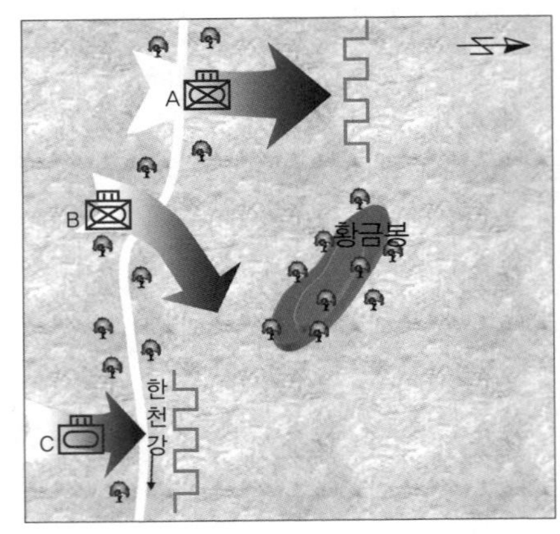

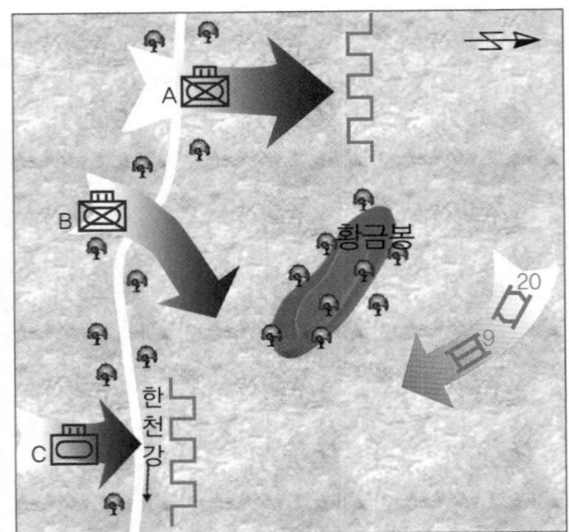

문제

1. B기보대대장으로서 현 상황을 평가하고 우선조치 사항을 제시하시오.

▶ 조치(안)

▷ 임무(M): C전차대대 TF 후속 ⇒ 황금봉 동쪽의 적 증원부대 격멸

▷ 적(E) 위협 우선순위

① 황금봉 동쪽에서 증원되는 적 전차 9대, 장갑차 20대

② C전차대대 TF와 교전 중인 적

③ A기보대대 TF와 교전 중인 적

* 적 기도: 한천강 일대를 방어하는 부대 전투력 증강

* 적 강점: 하천선 일대에 대한 전투력 증강으로 하천선 방어 용이

▷ 지형 · 기상(T)

- 황금봉은 주변 개활지에 대한 감제관측 및 사격에 유리

- 작전지역 내 한천강은 장갑차량 도섭이 가능

▷ 가용부대(T): 기보 2개 중대, 전차 1개 중대, 자주포병 1개 포대, 공병 1개 소대 등

* 대대는 개활지 상 전투보다 황금봉을 이용한 전투가 유리

▷ 가용시간(T): 적 증원부대가 C전차대대 TF 전방의 적과 합류 시 전투력이 증강되므로 신속한 조치 필요

▷ 우선조치 사항

- 공격을 위한 이동 준비 명령 하달
- 지체 없이 선도정찰부대 투입 황금봉 선점, 관측 및 화력 유도

2. 방책을 구상하여 이를 비교, 최선의 방책을 제시하시오.

▶ 조치(안)

구분	방책 #1	방책 #2
부대 운용	• 2개 중대조는 개활지에서 적 증원부대 공격 • 1개 중대조는 C전차대대 TF와 협력, 적 격멸	• 2개 중대조는 황금봉 점령 후 증원하는 적 측방공격, 1개 중대조는 예비 • 증원부대 격멸 후 C전차대대 TF와 협격, 적 격멸
장점	• C전차대대 TF와 협격, 조기에 통로 개방 가능	• 유리한 지형 활용 적 증원부대 우선 격멸 • 전투력을 집중하여 각개격파 가능 ※ 매 전투 시마다 상대적 전투력 우위 달성
단점	• 전투력 분산 • 상대적 전투력 면에서 불리	–
결심		○

▶ 착안사항

▷ 공격 간 주 · 조공 돈좌 시 예비대는 돈좌된 부대를 초월하는 작전을 수행하는 것이 일반화되어 있다.

▷ 그러나 다른 방향으로 예비대를 투입시켜 적의 측 · 후방을 타격하여 통로를 개방하는 것도 필요하다(사고 고착 탈피).

* 적의 취약점을 확인하여 제3의 방향으로 공격

▷ 현 상황에서 B기보대대 TF는 적 측·후방 타격 시기를 잘 판단하여 시행하는 것이 매우 중요하다.

* 시기를 상실할 경우 적에 대한 정면공격이 되거나, 아군의 측방이 노출되어 적에게 유리한 상황이 조성될 가능성이 높아진다.

▷ B기보대대 TF는 개활지 상 전투보다 황금봉을 이용한 전투가 유리하다.

▷ 현 상황에서 공격부대의 기도가 사전에 노출되는 것을 방지하기 위해 화력은 반드시 대대장 통제하에 운용한다.

▷ 적 증원부대 격멸 후 C전차대대 TF와 협격한다면 C전차대대 TF 전방의 적을 쉽게 격멸할 수 있을 것이다.

특별상황 11: 공격 중 인접지역에 적 공중강습부대 착륙

상황

▷ 아군 부대에게 기습적으로 역습을 실시한 적이 북쪽 20km에서 급편방어를 실시하고 있다는 첩보를 상급부대로부터 수령하였다.

▷ B기보대대 TF(기보중대 2, 전차중대 1)는 C전차대대 TF의 공격통로를 확보하고, 여단의 예비로 적 역습으로 전투력이 저하된 C전차대대 TF를 후속하여 공격 중이며 전방에 적은 확인되지 않고 있다.

▷ 2월 26일 10시 00분 B기보대대장에게 모래재 남쪽의 남노일교에서 교량 경계 임무 수행 중인 소대장이 다음과 같이 보고하였다.

"10시 00분 여주포리 서쪽 끝에 적 공중강습부대가 12대의 AN-2기[1]로 강습낙하 중. 구봉교는 단지 1개 분대가 경계임무 수행 중!"

---

1 소련에서 1946년부터 생산한 경량수송기로, 북한은 주로 대남기습공격 시 특수작전부대 수송을 위해 운용하고 있다.

▷ 이때 첨병소대가 모래재 북단에 도착하였다. 적의 전파 방해로 여단 통신망이 두절되었다.

▷ 지금은 2월 26일 10시 00분이다.

요도

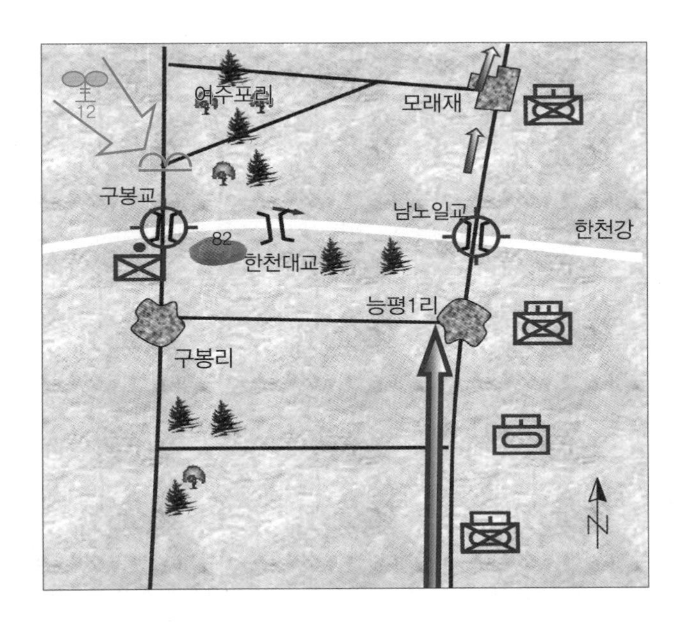

문제

1. B기보대대장으로서 현 상황을 평가하고 우선조치 사항을 제시하시오.

▶ 조치(안)

▷ 임무(M): C전차대대 TF를 후속하여 목표 확보를 위한 공격 ⇒ 여주포리 일대 적 공정부대 격멸 및 구봉교 확보+C전차대대 TF 후속

▷ 적(E) 위협 우선순위: 여주포리 일대에 12대의 AN-2기로 낙하 중인 적 공정부대

* 적 기도: 구봉교 확보 또는 파괴로 아군 공격 기세 둔화 강요
* 적 약점: 개활지에 낙하한 적 부대는 아군 기갑 및 기계화부대 공격에 취약

▷ 지형 · 기상(T)

- 여주포리 일대는 개활지로 적 공정부대 활동은 불리하나 기계화부대는 유리
- 구봉교와 남노일교는 한천강 극복을 위한 중요 교량

▷ 가용부대(T): 기보 2개 중대, 전차 1개 중대, 자주포병 1개 포대, 공병 1개 소대 등

▷ 가용시간(T): 적 공정부대가 구봉교를 확보하거나 파괴 시 아군 작전에 영향을 미치므로 신속한 조치 필요

▷ 우선조치 사항: 첨병소대에 선도정찰부대 임무 부여, 신속히 여주포리로 추진

2. 방책을 구상하여 이를 비교, 최선의 방책을 제시하시오.

▶ 조치(안)

구분	방책 #1	방책 #2
부대 운용	• 선두 · 중앙 중대조는 모래재–여주포리 방향으로 공격, 적 공중강습부대 격멸 • 1개 중대조는 82고지, 구봉교 확보 • 차후, C전차대대 TF후속	• 선두중대조는 모래재–여주포리 방향으로 공격, 중앙중대와 협격하여 적 공중강습부대 격멸 • 중앙중대조는 82고지 · 구봉교 확보 및 선두중대와 협격하여 적 격멸 • 후미 1개 중대조는 C전차대대 TF를 후속하여 목표로 계속 공격
장점	• 전투력 집중으로 신속한 적 격멸 가능	• 82고지 및 구봉교 확보 + 적 측 · 후방 공격으로 전투력 승수효과 달성 • 1개 중대조는 목표로 계속 공격, 공격 기세 유지
단점	• 부대 밀집 및 유휴 전투력 발생	–
결심		○

▶ 착안사항

▷ 작전 전반에 미치는 영향을 고려, 대국적인 차원에서 판단하여 임무형 지휘를 실시해야 한다. 전투력 운용은 C전차대대 TF를 후속하여 목표 확보를 위한 공

격에서 주력 부대를 투입하여 적 공중강습부대를 공격하여 격멸하고, 일부 부대는 C전차대대 TF를 후속, 목표 확보를 위해 계속 공격해야 한다.

▷ 적 규모 및 능력 판단 후 아군 투입부대를 결정하여 공격을 실시해야 한다.

* 현 상황에서 적은 1개 중대 규모로 판단할 수 있다(RPG-7 정도로 무장). 따라서 대대 전체가 투입되는 것보다 전투력 지수를 고려, 2개 중대조를 투입하고, 1개 중대조는 C전차대대 TF를 후속, 계속 공격을 실시하여 C전차대대 TF의 공격 기세를 유지하는 것이 바람직하다고 본다.
* AN-2기 수송 능력: 1대×10명, 12대=120명 규모로 판단

▷ 적 공중강습부대의 취약시기를 판단하여 공격해야 한다. 공중에서 낙하 중이거나 착지했을 때가 가장 취약한 시기이며, 두 번째 취약한 시기는 적이 대형을 갖추기 전이므로, 이때 공격하는 것이 효과적이다.

▷ 제대별 선도정찰부대를 적극적으로 운용해야 한다. 모래재 도착 중대와 능평1리 일대를 통과 중인 중대는 소규모의 선도정찰부대를 신속히 운용함으로써 전방 상황을 파악하여 적보다 유리한 태세로 전투를 실시해야 한다. 선도정찰부대는 첩보 획득과 적 취약점 발견, 화력 유도 등을 위해 반드시 운용해야 한다.

특별상황 12: 후속지원 임무 수행 중 적 역습부대 발견

상황

▷ F기보여단은 2월 26일, 공격을 계속하고 있다. A기보대대 TF는 능평4리 부근에서 아직도 격렬한 전투를 수행하고 있는 반면, C전차대대 TF는 적을 깍은봉 외곽으로 격퇴하고 북쪽으로 계속 전진하고 있다.

▷ B기보대대 TF(기보중대 2, 전차중대 1)는 여단 예비로서 황금봉까지 C전차대대 TF를 후속지원 하라는 임무를 받았다.

▷ B기보대대 TF의 선두가 황금봉 2km 지점까지 접근하였을 때 원창2리에 있는 정찰대로부터 다음과 같은 무전 보고를 받았다.

"13시 00분 당소 위치는 원창2리 동단 지점임. 적이 장갑차 18대, 전차 7대로 북동쪽에서 원창2리 방향으로 이동 중임. 황금봉으로 철수하겠음."

▷ 바로 이어서 원창2리 방향에서 아군 포격 소리가 들렸다.

▷ 지금은 2월 26일 13시 00분이다.

요도

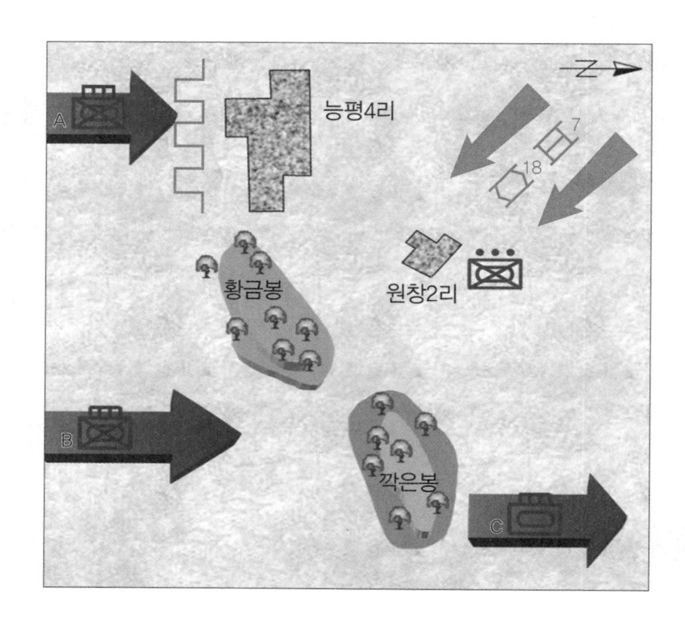

문제

1. B기보대대장으로서 현 상황을 평가하고 우선조치 사항을 제시하시오.

▶ 조치(안)

▷ 임무(M): C전차대대 TF 후속지원 ⇒ 유입되는 적 역습부대 격멸

▷ 적(E) 위협 우선순위

① 유입되는 적 전차 7대, 장갑차 18대

② A기보대대 TF 전방 적 부대

* 적 기도: 역습을 통해 아군 격멸 또는 지역 확보
* 적 강점: C전차대대 TF 측 · 후방 타격 가능, 시가지와 고지 등 중요 지형지물 이용 용이

▷ 지형 · 기상(T): 황금봉과 깍은봉은 주변 개활지를 감제관측 및 통제할 수 있는 유리한 지형으로 먼저 확보하는 편이 유리한 입장에서 전투수행 가능

▷ 가용부대(T): 기보 2개 중대, 전차 1개 중대, 자주포병 1개 포대, 공병 1개 소대 등

▷ 가용시간(T): 공격하는 C전차대대 TF의 측 · 후방이 노출되므로 신속한 조치 필요

▷ 우선조치 사항: 지체 없이 선도 정찰부대 편성하여 황금봉과 깍은봉 선점, 첩보보고 및 화력 유도

2. 방책을 구상하여 이를 비교, 최선의 방책을 제시하시오.

▶ 조치(안)

구분	방책 #1	방책 #2
부대 운용	• 기보 1개 중대조는 황금봉 일대 점령 적 저지 • 대대(-1)는 원창2리 일대로 공격, 적 격멸	• 선두 전차중대조는 깍은봉 점령, 접근 중인 적 부대 격멸 • 기보중대조는 황금봉 일대 점령, 적 부대 격멸 • 기보 1개 중대조는 예비로 운용
장점	• 단기간 내 적 부대를 격멸, 원창2리 일대 확보 가능 • 차후 A기보대대 TF와 협격을 통해 능평4리 일대의 적 부대 격멸 용이	• 중요지형(황금봉, 깍은봉) 이용, 최소의 피해로 최대 효과 달성 가능 • 융통성 있는 예비대 확보 • 주, 조공 동시 지원 가능
단점	• 평지에서 정면공격으로 아군 대량 피해 우려 • C전차대대 TF 및 A기보대대 TF의 융통성 있는 지원 제한	• 적의 원창2리 시가지를 이용한 대응에 취약
결심		○

▶ 착안사항

▷ B기보대대 TF는 유입되는 적 역습부대를 격멸하여 여단의 공격 기세를 유지해야 한다.

- 유리한 지형(황금봉, 깍은봉)을 활용, 유입되는 적 역습부대 격멸
- 적 역습부대 격멸 후 원창2리 → 능평4리 방향으로 공격 A기보대대 TF와 협격 또는 원창2리 일대로만 진출해도 A기보대대 TF 전방에 위치한 적의 측 · 후방이 노출
- C전차대대 TF의 측 · 후방 보호

▷ 예비대 운용 시 주의사항

- 예비대 운용 시 반드시 상급 지휘관에게 보고 후 운용해야 한다.
- 현 상황에서 B기보대대 TF가 공격 시 여단은 예비대를 B기보대대 TF 1개 중대조를 지정할 수도 있고, 부대 제한 시 여단 본부중대를 예비대로 편성 및 운용할 수 있다.

▷ 시간적으로 '지체 없이'는 적보다 신속하게 반응, OODA 주기를 단축하여 유리한 태세를 갖추기 위한 것이다. 이번 사례에서는 신속하게 기동하여 유리한 지형을 선점, 작전의 유리한 상황을 조성해야 한다.

▷ 황금봉과 깍은봉을 이용한 대전차 공격 시 화기 성능과 지형적 여건을 고려하여 진지를 편성한다.

- PZF-Ⅲ: 2~3부 능선 상 사격진지 점령
- METIS-M: 유도선을 고려하여 고지 일대 사격진지 점령
- 전차: 사거리 전투 또는 매복전투가 가능토록 배치

특별상황 13: 공격 간 보급이 필요한 상황에서 적 역습부대 확인

상황

- ▷ A기보대대 TF(기보중대 2, 전차중대 1)는 2월 26일 북쪽으로 계속 공격하여 적의 강력한 저항에도 불구하고 210고지와 양쪽 수풀지역을 확보하는 데 성공하였다.
- ▷ 적 1개 대대가 격퇴되고, 적 전차 4대가 파괴되었다.
- ▷ 아군 전차 2대와 장갑차 4대는 대부분의 승무원과 함께 극심한 피해를 입었다.
- ▷ 대대가 막 220고지로 공격을 재개하려 할 때, 적은 전차 8대, 장갑차 16대 규모의 전투력으로 역습을 시도하였다.
- ▷ 대대는 아직 적재된 연료의 50%, 탄약의 30%가 가용하다.
- ▷ C전차대대 TF는 깍은봉 일대, B기보대대 TF는 황금봉 일대에 위치하고 있으며 한천강 북쪽에 위치한 모든 부대에 대하여 재보급이 개시되었다.
- ▷ 날씨는 맑고 차가운 겨울이다.
- ▷ 지금은 2월 26일 16시 30분이다.

요도

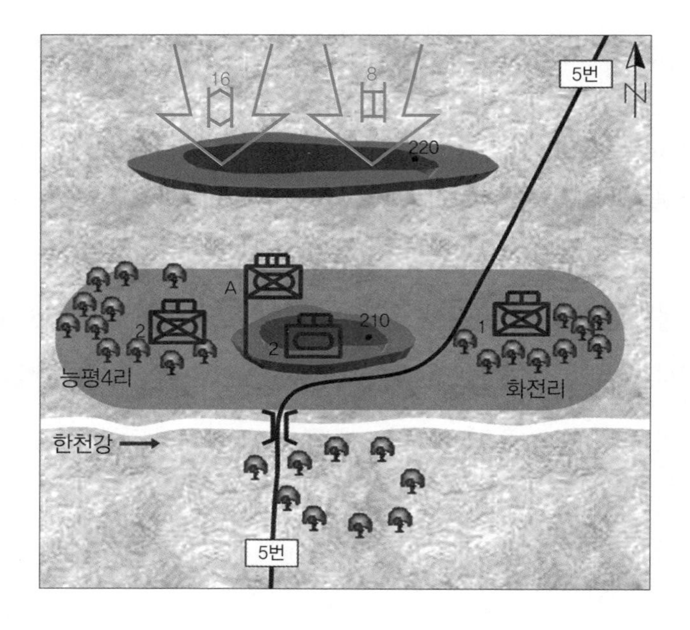

문제

1. A기보대대장으로서 현 상황을 평가하고 우선조치 사항을 제시하시오.

▶ 조치(안)

▷ 임무(M): 220고지 확보+역습 중인 적 부대 격멸

▷ 적(E) 위협 우선순위

① 220고지 북쪽에서 역습 중인 전차 8대, 장갑차 16대

* 적 기도: 220고지 확보 및 아군 격퇴

* 적 강점: 아군의 보급이 필요한 시기에 역습 실시, 220고지 확보 시 아군을 감제하면서 작전 가능

▷ 지형 · 기상(T)

- 5번 국도가 종적으로 발달하여 공격 기세 유지 용이
- 220고지, 210고지는 도하지역 및 개활지 통제에 유리
- 한천강은 자연 장애물로 한천강 교량은 이동 및 보급에 용이

▷ 가용부대(T): 전차 1개 중대, 기보 2개 중대, 자주포병 1개 포대, 공병 1개 소대 등

- 전차 2대, 장갑차 4대는 극심한 피해로 전투력 발휘 제한

▷ 가용시간(T): 시간 지체 시 반응시간이 지연되어 적 역습부대에 의한 피해가 예상되므로 신속한 조치 필요

▷ 우선조치 사항: 반응시간 단축을 위한 경보 전파 및 공격 준비 명령 하달

2. 방책을 구상하여 이를 비교, 최선의 방책을 제시하시오.

▶ 조치(안)

구분	방책 #1	방책 #2
부대 운용	• 현 위치에서 2개 중대조는 급편방어 • 1개 중대조는 예비로 운용	• 전차중대조는 210고지에서 적 저지 • 기보 2개 중대조(-)는 좌 · 우측을 통해 공격, 적 측방 타격 • 1개 소대는 예비로 운용
장점	• 방어의 이점 최대 이용	• 좌우측 넓은 전개공간 활용 • 측방공격을 통한 기습 효과 달성 • 전투력 집중 용이
단점	• 소극적인 대응으로 임무 달성 지연	-
결심		○

▶ 착안사항

▷ 대대는 현재 연료 50%, 탄약 30% 수준으로 보급을 받아야 하지만 적의 역습에 우선적으로 대응해야 한다.

▷ 일부 부대로 210고지 일대에서 적을 저지하고, 주력은 좌 · 우측 개활지를 이용하여 적의 측 · 후방을 타격함으로써 전투력 집중과 적 측 · 후방 타격의 승수효과를 거둘 수 있도록 해야 할 것이다.

특별상황 14: 여단 보급 간 적 역습부대 발견

상황

▷ F기보여단(기보대대 2, 전차대대 1)은 2월 26일 16시 30분 한천강을 넘어 북동쪽으로 공격하여 강력한 적 저항을 분쇄하고 불태산과 황금봉을 점령하였다.

▷ 조공인 A기보대대 TF가 양화리 방향으로 공격 중에, 강력한 적 포병 사격을 받았다. 예하 중대들로부터 장갑차 14대 손실, 부상자 발생 보고가 들어옴과 동시에 양화리로부터 장갑차 12대, 전차 6대 규모의 적 역습이 개시되었다.

▷ 주공인 C전차대대 TF는 같은 시간에 황금봉을 점령하고 필수적인 보급(탄약+연료)을 개시하였다. 배속된 기보중대와 전차 1개 소대만이 아직 전투 적재량의 30% 정도가 가용하다.

▷ 아직도 전투수행이 가능한 적의 일부가 급히 원창2리 방향으로 철수하고 있다. 아군 포병이 양화리에 화력을 집중 지원하고 있어 현재 주공인 C전차대대 TF는 포병화력지원이 가용하지 않다.

▷ 지금은 2월 26일 17시 30분이다.

요도

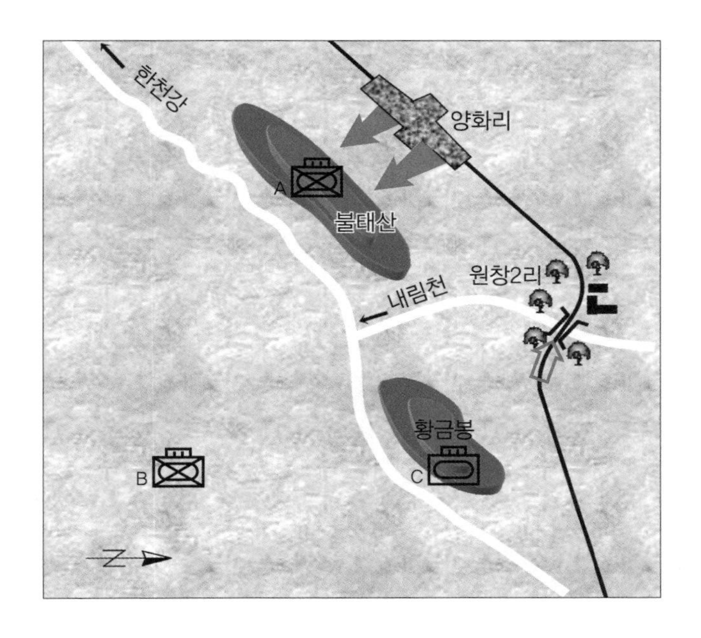

문제

1. 여단장으로서 현 상황을 평가하고 우선조치 사항을 제시하시오.

▶ 조치(안)

▷ 임무(M): 화채봉 확보 + 양화리 일대 적 역습부대 격멸

▷ 적(E) 위협 우선순위

① 양화리 일대에서 공격 중인 적 전차 6대, 장갑차 12대

② 원창2리 방향으로 철수하는 적 부대

* 적 기도: 아군 격멸 또는 지역 회복
* 적 약점: 원창2리 방향으로 철수하는 적 추격시 자연스럽게 역습부대 측방 타격 가능

▷ 지형 · 기상(T)

- 한천강, 내림천은 기계화부대 기동에 일부 제한을 주는 천연 장애물

* 한천강, 내림천의 교량 확보 시 이동 용이

- 황금봉은 감제관측 및 사격, 화력 유도에 유리
- 원창2리 시가지는 인공 장애물로 작용

▷ 가용부대(T): 전차 1개 대대, 기보 2개 대대, 자주포병 1개 대대, 직할대 등

▷ 가용시간(T): 많은 피해를 받은 A기보대대 TF가 적 역습을 받게 되면 심리적 공황에 빠질 수 있으므로 신속한 조치 필요

▷ 우선조치 사항: 여단 예비인 B기보대대 TF 투입 준비

2. 방책을 구상하여 이를 비교, 최선의 방책을 제시하시오.

▶ 조치(안)

구분	방책 #1	방책 #2
부대 운용	• A기보대대 TF는 불태산 일대에서 급편방어, 적 역습부대 격퇴 • C전차대대 TF는 황금봉 일대에서 박격포로 지원, 계획된 보급활동 실시 • B기보대대 TF는 투입 준비	• A기보대대 TF는 불태산 일대에서 급편방어 • C전차대대 TF는 가용한 부대로 철수하는 적 추격 및 적 역습부대 측방타격(A기보대대 TF와 협조) • B기보대대 TF는 투입 준비
장점	• C전차대대 TF는 계획된 보급 가능	• 철수하는 적을 추격하여 적 격멸 • A기보대대 TF와 협조하여 C전차대대 TF가 적 역습부대 측 · 후방을 공격함으로써 기습 효과 달성 가능
단점	• A기보대대 TF는 적 역습으로 전투력 약화	• 탄약 및 연료 보충 지연으로 차후 작전 곤란
결심		○

▶ 착안사항

▷ C전차대대가 TF 보급을 하고 있다 하더라도, 적 역습이라는 급박한 상황에서는 전투 적재량 30%의 가용한 부대를 편성하여 필요한 조치를 해야 한다.

▷ 철수하는 적의 꼬리를 잡는 것이 매우 중요하다. 주공인 C전차대대 TF의 즉각 투입 가능한 기보중대조(전투 적재량 30%)를 투입시켜 신속하게 적을 추격하면 원창2리와 내림천 교량 확보가 용이할 것이다.

▷ 적을 추격하면서 적 역습부대의 측·후방을 타격하고 급편방어 중인 A기보대대 TF와 협조, 적을 격멸한다면 일석이조(一石二鳥)의 효과를 거둘 수 있다

▷ 지휘관의 위치는 결정적 작전(지점)을 볼 수 있는 지역에 선정해야 한다.

특별상황 15: 주공후속 간 조공지역으로 투입되는 적 부대 발견

상황

▷ F기보여단이 불태산과 원창2리를 점령 후, C전차대대 TF 점령지역에 대한 적의 대규모 역습으로 C전차대대 TF는 한천강 이북 지역을 상실하고 능평 1리와 죽방면 일대로 퇴각하였다. 이어서 정찰대로부터 동북지역에서 규모 미상의 대규모 적 부대가 이동하고 있다는 보고를 받고 여단은 공격방향을 동쪽으로 전환하여 2월 27일 운봉리-죽방면 좌우측에서 동쪽으로 공격 중이다. C전차대대 TF의 한천강 남쪽의 공격은 순조로운 반면, 운봉리는 A기보대대 TF가 격렬한 전투 끝에 점령할 수 있었다. A기보대대 TF의 일부는 현재 탄약과 연료의 보충이 필요하다.

▷ B기보대대 TF(기보중대 2, 전차중대 1)는 여단의 예비로서 C전차대대 TF를 후속하여 죽방 운동장에 도달하였다. 10시 30분 마을 북쪽의 고지에서 대대장은 운봉리로부터 장서 삼거리로 철수하는 적의 움직임을 관측하였다. 대대장은 적이 그곳에서 활발하게 새로운 방어 편성을 하고 있다는 인상을 받았다.

▷ 같은 시각에 아직 전투력이 있는 적이 운봉리 북쪽에서 황금봉으로 철수하여 다시 진지를 점령하고 있다는 A기보대대 TF의 무선 교신을 감청하였다.

▷ 동쪽에서 장서 삼거리로 이르는 도로 상에는 약 1.5km에 이르는 먼지구름이 관측되고 있으며 선두에 서쪽으로 이동 중인 적 장갑차 5대가 식별되었다.

▷ 공병 정찰대는 한천강에서 교량 좌·우측 300m까지 도섭이 가능하다고 보고

하였다.

▷ 지금은 2월 27일 10시 30분이다.

요도

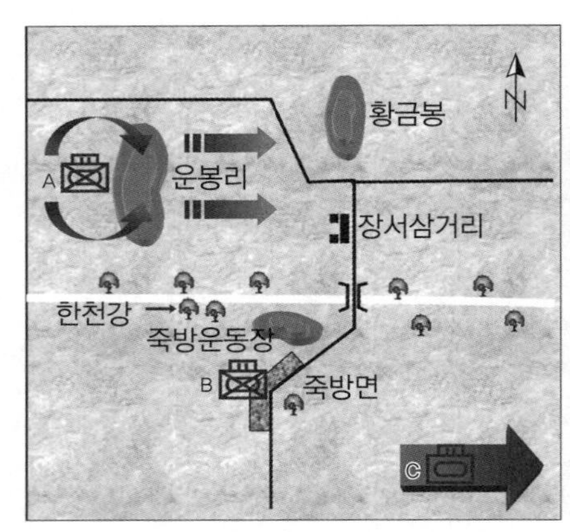

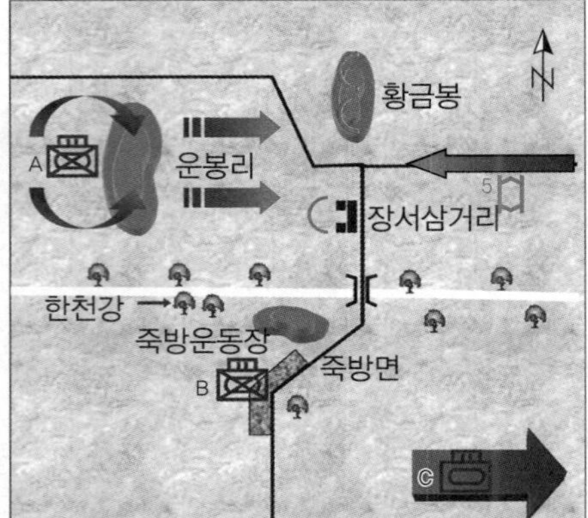

문제

1. B기보대대장으로서 현 상황을 평가하고 우선조치 사항을 제시하시오.

▶ 조치(안)

▷ 임무(M): 장서 삼거리 일대로 유입되는 적 부대 격멸

▷ 적(E) 위협 우선순위

① 장서 삼거리로 이동 중인 적 부대(장갑차 5대 등)

② 황금봉 일대에 진지 점령 중인 적 부대

* 적 기도: 전방 전투력 강화 및 한천강으로 인해 상호 지원이 곤란한 아군의 약점을 이용 각개격파
* 적 강점: 한천강 등 지형의 이점 활용

▷ 지형 · 기상(T)

- 한천강 교량 및 인접 도섭지역은 한천강을 극복할 수 있는 통로로 적이 확보 시 여단의 공격이 양분, 상호 지원 제한

- 장서 삼거리는 교통의 요충지, 황금봉은 이 지역을 감제관측 및 통제가 가능하고 전투력 발휘에 용이한 중요한 지형

▷ 가용부대(T): 기보 2개 중대, 전차 1개 중대, 자주포병 1개 포대, 공병 1개 소대 등

▷ 가용시간(T): 시간 지체 시 적의 방어 편성 강화와 증원부대로 인해 적 전투력이 강해지고, 적이 한천강 교량과 인접 도섭지역 확보 시 아군의 상호 지원이 곤란하기 때문에 신속한 조치가 필요

▷ 우선조치 사항: 최단시간 내 선도 정찰부대를 편성하여 한천강 교량 일대 확보

2. 방책을 구상하여 이를 비교, 최선의 방책을 제시하시오.

▶ 조치(안)

구분	방책 #1	방책 #2
부대 운용	• 1개 중대조는 C전차대대 TF 후속지원 • 1개 중대조는 장서 삼거리 일대 적 부대 공격 • 1개 중대조는 대대 예비 임무 수행	• 즉시 1개 소대의 선도 정찰부대로 한천강 교량 확보 • 2개 중대조는 장서 삼거리 방향으로 공격, 황금봉 및 장서 삼거리 일대 적 격멸 • 1개 중대조는 한천강 교량 일대에서 예비로 운용
장점	• C전차대대 TF에 대한 계속적인 지원 가능	• 전투력 집중을 통해 적 부대를 단기간 내 격멸 가능
단점	• 전투력 분산	-
결심		○

▶ 착안사항

▷ C전차대대 TF의 공격은 순조로운 반면, A기보대대 TF 전방에서는 적이 철수하여 급편방어 진지를 편성하고 있고 적 증원부대가 이동하고 있다.

▷ 한천강 교량 및 인접 도섭지역을 적이 확보한다면 여단의 공격이 양분되어 상호 지원이 제한된다.

▷ B기보대대 TF는 A기보대대 TF 방향으로 전투력을 전환하여 적을 격멸해야 할 것이다.

▷ 공격 시 작전 목적 선정 관련

- 공격작전의 목적은 적 부대 격멸, 적의 전투 의지 파괴, 중요지역 확보, 적 자원의 탈취 및 파괴, 적 기만 및 전환, 적 고착 및 교란 등이 있다.
- 이 중 중요지역 확보는 지역 내에서 적을 쫓아내는 것으로 이는 지속적으로 적의 위험을 감수해야 하는 제한사항이 있다.
- 그러나 적 부대를 격멸하게 되면, 자연적으로 지역 확보는 가능하게 된다.

* 상황을 고려하여 작전 목적을 선정하여야 한다.

▷ 상황변화에 따른 지휘관 판단은 대단히 중요하다.

- B기보대대 TF와 같이 예비 임무를 수행하더라도 지속적으로 여단 무전망 감청 등을 통하여 상황 파악을 위해 노력해야 하며, 내 부대가 조치해야 할 상황이라면 지휘관이 즉각적으로 판단을 한 후 방책을 수립하여 작전을 실시해야 한다(상급 지휘관 입장에서 판단).

* 유 · 무선 가능 시 보고 실시, 불가 시에는 임무형 지휘 실시 후 보고

특별상황 16: 목표 확보 간 공격방향 결심

상황

▷ F기보여단은 여단 동측방의 위협을 제거하고 2월 27일 12시 00분 A기보대대 TF를 서측에서, C전차대대 TF를 동측으로 하여 북쪽으로 공격하려고 한다. 상급부대와 정찰대에 의해 확인된 적은 아래 요도와 같다.

▷ C전차대대 TF(전차중대2, 기보중대1)의 임무는 화채봉을 확보하는 것이다.

▷ 상황 판단 시 C전차대대장은 다음 방책의 가능성을 검토하고 있다.

- 105고지를 통과하여 공격
- 원창고개를 통과하여 공격
- 원창고개 동쪽으로 우회공격

▷ 지금은 2월 27일 14시 00분이다.

요도

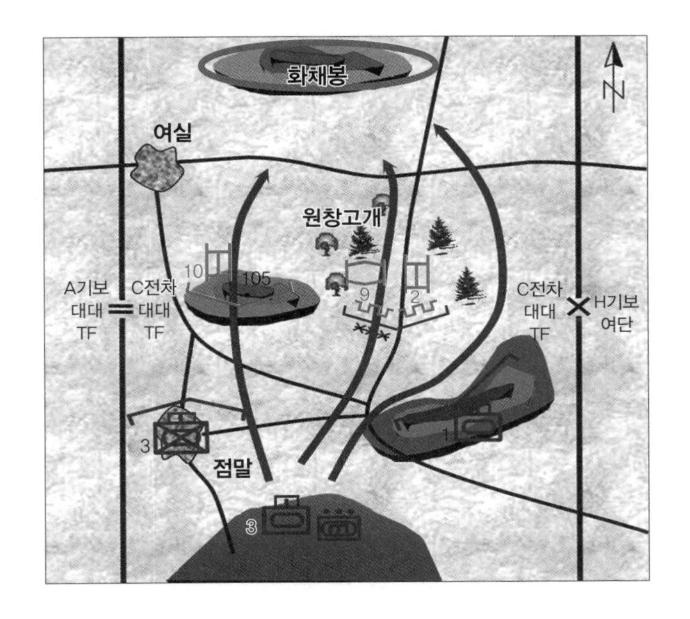

문제

1. C전차대대장으로서 현 상황을 평가하고 우선조치 사항을 제시하시오.

▶ 조치(안)

▷ 임무(M): 화채봉 확보

▷ 적(E) 위협 우선순위

① 105고지 일대 전차 10대

② 원창고개 일대 적 전차 2대 및 장갑차 9대와 보병, 적 장애물 지대

③ 화채봉 일대 예상되는 적

* 적 기도: 유리한 지형과 장애물을 이용하여 아군 격퇴

* 적 강점: 방자의 이점인 병력, 화력, 장애물, 지형 통합운용

▷ 지형 · 기상(T)

- 종 · 횡적 도로망 발달
- 화채봉, 105고지, 원창고개는 주요 도로와 개활지를 감제관측하고 양호한 진지를 편성할 수 있는 중요지형

▷ 가용부대(T): 전차 2개 중대, 기보 1개 중대, 자주포병 1개 포대, 공병 1개 소대 등

▷ 가용시간(T): 공격이 지연되면 적의 장애물, 증원부대 등으로 인해 방어 강도가 강해지기 때문에 신속한 조치 필요

▷ 우선조치 사항: 지체 없이 선도 정찰부대 편성, 이동 준비

2. 상황에서 제시한 3가지 방책을 비교, 최선의 방책을 제시하시오.

▶ 조치(안)

구분	#1. 105고지를 통과하여 공격	#2. 원창고개를 통과하여 공격	#3. 원창고개 동쪽으로 우회공격
장점	• 점말 일대 개활지는 전차 전개 및 사격 용이 • 공격 간 A기보대대 TF 우측 중대 화력을 지원받기 용이 • 105고지 북쪽 개활지는 신속한 공격 가능	• 목표지역으로 이동로가 발달되어 기동 용이	• 포병 집중사격과 연막차장 상태에서 적이 배치되지 않은 지역으로 공격 가능 • 적 측방타격 가능 • 최초 진지 돌파 후 목표 지역으로 신속한 공격 용이
단점	• 가장 강한 적 전투력 배치(전차 10대) • 정면공격	• 적 부대와 장애물 지대 극복 • 정면공격	• 공자에게 측방 노출
결심			○

▶ 착안사항

▷ 적 배치 고려, 소규모의 전투력으로 원창고개 일대의 적을 고착한다.

▷ 주 전투력은 포병 집중사격 및 연막차장 상태에서 원창고개 동쪽으로, 우회공격을 실시하여 적 퇴로를 차단하고 화채봉을 공격하는 것이 효과적이다.

▷ 작전을 단계화하는 것은 초월할 때 더 많은 시간이 소요되거나, 제한된 통로에 전투력이 밀집되어 혼잡을 가중시킬 수도 있기 때문에 주공을 증원하는 작전이 효과적일 수 있다.

▷ 그러나 증원 역시 지휘관이 소중한 예비대를 축차적으로 투입해 전투력을 낭비할 수도 있으므로 상황에 따라 적합한 방법을 융통성 있게 사용해야 할 것이다.

특별상황 17: 도하지역 대안으로 철수하는 적과 역습부대 발견

상황

▷ C전차대대 TF(전차중대 2, 기보중대 1)는 2월 28일 09시 10분에 목표 '1'(화채봉)을 확보하였으며 일부 적은 급히 강천 방향으로 철수하였다.

▷ 대대장이 강천 북쪽 정한강 도하지역에 대하여 즉시 공격을 재개하라고 명령할 때, 수리봉을 거쳐 강천 동쪽 3km 지점에 배치된 정찰대로부터 다음과 같은 무전 보고가 들어왔다.

"10시 00분 수리봉 북쪽 1.5km 숲 속임. 적의 전차 14대, 장갑차 6대가 정한강 교량을 넘어 도로 양쪽을 연하여 남서쪽으로 전진 중. 정한강 교량 좌우측으로는 외견상 도섭 가능한 것으로 판단됨. 수리봉으로 이탈하겠음."

▷ 지금은 2월 28일 10시 00분이다.

요도

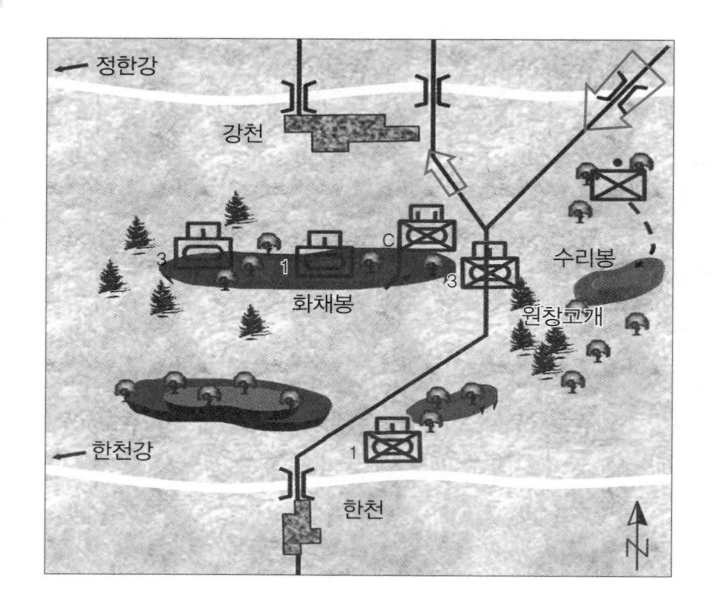

문제

1. C전차대대장으로서 현 상황을 평가하고 우선조치 사항을 제시하시오.

▶ 조치(안)

▷ 임무(M): 강천 방향으로 계속 공격, 정한강 도하지역 확보+북동쪽에서 유입되는 적 역습부대 격멸

▷ 적(E) 위협 우선순위

① 북동쪽에서 이동 중인 적 전차 14대, 장갑차 6대

② 강천 일대로 철수 중인 적 부대

* 적 기도: 역습을 통해 철수 여건 조성 및 정한강 일대 확보, 하천선을 이용한 차후 작전 준비

* 적 약점: 신속하게 정한강 교량 확보 시 퇴로 차단 가능, 적 역습 기동로는 화채봉과 수리봉에서 관측이 가능하고 화채봉 동측 삼거리 일대에서 병목현상 발생

▷ 지형 · 기상(T)

- 아군 공격 시 단일 도로에서 2~3개 도로로 분리되어 유리, 적군 공격 시 2~3

개 도로가 단일 통로로 통합되어 불리(공격 시 화채봉, 수리봉 일대에서 병목현상 발생)

- 아군이 화채봉, 원창고개, 수리봉 확보로 공격 및 방어에 유리
- 정한강, 한천강 교량은 하천 극복에 유리, 정한강 교량 좌·우측은 외견상 도섭 가능
- 강천 시가지는 인공 장애물로 작용

▷ 가용부대(T): 전차 2개 중대, 기보 1개 중대, 자주포병 1개 포대, 공병 1개 소대 등

▷ 가용시간(T): 적 역습부대가 근거리까지 접근하였으므로 신속한 조치 필요

▷ 우선조치 사항: 선도정찰부대는 현 위치에서 첩보 제공 및 화력 유도

2. 방책을 구상하여 이를 비교, 최선의 방책을 제시하시오.

▶ 조치(안)

구분	방책 #1	방책 #2
부대 운용	• 전차1개중대조는 화채봉 일대 점령 방어 • 기보중대조는 수리봉 점령 방어 • 전차1개중대조는 원창고개 일대에서 예비 임무 수행	• 전차1개중대조는 기보중대조와 협조하여 적 역습부대 격멸 후, 조공으로 정한강 중앙교량 일대 확보 • 전차1개중대조는 화채봉 서측으로 기동하여 적 철수부대 추격, 주공으로 정한강 서측교량 일대 확보 • 기보중대조(-1)는 수리봉 전방으로 기동하여 전차중대조와 협조, 적 역습부대 격멸 후 조공으로 정한강 동측교량 일대 확보 • 기보 1개 소대는 원창고개 일대에서 대대 예비 임무 수행
장점	• 방어의 이점 최대 활용	• 적 역습부대 포위 격멸 가능 • 적 철수부대를 추격하여 강천 북방의 정한강 교량 확보 가능
단점	• 적 철수부대에 의한 강천 시가지 확보와 정한강 교량 확보 및 거부 기회 제공	–
결심		○

▶ 착안사항

▷ 지형적 측면에서 고지를 이용할 수 있는 이점을 고려, 상대적 전투력을 분석한다.

＊ 적 1개 중대(+) 역습 고려 시 2개 중대조(-1) 공격(협격), 1개 중대조 추격, 1개 소대 예비로 운용

▷ 전차는 사거리 전투와 매복전투를, 장거리 대전차 화기는 사거리전투를, 단거리 대전차 화기는 매복 전투를 할 수 있도록 운용하는 것이 효과적이다.

▷ 대대의 예비는 원창고개에서 1개 소대 규모를 운용할 수 있다.

▷ 강천 시가지는 우회하되, 정한강을 연하는 교량과 도하지역을 확보하여 차후 작전에 유리한 여건을 조성해야 할 것이다.

특별상황 18: 강력한 적 진지 봉착, 우회로 발견

상황

▷ A기보대대 TF(기보중대 2, 전차중대1)는 계속 공격 간 자양호와 강천 사이의 적 축성진지로부터 감시되고 있는 지뢰 지대에 봉착하였다. 아군은 피해를 입었고 공격은 돈좌되었다.

▷ 109고지의 적 대전차 화기는 부분적으로만 제압할 수 있었다. 212고지에는 수미상의 적 전차와 장갑차가 식별되었으며 이에 자주포병 포대가 사격을 실시하였다. 이때 강천으로 추진된 정찰대가 다음과 같이 보고하였다.

"14시 00분 학곡리 북단에 도달함. 숲 속에 적은 식별되지 않았으며 숲 속 길은 건조함. 강천에서 남쪽으로 적 트럭이 이동 중. 계속 감시하겠음."

▷ 여단의 예비인 B기보대대 TF는 10km 후방에서 이동 중이다.

▷ 지금은 2월 28일 14시 00분이다.

요도

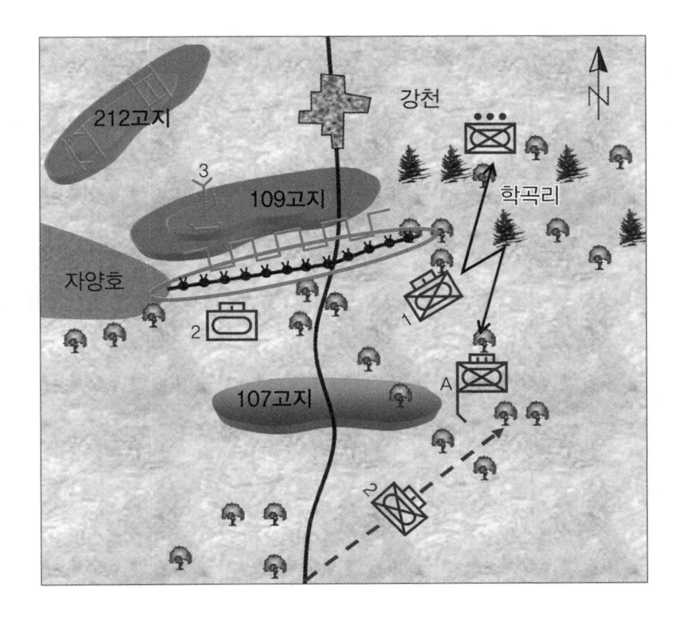

문제

1. A기보대대장으로서 현 상황을 평가하고 우선조치 사항을 제시하시오.

▶ 조치(안)

▷ 임무(M): 109고지 및 212고지 일대 적 부대를 격멸하여 여단의 차후 작전 여건 보장

▷ 적(E) 위협 우선순위

① 109고지 일대 대전차 화기조와 장애물 지대

② 212고지 일대 수 미상의 적 전차 및 장갑차

③ 강천에서 남쪽으로 이동 중인 적 트럭

* 적 기도: 자양호와 강촌 지역에 전투력 증원으로 방어 강도 증가
* 적 강점: 109고지 일대 전투력 통합운용
* 적 약점: 학곡리 일대 개활지는 우회 가능 지역

▷ 지형 · 기상(T)

- 109고지 및 212고지는 도로와 주변 개활지를 통제할 수 있는 방어력 발휘에 유리한 지형
- 학곡리 일대는 기계화부대 기동 가능

▷ 가용부대(T): 전차 1개 중대, 기보 2개 중대, 자주포병 1개 포대, 공병 1개 소대 등

▷ 가용시간(T): 적이 추가적인 장애물 설치, 병력 배치 등으로 방어편성이 강화되기 전에 학곡리 일대로 신속한 우회기동이 필요

▷ 우선조치 사항: 공격 준비 명령 하달

2. 방책을 구상하여 이를 비교, 최선의 방책을 제시하시오.

▶ 조치(안)

구분	방책 #1	방책 #2
부대 운용	• 109고지와 학곡리로 각 1개 중대조씩 병진공격 • 1개 중대조는 107고지 일대에서 예비로 운용	• 1개 소대는 정면 고착, 대대(-)는 학곡리 일대로 우회공격
장점	• 배치된 예비대 활용, 융통성 있는 작전 가능	• 전투력 집중으로 상대적 전투력우위 달성 가능 • 작전을 단시간 내 종료하여 여단의 공격 여건 보장 가능
단점	• 전투력 분산 • 상대적 전투력에서 불리	• 융통성 있는 예비대 운용 제한
결심		○

▶ 착안사항

▷ 가용 포병화력을 집중하여 적 지뢰 매설활동을 방해함으로써 장애물 지대 확장을 방지해야 한다.

▷ 109고지는 1개 소대로 고착하고 대대(-)는 전투력을 집중, 학곡리 일대로 우회

기동하여 109 및 212고지 일대에 대한 측·후방타격으로 적을 격멸하고 기동로를 확보해야 한다.

* 전투력 집중을 통해 전투를 단시간 내 종료하여 여단의 차후 작전 여건 보장

▷ 109고지 확보 후 배속된 공병소대는 여단의 공격 여건 보장을 위해 기동로 상 장애물을 개척해야 한다.

▷ 강천 일대 확보 후 추가로 유입되는 적 부대를 지속적으로 확인하여 여단의 차후 작전 여건을 보장해야 한다.

2. 방어작전

일반상황

상황

▷ F기보여단은 3개의 전차, 장갑차 위주로 기계화된 전투부대(C전차대대, A기보대대, B기보대대)와 자주포병 1개 대대를 포함한 전투지원부대, 작전지속지원부대로 편성되어 있으며, 상호 편조를 통해 3개 대대는 제병협동부대로 편성되어 있다.

▷ F기보여단은 한천강 후방 80km 지점인 천일동 일대에 집결지를 편성하고 있다가, 한천강과 강천 일대에서 방어작전을 수행하기 위해 C전차대대 TF → A기보대대 TF → B기보대대 TF 순으로 이동 중이다: 상황도 #1

▷ F기보여단의 작전 목적은 군단의 결정적 작전 여건 조성을 위해 전방의 적을 격퇴하는 것이다.

▷ 방어작전 간 F기보여단은 여주포리로부터 깍은봉 간을 방어하고, 155M 1개 대대가 여단을 직접 지원하며 육군 항공과 근접 항공지원(CAS)도 가능하다.

▷ F기보여단의 서측은 G기보여단, 동측은 H기보여단이 병행방어하고 있으며 사

단의 예비인 J기보여단은 후방 30km 지점인 노곡리 일대에 위치하고 있다: 상황도#2

▷ 작전지역은 105~250m의 산악지역으로, 산악지형은 기갑 및 기계화부대 기동에 제한을 주고 한천강과 정한강, 영송강, 구봉천은 수심이 깊어 일부 구간을 제외하고 도섭이 제한되며 교량은 사용 가능하다. 지역 내 민간인은 현 지역을 대부분 이탈하였다. 기온은 영하 12℃~영상 10℃의 분포를 보이고 있고 한천강과 정한강, 영송강, 구봉천은 국지적으로 결빙되어 있다.

▷ 전방의 적은 70% 수준의 1개 보병사단과 1개 기계화 사단급 부대로 판단되며, 선두에 보병부대와 후속하는 기계화부대가 혼재되어 있고 적과 아군이 부분적으로 혼재되어 있는 비선형 유동전 상황이다.

임무

F기보여단은 0000년 3월 5일 10시 00분 이전까지 여주포리로부터 깍은봉 간을 방어한다.

예하부대 과업

▷ A기보대대 TF: 여단의 서측 주 방어부대로서 C전차 2중대를 작전통제하여 0000년 3월 5일 10시 00분 이전까지 여주포리로부터 원창고개 일대를 점령 방어한다.

▷ B기보대대 TF: 여단의 동측 주 방어부대로서 C전차 3중대를 작전통제하여 0000년 3월 5일 10시 00분 이전까지 원창고개로부터 깍은봉 간을 점령 방어한다.

▷ C전차대대 TF: 여단의 예비로 A기보대대 2중대와 B기보대대 3중대를 작전통제하여 0000년 3월 5일 10시 00분 이전 덕원리 일대 집결지를 점령하여 여단 예비임무를 수행한다.

▷ 기보대대 TF와 전차대대 TF는 자주포병 1개 포대, 공병 1개 소대, 방공 1개 반 등 제병협동부대로 편조되어 있다.

상황도 #1: 집결지 및 부대이동

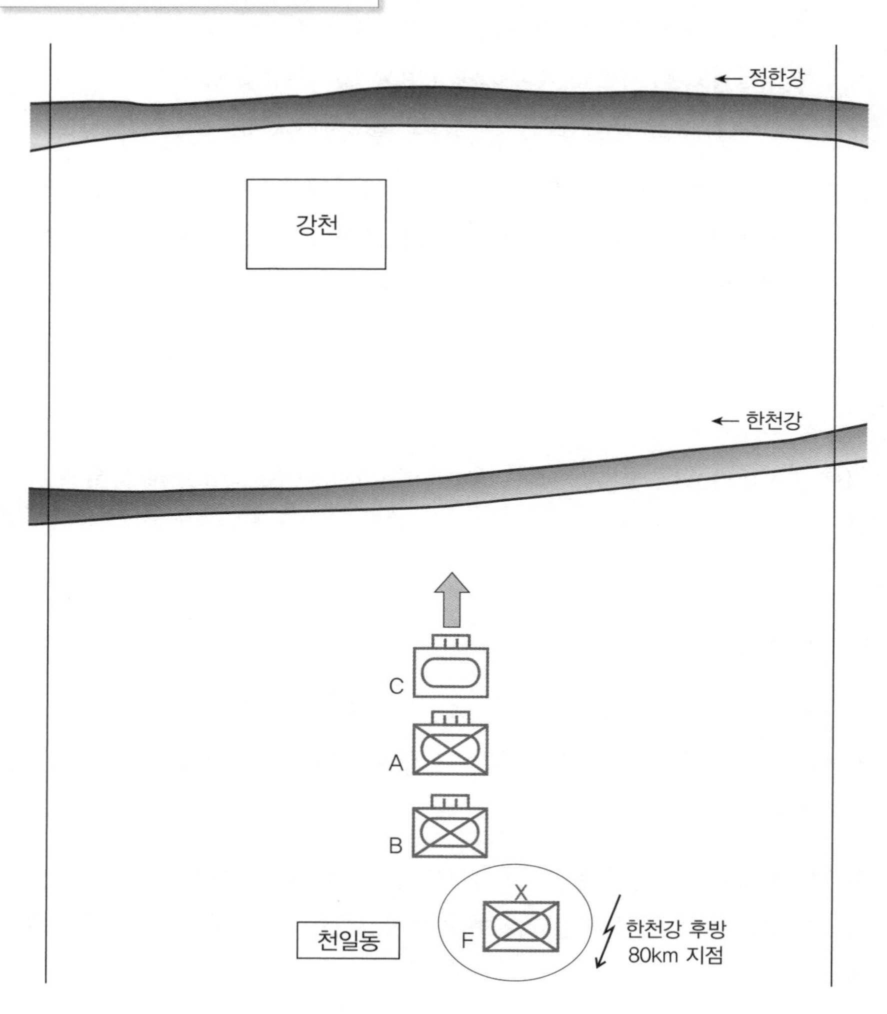

상황도 #2: 방어편성

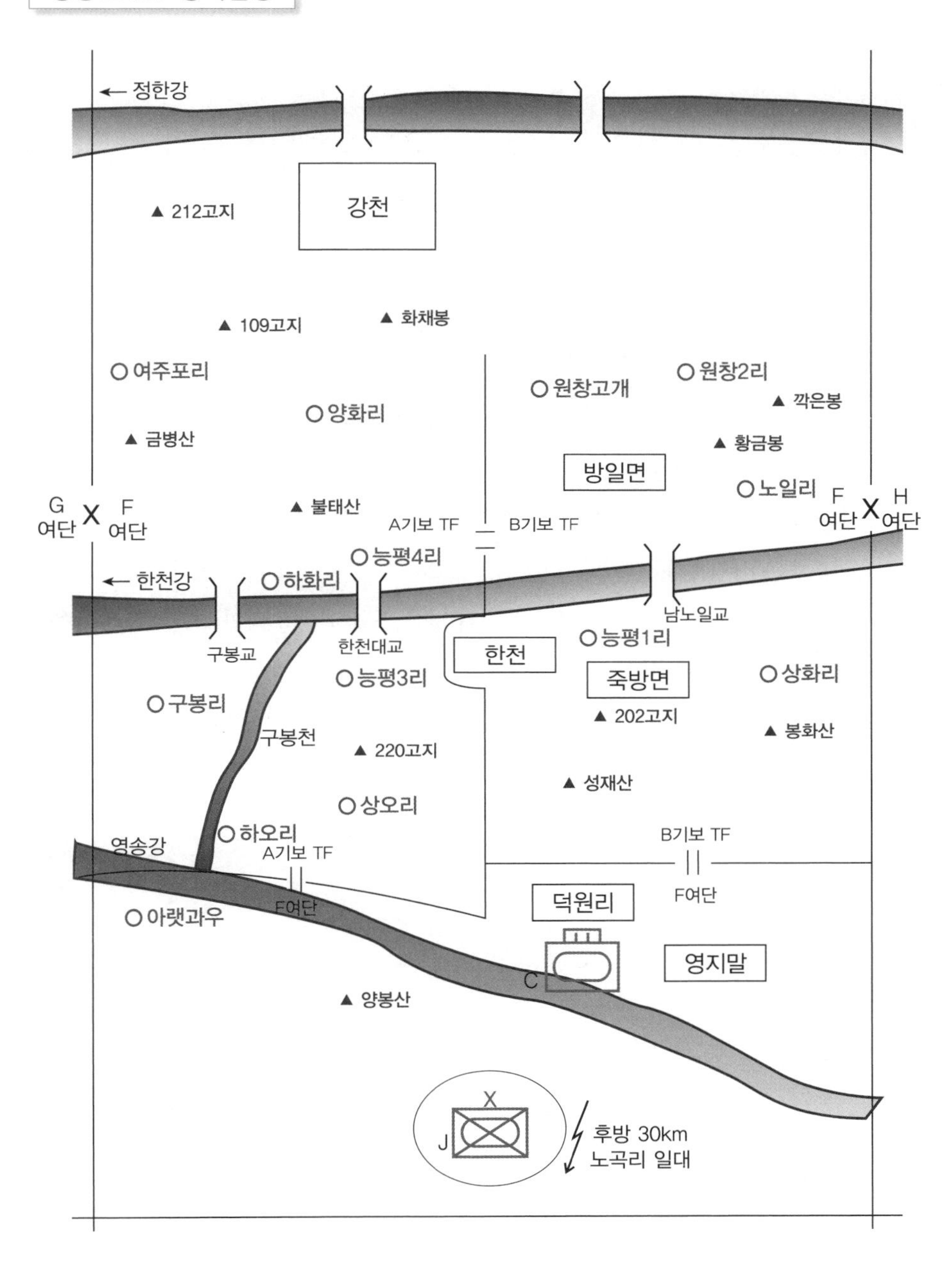
← 정한강
▲ 212고지
강천
▲ 109고지
▲ 화채봉
○ 여주포리
○ 양화리
▲ 금병산
○ 원창고개
○ 원창2리
▲ 깍은봉
▲ 황금봉
방일면
○ 노일리
▲ 불태산
G 여단
F 여단
F 여단
H 여단
A기보 TF
B기보 TF
○ 능평4리
← 한천강
○ 하화리
남노일교
구봉교
한천대교
한천
○ 능평1리
죽방면
○ 상화리
○ 능평3리
○ 구봉리
▲ 202고지
▲ 봉화산
구봉천
▲ 220고지
▲ 성재산
○ 상오리
○ 하오리
영송강
A기보 TF
F여단
B기보 TF
F여단
○ 아랫과우
덕원리
영지말
C
▲ 양봉산
X
J
후방 30km
노곡리 일대

특별상황 1: 부대 이동 간 보급 중인 적 밀집부대 발견

상황

▷ 아군은 덕원리 북쪽 약 60km 지점에서 남으로 공격하고 있는 적에 대응하여 어려운 방어전투를 수행하고 있으며, 3월 2일 저녁까지 최후의 예비대를 투입하여 적을 저지할 수 있었다. F기보여단은 전투 중인 아군을 증원하여 한천강 전방 일대에서 방어작전을 수행하라는 명령을 받고 3월 3~4일 밤 사이에 전방 전투지역으로 이동 중이다.

▷ C전차대대 TF(전차중대 2, 기보중대1)는 선두 이동제대로서 여단보다 2시간 먼저 덕원리 일대에 집결지를 점령하라는 임무를 수령하였다. C전차대대 TF가 사격장 북쪽으로 2km 지점에 접근 시 전방의 정찰대가 다음과 같이 보고하였다.

"07시 33분 사격장 북쪽 출구 지점임. 약 25대의 전차가 덕원리 지역으로 밀집하여 진입함, 엔진 소음은 적음, 움직임은 거의 없음, 5대의 적 트럭이 하오리에서 덕원리 방향으로 이동 중임. 각각 2대의 전차가 그곳에서 사격장 방향과 양봉산 방향으로 정찰 중임. 2대의 헬기가 과적된 상태로 덕원리 위로 저공 비행함."

▷ 지금은 3월 4일 07시 33분이다.

요도

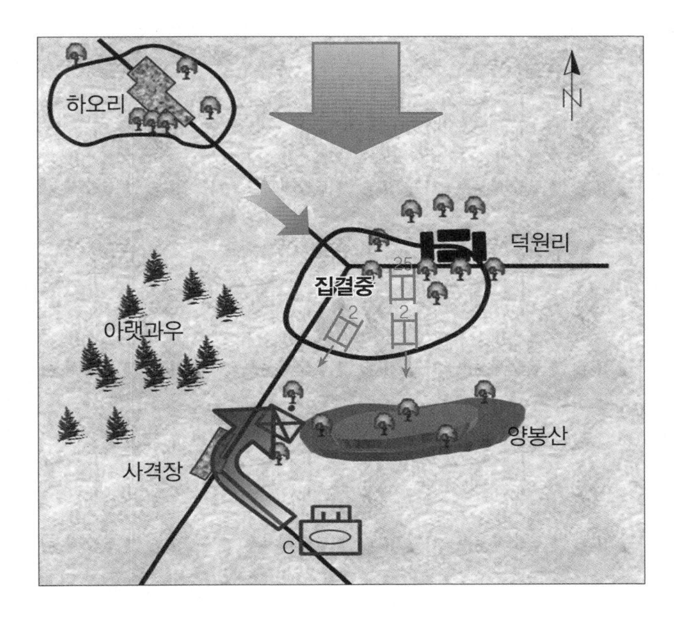

문제

1. C전차대대장으로서 현 상황을 평가하고 우선조치 사항을 제시하시오.

▶ 조치(안)

▷ 임무(M): 여단의 선두로서 덕원리 일대의 집결지 점령 ⇒ 덕원리 일대 집결 중인 적 격멸

▷ 적(E) 위협 우선순위

① 덕원리 일대의 적 전차 25대

* 하오리에서 덕원리로 일반 차량 5대 이동 중(설영대로 판단)
* 2대의 헬기가 덕원리 일대에서 비행 중(물자 수송으로 판단)

② 사격장 및 양봉산 방향으로 정찰활동 중인 전차 2대

* 적 기도: 덕원리 일대에 전차 2개 중대 규모가 집결하여 차후 작전을 위한 작전지속지원 실시
* 적 약점: 보급을 받고 있는 전투부대와 전투력이 약한 보급부대가 밀집되어 혼잡

▷ 지형 · 기상(T)

- 잘 발달된 도로와 개활지는 기계화부대 운용에 유리
- 덕원리는 교통의 요충지
- 양봉산은 도로 및 주변 개활지 감제관측 및 통제에 유리

▷ 가용부대(T): 전차 2개 중대, 기보 1개 중대, 자주포병 1개 포대, 공병 1개 소대 등

▷ 가용시간(T): 적이 보급하는 취약점을 이용하여 공격하는 것이 가장 효과적이므로 신속한 조치 필요

▷ 우선조치 사항: 현 상황 보고 및 전파, 공격준비 명령 하달

2. 방책을 구상하여 이를 비교, 최선의 방책을 제시하시오.

▶ 조치(안)

구분	방책 #1	방책 #2
부대 운용	• 1개 중대조는 양봉산 일대 점령, 사격지원 • 2개 중대조는 덕원리 방향으로 공격	• 덕원리 방향으로 3개 중대조 공격
장점	• 양봉산 이용, 사격지원 용이 • 고지에서 적 제압 + 우회기동을 통한 포위 가능	• 3개 방향으로 공격, 포위 가능
단점	–	• 예비 미보유로 우발상황 발생 시 취약
결심	○	

▶ 착안사항

▷ 이번 작전의 핵심은 밀집되어 공격 준비 중인 적의 과오를 이용하는 것이다.

- 집결하여 보급 중에 있는 적의 취약점이 발견되었다(호기 포착).
- 보급 시 혼란한 틈을 이용하여 공격하면 큰 성과를 달성할 수 있다.

* 보급을 위한 트럭 5대 및 과적된 적 항공기는 직접적인 적 위협요소라 볼 수 없으므로 참고사항으로 판단하면 된다.

▷ 적 전개를 차단하면서 포위 및 협격하는 것은 대단히 중요하다.

* 이번 상황과 같이 밀집되어 보급 중에 있는 적에 대해서는 그 효과가 더욱 크다.

▷ 공격 개시와 함께 화력을 집중하면서 짧은 시간차를 두고 공격하면 더욱 큰 효과를 얻을 수 있다. 즉, 포병화력으로 적을 혼란에 빠뜨린 후 전투력을 집중한다면 짧은 시간에 쉽게 적을 격멸할 수 있을 것이다.

▷ 반대로 장시간 포병화력 운용 후 공격하면, 적은 이미 전개하여 전투 준비가 되어 있어서 공격의 효과가 반감된다.

▷ 지휘소의 위치 선정은 감각적으로 해야 한다. 내가 보호를 받고, 전장 가시화가 가능하며, 무선소통 및 통제가 양호한 곳이 최적의 지휘소이다. 그런 면에서 양봉산이 적절할 것이다. 공격하는 중대를 따라가면 이동 간 지휘를 하는 것은 보통 어려운 것이 아니다.

특별상황 2: 집결지 점령 중 인접부대 지역으로 적 돌파

상황

▷ 3월 4일 10시 00분, F기보여단은 방어진지를 점령하기 위해 투입 중이다. A기보대대 TF(기보중대 2, 전차중대 1)는 C전차대대 TF를 후속하여 덕원리 부근에 집결지를 편성하라는 임무를 수령하였다.

▷ 대대의 선두부대가 영송강 교량을 통과할 때, 덕원리 남서쪽 약 2km 지점에서 한 부상당한 기갑수색중대 간부가 나타나 대대장에게 다음과 같이 보고하였다.

"대대장님 약 30분 전에 1개 대대 규모의 적이 하화리 서측 한천강을 수륙양용 장갑차로 도하하였습니다. 몇 대의 전차도 포함되어 있습니다. 저는 하오리 지역 전투에서 어깨를 부상당했습니다. 제가 후송될 때 우리 중대는 아직도 그곳에서 전투수행 중이었고 중대장은 남쪽으로 철수하여 영송강 교량 부근에서 새로이 방어지역을 편성할 의도를 갖고 있었습니다. 하화리로부터 새로운 적 부대가 이동 중이고 마을은 불타고 있습니다."

▷ 하오리 방향으로부터 전투 소음이 들렸으며 포병 소위가 다음과 같이 보고하였다.

"김 소위는 대대 관측장교로 배속되었음을 신고합니다. 대대장님 저는 A기보대대 TF를 직접 지원하는 포병이 도착 시까지 이곳에서 임무를 수행할 것입니다. 우리 포병 연대는 현재 하화리의 적에 대하여 집중사격을 준비 중입니다."

▷ 접촉 유지를 위해 G기보여단으로 파견된 참모장교는 아직 복귀하지 않았다.

▷ 여단에서 대대 지휘소로 연락하기 위해 파견된 연락팀으로부터 아무런 보고도 없다.

▷ 지금은 3월 4일 10시 53분이다.

요도

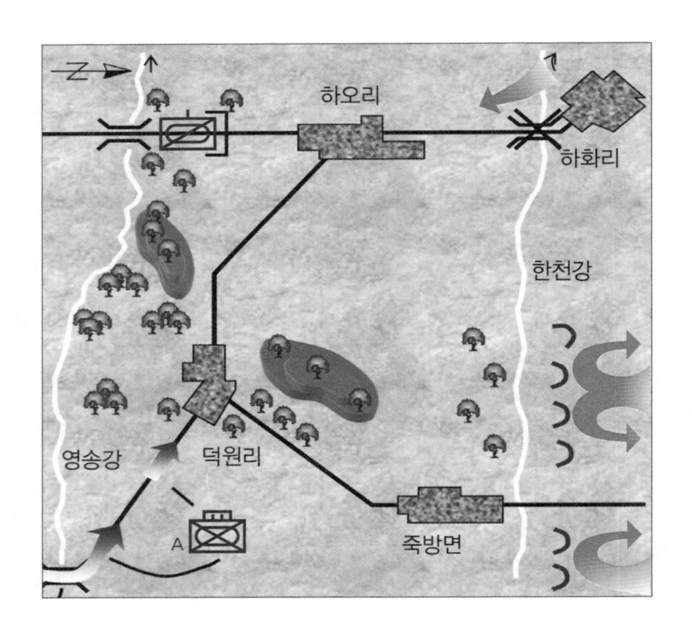

문제

1. A기보대대장으로서 현 상황을 평가하고 우선조치 사항을 제시하시오.

▶ 조치(안)

▷ 임무(M): 덕원리 부근에 집결지 편성 ⇒ 하화리 일대로 유입되는 적 부대 격퇴, 책임지역 회복

▷ 적(E) 위협 우선순위

① 하화리로 도하하여 하오리 지역에서 전투 중인 전차로 증강된 수륙양용 장갑차 대대 규모

② 하화리로부터 추가적으로 이동 중인 적 부대

* 적 기도: 한천강을 신속히 극복하여 공격 기세 유지
* 적 강점: 한천강을 극복하고 개활지에서 작전하는 적 대대 규모의 기계화부대

▷ 지형 · 기상(T)

- 한천강은 방어에 대단히 유리, 한천강 교량은 도하 시간 및 소요를 단축할 수 있는 중요한 시설물
- 발달된 도로망과 개활지는 기계화부대 운용에 용이
- 하오리, 덕원리, 하화리, 죽방면 시가지는 교통의 요충지에 위치한 인공 장애물로 작용

▷ 가용부대(T): 기보 2개 중대, 전차 1개 중대, 자주포병 1개 포대, 공병 1개 소대 등

▷ 가용시간(T): 시간 지체 시 교두보가 확장되고, 기갑수색중대 전투력이 약화되어, 전방부대의 한천강을 이용한 하천선 방어가 곤란하므로 신속한 조치 필요

▷ 우선조치 사항

- 현 상황 전파, 공격 준비 명령 하달
- 선도 정찰부대 편성 및 운용

2. 방책을 구상하여 이를 비교, 최선의 방책을 제시하시오.

▶ 조치(안)

구분	방책 #1	방책 #2
부대 운용	• 덕원리 일대의 무명 고지와 소규모 시가지를 이용, 급편방어	• 대대(-)는 하오리 및 하화리 방향으로 공격, 기갑수색중대와 협조된 공격 실시 • 1개 중대조는 덕원리 일대에서 예비
장점	• 방어에 유리한 지형을 이용, 전투력 소모 최소화	• 기갑수색중대와 협조, 적 측방공격을 통한 기습 효과 달성 • 하화리 확보 시 전방부대의 한천강을 이용한 하천선 방어 가능
단점	• 전방부대의 한천강을 이용한 하천선 방어 곤란 • 기갑수색중대 전투력 상실 시 적의 모든 압력이 대대로 집중 예상	• 급편방어보다 많은 전투력 소모 예상
결심		○

▶ 착안사항

▷ 대대는 집결지를 편성하라는 임무를 받았다.

▷ 그러나 현 시점에서 적이 한천강을 도하하여 공격하는 것을 저지 및 격퇴하지 않는다면 교두보가 확장되어 전방부대의 한천강을 이용한 하천선 방어가 곤란하다.

▷ 또한 기갑수색중대의 전투력이 약화된다면 차후 대대의 작전이 어려워진다.

▷ 그러므로 대대는 하화리로 유입되는 적 부대를 기갑수색중대와 협조하여 격퇴해야 할 것이다.

특별상황 3: 방어를 위해 투입 중, 적 증원부대 발견

상황

▷ 여단은 3월 4일 여주포리~깍은봉을 연하여 방어 편성을 하기 위해 이동 중에 있다.

▷ 여단 동쪽에 배치된 H기보여단은 적 공중 공격과 도로 파괴로 이동이 정지되었으며 부대를 재편성하고 있다. B기보대대 TF의 가용 전투력은 1개 전차중대, 2개 기보중대, 1개 자주포 포대, 1개 지원소대, 1개 공병소대이며, B기보대대 TF는 방일면과 210고지를 확보하여 여단이 도착 시까지 방어하는 임무를 수령하고 한천강 지역에 투입되었다.

▷ B기보대대 TF의 선두가 75고지에 접근할 때, 수 대의 적 차량이 철수하고 있었다. 대대장이 즉각 앞으로 추진하여 전방을 확인한 결과, 한천강 교량에서 방일면으로 빠르게 이동 중인 3대의 적 장갑차를 관측하였다.

▷ 바로 이어 검은 연기 기둥이 남노일교 다리 위로 솟았으며 잔해들이 지상으로 떨어졌다. 이어서 폭음 소리가 들리더니 교량이 완전히 파괴되었다.

▷ 다음에는 우측에 배치된 정찰대로부터 보고가 들어왔다.

"북동쪽 3km에서 원창2리로 적 기계화부대가 긴 먼지구름을 일으키며 이동 중이고, 하이트 공장으로 가는 길목의 한천강 교량은 하중이 10톤임. 교량 부근은 도섭이 가능함. 계속 감시하겠음."

▷ 작전담당관 제보에 의하면 방일면 남쪽 한천강은 늪이 많은 지역으로 전투차량 도섭이 불가능하다고 한다.

▷ 지금은 3월 4일 15시 00분이다.

요도

문제

1. B기보대대장으로서 현 상황을 평가하고 우선조치 사항을 제시하시오.

▶ 조치(안)

▷ 임무(M): 방일면과 210고지를 확보하여 여단 도착 시까지 방어

▷ 적(E) 위협 우선순위

① 원창2리 방향으로 이동 중인 규모 미상의 적 기계화부대

② 방일면 방향으로 철수하는 적 장갑차 3대

* 적 기도: 한천강 지역의 중요지형을 확보하여 하천선 방어 실시
* 적 약점: 아군이 한천강과 중요지역 선점 시 상대적으로 불리한 개활지에서 전투 불가피

▷ 지형 · 기상(T)

- 종 · 횡적 도로가 발달되어 있는 소규모 시가지인 방일면은 교통의 요충지로 선점 시 유리

- 한천강을 연하여 210고지 미만의 고지군이 발달되어 있어 관측, 화력 유도, 개활지 통제에 유리
- 남노일교는 파괴되어 사용 불가, 굴지교는 통과 하중 10톤이나 교량 주변은 도섭 가능

▷ 가용부대(T): 전차 1개 중대, 기보 2개 중대, 자주포병 1개 포대, 공병 1개 소대 등

▷ 가용시간(T): 시간 지체 시 적 증원부대가 방일면, 210고지, 굴지교를 선점하게 되면 부여된 임무 달성이 곤란하므로 신속한 조치 필요

▷ 우선조치 사항
- 현 작전상황 보고
- 신속히 선도 정찰부대 운용, 굴지교, 210고지를 우선 확보 후 적 관측 및 화력 유도

2. 방책을 구상하여 이를 비교, 최선의 방책을 제시하시오.

▶ 조치(안)

▷ 일반적으로 공격, 방어 중 정해진 작전 형태 내에서 임무를 부여받게 되며, 이러한 상황하에서 방책을 구상하고 최선의 방책을 선정하는 것이 일반적이다.

▷ 그러나 이번 과제의 경우 지역 확보의 임무를 부여받았지만 이 임무를 수행하기 위해 공격을 할 것인지, 방어를 할 것인지를 우선 판단해야 한다.

구분	방책 #1(공격)	방책 #2(방어)
부대 운용	• 공격으로 적 부대 격멸 및 지역 확보	• 한천강을 이용 급편방어로 적 부대 격퇴
장점	• 상급부대에서 부여한 임무 달성 가능	• 한천강의 유리한 지형 이용, 적 부대 격퇴 • 아군 전투력 피해를 최소화하면서 적 전투력 약화 가능

단점	• 개활지에서 조우전 형태로 아군 전투력 피해 증가 예상	• 여된 임무 달성 지연
결심	○	

▷ 작전 형태 결정 후 부대 운용을 결심한다.

구분	방책 #1	방책 #2
부대 운용	• 기보 1개 소대로 선도정찰부대 운용, 굴지교 및 210고지 선점 • 기보중대조(-)는 방일면 방향으로 공격, 적 부대 고착 • 대대(-1)는 절운리 방향으로 우회공격, 적 증원부대 측방 타격, 적 부대 격멸	• 기보 1개 소대로 선도정찰부대 운용, 굴지교 및 210고지 선점 • 기보중대조(-)는 210고지 일대 확보 • 대대(-1): 방일면 방향으로 공격, 적 부대 격멸
장점	• 일부 부대로 적 전방 견제, 주력은 측방공격으로 전투력 승수효과 달성 가능	• 210고지를 확보하여 적을 저지하기 위한 진지 강화 가능
단점	• 대대 전체가 야지에서 노출된 상태로 적과 전투함에 따라 아군 전투력 피해 예상	• 대대(-1) 정면공격으로 기습 달성 곤란
결심	○	

▶ 착안사항

▷ 적은 철수하면서 교량을 파괴하였고, 적의 증원 부대가 한천강 대안으로 이동 중인 상황을 고려할 때 적은 한천강을 이용한 하천선 방어를 수행할 가능성이 높다. 그렇게 된다면 여단이 부여받은 방어지역으로 전개가 대단히 곤란하다.

▷ 따라서 한천강 도하지역을 누가 먼저 확보하느냐가 이번 전투의 관건이다.

▷ 대대는 굴지교와 도하지역을 최단시간 내 확보할 수 있도록, 선도정찰부대와 같은 소규모 부대라도 즉시 투입하여 차후 대대 작전의 유리한 여건을 조성해야 한다.

▷ 대대는 방일면과 210고지를 확보하여 여단 도착 시까지 방어하라는 임무를 부여받았다. 따라서 현 상황을 평가한 후, 공격을 실시하여 한천강 대안의 중요지역을 확보한 후 방어할 것인지, 아니면 한천강 차안의 지형을 이용한 방어를 할

것인지를 우선 판단해야 한다.

▷ 작전 형태 결정 후 부대 운용을 결정한다.

▷ 여기서는 한천강 도하지역과 이를 감제할 수 있는 대안상 고지 확보가 차후 작전에 결정적인 영향을 미치므로 우선 공격하여 이를 확보해야 한다.

▷ 정면공격보다는 일부 부대로 고착하고 주력은 적의 측방을 타격하는 것이 타당하리라 생각된다.

특별상황 4: 전방 시가지에서 아군을 공격 중인 적 확인

상황

▷ B기보대대 TF가 공격을 개시하려 할 때, 상급부대에서 통제하는 대규모 공중공격으로 원창2리 방향으로 이동 중인 적 기계화부대는 큰 피해를 받고 퇴각하였다.

▷ 상급부대 첩보에 의하면 적은 3월 4일 강천 북쪽 아군 방어지역을 종심 깊이 돌파하여 공격 중이다. 방어진지를 점령하기 위해 B기보대대 TF(기보중대 2, 전차중대 1)가 한천 교량 1km 지점에 접근할 때 전방에서 한 행정보급관이 다가와 다음과 같이 보고하였다.

"대대장님 저는 강천에 있는 저희 보병대대에 탄약과 유류를 보급하였습니다. 적은 2개 지점을 공격하고 있습니다. 저희 대대는 많은 손실을 입고 있으나 용감하게 전투하고 있습니다. 저는 방금 전투지역을 간신히 빠져 나왔으며 새로운 탄약을 운반하고 있습니다!"

▷ 이어서 대대는 다음과 같은 여단의 무전 명령을 수령하였다.

"강천은 적 전차와 기보부대로부터 공격을 받았음. 즉시 강천 방향의 적을 저지…!"

▷ 강한 무전 혼선으로 더 이상 교신 불가능하다.

▷ 바로 직후 전방의 정찰대로부터 다음과 같이 보고가 들어왔다.

"16시 12분 전방 황금봉 능선 상임. 적 전차 3대, 장갑차 8대가 철도 남쪽으로 이동 중임. 계속 감시하겠음."

▷ 지금은 3월 4일 16시 12분이다.

요도

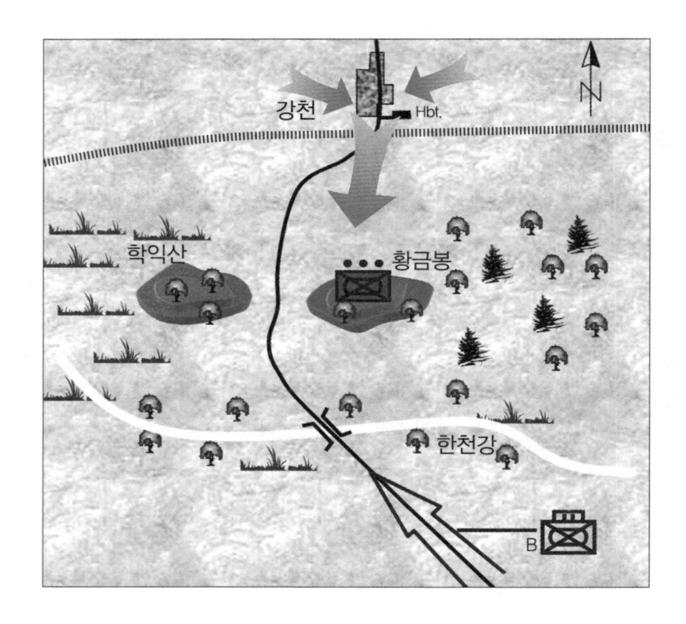

문제

1. B기보대대장으로서 현 상황을 평가하고 우선조치 사항을 제시하시오.

▶ 조치(안)

▷ 임무(M): 여단 선두로 강천 방향에서 공격하는 적 저지

▷ 적(E) 위협 우선순위

① 강천에서 남쪽으로 공격 중인 전차 3대, 장갑차 8대

② 강천 북쪽 아군 방어지역으로 종심 깊이 돌파한 적 부대

* 적 기도: 한천강 등 중요지형을 확보하여 공격 기세 유지
* 적 약점: 선두 제대는 개활지에서 상대적 전투력이 약한 상태로 아군과 조우

▷ 지형 · 기상(T)

- 학익산, 황금봉 확보 시 주변 개활지 및 도로 통제 가능
- 한천강 교량 미확보 시 여단 방어편성 제한

▷ 가용부대(T): 기보 2개 중대, 전차 1개 중대, 자주포병 1개 포대, 공병 1개 소대 등

▷ 가용시간(T): 아군의 조치 지연 시 적이 유리한 지형을 확보하게 되어 아군 방어편성 시 제한요소로 작용하므로 신속한 조치 필요

▷ 우선조치 사항: 지체 없이 선두중대는 학익산, 황금봉 선점

2. 방책을 구상하여 이를 비교, 최선의 방책을 제시하시오.

▶ 조치(안)

구분	방책 #1	방책 #2
부대 운용	• 대대(–)는 학익산 및 황금봉 일대에서 급편방어로 적 격퇴 • 1개 중대조는 예비로 운용	• 선두중대조 이용, 학익산 및 황금봉을 점령하여 적 차단 • 대대(–)는 학익산 및 황금봉 일대 좌 · 우측으로 적 측방공격
장점	• 방어의 이점 최대 활용	• 학익산 및 황금봉 이용, 적을 차단하고 적 측방에 전투력 집중 가능 • 적 후속제대 도착 전 단기간에 적 격멸 가능
단점	–	–
결심		○

▶ 착안사항

▷ 중요지형인 학익산, 황금봉을 누가 먼저 선점하는가에 따라 전투의 승패가 갈린다. 즉, 기동으로 유리한 지역을 확보하여 전투하는 편이 승리할 확률이 대단히 높다.

▷ 소규모 부대로 중요지형을 확보하고 지형이 주는 이점을 잘 이용하면 대규모의 적도 차단할 수 있다.

▷ 주력은 학익산과 황금봉을 우회하여 적 부대 측방으로 전투력을 집중하여 지형이 주는 전투력 승수효과를 달성해야 한다.

▷ 대대장은 작전지역을 관측할 수 있는 지점에 위치하여 지휘해야 한다.

특별상황 5: 전면방어 중 강력한 적 공격

상황

▷ 3월 5일 17시 00분에 B기보대대 TF(기보중대 2, 전차중대 1)는 적의 대규모 공격으로 갈골 일대에서 전면방어로 전환하여 적을 격퇴하였다.

▷ C전차대대 TF도 3월 6일 새벽, 적의 연대 규모의 돌파에 대한 역습을 실시하여 적을 격퇴시켰다. 적은 심대한 손실을 입고 원창고개 방향으로 철수하였다. 3월 6일 06시 53분에 B기보대대장은 다음과 같은 보고를 연이어 접수하였다.

대대 관측소로부터 "적은 골말에서 진지를 구축 중이고 대전차 화기의 사격방향은 남서쪽을 지향하고 있음. 북동쪽에서 원창고개 방향으로 장갑차 8대 이동 중."

C전차대대 TF로부터 "골말로부터의 적 저항이 증가되고 있음, 대전차 화기와 전투 중임, 보병 지원 바람."

▷ B기보대대장 옆에는 직접지원 포병대대 3포대장이 있으며, 방어지역 내에 더

이상의 적은 관측되지 않고 있다.

▷ 지금은 3월 6일 06시 55분이다.

요도

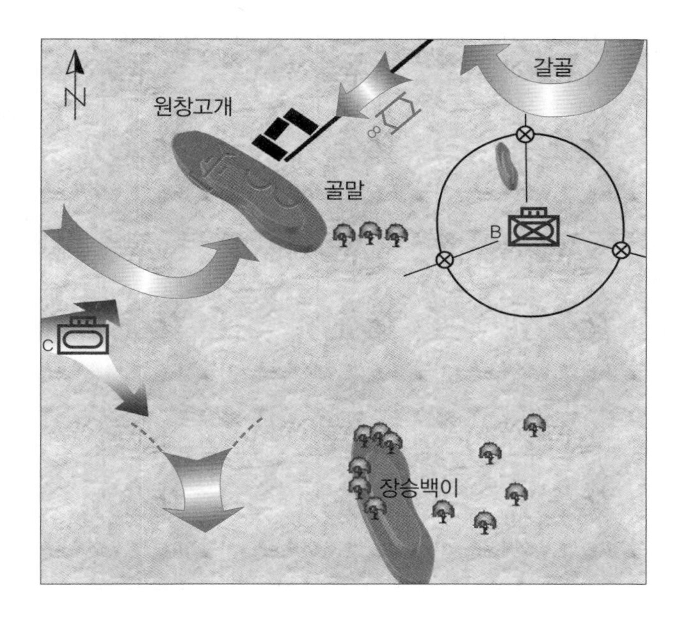

문제

1. B기보대대장으로서 현 상황을 평가하고 우선조치 사항을 제시하시오.

▶ 조치(안)

▷ 임무(M): 지역방어+C전차대대 TF와 협조된 공격을 통해 골말, 원창고개 일대 적 부대 격퇴

▷ 적(E) 위협 우선순위

① 골말 일대에서 대전차 화기로 증강되어 진지를 편성 중인 적 부대

② 원창고개 방향으로 이동 중인 적 장갑차 8대

③ 갈골 일대의 미식별된 적

* 적 기도: 아군 역습부대 격멸을 위한 전투력 집중
* 적 강점: 골말 일대 확보, 증원부대 투입으로 전투력 증강

▷ 지형 · 기상(T)

- 도로와 주변 개활지는 기계화부대 기동에 유리
- 골말, 장승백이 일대의 고지는 주변 개활지 관측 및 통제 용이

▷ 가용부대(T): 기보 2개 중대, 전차 1개 중대, 자주포병 1개 포대, 공병 1개 소대 등

▷ 가용시간(T): 시간 지체 시 원창고개 및 골말 일대에 적이 집중되어 전투력의 강도가 높아지기 때문에 신속한 조치 필요

▷ 우선조치 사항: 현 상황 전파, 공격 준비 명령 하달

2. 방책을 구상하여 이를 비교, 최선의 방책을 제시하시오.

▶ 조치(안)

구분	방책 #1	방책 #2
부대 운용	• 현 위치에서 사주방어 실시	• 대대(-)는 골말 및 원창고개 일대로 공격, C전차대대 TF와 협격하여 적 격멸 • 1개 중대조는 현 위치에서 사주방어 및 예비임무 수행
장점	• 상급부대에서 부여된 임무 수행 • 안정된 전투력 운용	• C전차대대 TF와 협격하여 단기간 내 적 격멸 가능 • 적 측 · 후방 타격으로 전투력 승수효과 달성
단점	• 시간 경과 시 적으로부터 포위 불가피	• 갈골 일대 적 공격에 취약
결심		○

▶ 착안사항

▷ 대대는 성공적으로 적을 격퇴하여 적의 압력을 제거하였다.

▷ 그러나 적이 여단의 역습부대(C전차대대 TF)에 전투력을 집중하고 있어 역습부대가 적의 강력한 저항으로 고전하고 있는 상황이다.

▷ 대대는 일부 전투력으로 현 방어지역에서 정상적인 방어를 실시하되, 주력은 여단의 역습부대와 협조하여 적을 격멸 또는 격퇴시켜야 할 것이다.

▷ 만약 여단의 역습이 실패하게 되면 결국 적의 압력은 대대에 집중될 것이므로 안정적인 방어를 위해서 역습부대와 협조된 작전이 꼭 필요하다.

특별상황 6: 여단 서측방 방호임무 수행 중 다수의 적 발견

상황

▷ 3월 7일 이른 아침에 F기보여단 서측을 병행 방어하고 있던 G기보여단의 동측대대가 돌파되어 F기보여단의 서측방이 노출되었다.

▷ A기보대대 TF(기보중대 2, 전차중대 1)는 3월 7일 08시 30분에 서쪽으로 노출된 측방을 방어하는 임무를 받고 재배치되었다. 대대는 연이어 다음과 같은 상황보고를 받았다.

▷ 기보 1중대조로부터

① "08시 44분 구봉리 동단 일대를 적이 점령하여 진지 구축, 소음과 명령 하달소리, 정찰대는 남쪽으로 위치 변경함."

② "08시 52분 구봉리 서단 2정찰대임. 적 보병이 제대별로 구봉리로 가는 도로를 따라 남진 중."

▷ 기보 2중대조로부터

③ "09시 04분 정찰대는 구봉리 남쪽 1,000m 지점 도로에 적과 접촉 없이 도착함. 이곳에 대기하겠음."

▷ 전차 1중대조로부터

④ "09시 12분 구봉리 북쪽 500m 지점임. 규모 미상의 보병부대와 차량이 하화리 방향에서 이동 중, 적 차량에 화기가 탑재되어 있음, 대전차 화기로 추측됨, 북쪽 도로에서 마을로 진입."

▷ 바로 이어 전차 1중대조가 구봉천 위 철교에서 적 정찰대와 조우하였다고 보고하였다. 한 포로의 진술에 의하면, 적 부대는 구봉리를 확보하고 새로운 부대와 협조하여 동쪽으로 공격할 것이라 한다. 구봉리 너머 북서쪽에 배치된 여단 정찰소대의 한 정찰대로부터 다음과 같은 보고가 감청되었다.

⑤ "09시 18분 구봉리 북북서 1,200m 지점임. 북서쪽에서 구봉리로 적 차량 행군대열, 3대의 트럭과 도보 행군 병력이 소곡리 서단 도로에서 남쪽으로 이동 중임. 동쪽으로 이동하겠음."

▷ 지금은 3월 7일 09시 20분이다.

요도

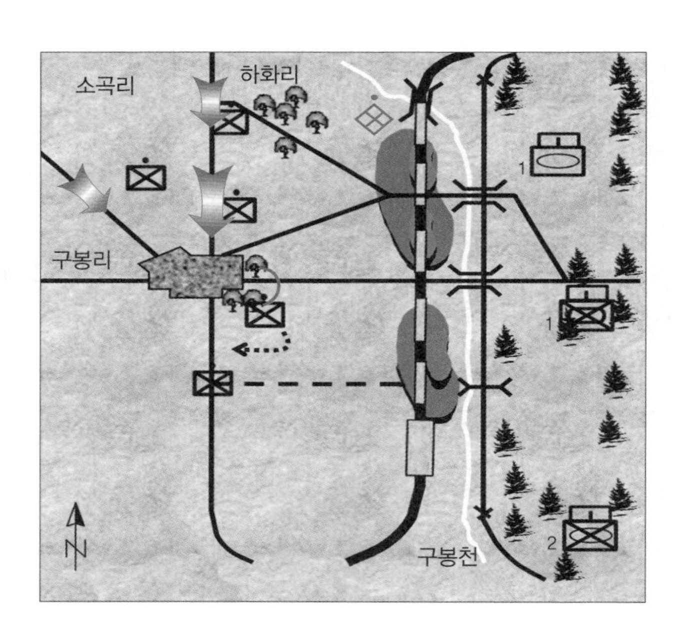

문제

1. A기보대대장으로서 현 상황을 평가하고 우선조치 사항을 제시하시오.

▶ 조치(안)

▷ 임무(M): 지체 없이 여단의 서측방 방호

▷ 적(E) 위협 우선순위

① 하화리에서 남하하는 대전차 화기를 동반한 규모 미상의 보병부대

② 소곡리에서 남하하는 차량과 규모 미상의 보병부대

③ 구봉리 일대에서 진지 구축 중인 규모 미상의 적

④ 구봉천 위 철교에서 조우한 적 정찰대

* 적 기도: 노출된 여단 측방에 전투력 집중, 여단의 측 · 후방 타격
* 적 강점: 여단의 노출된 측방으로 전투력을 집중하여 기동 중인 적 부대

▷ 지형 · 기상(T)

- 구봉천 좌측 2개의 고지군은 유리한 공격 발판 및 방어진지로 이용 가능
- 구봉리를 중심으로 다수의 도로가 발달, 주변 개활지는 기계화부대 기동에 유리
- 구봉리는 교통의 요충지이며, 시가지는 인공 장애물로 작용

▷ 가용부대(T): 기보 2개 중대, 전차 1개 중대, 자주포병 1개 포대, 공병 1개 소대 등

▷ 가용시간(T): 시간 지체 시 다수의 적 부대가 합류하여 조직적인 공격이 가능함에 따라 신속한 조치 필요

▷ 우선조치 사항

- 현 상황 전파
- 전차 1중대조는 신속히 조우한 적 정찰대 격멸
- 전방에서 운용 중인 정찰대를 활용하여 적 관측 및 화력 유도 준비

2. 방책을 구상하여 이를 비교, 최선의 방책을 제시하시오.

▶ 조치(안)

▷ 일반적으로 공격, 방어 중 정해진 작전 형태 내에서 임무를 부여받게 되며, 이러한 상황하에서 방책을 구상하고 최선의 방책을 선정하는 것이 일반적이다.

▷ 그러나 이번 과제의 경우 측방 방호임무를 부여받았지만, 이 임무를 수행하기 위해 공격을 할 것인지, 방어를 할 것인지를 우선 판단해야 한다.

구분	방책 #1(공격)	방책 #2(방어)
부대 운용	• 구봉리 일대를 공격, 적 위협 근거지를 제거	• 유리한 고지군을 이용하여 급편방어, 적 공격 격퇴
장점	• 적 근거지 탈취로 공격 발판 제거 • 동측방 고지군을 이용하여 작전 • 완충지역 확보	• 유리한 고지군 확보로 방어의 이점 활용이 가능
단점	• 시가지 공격 간 전투력 손실 감수	• 적 조직적 공격 시 측방방호 간 강력하고, 지속적인 적 위협 당면
결심	○	

▷ 여단의 측방방호를 위해 대대가 공격작전을 실시하기로 결정했다면, 공격을 위한 방책을 구상하고 최선의 방책 선정

구분	방책 #1	방책 #2
부대 운용	• 기보 1개중대조(-1)는 구봉리 고착 견제 • 전차 중대조는 하화리 방향으로 공격 • 기보 1개중대조는 구봉리 남방으로 공격 • 기보 1개 소대는 대대 예비	• 기보 1개 소대는 전방 고지 확보, 구봉리 고착 견제 • 전차 중대조와 기보 1개중대조(-1)는 협조하여 전방 고지 확보 후, 하화리 방향에 전투력을 집중하여 공격 • 기보 1개중대조는 대대 예비

장점	• 적 증원에 융통성 있는 대응 가능	• 적의 측방에 전투력을 집중함으로써 전투력 승수효과 달성 가능 • 중대 규모의 예비 보유로 융통성 있게 우발상황 대응 가능
단점	• 전투력 분산	–
결심		○

▶ 착안사항

▷ 대대는 서측방 방호임무를 성공적으로 수행하기 위해 다수의 적 부대가 합류하여 조직적인 공격을 하지 못하도록 최단시간 내에 적을 격멸해야 한다.

▷ 이를 위해 공격할 것인지, 아니면 방어할 것인지 우선 판단해야 한다.

▷ 작전 형태 결정 후 부대 운용을 결정한다.

▷ 현 상황에서는 부대를 나누어 적을 공격하는 것보다 일부 부대로 고착하면서 전투력을 집중하여 적을 각개격파 함으로써 최단시간 내에 적의 기도를 좌절시키고 임무를 종결시켜야 한다.

▷ 철교에서 조우한 적 정찰대는 아군에 대한 첩보 및 정보를 수집하여 제공하고 화력을 요청 및 유도하기 때문에 전차 1중대조는 신속히 적을 격멸해야 한다.

3. 지연방어 작전

일반상황

상황

▷ F기보여단은 3개의 전차, 장갑차 위주로 기계화된 전투부대(C전차대대, A기보대대, B기보대대)와 자주포병 1개 대대를 포함한 전투지원부대, 작전지속지원부대로 편성되어 있으며, 상호 편조를 통해 3개 대대는 제병협동부대로 편성되어 있다.

▷ F기보여단의 작전 목적은 적을 약화시키면서 전투력을 보존하기 위해 교대 진지 상의 지연을 실시하는 것이다. F기보여단의 서측은 G기보여단, 동측은 H기보여단과 같이 지연작전을 실시하고 있으며, 사단 예비인 J기보여단이 후방 30km 지점인 노곡리 일대에 위치하고 있다. 155M 1개 대대가 여단을 직접 지원하고 육군항공과 근접항공지원(CAS)도 가능하다.

▷ 작전지역은 105~250m의 산악지역으로, 산악지형은 기갑 및 기계화부대 기동에 제한을 주고 정한강, 한천강, 영송강과 구봉천은 수심이 깊어 일부 구간을 제외하고 도섭이 제한되며 교량은 사용 가능하다. 지역 내 민간인은 현 지역을

대부분 이탈하였다. 기온은 영하 12℃~영상 10℃의 분포를 보이고 있고 정한강, 한천강, 영송강과 구봉천은 국지적으로 결빙되어 있다.

▷ 전방의 적은 70% 수준의 1개 보병사단과 1개 기계화 사단급 부대로 판단되며, 선두에 보병부대와 후속하는 기계화부대가 혼재되어 있고 적과 아군이 부분적으로 혼재되어 있는 비선형 유동전 상황이다.

임무

F기보여단은 0000년 3월 7일 10시 00분부터 3월 9일 18시 00분까지 교대 진지상 지연작전을 실시한다.

예하부대 과업

▷ C전차대대 TF: 제1지연선인 통제선 '가' 점령

▷ B기보대대 TF: 제2지연선인 통제선 '나' 점령

▷ A기보대대 TF: 여단 예비, 의명 제3지연선인 통제선 '다' 점령

* 기보대대 TF와 전차대대 TF는 자주포병 1개 포대, 공병 1개 소대, 방공 1개 반 등 제병협동부대로 편조되어 있다.

상황도

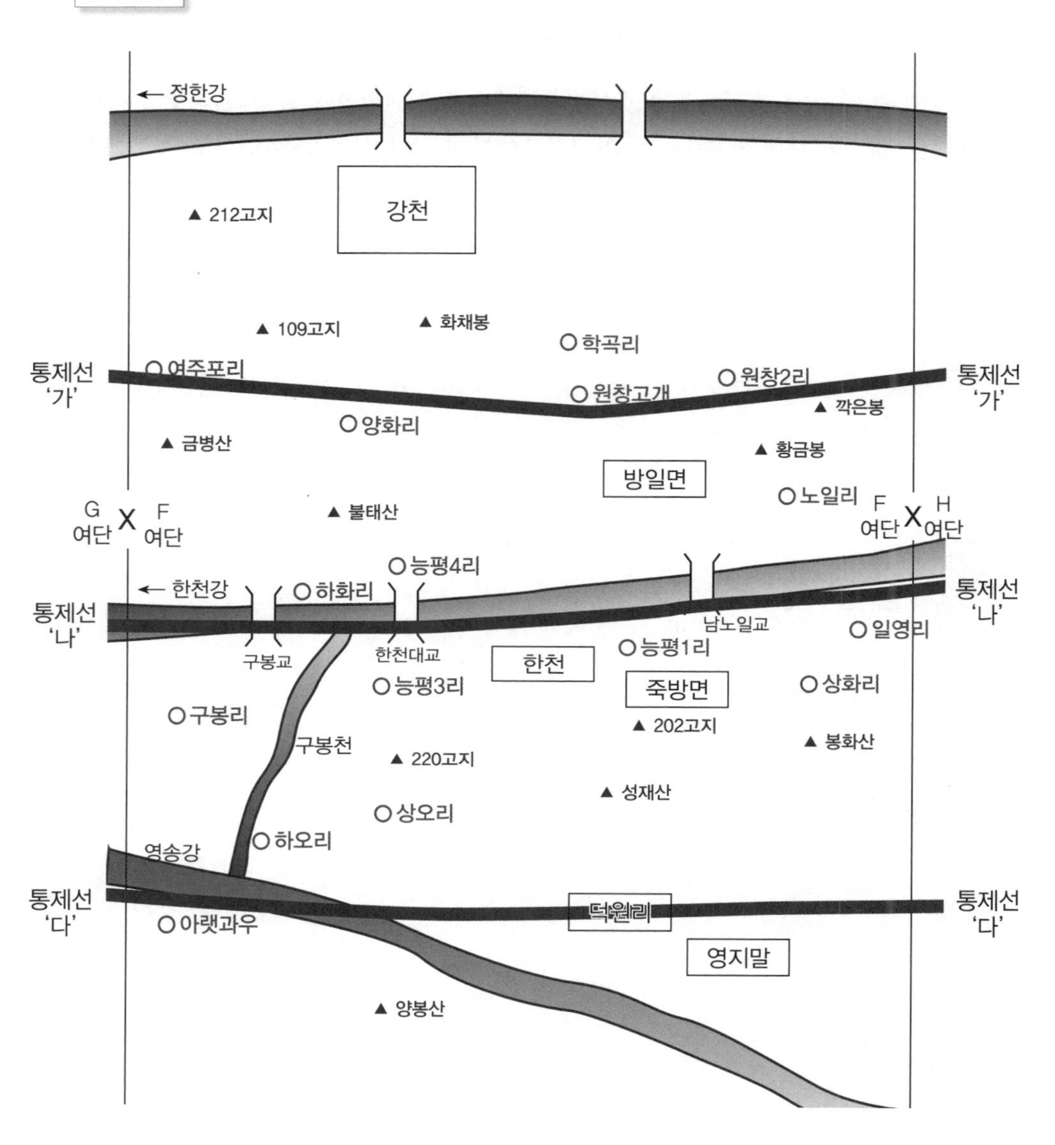

정한강
강천
212고지
109고지
화채봉
학곡리
통제선 '가'
여주포리
원창고개
원창2리
깍은봉
양화리
금병산
황금봉
방일면
노일리
G 여단
F 여단
F 여단
H 여단
불태산
능평4리
한천강
하화리
통제선 '나'
남노일교
일영리
구봉교
한천대교
한천
능평1리
능평3리
죽방면
상화리
구봉리
202고지
봉화산
구봉천
220고지
성재산
상오리
하오리
영송강
통제선 '다'
덕원리
아랫과우
영지말
양봉산

특별상황 1: 지연작전 중 서측 지역으로 적 부대 유입

상황

▷ 3월 7일 지연작전 수행 중에 C전차대대 TF(전차중대 2, 기보중대 1)는 F기보여단의 주력이 한천강 이남으로 철수할 때까지 압박하는 적에 대응하여 원창고개를 고수하라는 임무를 부여받아 작전을 실시하고 있다.

▷ 10시 05분 대대는 다음과 같은 여단의 무전 명령을 수령하였다.

"방일면 남동쪽 4km 지점의 한천강 교량이 파괴되었음. 노일리 도로로 이동 중인 부대는 방일면 남쪽의 교량을 이용할 것."

▷ 10시 10분 서쪽 방향의 공간을 감시하기 위해 배치된 선도 정찰부대가 다음과 같이 보고하였다.

"적 전차부대가 도로 양측을 이용, 방일면으로 향하고 있음, 선두는 70고지 북서쪽 1,300m 지점에 전차 14대 식별, 방일면 서측 2km 지점의 숲으로 이동하겠음."

▷ 여단의 예하부대는 아직도 원창고개 능선 북쪽 4km 지점에 위치하고 있으며, 현재 남쪽으로 이동 중이다. 대대는 아직 전차 24대, 장갑차 12대가 가용하다. 전방에 배치된 2개 중대는 각각 1개 소대씩 상호 편조되어 있다.

▷ 지금은 3월 7일 10시 10분이다.

요도

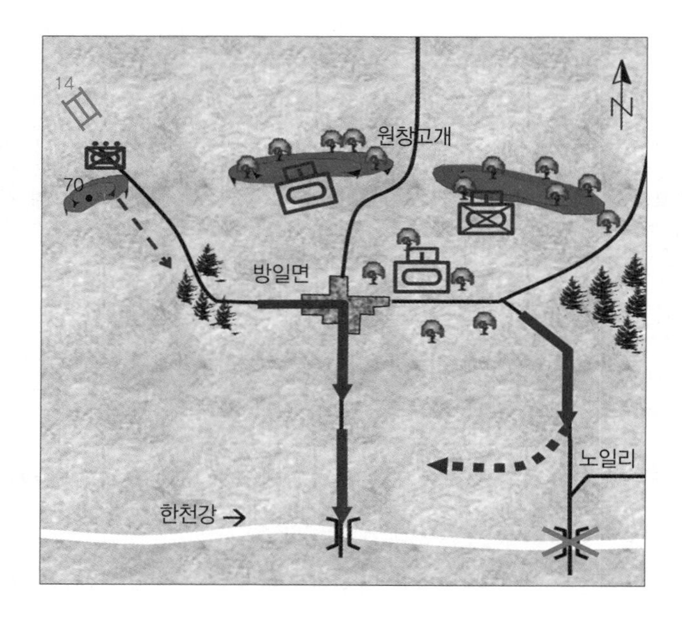

문제

1. C전차대대장으로서 현 상황을 평가하고 우선조치 사항을 제시하시오.

▶ 조치(안)

▷ 임무(M): 원창고개 일대 확보+서측에서 유입되는 적 부대 격멸

* 적 부대 격멸을 위해 70고지~방일면 전방에서 결정적 전투
* 여단 철수 여건 보장을 위해 원창고개, 한천강 교량, 방일면 일대 도로 확보 필요

▷ 적(E) 위협 우선순위

① 서측방으로 유입되는 적 전차 14대

② 원창고개 전방 적

* 적 기도: 원창고개 고착견제하 서측방으로 공격하여 방일면 확보, 아군 퇴로 차단
* 적 강점: 전차 위주로 편성, 아군의 취약한 서측방에 전투력 집중

▷ 지형 · 기상(T)

- 원창고개는 피 · 아 모두에게 감제관측 및 유리한 진지 제공
- 방일면 시가지는 교통의 요충지로 적이 확보 시 아군 퇴로 차단
- 한천강 교량은 부대 이동을 위한 중요지형

▷ 가용부대(T): 전차 2개 중대, 기보 1개 중대, 자주포병 1개 포대, 공병 1개 소대 등

▷ 가용시간(T): 적이 방일면 일대까지 진출하게 되면 철수로가 차단되므로 신속한 조치 필요

* 적은 이동, 아군은 정지 상태에 있으므로 적보다 빠른 반응속도 요구

▷ 우선조치 사항: 선도 정찰부대는 현 위치에서 급조 장애물 설치, 화력 유도 등을 통해 적 진출이 둔화되도록 조치

2. 방책을 구상하여 이를 비교, 최선의 방책을 제시하시오.

▶ 조치(안)

구분	방책 #1	방책 #2
부대 운용	• 기보중대조는 원창고개 확보 • 전차 1개 중대조는 70고지 일대 투입 • 전차 1개 중대조는 예비	• 대대(-)는 방일면 일대의 유리한 지형을 이용하여 적을 격멸 • 기보중대조는 원창고개 확보, 예하 1개 소대는 대대 예비
장점	• 방어 종심 확보	• 유리한 지형을 이용한 방어 실시 • 전투력을 집중하여 단기간 내 적격멸 가능
단점	• 전투력이 분산되어 적 격멸 곤란	• 소규모 예비대 보유로 우발상황 발생 시 취약
결심		○

▶ 착안사항

▷ 경중완급(輕重緩急)을 고려하여 적 위협 우선순위를 판단해 보면 70고지 일대로 공격 중인 적이 가장 위험하므로 이를 우선적으로 조치해야 한다.

▷ 선도 정찰부대는 현 위치에서 가용한 대전차 지뢰 및 모의 지뢰 등을 설치하고 화력을 유도하여 적 진출속도를 둔화시켜, 대대가 유리한 상태에서 전투할 수 있도록 여건을 보장해 주어야 한다.

▷ 상황 평가 후 즉시 예하부대에 공격 준비명령을 하달하여 반응시간을 단축해야 한다.

* 현리 철수작전 간 중공군 1개 중대가 오미재고개의 유리한 지역을 선점하여 제3군단 철수로를 차단한 결과, 제3군단은 전투 의지를 상실하고 와해되어 차후 군단이 해체되었다.

특별상황 2: 지연작전 중 적이 서측 지역으로 기습도하

상황

▷ B기보대대 TF(기보중대 2, 전차중대 1)는 다음과 같은 명령을 여단으로부터 수령하였다.

① "3월 9일 08시 00분까지 하화리와 일영리 사이의 지연선에서 죽방면 지역으로의 적 진출을 저지할 것"

▷ 3월 8일 저녁 실시된 적의 공격은 아군의 강력한 화력으로 저지되었다. 3월 8일 야간에 실시된 적 보병의 일영리를 통한 우회 시도는 그곳에 설치된 지뢰지대와 배치된 아군부대로 인해 좌절되었다. 3월 9일 이른 아침 여명에 적은 아군 정면으로 공격하였다. 기보2중대장은 도로를 따라 공격하는 적 부대를 가용 화기를 집중하여 하천 북쪽에서 저지하고 있음을 보고하였으며, 이어서 기보1중대장이 다음과 같이 보고하였다.

② "좌측 후방에 적 출현! 약 100명 규모로서 하화리를 통해 진입한 것 같음. 중대는 적의 공격으로 정면에서 고착되었음. 교량 서쪽 800m 지점 약 60여 명 규모의 적이 공격 중. 일부는 이미 대안에 도달하였음."

▷ 계속하여 기보1중대장이 교량 북서쪽에서 적 전차 2대를 파괴했다고 보고하였다. 그 순간 서쪽 방향에서 한 일등병이 나타나 숨을 헐떡거리며 흥분한 상태에서 보고하였다.

③ "대대장님 적이 야간에 하화리 지역을 통과해 기습적으로 우리 지역에 진입하였습니다. 우리의 좌측방이 약하게 배비되어 붕괴되었습니다. 적은 아마 틀림없이 100명은 넘을 것입니다. 적들은 죽방면 방향으로 공격하고 있습니다."

▷ 지금은 3월 9일 05시 43분이다.

요도

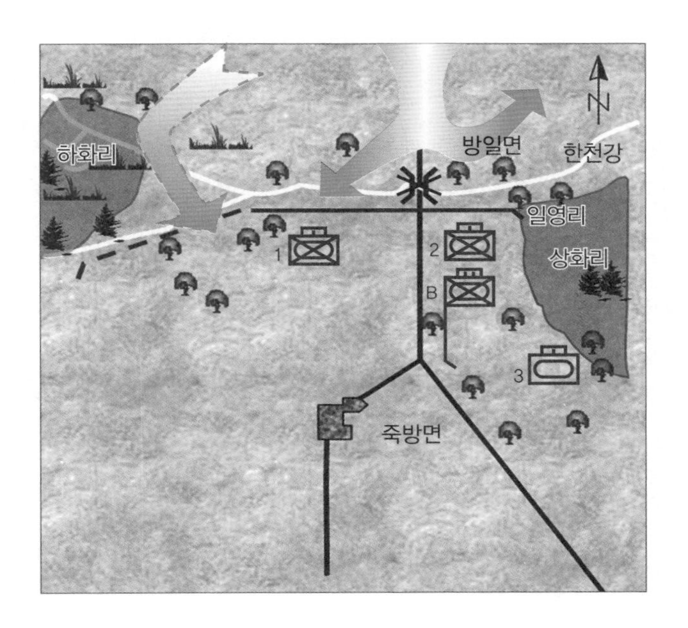

문제

1. B기보대대장으로서 현 상황을 평가하고 우선조치 사항을 제시하시오.

▶ 조치(안)

▷ 임무(M): 죽방면 방향으로 공격하는 적을 3월 9일 08시 00분까지 저지

▷ 적(E) 위협 우선순위

① 하화리로 공격 중인 적 보병 100여 명

② 방일면 일대에서 공격하는 적 부대

* 적 기도: 서측방으로 공격, 종심의 중요지형을 확보하여 퇴로를 차단하고 정면의 적과 협격하여 아군 격멸

* 적 약점: 보병부대로 속도와 자체 방어에 취약

▷ 지형 · 기상(T)

- 무명 도로와 개활지가 발달하여 신속한 공격 가능
- 한천강은 적 공격에 불리, 아군 방어에 유리
- 하화리 및 상화리의 수풀지역은 침투부대 운용에 유리

▷ 가용부대(T): 전차 1개 중대, 기보 2개 중대, 자주포병 1개 포대, 공병 1개 소대 등

▷ 가용시간(T): 시간 지체 시 적 부대가 아군의 종심으로 공격할 수 있는 불리한 상황이므로 신속한 조치 필요

▷ 우선조치 사항

- 현 상황 전파
- 지체 없이 후방에 위치한 전차 3중대조 이동 준비

2. 방책을 구상하여 이를 비교, 최선의 방책을 제시하시오.

▶ 조치(안)

구분	방책 #1	방책 #2
부대 운용	• 기보 1개 중대조로 방일면 일대 방어 • 기보 1개 중대조는 하화리 방향의 적 저지 • 전차중대조는 하화리 방향으로 공격, 적 격멸	• 기보 2개 중대조로 방일면 일대 방어 • 전차중대조는 하화리 방향으로 공격, 적 격멸
장점	• 전투력 집중으로 단기간 내 적 격멸 가능	• 방일면 일대 방어 유리
단점	• 방일면 일대에 대한 방어 취약	• 적 격멸에 많은 시간 소요
결심	○	

▶ 착안사항

▷ 하천선을 이용하여 계획된 기간 동안 지연작전을 수행해야 한다.

▷ 이를 위해 대대는 하화리로 돌파한 적을 격멸하고 적 교두보를 제거해야 한다.

▷ 이를 위해 돌파된 지역에서 강력하게 적을 저지하고 대대 예비인 전차중대조를 신속히 기동시켜 적 보병부대를 격멸해야 할 것이다.

특별상황 3: 지연작전 중 여단 인접대대 전투지경선 근처로 적 도하

상황

▷ F기보여단은 통제선 '나' 남쪽 30km에서 상급부대가 방어 준비를 할 수 있는 시간을 확보할 목적으로 3월 9일 북쪽으로부터 전 정면에 걸쳐 공격해 오는 적에 대하여 지연작전을 실시하고 있다.

▷ 통제선 '나'에 배치된 전차 1개 중대로 증강된 B기보대대 TF(기보중대 2, 전차중대 1)는 일몰 전까지(18시 15분) 적이 한천강을 도하하는 것을 저지하도록 방어임무를 부여받았다.

▷ 적은 산발적으로 공격을 하였으나, 격퇴당한 후, 오전 일찍 포병과 전차의 지원을 받는 수 개의 보병부대로 공격하였다.

▷ B기보대대 TF 전투지역의 적 공격은 포병과 박격포 등 화력으로 격퇴된 반면, 서측의 G기보여단 예하부대인 D기보대대 TF의 전투지경선 근처에서는 적 보병과 전차가 한천강을 넘어 공격, 북동쪽과 동측에 양호한 시계를 제공해 주는 강일면 능선을 점령하였다.

▷ 서측 D기보대대 TF의 예비대가 즉각적인 공세행동을 실시하였으나, 상실된 지역을 회복할 수 없었다.

▷ 지금은 3월 9일 15시 23분이다.

요도

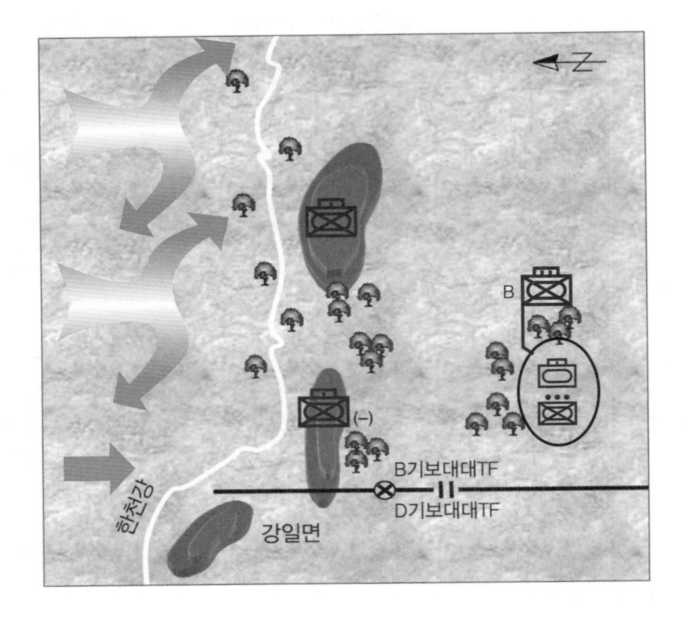

문제

1. B기보대대장으로서 현 상황을 평가하고 우선조치 사항을 제시하시오.

▶ 조치(안)

▷ 임무(M): 아군이 방어 준비를 할 수 있도록 통제선 '나' 확보+강일면 능선 일대 적 격퇴

▷ 적(E) 위협 우선순위

① 강일면 능선을 점령한 적 전차 및 보병

② B기보대대 TF 정면의 적

* 적 기도: 강일면 능선지역에서 B기보대대 TF 정면의 부대와 협조하여 공격
* 적 강점: 강일면 능선에서 지원 및 감제하고 있는 상태에서 아군 부대 공격 가능, 정면과 측방에서 협조된 공격 가능

▷ 지형 · 기상(T)

- 한천강은 방어에 유리한 천연 장애물
- 무명 고지와 강일면 능선은 주변 개활지를 감제 및 통제할 수 있는 중요한 고지
- 지역 내 개활지는 기계화부대 기동 가능

▷ 가용부대(T): 기보 2개 중대, 전차 1개 중대, 자주포병 1개 포대, 공병 1개 소대 등

▷ 가용시간(T): 대대 전투지경선 외부의 적이지만 시간 지체 시 대대 측방에 대한 공격이 우려되므로 신속한 조치 필요

▷ 우선조치 사항

- 상 · 하급, 인접부대에 첩보 보고 및 전파
- 여단 예비대 증원 요구
- 여단 및 사단에 전투지경선 조정, 조정 후 책임지역 내 D기보대대 TF 예하부대 전술 통제
- 신속히 대대 예비대에 준비명령 하달

2. 방책을 구상하여 이를 비교, 최선의 방책을 제시하시오.

▶ 조치(안)

구분	방책 #1	방책 #2
부대 운용	• 예비중대조를 서측 D기보대대 TF 전투지경선에 배치, 적 저지 및 격퇴 • 대대(−1)는 계속 방어	• 서측에 배치된 기보 중대조(−) 지원하에 대대 예비대로 역습, 적 격퇴 • 여단 예비대 증원 요구 • 여단에 전투지경선 조정 요구
장점	• 일시적으로 안정된 대대 방어 실시	• 서측방의 적 위협 제거로 방어 지속성 유지 가능
단점	• 결국, 대대 서측 및 후방 노출	• 일시적인 광정면 담당으로 전방 전투력 약화
결심		○

▶ 착안사항

▷ 여단 전투지경선 밖의 적이지만, 한천강을 도하한 적은 결국 여단 작전지역으로 유입될 것으로 판단된다. 여단의 측방이 노출되어 기습을 받는다면 더 이상의 방어는 곤란하므로 우선적으로 서측방에 대한 조치가 필요하다.

▷ 급박한 상황이므로 우선 대대의 가용 예비대와 가용 전투력을 이용, 지체 없이 역습을 실시해야 한다.

* 시간 지체 시 호미로 막을 것을 가래로 막아야 하는 불상사 발생

▷ 대대의 융통성을 확보하기 위해 여단 예비대 증원을 요구해야 한다. 여단에서도 사단에 보고하여 화력의 우선권 부여, 사단 예비대 투입 등을 요구해야 한다.

▷ 사단과 여단에서는 원활한 작전을 위하여 전투지경선을 조정하고, 조정 후 책임지역 내 D기보대대 TF의 예하부대를 B기보대대 TF가 전술 통제할 수 있도록 조치해주어야 한다.

부록 2
세계의 명장과 관련 전사(戰史)

세계의 명장과 관련 전사(戰史)는 기계화학교에서 작성하여
제시한 자료로 독자가 참고할 수 있도록 수록하였다.

〈그림 1〉 한니발; 카르타고의 장군으로, 로마군이 예상하지 못한 알프스산맥을 통과하여 뛰어난 지략과 탁월한 기병운용으로 칸네 전투 등에서 우세한 로마군을 상대로 섬멸적 승리를 거둔 군사적 천재이다.

〈그림 2〉 나폴레옹; 프랑스의 장군이자 황제로, 민족의식과 애국심에 불타는 최초의 국민군을 편성하여 신속한 기동, 집중과 분산, 각개격파 등의 창의적인 전략 · 전술을 구사하여 이집트와 유럽대륙을 정복한 군사적 천재이다.

〈그림 3〉 구데리안; 제2차 세계대전 초기 독일 A집단군의 주력인 19기갑 군단장으로, 아르덴느 산림지대와 뮤즈강을 기습 돌파한 후 전투력 집중과 과감한 전과확대로 연합군에게 심리적 충격과 마비를 달성하는 전격전을 구현한 기동전의 명장이다.

〈그림 4〉 알렉산더; 마케도니아의 왕이자 장군으로, 창의적인 전략 · 전술과 뛰어난 기병운용으로 사상 최초로 유럽과 아시아에 걸친 대제국을 건설한 군사적 천재이다.

	다국적군	이라크군
전사	225명	100,000명
부상	1,297명	300,000명
전차	8대	3,700대
야포		2,600문
장갑차		2,400대
전투기	39대	103대

〈그림 5〉 슈워츠코프; 걸프전 당시 미국의 중부군 사령관으로, 사막의 폭풍 작전 시 다국적군을 지휘하여 철저한 사전준비와 우회기동을 통하여 이라크군에게 압도적인 승리를 거둔 명장이다.

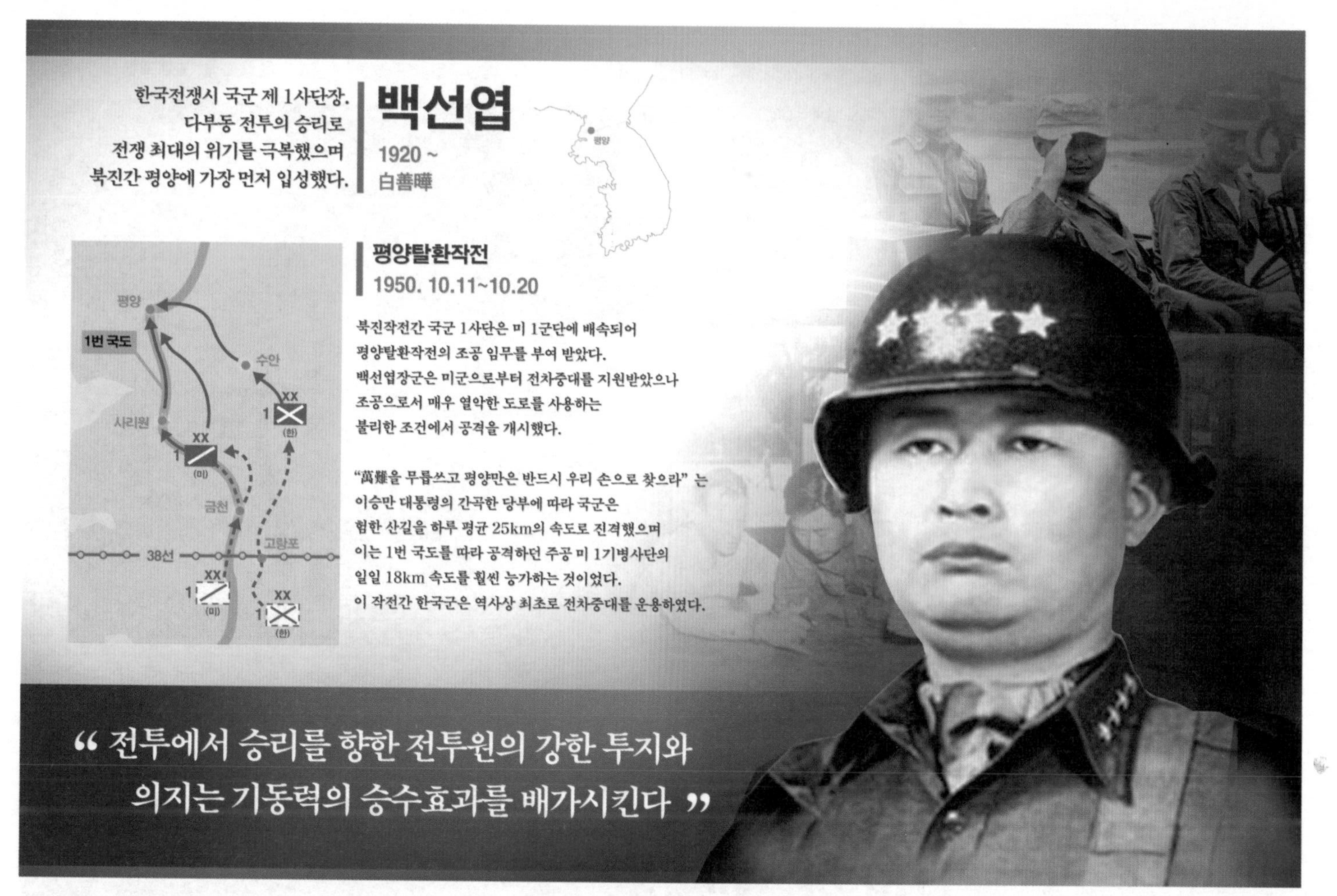

〈그림 6〉 백선엽; 6.25전쟁 시 국군 1사단장으로, 다부동 전투에서 승리하여 전쟁 최대의 위기를 극복했으며, 평양 탈환작전 시 불리한 여건에서도 가장 먼저 평양에 입성한 6.25전쟁 영웅이다.

〈그림 7〉 강감찬; 고려의 장군으로, 뛰어난 지략과 용병술로 10만 대군으로 고려를 침공한 거란군을 섬멸하여 26년간의 고려 · 거란 전쟁을 종식시킨 명장이다.

〈그림 8〉 샤론; 제4차 중동전쟁 당시 이스라엘의 사단장으로, 어려운 여건에서 대담한 기갑부대 운용으로 기습을 달성하여 수적으로 우세한 이집트군에게 승리를 달성한 전쟁영웅이다.

〈그림 9〉 주코프; 제2차 세계대전 시 모스크바 방위군 사령관으로, 스탈린그라드 전투에서 뛰어난 전략 · 전술과 결단력으로 독일군을 격멸하여 위기에 빠져있던 소련을 구한 명장이다.

〈그림 10〉 누루하치; 만주족을 통합한 청나라 초대황제로, 사르후 전역에서 팔기병에 의한 기마돌격 전법과 영격전술 등의 창의적인 기동전으로 수적으로 우세한 명군을 각개격파하여 패퇴시킨 명장이다.

〈그림 11〉 칭기즈칸; 몽골을 통일하고 광대한 영토를 점령한 몽골 제국의 초대왕으로, 고도의 기동력을 발휘하는 기마전술과 심리전, 종심 깊은 추격전을 통하여 세계 최대의 대제국을 건설한 군사천재이다.

〈그림 12〉 광개토대왕; 고구려의 제19대 왕으로, 강력한 기병운용과 뛰어난 용병술로 우리 역사상 최대의 영토를 확장한 위대한 정복 군주이다.

〈그림 13〉 패튼; 제2차 세계대전 당시 미 3군 사령관으로, 대담한 발상, 과감한 전과확대와 경이적인 기동속도로 독일의 히틀러가 가장 두려워했던 연합군의 지휘관이다.

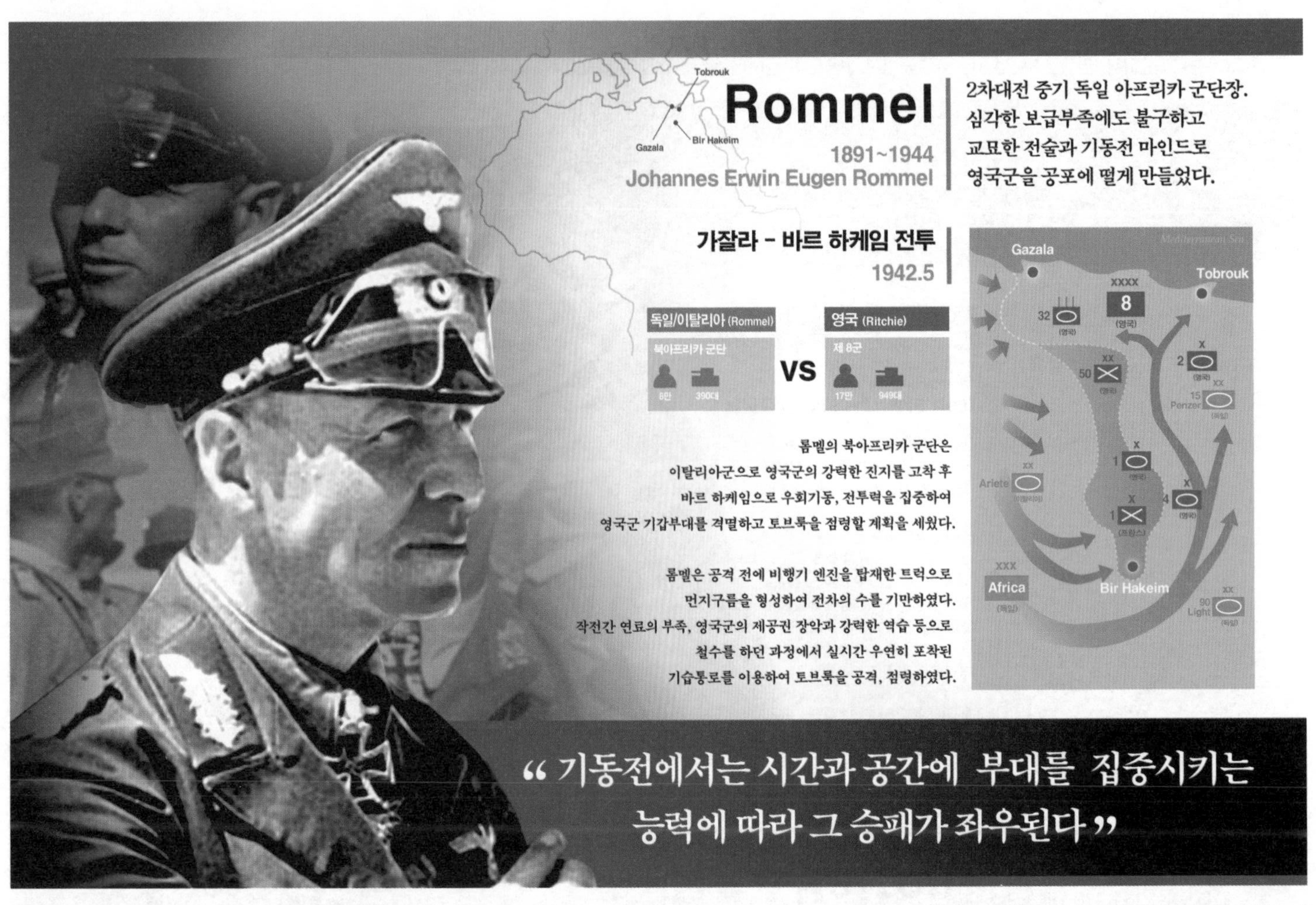

〈그림 14〉 롬멜; 제2차 세계대전 중기 독일 아프리카 군단장으로, 아프리카 전역에서 심각한 보급부족에도 불구하고 뛰어난 용병술과 기동전을 통해 연합군을 공포에 떨게 했던 독일의 명장이다.

〈그림 15〉 한신; 한나라 초기의 파초(破楚) 대원수로, 뛰어난 지략과 전술로 유방을 도와 한나라가 중국을 통일하는 데 큰 공을 세운 명장이다.

〈그림 16〉 프레드릭; 독일 통일의 기반을 닦은 프러시아의 황제로, 대담한 선제 기습공격과 속도와 집중, 기만을 통해 기동전을 구사한 나폴레옹 이전 유럽 최고의 명장이다.

〈그림 17〉 풀러: 전차의 집중 운용과 속도를 통한 마비론을 강조한 영국의 군사 전략가로, 구데리안 장군과 같은 독일군들에게 영향을 주어 2차 세계대전 시 독일은 마비론을 기반으로 한 전격전을 수행하였다.

〈그림 18〉 셔먼; 남북전쟁 시 북부군의 서부 사령관으로, 대용목표에 의한 기발한 기동으로 북부군의 승리와 전쟁 종결에 결정적 역할을 한 명장이다.

〈그림 19〉 이순신; 임진왜란 시 조선의 삼도수군통제사로, 뛰어난 지략과 용병술로 일본 수군에게 23전 23승을 거둔 조선의 영웅이자 세계 해전 사상 최고의 명장이다.

〈그림 20〉 손무; 춘추시대 제(齊)나라 장수이자 병법가로, 손무가 저술한 『손자병법』은 동서고금의 최고의 병법서로 후세에 큰 영향을 미치고 있다.

〈그림 21〉 맥아더; 6.25 전쟁 시 UN군 사령관으로, 창의성과 대담성을 발휘하여 인천상륙작전을 성공함으로써 6.25 전쟁의 전세를 일거에 역전시킨 미국의 명장이다.

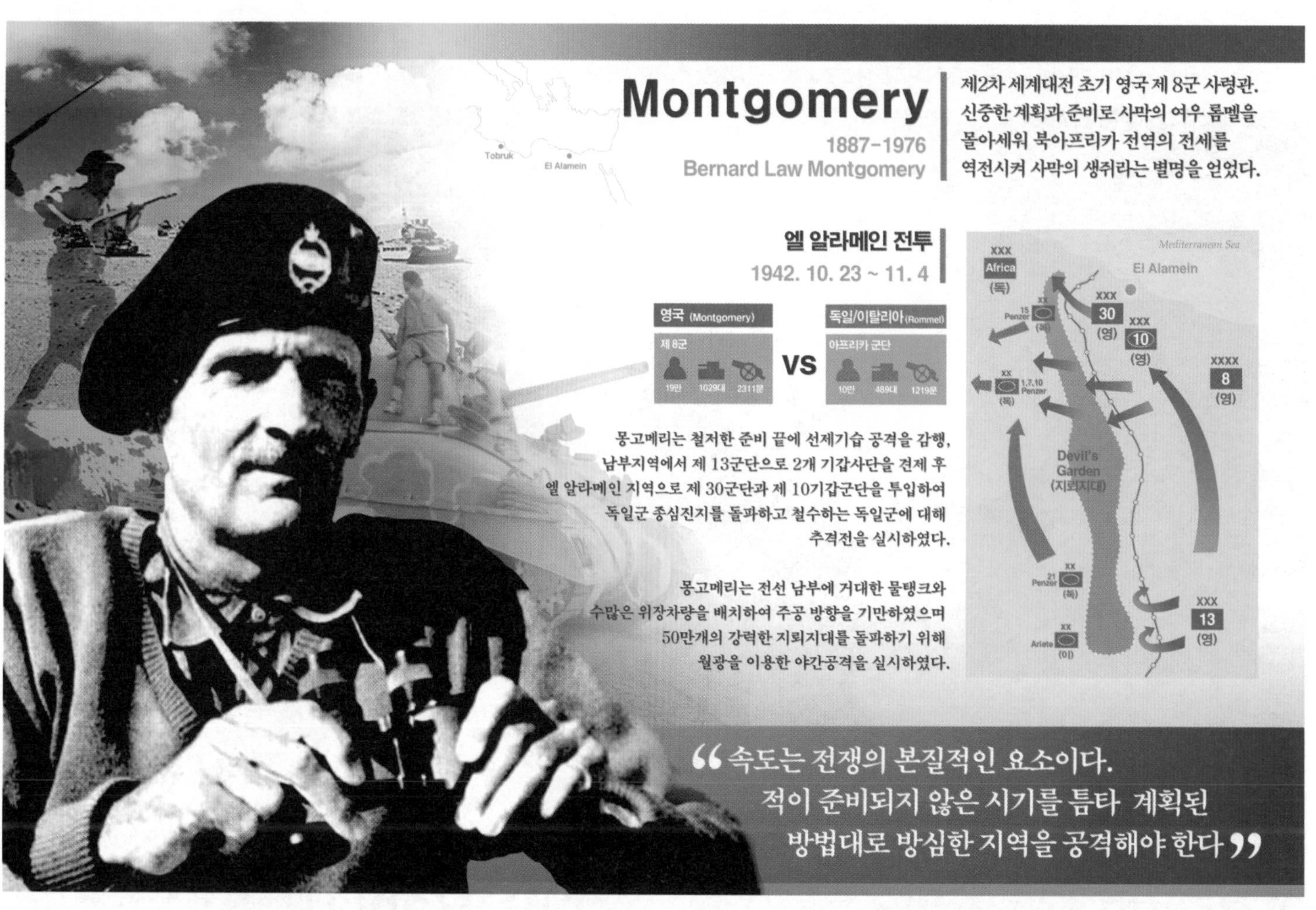

〈그림 22〉 몽고메리; 2차 세계대전 초기 영국 제8군 사령관으로, 독일군의 전술을 연구하여 신중한 계획과 준비로 독일의 명장 롬멜을 압박하여 승리를 달성함으로써 북아프리카 전역의 전세를 역전시킨 영국의 명장이다.

〈그림 23〉 만슈타인; 2차 세계대전 시 독일군의 원수로, 자신이 입안한 독불전역계획을 통해 전격전을 구현하고 독소전쟁 말기에는 남부집단군을 지휘하여 불리한 여건에서도 기동방어를 실시, 동부전선을 안정적으로 수습한 독일의 명장이다.

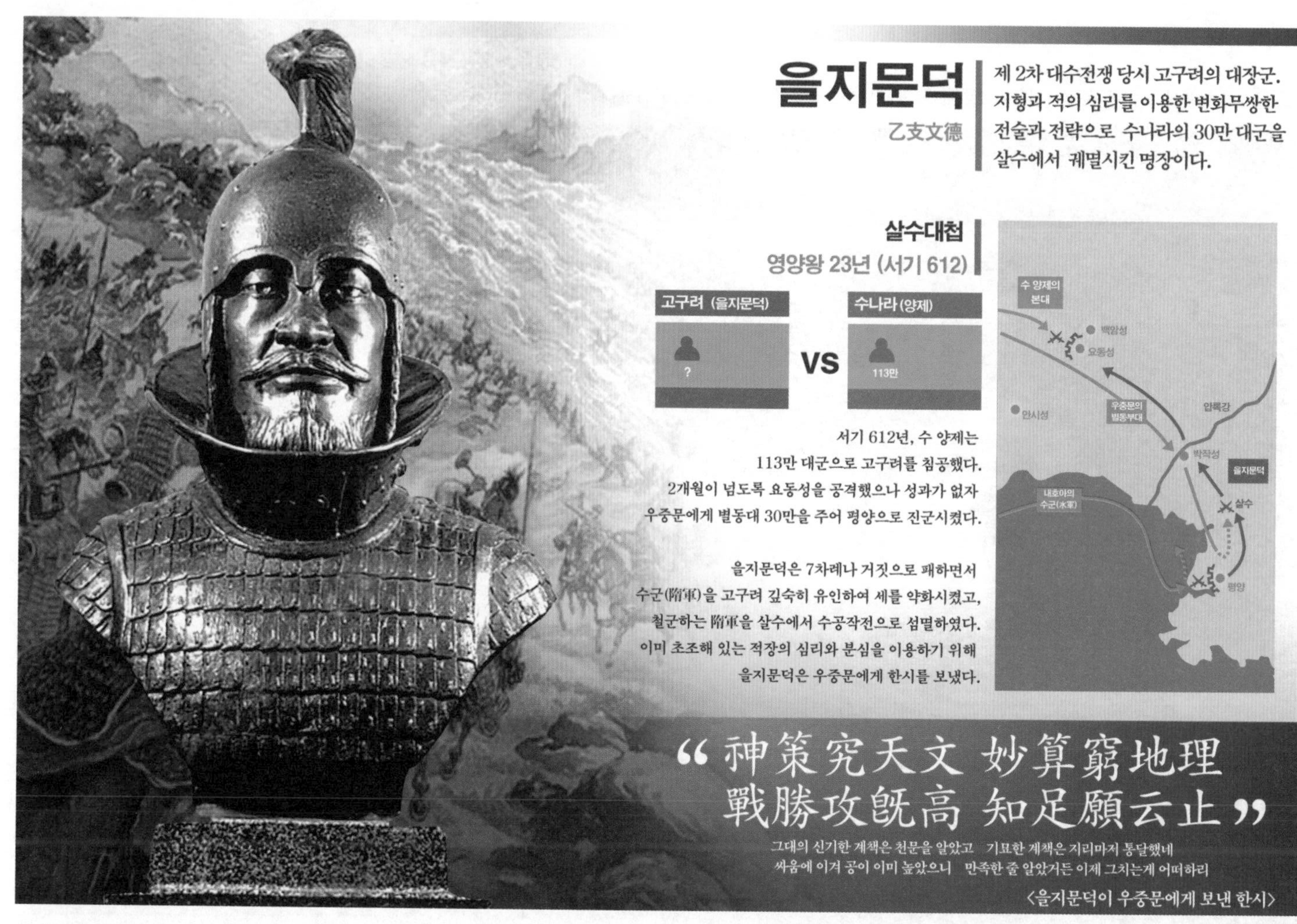

〈그림 24〉 을지문덕; 수나라와의 2차 전쟁 시 고구려의 대장군으로, 지형과 적의 심리를 이용한 뛰어난 전략과 전술로 수나라의 30만 대군을 살수에서 궤멸시킨 고구려의 명장이다.

에필로그

대한민국의 안정과 평화 그리고 발전의 원동력은 제자리에서 제 역할을 제대로 하고 있는 사회 구성원이 있기 때문이다. 지금도 학자는 강단과 연구소에서, 경제인은 국내 및 국외 시장과 일터에서, 근로자들은 자신의 일터에서 최선을 다하고 있다. 안보현장에서는 군사학과 학생, 생도들이 군 간부가 되기 위해 열심히 체력을 단련하고 공부하고 있으며 현역에 있는 간부들은 적과 싸워 이기기 위해 최선을 다하여 근무하고 있다. 군의 존재 목적은 국가 최후의 보루로 국민의 생명과 재산을 보호하는 것이다. 전쟁은 국가의 존망과 국민의 생명과 재산, 군 조직원의 생명이 달려 있는 중차대한 일이며 군의 중요한 과업은 전쟁에 대비하여 평시부터 군의 존재 목적과 본질에 충실하여 기초와 기본기를 단단히 갖추는 것이다. 전쟁은 우수한 최고 지휘관의 전략과 작전술적인 역량으로 인해 승패가 결정되는 것처럼 보일 수 있으나, 그 이면에는 최고 지휘관이 부여한 임무를 성공적으로 수행하는 예하부대가 있으며 성공적인 임무 수행을 이끌어가는 간부들이 있다. 전쟁은 최고 지휘관의 지휘 역량과 하부 조직의 전투의 결과가 모여 전쟁의 승패가 좌우되기 때문에, 적과 직접적으로 싸우는 전투 현장에서 승리를 획득하기 위한 간부들의 전술적 능력 향상은 평시에 든든한 갑옷을 준비하고 날카로운 무기를 닦는 것에 비유할 수 있다. 또한 이렇게 전술에 대해 튼튼한 기초를 쌓은 인재가 성장하여 훌륭한 장군이 되고 전술, 전략가가 되는 것이다.

그동안 전쟁을 다루는 군사학은 사회과학의 한 분야로 학문의 성립 요건을 갖추어 박사학위까지 수여하는 학문체계로 발전하였다. 그러나 대부분의 간부들이 속해 있는 군단급 이하 제대가 수행하는 전투를 다루고, 전투력을 효율적으로 발휘하여 적에게 승리하기 위한 군사학의 핵심 분야인 전술학은 이론과 실제의 체계화와 다양화가 미흡한 실정이다. 즉, 우리 군에서는 한국군의 상황과 여건을 고려한 최종적인 결과물 위주의 전술교범이 작성되어 있으며 이를 보완 설명할 수 있는 다양한 이론이나, 원리, 배경 등에 대한 참고도서가 대단히 부족하다. 또한 학계에서도 전술 관련 연구가 활발하게 이루어지지 않음에 따라 군에 처음 입문하는 학생이나 생도뿐만 아니라, 현역 간부들도 전술에 대한 원리와 배경 등 전술이론과 이에 대한 응용분야에 대한 이해가 쉽지 않고 궁금증을 해결할 수 있는 자료가 부족한 실정이다. 이에 따라 비록 식견은 부족하지만, 간부들의 전술 능력 향상을 위해 전술을 좀 더 쉽게 이해하고 학습할 수 있도록 37년의 군생활을 통해 연구하고 경험한 내용을 바탕으로 학문으로써 전술의 과학(Science)과 술(術, Art)을 총망라하여 관련 지식을 논리적으로 체계화하여 책으로 엮어 보았다.

특히 국민들이 사회에서 어떤 문제가 발생하면 적시 적절한 판단과 결심을 통해 골든타임을 놓치지 않고 상황을 신속하게 조치할 것을 요구하고 있는 바와 같이, 군에 대해서도 전시와 평시에 동일한 요구를 하고 있다. 전술 능력은 평상시 상황이 발생했을 때 골든타임을 놓치지 않도록 하는 신속하고 정확한 문제 해결과 전시 또는 작전 시에도 적시 적절한 상황조치를 가능하게 해주는 논리체계와 시행 능력이 된다. 이에 따라 현재 군에서 다소 복잡하게 제시되어 있는 계획 수립 절차와 구체화가 미흡한 상황조치 분야를 중점적으로 연구하여 계획 수립과 상황조치가 별도로 구분된 논리절차가 아님을 규명하였다. 그리고 전술적 고려 요소(METT-TC)를 중심으로 계획 수립과 상황조치를 상호 연계하여 급박한 상황에서 타이밍과 골든타임을 놓치지 않도록 좀 더 쉽게 판단하고 조치할 수 있는 계획 수립과 상황조치 방법을 제시해 보았다. 또한 전술의 과학적인 이론을 바탕으로 이를 응용하는 방법을 연구하여 실전에 쉽게 활용 · 학습할 수 있는 방법을 개발하여 전술 상황조치 문제로 제시하였다.

간부들의 전술 능력이란 전투에서 부대와 조직원을 보호하고 승리의 확률을 높여 주는 부대의 생명줄이며 승리의 원동력으로, 간부들의 갑옷과 무기와 같은 것이다. 또한 전술제대의 무기체계는 해당 국가의 상황에 적합한 전술 구사를 위한 효율적인 무기체계가 되어야 하나, 전술에 대한 연구가 부족한 군대에서 요구하는 무기는 다른 나라의 무기를 모방하거나 실제 활용 면에서 효율적이지 않은 경우가 많이 발생한다. 따라서 간부들은 평상시부터 꾸준하게 전술 능력을 함양하고 이를 적용하여 교육훈련을 실전적으로 시행함으로써 우리나라 상황에 적합한 전술을 발전시키고 이러한 전술을 구현하기 위한 효율적인 무기체계를 개발해줄 것을 당부하며, 군에서는 일상생활 속에서 전술에 대한 연구와 토의, 토론이 활성화되는 조직문화가 조성되었으면 하는 바람이다.

참고문헌

강성학,『전쟁신과 군사전략』, 서울: 리북, 2012.

강창구 · 쓰게 하사요시,『전장의 생존술』, 서울: 병학사, 1999.

강호국 외,『지형 및 기상』, 서울: 양서각, 1999.

교리발전부,『군사이론 연구』, 대전: 교육사령부 1987.

군사학연구회,『군사학 개론』, 서울: 플래닛미디어, 2014.

______,『전쟁론』, 서울: 플래닛미디어, 2015.

권태영 · 노훈,『21세기 군사혁신과 미래전』, 서울: 법문사, 2008.

김열수,『국가안보』, 파주: 법문사, 2013.

김정필,『연합 합동작전 군사영어』, 서울: 반석 출판사, 2016.

김창진 · 김영택,『전사로 읽는 전술학』, 인천: 진영사, 2017.

노병천,『도해 세계전사』, 서울: 한원, 2001.

______,『도해 손자병법』, 서울: 연경문화사, 2012.

______,『중국 10대 병법』, 서울: 연경문화사, 2013.

박경석,『불후의 명장 채명신』, 서울: 팔복원, 2014.

박창희,『군사전략론』, 서울: 플래닛미디어, 2013.

반기성,『전쟁과 기상 상 · 하』, 서울: 명진출판사, 2005.

성형권,『전술의 기초』, 서울: 마인드 북스, 2017.

송병탁,『전략의 신』, 파주: 쌤 앤 파커스, 2015.

신종대,『전사적지 찾아 삼만리』, 인천: 진영사, 2017.

오광세, "전술 및 임무형 지휘 능력 향상을 위한 Case-Study식 실시간 상황조치 훈련 사례",『군사평론』, 제403호 부록, 대전: 육군대학, 2010.

______, 『전술학』, 성남: 북코리아, 2019.

______, "임무형 지휘능력 향상을 위한 제언", 『합참』, 제55호, 2013.

______, "북한군 기동전에 대응하는 우리 군의 방어작전 발전을 위한 제언", 『전투발전』, 제144호, 2013.

______, "한반도에서의 전쟁 패러다임 변화와 한국의 대응전략에 관한 연구", 조선대학교 대학원 박사학위 논문, 2016.

올 호노드 하인잔 샥달 · 박원규 외, 『칭기스칸 전쟁술』, 대전: 육군본부, 2009.

육군군사연구소, 『1129일간의 전쟁 6 · 25』, 대전: 육군군사연구소, 2015.

육군본부, 『동서양의 전법과 전쟁사례』, 대전: 육군본부, 1994.

육군본부, 『야전교범 3-1 전술』, 대전: 육군본부, 2013.

______, 『야전교범 2-7 전장정보분석』, 대전: 육군본부, 2015.

______, 『야전교범 1-1 지휘통제』, 대전: 육군본부, 2018.

전상조, 『작전원리』, 서울: 범신사, 1997.

정상국, 『백문백답 손자병법』, 성남: 북코리아, 2017.

조명제, 『기책병서』, 서울: 제일출판사, 1994.

조성룡, 『명장일화』, 서울: 병학사, 2003

조영갑, 『국가안보학』, 성남: 북코리아, 2012.

하정열, 『대한민국 안보전략론』, 서울: 황금알, 2012.

日육전학회, 『전리입문』, 대전: 육군대학, 1994.

Alvin Toffler, 이규행 역, 『전쟁과 반전쟁』, 서울: 한국경제신문사, 1997.

A. 카할라니 · C. 헤르조그, 임채상 역, 『골란고원의 영웅들』, 서울: 세창출판사, 2004.

Bevin Alexander, 김형배 역, 『위대한 장군들은 어떻게 승리하였는가?』, 서울: 홍문단, 1995.

Bryan Bond, 주은식 역, 『리델하트 군사사상연구』, 서울: 진영문화사, 1994.

Carl von Clausewitz, 류제승 역, 『전쟁론』, 서울: 책세상, 1998.

F. O. Miksche, 이승호 역, 『전격전의 원리 연구』, 광주: 진흥, 1995.

Joseph Cummins, 김지원 · 김후 역, 『전쟁 연대기』, 일산: 니케북스, 2014.

Karl Heinz Frieser, 진중근 역, 『전격전의 전설』, 서울: 일조각, 2012.

Robert Greene, 안진환 · 이수경 역, 『전쟁의 기술』, 서울: 웅진지식하우스, 2015.

Thomas X. Hammes, 하광희 외 역, 『21세기 전쟁』, 서울: 한국국방연구원, 2011.

찾아보기

ㅇ

ㅈ